国际电气工程先进技术译丛

U1074859

太阳能利用技术及工程应用

（美）Thomas E. Kissell 著
朱永强 尹忠东 等译

机械工业出版社

本书主要从太阳能利用现状、光伏发电原理、光伏架设与维护三个部分对太阳能应用的知识进行了介绍。全书分为 12 章。第一部分包含第 1 章与第 2 章，主要介绍了光伏系统的发展现状与多样化的用途。第二部分包含第 3 ~ 9 章，主要介绍了光伏系统的主要类型、安装选址、发电原理和太阳电池板的制造及相关电气概念，并且还涉及了换流器和储能系统原理。第三部分包含第 10 ~ 12 章，主要介绍了光伏系统在智能电网中的应用，光伏系统的架设与维护，以及光伏系统的相关电学理论。本书由浅入深、图文并茂，尤其是介绍电气设备时提供了大量的实物照片和结构示意图，使读者有直观的感性认识。

本书适合作为普通高等院校电气工程专业或太阳能专业的教材，也可作为光伏发电领域的相关从业人员培训与自学用书。

译者序

随着全球化石能源日益枯竭，环境日益恶化，太阳能作为重要的清洁的可再生能源，近年来得到了快速的发展。光伏发电是利用光伏电池将太阳辐射能量直接转化为电能。随着电网对新能源并网的开放以及电网的商业化运营进一步促进了光伏产业的发展，光伏电站遍及全国各地，逐步形成竞争机制下的光伏市场。因此，译者更加希望今后从事本行业的人士能够对光伏发电系统从发电的基本原理到光伏电站的建立有一个系统的了解。

为此，我们慎重地选择了本书。本书非常注重理论与实际工程的结合，首先介绍太阳能技术的基本原理，然后结合基本原理和实际工程状况，针对实际工程的建立以及太阳电池板的故障维护进行了详细的讲解。本书由浅入深，逐步分析，层次清晰，易于读者理解。如何进行太阳电池板的安装和维护，即使是复杂的工况，也可以从本书提供的细节中找到解决的方法。本书主要作为太阳能应用专业的教材，也可以作为从事光伏电站设计人员的入门参考书。

本书由朱永强副教授和尹忠东教授主持翻译，经过多次校对，历时近两年，为准确地翻译此书做了大量的工作。参与本书翻译和校对工作的还有华北电力大学齐琳、申惠琪、肖硕霜、赵士硕、郭文瑞、王书瑶、王帅、叶青、孙小燕、李红贤、梁燕红、王冠杰、王欣、计杭辉等同学，在此一并表示衷心的感谢。

原书前言

本书介绍了有关太阳能的许多方面，涵盖了从太阳电池板如何运行，到不同的光伏系统如何用于照明、加热以及民用和商用供暖等问题。本书适用于将在今后从事太阳能设备销售、太阳能设备安装和维护等工作的学生使用。另外，在太阳能设备和太阳电池板的安装及检修方面，本书提供了充分详实的信息，有助于读者理解相关的概念并运用在实际操作中。本书还提供了详细的安装和维护知识，能够指导技术工人解决相关的难题。本书由浅入深，图文并茂，每一章都包含相关照片和图表，并对基础和复杂的概念做出解释。书中解释了太阳电池板是如何将太阳的能量转化成热能使水升温，这样就可以辅助居民区和商业区热水器的运行，甚至作为主要供暖系统的组成部分。本书也对用来实现光电转换的材料进行了大量的说明。另外，还对相关的电气元件进行了说明，如可使直流电转换成频率为60Hz交流电的电力电子换流电路，又如可以对直流充电进行控制的直流电池充电控制器。每个问题都集合了许多照片和图表，数据资料都以表格的形式给出，简单明了。本书的所有章节可以根据课程要求分开独立授课，也可以把全书作为一个完整的体系进行讲授。

本书结构如下：

第1章对太阳能工业的发展现状以及太阳能系统在供暖、照明和太阳能光伏发电等方面的应用历史进行了综述。同时讨论了如何对太阳能工程进行投资及现有的太阳能工程的投资回报率。另外，还介绍了太阳能领域的职业类型。

第2章阐述了美国工业、商业、居民的所有电力需求，以及如何使太阳能符合绿色能源的要求。这一章可以帮助学生理解太阳能利用的多样性，以及光伏发电系统如何应用在独立和并网两种不同的条件下。

第3章介绍了在当今技术领域下运用太阳能各种形式，以实现为居民住宅和商业建筑提供照明和采暖。本章还详细说明了太阳能的上述应用和利用太阳能进行发电的同等重要地位，介绍了提供工业规模电力生产的大型太阳能抛物线型槽式系统和斯特林发动机，所有类型的太阳电池板以及制造这些太阳电池板所需用到的材料。另外，书中还介绍了为得到特定的电压电流等级，如何将太阳电池板串、并联，以及不同类型太阳电池板的安装和监控系统。

第4章介绍了如何对太阳能设备和太阳电池板的安装进行选址。本章内容还包括目前美国领土范围内规模最大的太阳能光伏板阵列基地及太阳能发电场的位置，以及目前致力于开发太阳能市场的各大企业。

第5章就太阳能如何通过光伏材料转换成为电能进行了科学的介绍。本章包括

P型材料和N型材料的生产方法，以及如何将这些材料组装成为太阳电池板和太阳电池阵列。

第6章介绍了太阳电池板及其材料如何量产，以满足光伏电池在工业上的大量需要，并分步骤详细说明了太阳电池板的自动化生产流程。

第7章提供了与光伏板相关的电气概念（如电压、电流、电阻和功率等）的详细信息，还对串并联电路、实际功率、视在功率、功率因数等概念作出了解释，帮助学生更深入地理解太阳电池板并网时以及为居民和工业用户提供电能时可能会出现的问题。

第8章介绍了将太阳电池板发出的直流电转换为60Hz交流电的换流装置。本章还解释了直流电池充电控制器。此控制器用于监控充电器，防止发生过充。

第9章的内容覆盖了用于存储太阳能系统发出电能的不同类型的湿电池和干电池，并对与不同类型蓄电池的相关术语进行了详细介绍。对各种用于太阳能系统中的蓄电池的优点和缺点进行了对比分析，介绍了为特定的太阳电池板选择蓄电池类型和型号的方法。

第10章对电网的现状进行了完整的介绍，并对新兴的“智能电网”作出了解释，说明了为什么智能电网可以提高输电效率。本章详细介绍了用于太阳能光伏系统并入电网的开关柜等主要设备，以及太阳能发电场的光伏板如何与变电站或者配电网的地下电缆和地上架空线相连接。

第11章介绍了安装民用和商用太阳电池板的步骤，提供了完整的操作信息，包括如何在大型工业建筑的屋顶安装太阳电池板，以及怎样连接系统中所有电器开关、换流器和变压器。本章还介绍了故障诊断的操作过程以及如何解决太阳电池板的某一特定故障。通过对这些问题的详细介绍，便于学生掌握解决问题的方法。

第12章对整个太阳能系统电气部分的基础理论进行了介绍。本章全面、详细地对直流电和交流电进行了研究，内容包括三相和单相功率、变压器、美国国家电气规程、交流和直流电动机、整流器和换流器等基础电力电子器件。本章详细说明了太阳能系统电气部分的知识，有利于读者理解电气部分的安装、故障诊断和维护等问题。

原书致谢

在本书出版之际，我要对我的妻子 Kathy 表达诚挚的谢意，感谢她在本书的编写过程对我的所有支持！

感谢特拉社区学院的 Kevin Walker，John Carpenter，Bruce Meyer 和 Jayne Bowersox，他们在各章节主题的确定、图片搜集和对前部分内容进行评估等方面给予了我极大的帮助。还要感谢加利福尼亚州圣克鲁兹省 EletroRoof 公司的 Ron Swenson 和 Plantronics 有限责任公司的 Bruce Kissell，他们提供了 Plantronics 公司太阳能安装方面的宝贵资料。

感谢俄亥俄州哥伦布出版社的编辑 Dan Trudden。在本书的编写过程中，他给予我的引导远远超出我的想象，并确保了我在截止日期前完成书稿。感谢他对本书的特别关注以及为本书提供了大量具有权限和高分辨率的图片。

我还要专门感谢加利福尼亚州圣克鲁兹省 EletroRoof 公司的 Ron Swenson，他花费了大量的时间和精力帮助我搜集完成本书所需要的背景资料和图片。他提供大量的图片使本书内容更加丰富，并获得成功。

还要感谢以下个人和公司，感谢他们提供图片和表格，并允许我在本书中使用这些图表：

施耐德电气公司的 Lin DeBeaulieu；

恩智浦半导体公司的 Rebecca Samuel；

杰克逊维尔电气管理局的 Jay Worley；

电力公用事业的 Jennifer Kramer；

佛罗里达电力和照明公司的 Jackie Anderson；

肖特太阳能－阿尔伯克基工厂的 Kee Kalwara；

肖特太阳能－阿尔伯克基工厂通讯部的 Matthew Kraft。

感谢以下各位完成本书的校对：

法明达州立大学的 Yelleshpur N. Dathatri；

塔兰特郡学院的 Thomas Hart；

红石社区学院的 Troy Wanek。

我想为学生和老师提供更多的支撑太阳能技术发展的信息。这些信息可以从以下书中获得，这些书是我目前正在写的和最近已出版的：《风能介绍》；《工业电子学》；《可编程控制器的应用》；《仪表与控制》；《电机与电机控制》；《电力和电子学以及 HVAC 控制系统》；《工业维护中的电动机控制技术》；《工业维护中的电力学、流体动力学和机械系统》；《工业维护中的电力电子学》。

目　录

第 1 章　太阳能介绍

本章学习目标

读完本章你将能够：

- 理解光伏电池是如何把太阳能转换为电能的。
- 了解太阳能加热器、热水器、光伏发电装置等基本能量转换装置。
- 了解光伏电池的基本类型。
- 了解 10 种太阳能行业领域的工作，以及从事这些工作应具备的职业技能。

本章关键词

平衡	镍镉蓄电池
发电机	被动太阳能系统
并网系统	光伏电池
热交换液	投资回报率
混合照明系统	太阳能
换流器	光伏电站
铅酸蓄电池	

本章概述

本章主要介绍可作为替代能源的太阳能的应用场合。这些应用包括：民用与商用取暖、民用与商用热水器、大型商用与小型民用建筑的混合照明系统、把太阳能转换为直流电能的光伏电池、使用聚光镜来驱动斯特林发动机发电的系统。此外，还有一种槽型发电系统，它首先用镜子把光聚集到一个充满油的管子里，这个被加热的管子又通过热交换器把水变成水蒸气，最终用蒸汽驱动传统的汽轮发电机组。

本章其他部分还将讲述：能量怎样从太阳到达地球，以及地球自身运动是怎样影响每天或者每季接收到的太阳能；太阳能计、太阳能分类、太阳能利用规格、太阳能标准与认证；美国和其他国家对于绿色能源的需求；太阳能当前的发展计划以及未来的发展方向，也包括如何使太阳能更具有价格竞争力；其他的财政影响，各种太阳能装置的回报率，还有对太阳能的税收照顾；本章最后还会提到绿色能源领域所需的工作技能，以及在太阳领域的工作种类。

1.1　现代太阳能系统

现代太阳能系统包括：太阳能供暖、太阳能热水器、光伏电池和太阳能照明系统。本章将逐一介绍每一个应用领域的技术知识，读者同时也能了解到每一领域的工作机遇。

1.1.1 太阳能供热系统

太阳能供热系统可以作为电热、气热、油热或热泵等传统供热系统的补充，太阳能系统通过一系列方法实现太阳能热量采集，并直接应用于供热系统或者将其存储起来供以后应用。安装在房顶或者庭院的采集系统，把太阳辐射的能量吸收到一种液体当中，在这里之所以使用液体，主要原因是液体易于分散，并且易于在户外与室内进行流动，也就是便于在热源与受端间移动。

采集器提供了一种把太阳辐射与太阳能集中于液体的方法。像这样的典型系统需要有足够大的能量储存能力，以确保在夜晚和白天太阳能不充足时能可靠供热。

现有的太阳能供热系统主要有两种。一种是使用液体，如乙醇或者乙二醇，这两种液体的凝固点比所处的环境温度低很多；另一种是使用气体，这种方法要把大量的空气从太阳能采集系统移动到室内或者储能区域。两种方法都需要很大的能量采集系统，可以安装在房顶，也可以放在庭院中的任何位置。液体采集系统的主要缺点是：必须用电泵驱动，从而会消耗大量能量，还需要把液体放置在隔热的器皿内，并防止液体管道泄露。与此相对应的，气体采集系统需要很大的采集面积，系统中有大量的空气移动。这些采集热量的气体可以直接送到室内供暖，也可以送到存储介质表面上进行热交换，使存储介质的温度升高，这些热量可供以后使用。气体供热系统既可以向任何一个独立房间供暖，也可以向整个房子供暖。如果在房屋建造过程中使用了某些特定的材料，那么气体供暖系统的效率还会提升。例如，混凝土与砖石比地毯和木头更容易被加热，并且保存热量的周期更久。太阳能供热系统的效率也会影响整个房屋的温度控制，而温度是影响人们居住舒适度的关键因素。如果太阳能供热系统设计不合理，就会使房屋温度在设定值附近有 10～15℉的变化，会令人感到不舒服，不宜使用。图 1-1、图 1-2 展示了现有的液体太阳能

图 1-1 屋顶太阳能系统集电器

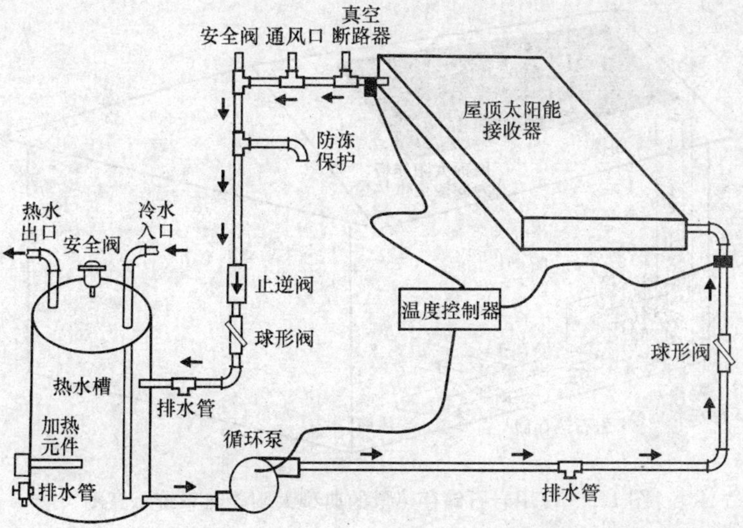

图1-2 屋顶太阳能系统的水管布置图

系统，液体太阳能采集板安装于屋顶。太阳能供热系统将在本章其他各节做更加详细的介绍。

还有一类太阳能供暖系统就是被动太阳能供暖系统，它使用尽量少的机械设备来收集太阳能，为民用房屋供暖提供一部分热量。如果在房屋建造之初就将被动太阳能供暖系统设计到房屋结构中去，则容易实现最高的效率和最明显的效果。然而这显然不现实，因为大多数房屋都是在多年以前建造的，被动太阳能供暖系统只能事后安装，于是就必须要在旧房屋里安装风扇和鼓风机，以使整个房屋有足够多的空气流动。如果是新房屋，就可以把自然空气流动和热量流动的设计理念融合到房屋设计当中。被动太阳能供暖系统使用屋顶采集热量的方式，并把热量移动到存储区。存储介质由石头或高密度物质构成，可以快速吸收或释放大量热量。图1-3为这一类型系统的示意图。当太阳照射时，热量被吸收并移动到存储区，进而将石灰石与存储介质加热。由于在阳光照射充足时，户外温度较高，供暖系统只利用一部分采集来的能量，剩余能量被存储起来在阴天与夜晚使用。

如果以太阳能作为民用建筑的主要热量来源，有时会要求系统中有第二套或者后备热量来源。充足的供热不仅可以提供令人感觉舒适的温度，而且还有一个好处，那就是在天气寒冷太阳能系统不能正常工作时，其他供热系统可防止管道冻住，从而保障整个供热系统的安全。可用的后备热源包括：电热系统、燃木炉、气热系统以及其他主流燃料供热系统。

在建造太阳能供暖系统之前，有必要先了解当地的法律法规和建筑习惯，因为这些可能会限制甚至禁止太阳能系统的安装，比如一些规定中指出不允许在房顶和庭院出现太阳能采集板。但是由于人们对太阳能的需求越来越迫切，所以相关的法律与限制条令会被修改，允许安装一些精心设计的太阳能系统，外观优美并且可融

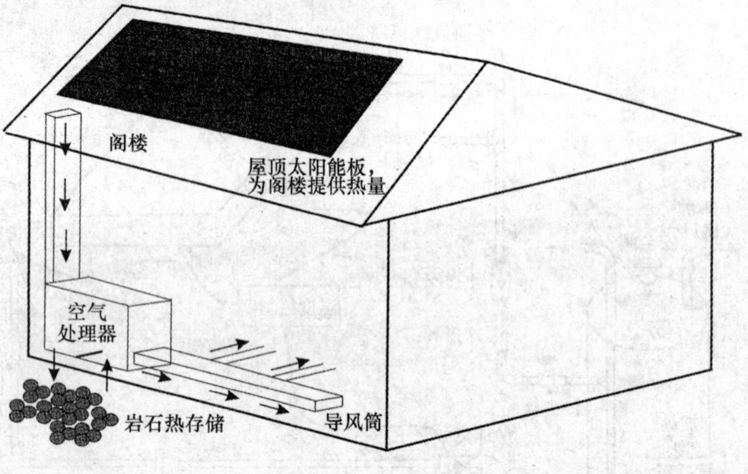

图 1-3　使用岩石储存热量的典型太阳能热系统示意图

合到房屋建筑结构当中。

1.1.2　太阳能热水器系统

太阳能热水器就是我们在家中日常使用的利用太阳能把水加热到所需温度的加热系统。设计时一般希望将额外能量损耗降到最小。家庭太阳能热水器可以直接嵌入到太阳能供热系统中。典型的太阳能热水器系统一般包括：安装在房顶或者庭院的大型太阳能采集板、储水容器、管道、管道阀门，还有位于建筑内的水泵。也有些系统不需要额外的动力装置来驱动水的流动，这被称为被动系统。储水装置对整个系统来说非常重要，因为在一天之中只有部分时间才能利用太阳能，而我们对热水的需求可能要持续到夜晚。有些太阳能热水器系统是用来补充传统热水系统的，目的是降低传统热水器的成本。所以它不用每天都工作，也不需提供 100% 的出力。当然也可把太阳能热水器作为主要部分，传统热水器作为备用。

民用和小型商业用途的热水器一般采用平板型采集器。内部是一个绝热防风雨的盒子，外面是一层黑色吸光材料，再往外是一层更加透明的玻璃或塑料。有些采集板也可以没有玻璃，把吸热材料直接与外界环境接触。

第二种太阳能热水器系统是采集存储合成系统。这种系统包含一个位于屋顶的采集板，主要是为流入传统热水器的自来水或地下水提供预热，从而减小传统热水器的能量消耗。

第三种太阳能热水器使用的是真空套管采集器。热水在套管结构的内管中流动，外管中充满了吸热材料以及易导热的液体。位于外面的管子也可以做成其他形状（如片状），以增大吸热与热传递面积。

太阳能热水器系统还可分为直接循环系统与间接循环系统。直接循环系统用水泵驱动水在存储容器与采集板之间循环流动，主要是用于供给民居建筑所用的热水。这种系统的工作效果很好，一般不会使温度低于冰点或者低于冰点的时间很短。间接循环系统一般包含导热液，这些液体在冰点以下也能发挥作用。乙二醇就是一种典型的导热液，它在冰点以下不会凝固，仍可以迅速吸收来自太阳的热量并传递给室内的液体。这样室内的水就不用承受外界的低温。导热液一直在户外的采集板中循环，长时间暴露在低温中。如果温度高，系统水泵可以把导热液送到屋里来加热民居的热水，温度如果太低，系统就停止向屋内送导热液，直到温度回升。在很低的温度下可以很容易地控制这些导热液的流动。一定要明白，在温度很低的时候使用水泵驱动水的流动很容易由于结冰而使管道破裂，损坏系统的阀体与控制系统。图1-4给出了典型的太阳能热水器系统。

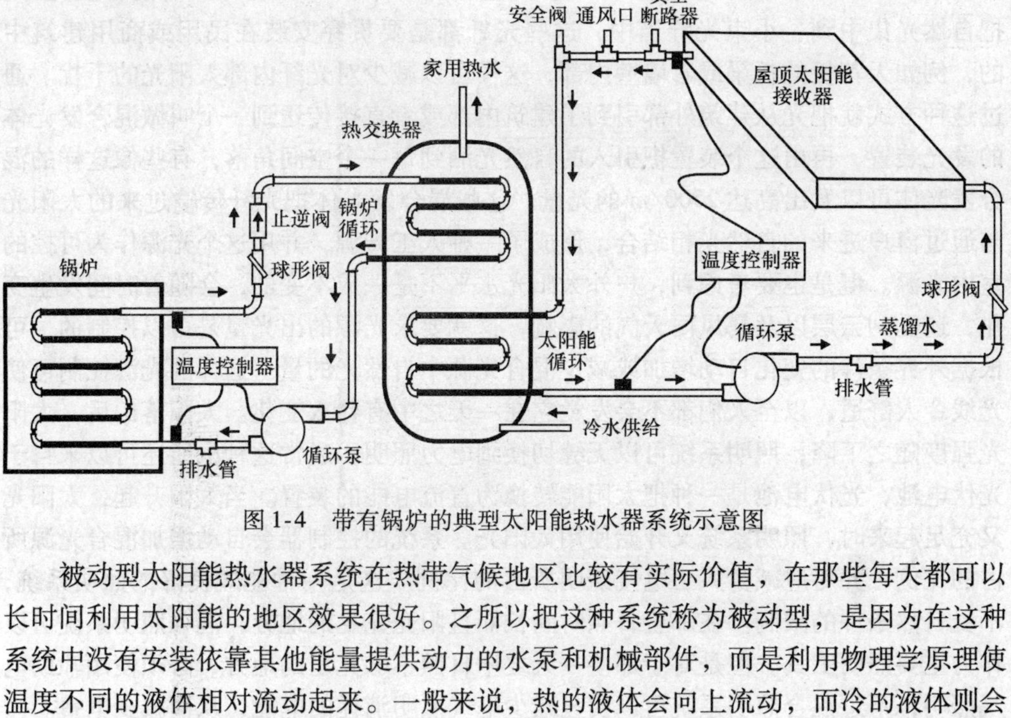

图1-4　带有锅炉的典型太阳能热水器系统示意图

被动型太阳能热水器系统在热带气候地区比较有实际价值，在那些每天都可以长时间利用太阳能的地区效果很好。之所以把这种系统称为被动型，是因为在这种系统中没有安装依靠其他能量提供动力的水泵和机械部件，而是利用物理学原理使温度不同的液体相对流动起来。一般来说，热的液体会向上流动，而冷的液体则会向下移动。依据这一原理，热水可以向上移动到太阳能采集板，吸收了热量之后又在重力作用下被送到下边所需之处去。太阳能热水器通常需要一个备用加热系统，因为在太阳下山或者阴天时，太阳能热水器不能提供足够的能量把水加热。现在的热水器系统大都可以使两者协调工作。这样，太阳能热水器得到了实际应用，而传统的电、气、燃料热水器也在同时工作。一些绿色能源系统也会采用小型的太阳能系统，辅助主要能源来进行房屋供暖与加热用水。在这些应用实例中，采集的太阳能必须存储起来，以便在需要时使用。

1.1.3　太阳能照明

太阳能照明又被称为混合太阳能照明或混合照明系统。它一般是把民用或商用建筑内部直接和间接来自太阳的自然光进行分配。这种照明系统通过光纤把太阳光从建筑外转移到了建筑内用于照明，往往都是嵌入原有的电气系统之中，把有益健康的自然光与方便可靠的电气照明相结合。把这种太阳能照明系统应用于商业目的，有很多好处，比如可显著提高零售额，减少能源消耗，提高员工的生产力，并保证他们的身体健康。

多年以来，我们都是利用玻璃窗使自然界的阳光进入建筑内。最近有些研究结果证明，在夏天，玻璃窗会使一些不需要的热量进到生活环境里；而在温度很低的冬天，玻璃窗又会给生活空间带来不必要的热量损失。因此，安装面积较大的窗户并不是把阳光引入建筑内的最好办法。混合太阳能照明系统由许多部分组成，包括房顶安装的太阳能平台（包括45ft㊀长的塑料光纤束）和一些特殊的混合发光体。把自然光集中到一小束光纤当中，这些光纤都是要贯穿安装在民用或商用建筑中的，例如天花板的托梁或者墙壁内部，这样可以减少对光纤内部太阳光的干扰。通过这种方式就把光从建筑外部引到了建筑内部或者直接传送到一个叫做混合发光体的发光装置，再由这个装置把引入的自然光洒到每一个空间角落，有些像这样的混合发光体可以发出高达2500/m的光量。这些混合发光体把光纤传输过来的太阳光与通过窗户进来的自然光相结合，形成了一种人工光源，并用这个光源作为可控的室内光源。但是也要考虑到，户外太阳光水平不是一成不变的，会随着时间发生变化，还受到云层以及暴风雨天气的影响，这就要求光源的出光量是可以控制的，可根据外界条件的变化自动增加或减少混合光源中自然光的量。这样的光源控制可使光线令人舒适，以至人们都不会发觉它在一天之中有什么变化。太阳落山后，太阳光强度随之下降，照明系统可以无缝切换到电力照明，通常这种电能还可以来自于光伏电池，光伏电池是一种把太阳能转换为直流电能的装置。当太阳升起，太阳光又充足起来时，照明系统又开始使用太阳光。系统的控制器会自动增加混合光源所占的比例，并对应减少人工电气照明所占的比例。这是一种能效良好的照明系统，不受自然条件的限制。在那些日照时间长而且阳光充足的地方，混合照明系统可以作为主要照明工具。但是对于那些一天之中日照不够充足的地方，必须使用辅助电气照明，不过混合照明系统可以明显减少电气照明消耗的电能，从而减少电费。

如果是新盖的房子，可以直接把上述照明系统嵌入房屋结构中，系统管道的上下通道直接安在房屋的墙壁或者天花板上，这样便于管道的安装与维护，也便于以后安装其他太阳能装置与管道。还有一种系统使用的是光缆，由于光缆具有易弯曲的特点，这种系统很容易安装在老住宅内。

另外一种太阳能照明系统是间接太阳能照明系统。图1-5就展示了一个安装于房顶的这种系统。在屋顶打一个口，伸出一个由玻璃或者塑料透镜构成的特殊装置。连接这个开口的是一个表面光亮的管子，管子的另一端接的是安装在屋内天花板的二级透镜。太阳光是被房顶的一级透镜采集并通过光亮的管子传导，最终把光

㊀ 1ft = 0.3048m，后同。

送给屋内天花板上的二级透镜。只要太阳光存在，它就会像穿过玻璃一样穿过透镜进入屋内。这种光源的优点是能够安装在房屋的天花板上，尤其适用于那些没有自然光进入且没有窗户的房间。由于这种系统只在太阳出来时才能发挥作用，所以必须给它配备传统电力照明系统，大多数情况下这种电力照明使用的电能也是由光伏电池转化而来的，并把剩余的电能存储在蓄电池中以备阴天或夜晚使用。这样的系统既易于安装在新建的房子中，又可以在改装旧房屋的时候安装。

图 1-5 间接太阳能照明系统
（来自 Solatube International）

1.2 太阳能光伏发电

太阳能光伏发电现象是由亚历山大·埃德蒙·贝克勒耳（Alexandre Ednond Becquerel）发现的，他发现放置在电解液中的一对金属电极在被阳光照射时会产生额外的光伏电动势。这种现象随后被继续研究，并达到很高的水平，后来就出现了现在我们使用的太阳电池板。这种装置可以直接将太阳能转化为直流电能。如今在世界各地使用着各种各样的太阳能光伏电池，其生产技术与设计技术也在不断地提高，从而使光伏电池的工作效率提高，价格降低。

图 1-6 安装在住宅屋顶的太阳电池板
（来自美国能源部）

图 1-6 展示了安装在民居房顶的一个典型的太阳电池板，图 1-7 展示了安装在工厂屋顶的光伏电池，这个建筑的房顶拥有大量的光伏电池。这类应用都要使用一个或者多个换流器，换流器是一种电子装置，用来把直流电压转换为一相或者三相工频（中国 50Hz，美国 60Hz）交流电压。可以用变压器将交流电压升高到工厂所需的电压，例如 480V。或者使用升压变压器把电压等级提高，把电能回馈给电网。可以在电网上安装功率表测量流入电网的功率。当太阳能发出的电能不足以供给建筑本身的用电时，电网电能可以通过同样的功率表将电能输送给建筑使用。也就是说，太阳能发出的电大多数供建筑自身使用，多余的可以卖给电网。这类系统的构建原则就是尽可能多地在屋顶安装太阳电池板。

图 1-7 安装在工业建筑顶部的太阳电池板（来自 Ron Swenson）

光伏电池的另外一种典型应用场合就是太阳能发电场。太阳能发电场就是在一个特定的地方安装大量的太阳电池板，采集尽可能多的太阳能并将其转化为直流电能，通过并网连接把光伏电池产生的电能统一送入电网。图 1-8 展示的就是一个太阳能发电场的太阳电池板。

图 1-8 安装在太阳能发电场的太阳电池板

在后面的章节中还将介绍关于光伏电池的安装、故障检测以及维修的知识。在第 4 章、5 章还将更加详细地介绍关于光伏电池的研究。

1.3 光伏电池的种类

目前已有各种各样的光伏技术可以实现将太阳能转化成直流电。这一小节主要对这些光伏技术做简要说明，读者也可以从中了解到各种技术的优缺点。下面讲的各种光伏电池在接下来的5、6、7章中还要进行详细介绍。光伏板常被安装在居民住宅、工商业建筑的顶部，这样可以将太阳光转化成直流电以供人们使用。

在太阳能领域，目前广泛生产应用四种基本类型的硅光伏电池：单晶硅光伏电池；多晶硅光伏电池；硅带太阳能电池；非晶硅太阳能电池（缩写为Si，也被称作薄膜多晶硅电池）。大多数商业用光伏电池是以硅为原材料，即砂石的主要组成物质。但需要注意的是，对用于制造光伏电池的硅的纯度要求极高。另外，其他材料也开始广泛用于光伏电池的生产，如砷化镓。硅被广泛应用的原因有：①硅是半导体材料；②砂石是简单易获得的原材料。

1.3.1　单晶硅光伏电池

在生产单晶硅光伏电池时，原料硅被提纯、熔化、结晶成为铸块。铸块被切成薄薄的晶片，制成单个电池，最后连接成太阳电池板。电池内部含有少量的正电荷，而电池顶部的薄层中含有少量负电荷。在加工过程中，用来贴附电池的基础材料称为“背板”。背板通常为一层可以物理加固电池的材料，并且在底部提供电气连接。

为了接收阳光，电池顶部必须是开放的。因此要在电池顶部覆盖薄的金属网络而不是连续层状物。一方面，这种金属网要足够薄，以便能够接受充足的阳光来进行太阳能向电能的转换，另一方面要足够宽，这样才能够更好地储存该过程产生的电能。在此物理变换中，光子撞击硅材料表面，随后被材料吸收，电池产生电能。当光子撞击二氧化硅材料里的电子时，电子受到驱动作用而移动。这一移动过程产生了电流。电子移走后，在其原来的位置上留下了“空穴”。电子从硅片内部移动至表层，并在表层接触到金属网。由于在硅晶片外部有电流通路存在，所以当光子撞击材料时，金属网和背板之间将会有持续电子流，即为光伏电池产生的有效电流。随着越来越多的光子撞击材料，将有更多电子脱离原子组成电池内的自由电流。这样一来，太阳光产生了一种使电子脱离原子的力，继而产生了电势差，即电压。一般来说，电池中的电压接近1.5V。电子数量受有效照度影响，进而引起系统电流的差别。当更多阳光照射时，撞击硅原子的光子增加，使电势差（电压）升高。这一过程也受温度的影响。

1.3.2　多晶硅光伏电池

多晶硅光伏电池可以降低太阳电池板的成本。多晶硅光伏电池的制作工艺与单晶电池相似，但是成本更低。这是由于制造使用的是低成本的低纯度硅。两种电池反应原理相似，都是由光子撞击硅材料产生电流。但是由于多晶电池采用了纯度偏低的硅材料，其效率略微降低。不过从总体上看，低成本抵偿了低效率。成本降低意味着光伏电池将被更广泛地使用，尤其当负担不起昂贵的单晶电池时，这一优势将更加明显。

1.3.3 硅带太阳电池

硅带太阳能电池是将熔化的硅材料加工成带状获得的。其特点在于使用硅带而不是硅锭或铸块。该电池的反应过程和单晶、多晶电池相同，都是由太阳光照射硅的表面，使光子撞击硅材料以产生电流。

1.3.4 非晶硅太阳能电池

单晶电池、多晶电池和硅带电池都有着独特的晶体结构。与之相对，非晶硅并无上述结构。非晶硅又被称作薄膜硅，缩写为 a - Si。制作过程是将硅蒸气沉积在玻璃、塑料或金属背板上，产生非晶硅单元。这一过程在真空环境下进行，生产出的电池成本更低。

1.3.5 其他种类的光伏电池和生产过程

日新月异的生产工艺催生了一系列新式的光伏电池。新的生产工艺中，有新的材料被加进了硅中，在一些情况下甚至采用了替代硅的新材料。新的工艺和材料可以降低成本，提高效率。

1.3.6 碲化镉薄膜光伏电池

另外一种更新更廉价的合成材料是碲化镉（CdTe），用这种材料生产光伏电池可以大幅降低成本。可以使太阳电池板的制造成本低于 1 美元/W，这一价格足以使太阳能发电比传统的火电厂发电更具有价格竞争力。

这种光伏材料由以下几种物质构成：两种碲分子，硫化碲，还有碲化镉。相比硅材料，碲材料的制造技术有很多优势。为了达到要求的特性，碲的两种分子需要进行掺杂，对于碲来说这种分子掺杂非常简单，而对于硅来说这种掺杂则需要很多复杂的步骤才能实现。这里的掺杂指的是为了改变电气性质而进行的两种或者多种元素的原子级的结合。

碲化镉的另一个优点是它吸收的太阳光波长接近理想波长，从而更易于实现太阳能到电能的转换。与之相比硅材料吸收的波长则比较长。同时由于碲材料是其他工业金属生产物（比如锌）的副产物，故其来源很充足。

事物都有两面性，使用碲化镉材料也有缺点。碲化镉太阳电池板的能量转化效率只有 10.6% 左右，这比硅材料太阳电池板的典型值 16% 低了很多。因为碲化镉价格便宜但效率却更低，这样一来，相比硅材料，为获得同样的电能就需要更多的碲化镉材料光伏电池，这就使两者的工程成本不相上下。

在本书的后续章节还会更加详细的说明以上各种光伏电池，也会介绍其他类型的光伏电池。

1.4 光伏电池的历史

光伏电池的历史超过了 170 年，表 1-1 列出了部分相关的历史事件。

表1-1 光伏电池发展史

年代	事件
1839~1899年	发现光伏现象（光伏材料基本现象与特性的探索发现） 光伏现象是一种光与电相互转换的物理现象，由法国物理学家亚历山大·爱德华·贝克勒尔于1839年发现。他用金属电极与电解质做实验，发现导电性随着光线的增加而增强
1887年	海因里希·赫兹发现紫外线可以改变使两个金属电极之间产生火花的电压值
1900~1949年	从理论上解释了光伏现象，太阳能光伏电池产生
1904年	从理论上解释了光伏现象
1918年	硅太阳能光伏电池诞生 波兰科学家简·切克劳斯基研究发现了单晶硅的大规模生产途径，使单晶硅太阳能光伏电池的生产成为现实
1921年	艾伯特·爱因斯坦发表了关于光伏现象的最完善的理论著作。他也因此于1921年被授予诺贝尔奖。1916年，罗伯特·密立根用实验证明了爱因斯坦的理论解释
1932年	其他材料的光伏效应 发现镉硒材料中的光伏效应。近年来，镉硒材料已成为重要的太阳能光伏电池原材料之一
1941年	制成第一个单晶硅太阳能光伏电池
1950~1969年	材料被应用于宇宙探索中
1955年	太阳能汽车诞生 开始了利用太阳能光伏电池为卫星供能的准备工作。西方电力（Western Electric）公司为太阳能光伏电池的生产制定了商业销售许可证。霍夫曼电子半导体分公司推出一款商业光伏产品，转换率为2%，每个25美元，能产生14mW的峰值功率。8月31日，伊利诺斯州芝加哥市展出了第一部太阳能手机
1957年	霍夫曼电子公司推出一款效率为8%的电池
1958年	霍夫曼电子公司推出效率为9%的电池。为发展空间技术，生产制造出第一个防辐射硅太阳能光伏电池。3月17日，发射了第一个太阳能光伏电池动力卫星——先锋一号。该系统连续运转8年。除此之外，美国还发射了另外两颗卫星，分别是探索者三号和先锋二号，俄罗斯发射了伴侣三号卫星。乔治亚州阿梅里卡斯市建成了第一个太阳能光伏电池驱动的电话中继器
1959年	霍夫曼电子公司在市场上推出可节约10%能源的太阳能光伏电池。美国发射了探索者六号，其上的光伏板装有9600个电池，其后又发射了探索者七号
1960年	霍夫曼电子公司推出新一款太阳能光伏电池，效率可达14%

（续）

年　代	事　件
1961 年	第一次光伏会议 联合国召开关于发展中国家的能源利用会议 美国国防研究院在华盛顿举办了第一次光伏会议
1962 年	贝尔实验室发射了第一个商业通信卫星。用于卫星供能的光伏发电系统峰值功率达到 14W。第二次光伏会议在华盛顿召开
1963 年	第一个太阳能光伏电池组件 夏普公司用太阳能硅电池研发出第一个可用的光伏电池组件。当时最大的光伏发电系统，即 242W 组件场在日本建成
1965 年	日本卫星发射科技项目启动
1966 年	环绕轨道中的天文台光伏组件可产生 1kW 峰值功率
1968 年	发射了装有两个镉硒太阳电池板的 OVI－13 卫星
1972 年	太阳能公司作为一个商业公司成立
1973 年	索拉雷斯公司建成。特拉华大学首先研制出第一个民用光伏－热能混合系统，太阳能一号。除了光伏发电系统，该系统内还设置了用相变材料制成的保温器。一个硅太阳能光伏电池能产生 30W 电功率
1974 年	日本的阳光计划启动
1975 年	松霖国际和太阳能技术公司成立。美国政府鼓励 JPL 实验室多做光伏发电系统在地球应用领域的实验探索
1976 年	在美国太空总署的保护下，拉腊米能量研究中心开始光伏装置的建设，以实现光伏发电系统在地球上的应用
1985 年	第三世界贫困地区建成了第一个光伏发电系统 该系统旨在作为能量供给，为电冰箱、电信工具、医疗设施、照明设备、供水设备及其他设施提供能源。太空总署能量研究中心推出一系列示范项目。美国无线电实验室研制出第一个非晶硅太阳能光伏电池
1977 年	光伏组件的产能已超过 500kW。太空总署研究中心开始在美国境内不同地域的 6 个气象站内安装光伏发电系统，同时也推出了额外的实验示范项目，科罗拉多州格尔顿市太阳能研究中心投入使用
1977 年	加拿大卡马里奥的 ARCO 太阳能建设了当时最大的太阳能电池和光伏系统生产厂的基地。NASA 研究中心在布基纳法索建设了 1.8kW 的抽水泵光伏系统。同年，该系统的峰值功率扩大到了 3.6kW。在加利福尼亚 Mt. Laguna 建立了容量为 60kW 的混合式柴油机－光伏系统，用于给雷达站供能
1980 年	大型独立光伏系统 ARCO 太阳能是第一家生产光伏模块的公司，该模块每年的峰值功率可达到 1MW。光伏系统的试安装在夏威夷的火山观测站的中心进行。一个名为“BP”的新公司成立上市。ARCO 太阳能在犹他州建设了容量为 105.6kW 的系统，该系统使用的光伏模块由摩托罗拉、ARCO 太阳能和斯派克生产

（续）

年　代	事　　件
1981年	NASA研究中心开始为全球30个疫苗冷藏室建立光伏电池系统（该项目于1984年终止）。第一架由太阳能供能的飞机，太阳挑战者（Solar Challenger）试飞成功。峰值功率达到90.4kW的系统在新墨西哥州的广场购物中心落成，其模块由太阳能公司（Solar Energy Corporation）生产。在马萨诸塞州比弗利市的比弗利中学（Beverly Highschool）建成了相似的系统。同年，在沙特阿拉伯的吉达，建成了拥有10.8kW峰值功率的海水脱盐系统。欧洲最早的太阳能电池生产商太阳神技术成立
1982年	全球光伏模块产量突破9.3MW。Solarex成立了Solarex航天部。在维也纳会议上，NASA研究中心公布了地球卫星接收站和公共照明供电的实验计划(Trail Case)。大众汽车公司开始对安装在汽车顶棚的光伏系统进行实验，该系统峰值功率将达到160W，用于汽车起动。Solarex提出了在马里兰州的弗雷德里克建设装配有光伏系统的屋顶，峰值功率可达200kW。ARCO太阳能建设容量为1MW的光伏发电站，模块面积超过108acre（1acre = 4046.856m^2）
1983年	全球范围内生产的光伏模块峰值功率突破21.3MW，产品总值达到2.5亿美元。崔克太阳能汽车（Solar Trek）搭载功率为1kW的光伏系统，在为期20天的澳大利亚汽车比赛中行驶了4000km。最高时速72km/h，平均时速24km/h。同年，该车用18天时间从加利福尼亚长岛行驶至弗罗里达州代托纳比奇，行驶距离超过了4000km。Solarex公司向电池生产厂商RCA购买了非晶硅电池，并用这种电池材料在宾夕法尼亚州的纽镇建立了实验电厂。ARCO太阳能建设了容量为6MW的光伏电站，成为加州太平洋燃气及电子公司（Pacific Gas and Electronic）供电网络的子系统。该系统可以为2000～2500户居民供电。太阳能公司（solar energy corporation）在突尼斯的一村庄建设了4个独立的光伏系统，每个系统的总峰值功率达到了31kW。NASA路易斯研究中心和Solarex在圭亚那建立了一个可以满足当地一家医院用电需求的光伏系统，该系统的容量为1.8kW，能够为疫苗冷冻箱、室内照明、分类照明和无线电设备供电。另外，厄瓜多尔建立了另一个类似但功率更高的光伏系统，容量为4kW。在津巴布韦也建设了同样作用的电站，容量为1.8kW。Solarex公司（Solar corporation）和Amoco太阳能公司（Amoco Solar Company）合并，由美孚石油公司控股
1984年	容量为1MW的光伏发电厂在加州萨克拉门托投入运行。ARCO太阳能率先引进了非晶体硅模块。NASA研究中心在加隆建设了17个光伏系统，以满足当地学校、照明、医疗设施、抽水设备的用电需求。BP太阳能系统（BP Solar System）在欧洲地球物理学会（EGS）的支持下，兴建了容量为30kW的光伏系统，并与英国南安普敦附近的公共电网相连接。Solarex公司为乔治城学院跨文化研究中心的光伏系统提供设备，该系统装有4464个模块，峰值功率达到337kW。BP太阳能公司买下了北狄集团有限公司Monosolar（Monosolar, Nortek, Inc）的非晶硅太阳能电池研究部

（续）

年　代	事　件
1985 年	澳大利亚新南威尔士大学研制出效率高于 20% 的太阳能电池。BP 公司在澳大利亚悉尼建设了发电厂，不久后，另一个发电厂在西班牙马德里建立。印度尼西亚的苏拉威西岛建起了用于地球卫星站的光伏系统
1986 年	ARCO Solar 发布了首个非晶硅模块，命名为 G-4000
1987 年	在澳大利亚举办的宾得杯太阳能竞速挑战赛（Pentax world solar challenge race）中，一辆普通的摩托车“太阳挑战者”（sunracer）以平均时速 71km/h 获得胜利
1990 年	能量转换装置有限公司（Energy Conversion Devices Inc，简称 ECD）和佳能有限公司（Canon Inc）共同建立了股份公司——联合太阳能系统公司（United Solar Systems Corporation），该公司致力于生产太阳能电池。西门子公司买下了 ACRO 太阳能并建立了西门子太阳能产业（Siemens Solar Industry），目前已成为世界上最大的光伏系统公司。太阳能研究学会（Solar Energy Research Institute，简称 SERI）更名为国家可再生能源实验室（National Renewable Energy Laboratory，简称 NREL）
1991 年	BP 太阳能系统（BP solar systems）更名为 BP 太阳能国际（BP Solar International，简称 BPSI），成为英国石油公司（British Petroleum）的独立部门
1992 年	南极洲建成了容量为 0.5kW 的光伏系统，为实验室、照明、个人电脑和微波炉等提供电能。效率为 20% 的太阳能硅电池获得专利
1994 年	美国可再生能源领域的重要机构 NERL 建立了官方网站。美国能源部在巴西建设了几个试验系统，用于提供农业、医疗、照明、抽水等方面的用电。德国的 ASE GmBH 公司收购了移动太阳能公司（Mobil Solar Energy Corporation）的技术，建立了 AME Americas 有限公司
1995 年	首个旨在促进光伏系统商业化的国际基金会成立，并赞助了一些在印度的项目。世界银行和印度可再生能源会（India Renewable Energy Agency）共同赞助了与 Siemens 太阳能合作的项目
1996 年	BP 太阳能公司购买了 APS 在加州的生产基地，并公布了商业用 CIS 太阳能电池的生产计划。太阳能飞机 Icar 成功飞越德国，该机表面搭载了 3000 个太阳能电池，总面积为 $21m^2$
1997 年	希腊同意在克利特岛投资建设总计划容量为 50MW 的光伏系统，一期建设计划实现 5MW。但是由于投资者的误解，该系统最终未能实现。一项可以在未来三年内带来容量为 3640050W 光伏系统的活动在印度尼西亚举行
1999 年	太阳能电池有限公司（Solar Cell Inc，简称 SCI）、真北方兄弟（True North Partners）和亚利桑那州菲尼克斯有限责任公司三家公司合并为第一太阳能有限责任公司（First Solar，LLC）

（续）

年　代	事　件
2000 年	欧洲光伏发电与证券交易在德国，大多数光伏发电和可再生能源公司在证券交易所享有股份。德国的资本融合为大型光伏发电公司的成立创造了契机。在 2000 ~ 2001 年间，日本厂商的产量大幅提高。夏普公司和京瓷公司生产的光伏模块总峰值功率已经达到了德国每年的需求量，而德国正是全欧洲光伏发电需求量最高的国家，三洋公司也紧随前两者后
2002 ~ 2010 年	在德国建立了一些大型的发电厂。2003 年 4 月 29 日，当时世界最大的光伏发电厂并入雷根斯堡（巴利伐亚）附近的黑马乌公共电网。“黑马乌太阳公园”（Solarpark Hemau）电厂的峰值负荷为 4MW。由于可再生能源法“EEG”的颁布，德国在 2004 年建设了许多装机容量高达 5MWp 的发电系统。其中具有代表性的包括 Solarparks Geiseltalsee、Leipzig、bürstadit 和 göttlborn

1.5 影响地球得到太阳光量的因素

由于运行位置的因素，地球接收到的太阳能每天都在变化。首先，地球在绕着自己的地心轴自转，产生了一天之中的日出、正午、日落、夜晚。为便于说明，选择一个固定的地点（比如美国的克利夫兰）。由于地球的自转，克利夫兰转到了有光照的一面，在这里也就产生了我们所说的日出。地球的自转还使克利夫兰的太阳从东向西运动，在日落时降到西边的地平线以下。在日出与日落的这段时间，太阳光射线没有出现直射克利夫兰的情况，而是有一定角度的斜射，这样就比直射接收到的能量少。当地球自转到太阳正午直射克利夫兰的时候，太阳发送到地球上的射线能量达到一天之中的最大值。如果这个时候有光伏电池进行光电能量转化，那么它将在这段时间里产生一天之中最大的功率。相比之下，在日出或者日落时光伏电池产生的能量就小得多。

在一年之中，地球接收到的太阳能也会因其他因素的影响而发生改变。地球除了自转，也在以 365 天为周期绕着太阳公转。图 1-9 展示了地球绕着太阳公转的路径。从图中我们可以发现，公转的路径不是圆形，而是一个椭圆形。这说明，在一年之中随着时间的改变地球与太阳的距离或远或近。另外一个影响地球接收太阳能多少的因素就是地球地心轴的倾斜程度，角度近似为 23°，但随着地球的公转，这个角度会在 21° ~ 25°之间变化。由于地球绕太阳一周需要一年的时间，像克利夫兰这类在北半球的城市，夏季朝向太阳旋转，冬季远离太阳旋转。虽然冬季地球的旋转角度保持不变，但因为地球在公转轨道的最远端，北半球离太阳远，导致北半球日照时间短，接收到的太阳能也较少。

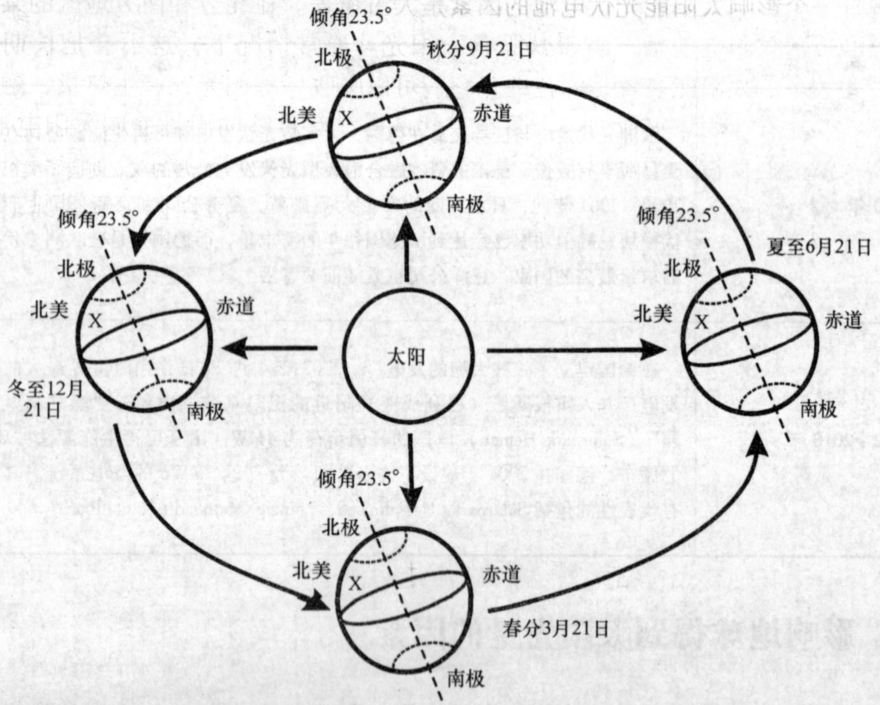

图 1-9 在 365 天内地球绕着太阳公转的路径示意图（X 代表俄亥俄州的克利夫兰）

12 月 21 日被称作冬至，它是北半球一年中日照时间最短的一天。6 月 21 日是夏至，这一天北半球日照时间最长。3 月 21 日是春分，日间与夜间时间几乎相同。9 月 21 日是秋分，同春分一样，昼夜时间几乎相等。

由于克利夫兰和俄亥俄州在北半球，距离赤道 3000mile㊀，夏季日照时间长，冬季日照时间短。赤道是一条想象存在的线，位于地球的中部。

以上信息有助于理解不同月份、不同季节地球接收到的太阳能是不同的，对于选择利用太阳能的地点，建设可以大量利用太阳能的厂站是非常有用的。

1.6 天气对太阳能转换的影响

天气也是影响太阳能转换量的因素。天气条件不仅是由季节和地球绕太阳运行方式决定，也受其他因素的影响。例如，一个天气面也许会覆盖美国大部分地区，导致连续数日的浓雾天气。当云层相当厚时，会有很大一部分太阳能被阻隔在太阳电池板以外。类似情况也会发生在短暂暴风雨或暴风雪期间。五大湖地区更易受到阴天、乌云、浓雾天气的影响。雾是由空气与陆地间的温差引起的，但雾对太阳能装置接收阳光的影响类似于浓云密布对太阳能装置的影响。

㊀ 1mile = 1609.344m，后同。

另外一个影响太阳能光伏电池的因素是大雪覆盖。在北方和南方地区的某些时间，雪会覆盖太阳电池板，阻碍其吸收太阳光。通常情况下，这不会是长期性问题，因为大多数太阳能装置是深色的，它们可以吸收一些阳光，产生热量，融化板上的积雪。还有与积雪类似的一个问题，就是当没有足够的雨量冲刷太阳电池板，灰尘和污渍会覆盖在太阳电池板上，以至于使接收到的太阳光减少。如果一个地方长时间缺雨，而板上落了一层灰，这就需要维修人员为其清理。一般情况下，每4~6周下一次雨就足以将太阳电池板冲洗干净。

1.7　有关太阳能系统的其他术语

来自于太阳的能量被称为太阳能，主要由以光波和光子形式照射到地球的光能组成。光波被物质吸收后，物质的温度会上升。太阳能的应用包括：加热空间，如太阳光透过玻璃或者照射在深色的屋顶可给房间提供热量；用太阳能加热水，满足家庭应用及商业应用；通过光伏电池，将太阳能转换为直流电。

太阳能的其他应用包括太阳能聚集器或接收器。它由一组镜面构成，用于将太阳辐射聚集，到某一特定位置以产生很高的温度。这种温度主要用于加热装满液体（比如油和熔盐）的管道，加热后管道通过装有水的热交换器进入第二级循环。油和熔盐的温度足以让第二级循环中的水沸腾变成蒸汽。蒸汽可用于使涡轮旋转，驱动发电机发电。

为方便理解太阳能，一些术语需要先了解。能量可以简单定义为做功的能力，有一个重要的概念，能量不能凭空产生和消灭，只能转换成不同的形式，但总量维持不变。这个规律就是“能量守恒定律”，最早发现于19世纪。

有一种能量形式是热能，是由温差引起传递的能量形式。热量传递是指温度由温度高的物体或区域向温度低物体或区域移动。热量的另一种解释是：热量是在温差作用下可以由一个能量系统流向另一个能量系统的能量形式。

温度就是物体或环境的冷热程度，也可定义为物质分子的平均动能，可以用单位或标尺的刻度来表示。温度常用的衡量单位是华氏温度与摄氏温度。华氏温度的标准是：水的凝固点是32℉，沸点是212℉。摄氏温度的标准是：水凝固点是0℃，沸点是100℃。

太阳主要以光的形式辐射能量，光波或光子向各个方向均匀地传播能量。太阳还会以其他形式传播一小部分能量。当发射高速带电粒子到太空时会产生动能和电能，通常被称为太阳风和耀斑。通过由引力产生的潮汐摩擦，太阳还会向绕其运行的行星传递动能和热能。

1.8　太阳能的储存

民用及商用的太阳能需要能量储存介质，以防由于云层覆盖或夜晚来临太阳能变少而导致电能减少。电池是长期或短期储存电能的重要工具，包括铅酸电池、锂离子电池、镍镉电池或镍金属混合动力电池。

电池应该允许快速充电与充分放电。充电器用于实现电池充电、防止完全放电与过度充电。

太阳能光伏电池产生的直流电不能被大多数使用交流电的设备直接使用。但可以被加热元件、照明系统和直流电动机直接使用。

如果电压是直流形式，可使用电池将电能储存起来。电池充电器和控制器可以防止电池过度充电及放电。当电动机或其他装置需要使用交流电，或要把电能输送到电网时，需用换流器将直流电转为交流电。为使太阳能系统实现与电网的连接与断开，需要一个专门的开关。有时电池充电器和递变器设计在同一个装置中。

虽然并不是所有太阳能系统都需要电池，但一旦被使用，它将是太阳能系统不可分割的一部分。电池电压可以是12V、24V及48V，最常用的两种电池是铅酸电池和镍镉电池。镍镉电池比铅酸电池价格要高，但寿命长、保养简单、放电充分，原因是镍镉电池能保持满格电压，直到几乎完全放电时电压才急速下降。但是由于镉是有毒金属，其降解成本高。铅酸电池的缺点是，在它放电40%～50%后，电压便会迅速降低。当电压明显低于满额电压时，电池对于电力负荷来说就没用了。所以，铅酸电池需要保持满格电量才能维持最高电压。若铅酸电池是未被密封的，则需经常检查水量，在水位低时补充蒸馏水。铅酸电池水位下降的原因是：铅酸电池在使用中，金属板会变得很烫，足以让液体沸腾，变成蒸气，导致水位下降。如果酸液高度下降太多，露出了顶部的铅板，会导致电池的严重损坏，电池将不能维持电压。酸液的蒸气还会腐蚀所接触到的任何金属，因此保持电池顶端和接线端的干净是十分必要的。

太阳能系统中的电池是典型的深循环电池。它们比汽车电池这样的浅循环电池使用寿命长，在很长的一段时间内可放出更多的电量。浅循环电池在短时间内放出大量的电，但需用大量时间重新充电。铅酸电池在太阳能系统中是深循环电池，只要有日光并且光伏电池可以产生电能，铅酸电池便可持续重复充电。

每60～90天铅酸电池需要充满一次。包括一次有控制的过度充电，以保证电池每个部分都是充满电的。在充满过程中需要严格监控，保证任何一块电池的充电量都不会过多地超过其他电池。由于满充过程会有酸液溢出，而酸液具有易爆性和腐蚀性，所以需确保通风良好。此外，还应经常检查电池内的酸液，当水量下降时补充蒸馏水。

太阳能系统发电时，电流必须通过充电控制器流入电池。当电池充满时，要阻止光伏电池的电能继续流入电池，防止电池过度充电。充电控制器还可同时监控电池电量的多少，防止耗电过度导致电池永久性损坏。

太阳能光伏电池的最初成本取决于电池的种类。一个中等大小的电池需花费200～1000美元，工业用电池是几千美元，小一些的电池，如船舶和高尔夫球车的电池，花费不到100美元，最终价格要包括运费和处理费用。

电池的替换和淘汰也是需要考虑的成本。太阳能光伏电池使用几年后必须更换。尽管工业用铅酸电池使用寿命可长达20年，但中等大小的电池只可使用7~12年。小型电池，如应用于高尔夫球车上的电池，寿命只有3~5年。镍镉电池可使用较长时间，但不能循环使用。所有电池必须妥善处置。镍镉电池的处理费用较高。图1-10是典型的太阳能系统电池储能装置。第9章会详细介绍电池充电系统。

图1-10 典型的太阳能系统蓄电池装置
（来自NREL和美国能源部）

1.9 电网中的太阳能光伏发电系统

光伏电池可以组合进行大规模发电，产生的电能可以储存或直接送入电网。这种类型的系统称为并网系统。并网系统可以是居民用电、商业用电的一部分，也可以是工业设施屋顶上较大规模的太阳能装置。由于整个系统中没有运动部件，并网光伏发电系统是目前可用的最可靠的可再生能源科技系统。如今光伏发电系统生产商承诺其太阳电池板可使用25年，而光伏板预期寿命接近50年。

随着过去十年间电能变流器（逆变器）的发展，使得直流电转换为交流电并汇入电网更容易实现了。变流器的使用替换了成本昂贵的电池。因为铅酸电池储能系统是有毒的，因而必须严格控制铅酸电池的废弃处理方法。如今已无需将太阳电池板连接到电池组，而是将太阳能发电系统直接与电网连接。变流器使太阳能发电系统可以为建筑和居民住宅提供电力，并且多余的电能还可通过网络电表传送入电网。网络电表使居民及工业用电系统在太阳光不足的情况下准确地从电网调回电能；夏季供电系统产能供大于求，多余的电能就会送给电网，而用户的这种行为也会得到奖励。

1.10 发电的抛物线型槽式系统

如今已有多种抛物线型槽技术被应用。一种类似的抛物线型槽式系统是利用镜面将太阳能聚集到装满合成油、熔盐等液体的接收管。汇聚的阳光可使液体温度上升到超过水的沸点，之后液体穿过热交换器。热交换器有两个管道，可将混合油和熔盐等液体与变成蒸汽的流体分开。蒸汽直接送到驱动常规发电机的涡轮。槽式系统的汽轮机和发电机与火电厂和核电站发电系统的相同。抛物线型槽式系统通常用于美国西南的部分地区，那里常年阳光充足，室外温度高，足以加热油和熔盐。有些地方加热条件非常好，受热的混合油或熔盐，能使热交换器在太阳落山后继续产生蒸汽。当液体温度下降，不足以在热交换器中产生蒸汽时，也可用天然气等其他能源供热。因此在阴天或夜间都能产生蒸汽，持续不断地推动汽轮机，为发电机提供动力。

随着研究的深入，抛物线型槽式系统在运行成本和单位发电成本方面，与传统的火电厂和核电站相比已具有竞争力。抛物线型槽式系统产生足够的蒸汽，供应MW级发电厂运转已成为可能。图1-11显示了抛物线型槽式系统的管道体系与其他组件，图1-12是该系统的照片，图中显示出了镜面与管道的相对尺寸。

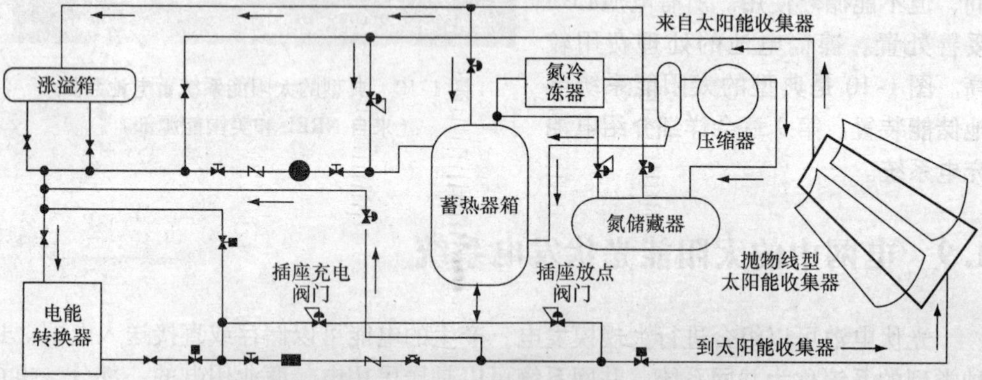

图1-11 抛物线型槽式太阳能系统的管道组件图

图1-12 抛物线型槽式太阳能系统（来自美国能源部）

1.11 碟式/发动机发电系统

另一种用于发电的太阳能系统是碟式/发动机发电系统。它利用碟状镜子阵列将阳光聚集在碟面中间的接收器上。接收器由密闭的管道系统构成，有一个装满加压气体的罐体。气体被加热后，气体中的能量被传输至斯特林太阳能发动机，斯特林发动机中的活塞使机轴旋转，驱动发电机。图1-13是这种系统的照片。从图中可见那个碟面是相当大的（直径 35 ~ 40in⊖）。

斯特林太阳能发动机的基本结构包括活塞、机轴以及密封于发动机内部，数量一定的气体。发动机内的气体受热后，活塞运动，推动机轴转动。只要有能量供给，发动机内的空气就会经历一个循环：加热升压→推动活塞→驱动机轴与发电机。这种发电系统将太阳能转换为电能的效率约为 30%。从早晨太阳能开始产生热能，斯特林太阳能发动机内的气体吸收热量膨胀，推动活塞，发动机开始运转。当速度提高，功率足够大时，发电机获得能量供应，整个系统开始发电。发电量取决于太阳能转化为热能并传递给发动机内气体的能量多少。由于气体密封于发动机内，气体持续膨胀做功，推动活塞运动，而后气体冷却，准备进行下一次加热。傍晚，太阳落山，太阳能减少，发电机停止发电，发动机也因气体热量不足停止运行。第二天早上太阳升起，接收器加热气体，发动机又开始新一天的循环运转。该发电系统每天自动运行和停止，任何时刻只要太阳能量足以使发电机运行便可发电。

图 1-13　斯特林发动机太阳能发热系统的集热器（来自美国能源部）

由于斯特林太阳能发动机用到收集阳光的碟状板，因此需要一个复杂的光线跟踪系统，使其时刻处在接收太阳光最多的位置。该系统硬件设施的最初成本很高，每 kW · h 大约 2 美元，而核电站每 kW · h 为 15 美分、火电站每 kW · h 为10 ~ 12 美分的成本。随着研究的深入和系统的不断新建，每 kW · h 的成本会逐渐降低。本章后半部分会深入讲述斯特林太阳能发电系统。

1.12　进行太阳能研究的有关部门

太阳能研究在过去几年内发展迅速。研究是由联邦能源部和国家可再生能源实验室负责。这一节主要讨论生产太阳能设备的企业、大学研究人员和提供研究经费的联邦部门之间的关系。

⊖　1in = 0.0254m，后同。

1.12.1 能源部

能源部是美国政府的部级机构。能源部部长与总统直接对话，制定可再生能源技术政策。能源部负责为太阳能及其他能源的发展制定政策与拨款。

1.12.2 国家可再生能源实验室

国家可再生能源实验室为太阳能行业提供标准和数据，这些认证被称为“型式认证”，用于确保太阳能设备的设计、生产、文件等都符合具体标准及其他技术要求。这个认证还包括在安装、运行和维护实践中补充的其他评价标准，以确保各种功能都在最初设计的标准之内。型式认证也适用于同类型的所有涡轮，涉及涡轮是否符合设计评估、型式试验以及制造的要求。

1.12.3 桑迪亚国家实验室

自1949年开始桑迪亚国家实验室一直致力于研究能够维护美国国家安全的科学技术。桑迪亚实验室是由承包商经营的国有企业。桑迪亚公司属于洛克希德马丁公司，为美国能源部和国家安全管理局管理。

如今3亿多美国人依靠桑迪亚的技术方案，通过科技、人民、基础设施建设及友好关系解决和平与自由在美国国内及全球范围面临的威胁。桑迪亚国家实验室的任务之一是进行太阳能的研究与开发，为太阳能及风能的发展提供资金与技术支持。桑迪亚国家实验室位于新墨西哥州阿尔布开克市。

1.12.4 橡树岭国家实验室

橡树岭国家实验室位于田纳西州罗恩县，距离橡树岭市中心7mile，距离诺克斯维尔市约25mile。它是能源部最大的科技与能源实验室。自2000年4月起实验室由田纳西大学和巴特尔大学共同管理。橡树岭实验室建于1943年，是秘密进行的曼哈顿工程的一部分，任务是开创生产和分离钚的方法。20世纪50、60年代，实验室成为全球核能及物理和生命科学领域的研究中心。随着能源部的建成，20世纪70年代时该实验室的任务已涵盖一系列能源技术与策略的研究。如今，该实验室为国家太阳能开发提供技术支持。

1.12.5 国家光伏中心

国家光伏中心是美国国家可再生能源实验室的一部分。致力于光伏技术的创新，推动全美国光伏制造业的产业发展。国家、学术界、私人企业通过合作共同解决技术难题，促进光伏产业的发展。该中心的任务是帮助美国光伏产业维持领先地位。美国能源部建立光伏中心，现已成为太阳能技术项目的一部分。

1.12.6 国家电气规程和保险业实验室

国家电气规程涉及电气火灾和安全标准，由国家防火协会制定。国家防火协会是于1896年建立的国际性非营利组织。国家电气安全规程是NFPA 70的一部分，涉及电气安全，每三年更新和出版一次，最新版于2008年出版。美国太阳能电路系统和线路设施必须符合电气规程，包括仪表板、开关和控制装置中的线路设置。严格遵守电气规程也可确保电气元件和线路的正确接地，保证工作人员安全，防止电击危险。

国家电气规程与保险商实验室等其他组织一同确保电气安全。例如，规程 280 号和 UL1449 适用于防雷，可防止雷击造成破坏和损失。UL 还涉及电力递变器的标准，即 UL1741。电力换流器应用于某些太阳能设施中，将太阳能设备的输出电压变为 60Hz 的工频交流电。后面章节还会具体讲述此类标准和规章。

1.12.7　美国国家标准学会

美国国家标准学会（ANSI）是于 1918 年建成的民间组织，会员由个人和非营利组织组成，因为是由所有参与者共同制定，其标准是开放性标准。建立标准的任何组织都希望 ANSI 接受他们的标准。ANSI 帮助确认标准制定者的资质。经 ANSI 认可使用其结构去建立、维护标准的组织，如太阳能工业协会（它为太阳能设备制定性能标准）。

1.13　政治因素

影响太阳能利用的政治因素包括鼓励太阳能建设的奖励机制，限制碳燃料和其他原料的政策。美国联邦、州和地方政府会继续颁布法律和规章制度，推动太阳能与现有的煤炭、核能以及其他能源的综合利用。

对空气质量的要求会制约煤及其他碳燃料的使用，增加对太阳能发电的需求。联邦和地方政府为降低成本因素的影响，专门为太阳能发电制订了人工价格体制，以利于太阳能发电和煤炭、核能以及其他形式的碳能源发电竞争。同时政府建立了相应制度，鼓励个人利用太阳能发电，并且可将发出的电以较高价格卖给政府，保证了良好的收益。

联邦和地方政府为太阳能设施的建设、日常维护、系统维修提供了减税、奖金和安全贷款。政府同时也为小型电站的改造与扩建提供资金。政府对小型电网的研究以及新项目的大量投资，使得小型电站可以快速发展，最终实现并网以及向电网卖电。

1.14　经济因素与投资回报

影响投资回报率（ROI）的因素有若干个。ROI 是指随着投资的进行，可以得到的资金及其他利益。例如，一个太阳能项目耗资 10 万美元建成，那么经过一段时间，投资者通过太阳能发电所得到的利益，就是投资回报。只有投资回报足够时投资者才愿意向太阳能投资。投资的个人和企业会计算回报金额以及回本时间。影响 ROI 的因素包括太阳能收集和转化效率、阳光充足的概率等。太阳能系统效率越高、强光照越充足，则投资回报率越高。基本上，太阳能设备越大，系统的效率就会越高，因而大型电站比小型电站获得的收益率更高。影响 ROI 的另一因素是太阳能系统建设的最初成本，如果政府能够公开对太阳能工程和安装项目进行招标，降低最初设计成本，确保安装成本保持较低状态，则 ROI 可以大幅提高。如果政府提高奖励和担保贷款，最初成本也会随即降低。如果贷款项目的利率能够降低，则 ROI 会提高。

某些太阳能装置可使太阳能系统的发电量超过其他设施。例如，在沙漠中建设太阳能基地可以确保有足够的太阳能供应，而且更持续，使太阳能系统可以最大限度地发电。随着光照强度和光照时间的增加，ROI 也随之提高。

另一个提高 ROI 的方法是大规模集中建设太阳能系统，建太阳能电场。如果太阳能接收器相邻建设，安装成本可略微降低，这是由于工地现场的基础设施容易得到改善，例如变电站、电网连接点、数据收集及控制系统和其他共同使用的技术设施的改善。

1.15 太阳能创利的其他途径

企业、农场主及其他土地所有者通过太阳能系统赚钱的另一途径是与能源公司签订合同，允许能源公司在其土地上建立太阳能系统，同时要求他们支付费用。因为太阳能公司不拥有土地，所以他们或购买土地所有权，或交纳租金租赁土地。付费方式可以是在特定一段时间内支付固定费用，同时在合同期内的特定日期可增加一定的费用。此类合同的优点是土地所有者可以拥有固定收入，同时能源公司也可了解在一段时间内的固定成本。

土地所有者也可签订另一种合同，规定能源公司支付发电所得收入的特定百分比。此类合同需确保合同双方对于生产记录和其他成本开销充分知情，该类支付方法的弊端是由于不同月份太阳光照射量不同，所以每月的收入也不同。类似的付费计划包括支付固定费用加所得收入的一部分比例，还有另一种付费方案包含了土地所有权的共同拥有，即土地所有者卖出全部或一部分土地给太阳能公司。如果所有权是按百分比分配，那么收入也按同样的比例分配。

1.16 绿色能源的回报计算

如果建设太阳能系统或一系列太阳电池板可以赚回投资成本并可盈利，那么这些建设即可付诸实施。关于在何种情况下太阳电池板可以产生足够的电能以偿还投资的计算叫作回报计算。通常情况下回报计算包括两个因素，等式一边是所有成本因素，另一边是所有盈利因素。表 1-2 列出所有成本因素和所有盈利项目。

表1-2　影响太阳能项目成本和收入的因素

成本因素	收入因素
场地准备	每日、每周、每月可以发出的电能
环境研究	有多少电能可以被抵消或被太阳能取代
环境调查	被太阳能设备取代的电能的价格
设备由生产厂家向工地现场运送	有电力公司购买的电能成本
太阳能发电设备成本	太阳能系统效率和存储设备的容量
安装太阳电池板	太阳能设备的安装地点和每年最强日照时间
使太阳能系统入网	资助金和抵免税费
电气设备和联入电力系统	由于税费原因的加速折旧
变压器和变电站	可再生能源信贷
安装 SCADA 系统	
历年检查	
周期性保养	
预测小规模检修	
预测大规模检修	
员工工资	

例如，成本因素可能包括：场地预备；环境影响和检查许可文件；运送太阳能设备到工地现场，其中包括从海外运送过来；安装支架；安装太阳电池板到支架上；启动成本和启动调整；与电气系统、变压器、变电站及电网连接；安装 SCADA 系统，包括安装持续监控太阳能发电的软件。其他成本还包括年度检修和阶段性维护，也包括电气和机械设备在使用寿命期内可能需要的大小维修预算。大型发电系统和太阳能发电场还需要将维修人员的费用计算在内。

收入方面要考虑太阳能每日、每周、每年发电量，以便计算当太阳能系统作为独立系统就地使用时，可以承担的电力负荷。为估算太阳能设备的发电量，需考虑太阳电池板的大小和所在地区的太阳能光照量（一些网站提供了此类计算公式）。接下来，需要计算太阳能设备产生的更换能源总成本，并根据电力公司的收费项目确定需要为这些电量向电力公司缴纳的费用，包括超过需求因数的罚款和高峰期使用过量的罚款等。居民用电费用与商业和工业用电费用不同。一旦计算出收入和成本，就可知道当太阳能系统向居民、商业或工业供电时，收回投资额所需的时间。

如果是并网系统，并且可将电力直接卖到电网，则需确定一段时间内太阳能系统的发电量和售电价格。因为电力被供电公司买回，价格由购买能源的单位决定。需要明确的是，公共事业单位购回电力的价格会大大低于电力对外售出价。由于这个原因，一些大型太阳能发电场作为小的供电公司直接将电力卖给终端用户，而不是卖给供电部门。

1.17 在线投资回报计算器

一些在线计算器的程序和计算机程序可以帮助计算这些因素的确切量值。这些计算包含的因素或多或少，也许某些因素的权重相对较大。一些太阳能产品生产和安装公司可以提供相对更为准确的回报率计算，因为他们已有长时间跟踪记录太阳能设备安装使用的经验。

很多网站都有提供投资回报计算。表1-3的信息也用于确定回报率。当太阳能系统的效率确定后，系统能生产的电量也因此确定。为此需要确定每天日照时间和太阳能系统建设地点的平均电力产出，这有利于计算每天的太阳能发电量。用于计算的信息必须尽可能准确，这样才能计算出确切的回报率。不同发电地点的数据有差别，这些数据需要每日、每周或每月做平均，并且根据当地的逐月变化进行调整，这些数据可以由SCADA系统从之前已经建成的太阳能发电站点获得。当同一地点或太阳能发电场有新增太阳能系统建成时，这些信息是相当有用的。

表1-3　用于计算太阳能回报所需时间的数据

数　据	备　注
平均功率输出的函数（以平均功率输入为自变量）	从生产商处获取
产出1kW·h的近似成本的函数（以太阳能设备的平均成本为自变量）	通过对太阳能设备的输出计算和安装位置得出结果
回本时间函数（参考当地电价，以平均电能产量为自产量）	需知被取代的电能成本，如果是卖电到电网，需知电能回买率
功率输出图显示了太阳能系统发出不同等级的电能时间所占的百分比，包括零功率输出的情况	通过计算每天太阳能设备运行的时间

一旦太阳能设备的效率被确定下来，该设备的运转时间和年发电量都可以计算出来。回报计算的下一步就是确定太阳能替代的电能成本，也就是说发电场的太阳能电力主要向电网公司销售时的回报成本。由于电价、立法和现行太阳能发电规章制度的不同，每个地区、每个州的这些数据各不相同。一旦确定以上两种价值，则总成本即可确定，回报所需时间也随即确定。

1.18 关于太阳能税收方面的考虑

财政鼓励机制以税收减免的形式进行，包括所得税减免、房地产税减免和营业税减免。税收激励包括联邦和州的税收激励，也包括贷款和其他鼓励机制，旨在抵消太阳能设备安装成本。实行鼓励机制，目的在于加快新系统的建设。一些鼓励机制是为家庭所有者和个人应用设计，一些是为安装、运行大型太阳能系统的企业设计，表1-4列出了一些此类项目。该表由国家可再生能源和节约奖励数据库提供，该数据库建于1995年，是北卡罗来纳州和州际可再生能源理事会开展的项目之一。这只是国家项目的一个例子。项目由美国政府拨款并已在进展中，所以可查询相关网站了解最新消息。需清楚的是这类项目大部分都有限制和截止日期。可登陆DSIRE网站在线查询最新的鼓励机制。

表1-4 联邦激励机制/可再生能源和效率政策

经济激励	项目名称
企业扣除	节能商业建筑税费减免
企业折旧	改进加速成本恢复系统（MACRS）+奖励折旧（2008~2009）
企业免税	居民节约能源补贴（公司）
企业抵扣税费	商业能源投资抵扣税费（ITC） 可再生发电抵扣税费（PTC）
联邦基金项目	美国财政部——可再生能源基金 USDA——美国农村能源项目（REAP）基金
联邦贷款项目	清洁可再生能源债券（CREBS） 美国能源部——贷款保障项目 USDA——美国农村能源项目（REAP）基金
工业人员招聘支持	合格先进能源项目投资税费抵扣
员工免税	居民节约能源补贴（个人）
员工税费抵扣	居民能源效率税费抵扣
生产激励	可再生能源生产激励（REPI）

联邦政府的项目如今包括企业税前扣除、企业折旧免税、企业税务豁免、贷款、企业税收抵免、联邦补助计划、联邦贷款计划、工业招聘支持、免征个人所得税、个人税收抵免和生产鼓励机制。

国家目前的税收鼓励机制是，居民用电系统可减免总安装成本的30%，但不得超过4000美元。商业用电系统是相当于所有开销的30%，2008年12月31日之后建成的小型太阳能系统没有最高额限制。

1.19 额外美国投资税收抵免

2005年美国国会通过联邦能源法案。该法案包括对最初应用于太阳能系统的居民地产进行税收抵免，也包括对热水系统和燃料电池的税收抵免。2008年1月将税收抵免推广至小型太阳能发电系统。该计划会将税收抵免延续至2016年12月31日。此税收抵免政策必须与最低税收互补使用，对低收入家庭将不适用。

在美国以住宅为其主要住所的纳税者如果建立供电系统向居民供电，均可申请将开销的30%作为税收抵免。安装完成、开始发电并有人入住后，设备开支可被减免。开销包括场地准备、人力成本、设备费、太阳电池板安装成本和用于连接发电系统与家庭用电系统的电线与管道成本。如果联邦税收抵免已超出应纳税额，那么超出部分可延续累计至下一年。允许的最高抵免额会因技术与设备要求的差异而有所不同。100kW 及以下的太阳能供电系统可享受系统全部安装费用的 30%（不超过 4000 美元）的税收抵免。此抵免可有效至 2016 年 12 月 31 日。家用太阳电池板的税收抵免不得高于 4000 美元或 1000 美元/kW。

另一个项目是投资赋税优惠（ITC），是为帮助消费者购买小型家用、农用和商用太阳能系统的联邦计划。ITC 本是 2008 年紧急经济稳定法案的一部分，并在 2009 年美国恢复和再投资法案中修订。ITC 适用于 2008 年 10 月 3 日至 2016 年 12 月 31 日安装的设备。

1.20　州立计划的一些经典案例

许多州已出台了税收政策以鼓励新的太阳能设备和系统的建设。这些税收政策可作为联邦税收计划的补充，可以和联邦税收抵免一同使用。这就意味着房产拥有者、企业拥有者、能源生产商可以将联邦和州立的税收减免结合起来解决装备太阳能系统的资金问题。

俄亥俄州能源发展办公室有一项推动实施可再生能源项目的补助计划。该计划仅限于俄亥俄州境内用于商业、工业、公共事业及政府机关的太阳能发电和太阳能供热系统。最高奖励为系统成本的 40%，但不得超过 20 万美元。俄亥俄州同时还有不超过 25000 美元的住宅补助金，由太阳能住宅奖励机制（NOFA09 - 02）提供。俄亥俄州奖励计划的特别之处在于，奖励机会来自先进能源基金计划，资金由投资者所在的供电公司从消费者收取的电费提供。供电公司包括美国电力公司、杜克电力公司、代顿光电公司以及第一能源公司。

1.21　查对最新政策的支持

在安装太阳能设备或太阳能系统之前，查对地方、州和联邦政府的奖励计划是非常重要的。由于会有新的地方和联邦法案通过此类计划，每个月都可能有变动。通过地方和联邦网站可查到最新的政策信息，也可咨询相关能源办公室或监管太阳能系统奖励机制的单位。

一些供电公司也提供关于税收减免和贷款优惠的最新政策信息，以供太阳能设备生产商和公司随时了解。

1.22 绿色能源岗位的技术要求

太阳能行业需要大量电气技师和机械技师来组装、安装、检修、维护各种规格的太阳能设备，同时也需要大量建筑师、设计师、规划人员确定私人或大型太阳能系统、发电场的具体位置。大多数工作岗位要求从业人员得到北美认证能源参与者委员会（NABCEP）的认证，有相关学习并通过认证考试的课程。

为完善太阳能系统各个操作部分，还需要技术工人生产制作支架的金属；需要电子公司生产太阳能系统的电子部件，如可编程序控制器、控制板、换流器和开关；需要技师生产变速箱内的传动装置、跟踪系统内的变速器，以及某些太阳能跟踪系统里的液压泵、阀门、存储器等。

在工地现场准备时还需要工作人员承担道路建设和固定太阳电池板的基脚这些准备工作，还包括在混凝土上挖洞，将管道穿过混凝土，使电线在其中连通至太阳电池板。

其他工作包括在居民屋顶和厂房顶安装太阳电池板，也包括用起重机将中型和大型太阳电池板吊到家庭和企业建筑顶部。还需要技术工人在太阳能发电场和电网连接点安装高压变压器。

在有大量太阳电池板和太阳能发电场的地方，需要建立一个完整的大型输电系统。输电系统包括大型变压器、输电杆塔，用于远距离传输高压电。此外还有许多岗位需求，包括生产变压器、变压塔、高压电缆的公司，以及安装和建设输电杆塔和变压器的公司。

1.22.1 安装维护太阳能系统和太阳能供电系统所需的技术

太阳能系统长时间运行后，需要进行日常和定期维护。技术工人需爬上屋顶，在开关、电池充电系统、太阳能跟踪系统和用于供电的更复杂的机械系统上作业，发电机是由管道输送的蒸汽驱动的，所有组件都必须定期检修。在此类大型发电系统上，有时需要进行振动分析，并作轴杆和耦合件的调整。

有些情况下，技术工人安装和改置屋顶的太阳电池板需要具备机械和操作技巧。有时需要靠大型吊车和起重机将太阳电池板和太阳能加热系统运到屋顶。在其他应用中，有些部件可能需要替换或改变位置，所有工作必须在屋顶完成。太阳能系统的彻底检修和定期检修都需要技术工人，技术工人们被分配到某一个发电现场或根据合同每年在不同站点工作几周。

1.22.2 太阳能产业中的岗位

在未来 10 年，太阳能产业需要大批技术工人和其他专家来满足不断发展的需求。有些项目总计可提供上百万的工作岗位。太阳能技术产业的岗位被称为“绿领”，包括施工经理、安装组长、维护技师、工程师、高级技工和电气工程师以及环境工程师。

1.22.3 太阳能规划和销售岗位

太阳能领域另一类型的工作包括规划和销售工作。规划人员需要环境方面的相关背景以及培训，需清楚太阳能系统可行性的有关要求、场地准备以及连接入电网的细节。销售专员要能与对项目感兴趣的客户进行接洽。

1.22.4 太阳能岗位的学历要求

有些太阳能相关的岗位只要求具有高中或职业学校学历，此类岗位是最低层次的，需要获得社团或技术学院关于电气、机械、自动化、计算机辅助设计的认证，或获得建筑和项目管理学历。有些岗位要求技术项目、工程或工程技术方面的本科学历。某些工作要求具有四年的商科学位或硕士学位。一些雇主希望技术工人接受适当的培训，并在上岗一段时间后拿到太阳能技术证书。

1.22.5 教师与技术培训师

由于太阳能技术领域需要越来越多的受训技师和工作人员，对教师和培训师的岗位需求也在增长。制造和维护太阳能系统的公司需要大批技术培训人员为大型系统的维护与运行提供准确的指导和培训。社团、职业院校和大学同样需要许多熟练人员教授技术课程。

1.22.6 现场服务技术人员

现场服务技术人员是生产、安装太阳能系统的公司雇员。他们一周7天、一天24h随时待命，以便用最快的速度解决设备问题。现场技术服务人员需具备电气技术才能在配电池板和电力转换装置上作业，需具备机械技术从而可以对太阳电池板跟踪系统的机械部件作业。一些太阳能系统用于产生高温或高压蒸汽，推动发动机涡轮机做功，这些工作岗位要求工作人员具备相关技术能力。专业能力包括液压系统及其组件的检修与维护，与火力发电、核电站类似的可编程操作系统、换流器中的电子系统以及其他发电涡轮机中的监控系统的维修工作。

当太阳能系统遇到问题，不能继续发电时，现场服务技术人员便被召去检修整个系统并迅速反映出问题症状与问题根源，他们同时也需要完成系统设备的定期例行检修。

1.22.7 项目经理与建筑师

在太阳能项目设计、具体实施与安装时，需要工作人员对系统进行设计与实现。任务包括研究具体规范、完成规定要求、管理整体安装过程。有些能力要求与管理建筑工程类似，但是还需要对太阳能系统的要求和建筑结构设计有全面的理解，因为大多数太阳能系统是安装在屋顶或与建筑物结合在一起用于加热和照明，当很多太阳能设备组合安装在同一地点作为太阳能发电厂的一部分时候，所需的技术会更加复杂。

项目经理必须清楚现场准备、安装太阳能系统进入新老住宅以及最终将太阳能发电设备并网的所有限制条件。项目经理需要该领域专家的帮忙，用自己的能力使项目按计划并在预算内进行。此类项目在建筑方面的技术与其他建筑项目类似，只是需要与太阳能系统相关的额外知识。

1.22.8 太阳电池板技术人员

在未来10年间，太阳能系统的数目会是现在的两倍。许多新公司将开始在全美及海外生产安装太阳电池板。该领域的工作包括太阳电池板及太阳能供热设备的配件组合。制造和组装技工需读懂设计图，按步骤安装太阳能组件。在各组件安装完成后，将其放在试验台上，在试验条件下运行和调试。为保证电气接线的整齐，组装完成后还要进行检查。如果光伏发电系统使用跟踪硬件，那么该硬件必须安装并检测，保证发电系统的控制部分可用。如果使用了换流器，换流器与电池或光伏板的充电端连接，电池充电与控制系统和换流器经过检测，确保其输出电压为固定的60Hz。

该过程还需要质量控制技师，以确保所有程序按步骤完成，产品生产完成后符合标准。质量控制人员需确保每个太阳能设备在离开生产线后都能随时安装、无故障使用。

1.22.9 太阳能供热技术人员

由于对太阳能供热设备的需求在全美及世界其他地区越来越迫切，许多公司开始生产太阳能供热产品及其控制系统中的组件。现代太阳能供热系统非常复杂，必须经安装、校准满足客户要求并确保能量转换可使太阳能供热设备获得最高的投资回报。太阳能供热设备可供家用或商用的水加热，或像锅炉一样为房间供暖。安装和维修太阳能供热设备的技工必须经过理论学习和实践培训，了解传统供热系统的控制系统、通风设施、空气调节设施，太阳能系统必须与辅助或后备的加热、冷却设施结合使用，以保证光照不足时仍能可靠供热。

1.22.10 电气技师及输电技师

当很多太阳电池板连接产生大量电能时，用于实现直接并网或对电池系统充电的电力控制与开关系统的安装和维护时，必须确保系统能够安全高效运转。这些系统需要技工准确地安装维护，以满足电气规章的要求，实现电网正确连接。这与任何发电系统的并网都类似。大量电力从太阳能发电场向现有电网传输需要额外的输电线路和杆塔，同时需要许多新的变压器和变电站使电力得以在适当电压等级下传输。电气技师和输电技师要能使输电系统满足现有输电公司的要求。

将高压电从太阳能发电场传输到现有电网的某些新建设施被安装在地下。地下电缆设施建设包括在地下埋入大型管道（塑料管道），然后将电缆在其中拉过。现代安装过程允许管道和掘进机一起埋入地下，机器在钻杆一头安装钻头，使用机械控制确保钻头钻入地下3~10ft后可到达准备位置，一种非常精确的探测设备跟在钻头后面以便准确将其定位在预定路径的几英寸范围内。掘进管道以8~10ft为单位向前推进，直到所有路径完成。在钻头通到预定深度的洞底时，用作管道的塑料管与钻杆末端连接。塑料管道以大卷保存，以便在钻杆部分回到钻床时展开。当过程结束后，管道两端各保持 3 ~ 10ft 在洞外。技师使用安装在管道中并与电缆接在一起的拉线将电缆穿过地下管道。电缆的一端与太阳能配电柜连接，另一端与供电开关设备连接。

1.22.11 装配工与太阳电池板安装人员

太阳电池板在屋顶或太阳能发电场的安装需要装配操作技术，包括将缆绳和吊钩与太阳电池板连接，使其可准确地吊放到最终位置。起重缆绳和吊钩与起重机连接，通过起重机放到适当位置。起重机必须足够大，可承受太阳电池板的重量，还要足够高，可将太阳电池板放在房顶的中心或较远的位置。太阳能部件先前在地上放置时，将其准确移动的技能也是需要的。

1.22.12 寻找太阳能相关岗位的场合

想寻找与太阳能领域相关工作时，可登录招工网站，也可登录制造、安装太阳能设备的公司网站，看他们发布的岗位。一些想要招太阳能相关工作人员的公司，会举行招聘会或其他形式的活动，以方便他们招聘到高级技术人员。

课后习题

1. 简答题

1）列出四种太阳能系统的名称。

2）说明光伏电池是如何把太阳能转换为电能的（电压与电流）。

3）阐述太阳能热水系统的主要组成部分，并说明它们是如何工作的。

4）列出四家开展太阳能研究的机构。

5）列出在计算太阳能项目投资回报率时需要考虑的因素。

2. 多项选择题

1）被动太阳能系统与主动太阳能系统的不同点有（　　）。

A. 由于使用了电泵和风扇，主动太阳能系统比被动太阳能系统耗能大

B. 由于使用了电泵和风扇，被动太阳能系统比主动太阳能系统耗能大

C. 在太阳能加热系统中，两者完全相同

2）地球上同一地方接收的太阳能（　　）。

A. 由于太阳围绕地球转动，一年之中的不同季节大小不同

B. 由于地球绕太阳转动，一年之中的不同季节大小不同

C. 由于太阳与地球保持相对静止，一年之中的不同季节大小相同

3）如果来自太阳能系统的电能接入了电网（　　）。

A. 那么它的电压一定是 24V 直流电压，因为电网电压就是直流

B. 那么它必须经过一个换流器，才能和电网 60Hz 交流电匹配

C. 太阳能发电不能接入电网

4）NREL 代表的含义是（　　）。

A. 国家能源电力实验室

B. 国家可再生能源实验室

C. 国家可再生电力实验室

5）下列哪些工作种类与太阳能相关（　　）。

A. 策划与销售

B. 现场服务技术人员

C. 工程管理与建筑师

D. 电气工程师与输电技术人员

E. 以上均包括

第2章　美国和世界的电力和能源需求

本章学习目标

读完本章你将能够：

- 了解不间断连续供电对于民用电与工业用电的重要性。
- 确定民用、商用、工业用电的日总需求。
- 理解常规电力需求与高峰电力需求的不同。
- 了解电力网络是如何把民用、商用、工业用电力系统互联起来的。

本章关键词

电压波动与闪变	高峰电力需求
电力需求	不间断电源
kW	交流电压
MW	直流电压

本章概述

太阳能发电已成为可再生能源发电的有效手段。小到民用、商用太阳能系统，大到太阳能光伏电站，本章都会有所介绍。本章还将介绍美国的居民、商业、工业用电情况，以及它们对不间断连续电源的需求；有关电网传输功率限制的信息，全美工业、居民用电的日、年用电总量的数据；商业、工业用电总需求，电力需求等重要数据。

本章涵盖向居民直接供电的独立系统，应用于小型商业用途的太阳能供电系统，向固定设备供电的太阳能系统和光伏逆变并网供电同时负责接入变电站的电力供应。考虑到太阳能的供电间断性以及一天24h太阳能的利用时间等问题，本章还将探讨太阳能系统发电的可用率。本章内容将会帮你理解电力需求是多么庞大以及当把太阳能加入发电系统后对系统的帮助。虽然它永远不能成为国家唯一的电力来源，对于一些小型的家庭，太阳电池板可以作为唯一的电力来源，不过一定要辅助安装储能蓄电池来应对太阳电池板不能发电的时候，如夜晚等。光伏发电作为唯一能源的理想地点就是偏远的地方，因为大电网不能够覆盖到这里。

2.1　不间断连续电源的需求

太阳能光伏发电有许多问题，包括大多数地方光伏发电的不连续性，以及光伏发电在夜晚不能发挥作用等缺点。在北半球，夏季太阳可以照射12h以上，冬季却不足9h。而且每天可以提供的太阳能也不一样，因为会有暴风雨等阴天天气，这些都使得光伏发电有间歇性，不能稳定的向工业、商业设施等连续用电场合供电。

在当今的科学技术条件下，家庭用电设备主要有电话、计算机、照明、电热设备、空调器、电冰箱等，所有这些都涉及人们对健康与安全的需求。警察与国家安全部门需要电力来进行通信与运转，食品店、便利店以及家庭都需要电能来冷冻或冷藏食物以防变质，小个体经济以及家庭都需要电能来驱动计算机，商场需要电能来供给计算机、电话电路以完成信用卡业务以及其他财务交易，银行与其他金融机构需要电能来维持网络运转。

在许多工业领域都需要连续的电力供应，如制造产品、加工食物、化工生产以及产品深加工。炼钢、化工生产、制药过程都是不可间断的，其电力供应必须是连续的、充足的。

太阳能光伏发电装置从应用之初就一直伴随着一个难题，那就是必须辅助安装传统供电系统。有些应用就直接把光伏发电装置逆变后连接并网。风力发电也面临着同样的发电量不稳定的问题。某些地方白天或者夜晚都有段时间风力不足以用来发电，也都具有间歇性发电的特点。面临同样问题的还有水电站，当遇到枯水季或者降雨量不足时，发电量会大大降低甚至不发电。

2.2　应对光伏发电量不稳定的方法

如果把光伏发电用于向偏远的房屋或农场供电，只需安装蓄电池即可解决发电不连续的问题。蓄电池可以把白天发的电储存起来以备夜晚使用。这些蓄电池必须持续监控，防止过度充电或者过度放电。蓄电池组还必须安装一套断路继电器，防止负荷将蓄电池的电量耗光。当光伏发电不与传统电网互连时，蓄电池组必不可少。

其他一些应用中，用太阳电池板来帮助蓄电池保持最小储能状态，保证始终有些电可以应急备用。在一些极端严重的情况下，比如光伏发电量连续小于民居所需的用电量，蓄电池可以在光伏发电量的低谷发挥作用。当蓄电池放电到低于最低限定值时，控制开关就会将其断开，直到光伏发电系统开始向它们充电时闭合。

如果在家庭或者小型商业应用领域，用蓄电池来储存多余的发电量，就必须使用换流器把蓄电池的直流电转换为交流电。

续航能力更强的新型蓄电池正在研制之中，已经有了一些使用大电容储能的研究成果。新技术研发的目的都是为增强储电能力。

2.3　光伏发电传输的限制

由光伏电池板发出的电能都是低压直流电，不能实现远距离传输，只有通过换流器将其变为交流电，并通过升压变压器将电压等级抬高才可以实现远距离传输。在美国，民用电大多都是115V交流电，通过一根相线1还有来自变压器中性线的零线实现供电。在大多数居民用电之中，还存在相线2，它与相线1结合使用实现230V供电，它对应的主要负荷是空调器、电炉、干衣机等。相线1、2相对于中性点的电势差都为115V。这两根相线的230V交流电是电力公司通过降压变压器提供的，两根相线进入用户前还要接上电表和总断路器控制整个房屋负荷。这里的230V交流电是通过两个与中性点有115V电势差的相线产生的。如果要用来自光伏电池板的直流电替代传统的230V交流供电，就需要经换流器变为交流并由升压变压器变为与相线1、2电压相匹配的230V电压。这个升压变压器也由中性点接出，所以也会有两个相对于中性点115V的相线，这样就可以向家里的各种115V负荷供电。如果家里只有115V的电器，就可以只从升压变中接出两根线，一个相线一个零线。

光伏电站的直流电并网，必须先由换流器变为三相交流电，再通过一个升压变得到较高的输电电压等级。如果光伏发电就地使用，如工业建筑房顶的光伏电池板，同样也需要用上述的步骤变为480V交流电（工业用户从电网降压变压器取得的电能电压等级），这种交流电的供给是通过三根相线实现的。更多关于居民、工业用电，以及换流器、变压器内容，可查阅本书的第7章和第12章。

传统的交流电能一般都是火电厂或者核电厂发出来的，这些电能经过一系列的升压变压器达到输电电压等级，电压等级随着传输距离的长短也会有变化。对于较远的长距离输电电压等级为765kV或者500kV；中距离传输电压等级为345kV或者230kV；对于短距离传输电压等级为139kV或者69kV。

当输送的电能到达目的地（也就是城市或者大工业用户附近的变电站）时，再把电压降到69kV或者26kV提供给配网系统，如果在配网中主要向民用以及商业照明供电，那么电压会被降为13kV或者4kV。等到电能进入终端工业用户时再变为480V或者240V/208V；或者降为240V/120V，供商业或者住宅用户使用。图2-1就是一个典型的输电模式的例子。

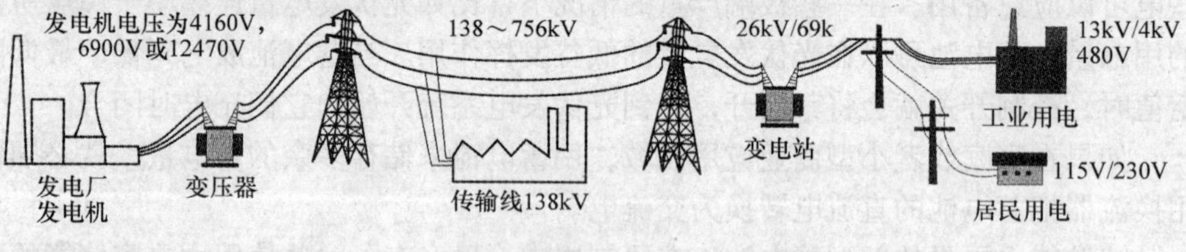

图2-1　带有节点电压值的典型配电系统图

这种电压传输限制将决定光伏发电系统的安装位置，以及向变压器的供电量。为了达到足够高的传输电压以实现将近400mile的传输，有些光伏发电系统需要更大的升压变压器。设计实现数兆瓦级的光伏电站的相关研究从未停止过，这些光伏电站安装在一起，可以共用升压变压器和传输线路。

2.4 美国的电力需求

为了了解太阳能光伏发电对各个应用场合以及整个电网的帮助，我们先来了解整个美国的工业、商业、住宅用电量。它们构成了整个电力需求。首先，总电力需求可以用所有消费者一小时，一天、一周、一个月、一年的电能需求量来衡量。因为各种类型的电厂对其发电量的调节都要花上几个小时的时间，所以发电厂必须在电力消耗前对电力需求有所了解。例如，对于火电厂而言，电力设备需要提前一小时预计煤炭的使用量，这样才有充分的时间对煤进行粉化并加入到锅炉中使之产生蒸汽驱动汽轮机。电能就是这样产生与消耗同时进行。

光伏发电只有在太阳能充足时才能发挥作用。在需要制冷或取暖的季节，几乎一整天对电能的需求都很大，在这时候太阳能必须储存起来，全天24h进行电能供应。因为白天的工业电能需求更大，光伏发电正好可以补充传统方式不足的发电量。

另外一种计算电能总需求量的方法是对用户进行分类。例如，大型工业用户，使用大型电力照明、空调器和冷冻设备的商业用户（大型百货商场、大小购物中心、卖场等）。商业用户也包括小型个体经济。还有就是住宅用电，地区住宅用电甚至等于工业用电与商业用电之和。

还有一种衡量电力需求的方法是确定每日的电力需求峰值。例如，大型工业用户会因为电动机起动而在每天的早些时候达到电力需求峰值，而在某些企业部分机械设备停运后用电需求会有所降低。这一类型的电力需求会在工作日变大而在周末达到低谷。

电力需求也可以按年来计算。在炎热的夏季美国南部和西南部各州的电力需求最大，同样的地方在天气凉快下来以后的电力需求量会明显降低，因为天气凉爽后空调器使用少了很多。

一些关于光伏发电量的研究表明，美国的电力需求是波动的，光伏发电能力也是随着地区光照情况波动的。同时考虑供给与需求的波动，光伏发电的难题就变得更加复杂了。

表2-1列出2008年、2009年美国日均耗电量以及2010年的预测值，单位是十亿kW·h。这个表格的数据来自于能源信息管理中心，数据表明：2008年住宅用电平均每日35.1亿kW·h，而2010年的预估值为38.2亿kW·h；2008年日均商业用电36.4亿kW·h，2010年估计值为37.0亿kW·h；2008年日均工业用电24.9亿kW·h，2010年估计值为25.6亿kW·h。

2008年日均交通耗电（电气化铁路与电力交通）为0.2亿kW·h，2010年该部分耗电量预计不变。表中的直接用电一项指的是发电厂为了发电而直接使用的厂用电部分，例如电泵传输冷却用水以及传送带输送煤炭等应用。2008年日均直接用电为4.3亿kW·h，到了2010年的预计值为4.1亿kW·h。

表2-1 美国各领域的电力消耗量 （单位：十亿kW·h）

日均耗电量	2008年	2009年	2010年预测值
居民用电	3.51	3.79	3.82
商业用电	3.64	3.71	3.70
工业用电	2.49	2.74	2.56
交通领域	0.02	0.02	0.02
直接用电（用于发电的电能）	0.43	0.40	0.41
总电力消耗	10.06	10.67	10.49
零售总电量	9.66	10.26	10.10

全美2008年的日平均耗电总量为100.6亿kW·h，到2009年这个值上升为106.7亿kW·h，2010年这一数据的估计值为101亿kW·h。之所以预期值会减小主要是由于经济危机的影响。表格的最下面一行是美国的日品均售电量，2008年平均每天的售电量为96.6亿kW·h，2010年平均每天的售电量预计为101亿kW·h。

2.5 总发电装机容量

关于电量的另外一项数据是总发电容量数据。表2-2是来自美国国家能源信息管理中心的数据，其中列出了各种发电机组在1980年和2000年~2006年的总发电容量。这些发电机组包括燃油的、燃气的、燃煤的发电机组以及水电、风电、光伏发电等。1980年发电容量为5.79亿kW·h，到了2006年增长为11.39亿kW·h。电力需求的总体预期是增长的，这就使得能源生产面临着一个问题，那就是电力需求与发电容量必须同速增长，才能满足未来的需求。

表2-2 美国所有能源的发电机组容量 （单位：十亿kW·h）

1980年	2000年	2001年	2002年	2003年	2004年	2005年	2006年
0.579	0.942	0.981	1.040	1.089	1.110	1.128	1.139

（来源：能源信息管理局）

2.5.1 美国各种能源和领域的发电情况

美国发电情况可以从能源种类以及产生领域来分类。表2-3列出了各种类型能源的发电日平均值（单位是十亿kW·h）。可以对比一下太阳能发电量与其他发电方式的总发电量，把表格的顺序按照发电量从高到低整理后，可见2006年前三位的发电领域是：燃煤火电（53.97亿kW·h），核电（21.57亿kW·h），天然气发电（20.12亿kW·h）。其他不可再生能源发电的包括：其他燃气、石油、残余燃料油、蒸馏燃料油、石油焦炭、抽水储能电站，其总发电量不到3亿kW·h。

表 2-3　各种能源发电情况以及在各领域的应用（美国）

（单位：十亿 kW · h）

电力领域	2006 年	2007 年	2008 年	2009 年（被预测）	2010 年（被预测）
煤	5.397	5.472	5.392	5.273	5.255
天然气	2.012	2.232	2.169	2.195	2.236
其他气体	0.012	0.011	0.012	0.011	0.012
石油	0.164	0.168	0.116	0.139	0.164
残余燃料油	0.093	0.104	0.061	0.062	0.066
蒸馏燃料油	0.018	0.022	0.018	0.018	0.019
石油焦炭	0.049	0.038	0.034	0.056	0.077
其他石油	0.003	0.004	0.003	0.002	0.002
核	2.157	2.209	2.2	2.209	2.218
抽水蓄能电站	-0.018	-0.019	-0.017	-0.016	-0.016
其他燃料	0.019	0.019	0.02	0.022	0.023
可再生的能源					
传统水电站	0.784	0.674	0.715	0.684	0.717
地热能	0.04	0.04	0.041	0.043	0.043
太阳能	0.001	0.002	0.002	0.003	0.004
风能	0.073	0.094	0.127	0.156	0.208
木材和木材废料	0.028	0.029	0.03	0.03	0.03
其他再生能源	0.038	0.039	0.039	0.042	0.044
全电力部门	10.707	10.974	10.845	10.79	10.937
商业领域					
煤	0.004	0.004	0.004	0.003	0.004
天然气	0.012	0.012	0.012	0.012	0.012
石油	0.001	0.001	0	0.001	0.001
其他气体	0.002	0.002	0.002	0.002	0.002
可再生能源	0.004	0.004	0.004	0.004	0.004
全商业领域	0.023	0.023	0.023	0.022	0.023
工业领域					
煤	0.053	0.046	0.047	0.045	0.047
天然气	0.213	0.213	0.2	0.189	0.194
其他气体	0.027	0.026	0.026	0.025	0.026
石油	0.012	0.012	0.007	0.009	0.01
其他气体	0.014	0.013	0.007	0.007	0.007
可再生能源					
传统水电站	0.008	0.004	0.005	0.005	0.005
木材和木材废料	0.078	0.077	0.075	0.072	0.074
其他可再生能源	0.002	0.002	0.002	0.002	0.002
全工业领域	0.406	0.392	0.371	0.354	0.365
所有领域汇总	11.136	11.388	11.239	11.166	11.324

可再生能源发电在这个表格中也被分开列出。2006 年传统水电发电量为 7.84 亿 kW · h；风力发电量为 0.73 亿 kW · h；地热发电为 0.4 亿 kW · h；木材废料发电为 0.28 亿 kW · h；太阳能发电为 0.01 亿 kW · h。

到了 2008 年，传统水电发电量为 7.15 亿 kW · h；风电发电量为 1.27 亿 kW · h；地热发电量为 0.41 亿 kW · h；木材废料发电量为 0.3 亿 kW · h；太阳能发电量为 0.02 亿 kW · h。从 2006 年到 2008 年风电发电量从 0.73 亿 kW · h 上涨到 1.27 亿 kW · h，并且预计到 2010 年涨到 2.08 亿 kW · h，这就几乎增长了 3 倍。

我们要明白，太阳能发电量每年都在迅速增长，但是在 2006 年其发电总量一共才 0.01 亿 kW · h，相比总发电量 111.36 亿 kW · h 其所占百分比太小了。就算是到了 2010 年太阳能发电总量的预计值也仅为 0.04 亿 kW · h，相比总发电量 113.24 亿 kW · h 也不到 1%。

2.6 美国日用电需求总和

由于时间与地理位置的差异，美国各个地方的日电力需求量都是逐月、每周波动的，即便是在一天之中的不同时刻，电力需求量也是变化的。例如，电力需求一般在白天达到最大值，而到了夜晚人们都睡觉了以后，电力需求量会大幅度减少。在美国的南部、西南部和东南部，空调器是居民用电最大的组成部分之一，因此夏季居民用电量就比冬季大了很多。日电力需求的另外一个主要组成部分就是大型工业用户，这一类型的负荷更加具有连续性，不过这类负荷的电力要求会在周末降低，原因是工厂可能不再满负荷运行。这类工业负荷在夜晚工业用电减少时也会有轻微的变化。

商业用电主要来自于大型商场或者卖场，这类电力需求在一天之中的不同时刻也会不一样，而且在一周之中也会发生变化。例如，商场早上 9 点到晚上 9 点开门，这一时间段的电力需求达到最大。其他时段耗电量少很多。电力需求波动带来的最大的问题就是要求发电量每时、每日、每周也随之的变化，电力公司负责把电厂发出的电能送到各级用户，保证各级用户都得到电力供应。太阳能光伏电池发出的电能也许不能和电力需求高峰时间段相匹配，但是光伏发电可以提高可利用电能的总量。目前的电力设备都是通过峰荷发电机在电力需求高峰时发送额外的电能。

2.6.1 最大需求总和

最大需求总和与平均需求不同，最大需求是指一天之中有个几个小时电力需求值在高位波动，而在一天之中的其他时间会减少到最大需求的 70% 左右。最大需求就是在任何给定的时间内电力需求的最大峰值，最大需求值的重要性在于，不管负荷在其他时间电力需求是多少，电力系统设计时必须要足够满足负荷的最大需求值。

美国各地的最大电力需求值是随着时区的变化而改变的。例如，美国东海岸以及中部地区均比西海岸早达到电力需求高峰，因为东部的工厂机器比西部投入得早，时间要早一两个小时，这一现象被称为旋转高峰。同样，在傍晚关门的时候也会有这样的一个变化过程，因为东海岸的工厂都要比西海岸早一或者两个小时。夜幕降临，又一轮更大的电力负荷高峰来临，城市中的照明灯在这个时候全部开启并在黎明时全部关闭。这一时间也是随季节的变化而变化的，因为美国的北半部城市夏季比南部城市太阳落山晚，冬季比南部城市太阳落山早，这也就意味着，发电设备必须长时间按照计划随时应对负荷高峰的来临。

2.6.2 峰值发电机

在过去的10年里，电力企业安装了很多可以快速投入电网的发电系统。这些系统由天然气或油提供动力，可以快速投入电网，并在短时间的负荷高峰时期发出大量的电能，被称为峰荷系统。

这些系统都是典型的清洁燃烧系统，也就是说它们对环境的影响已经降到了最低。这些峰荷系统一般都安装在大负荷附近，比如大型工业用户的附近或者大型城市的附近（炎热的夏天城市的空调器需要消耗大量电能）。这种峰荷发电机在平常是不投入使用的，因为它可以快速投入，所以可在负荷突增时迅速发挥备用的作用。还有一种情况要使用峰荷发电机，那就是在大型火电厂或者核电厂需要短时间关闭的时候，这种峰值系统可以非常轻松地应对突增的额外负荷，同时也可以用来补偿光伏发电的波动性。

2.6.3 商业和工业负荷

在任何电力系统中，商业与工业负荷一般能消耗总发电量的60%左右，是电力负荷的主要组成部分，是可以预测的。当经济形式比较景气时，商业与工业负荷缓慢增长；当经济下滑时（如2009年的全球经济大萧条），这些负荷就会变少，这是由于社会对工厂产品需求下降，导致的工厂订单的下降或消失。讨论电力需求时的另外一个重要因素是工业用户的负荷峰值，电力负荷峰值是指一天24h内任何时段的电力负荷最大值，电力负荷峰值在美国各个州的不同地点都是不一样的。工业园区一般在周一至周五出现负荷峰值，而对于城市中心负荷则会在周五或周六出现负荷峰值，因为城市中心负荷一般为商业负荷，这类用于照明和空调器的电力负荷一般会在周末达到峰值。

2.6.4 电压跌落

当电力负荷开始大于电源发电量时，整个系统的电压就会降低或者跌落。这种现象被称为电压跌落，可能会导致电力装置损坏，并且危害电力线路上的负荷。电压跌落没有定量的衡量标准，但是一般当电压降低了典型值的8%～12%时，就认为是发生了电压跌落。这一般发生在负荷变大时，如炎热的夏季。当然也有其他原因会导致电压跌落，那就是电力系统故障，例如汽车事故损坏电线杆或大风把树吹倒损坏电力线路等。

2.6.5　甩负荷

在某些情况下如长时间的过负荷或者发生大型风暴（如暴风雪或者大风暴）损坏电力传输线路时，都会导致持续较长时间电压跌落，如果电压跌落持续下去，就必须把所有的峰荷发电设备投入运行或者准备甩负荷。在加利福尼亚州的一些地方，电力公司使用旋转电压跌落的方法把电压保持在标准水平。通过旋转电压跌落，电力公司会提前做出供电计划，并通知对应的公司或者城市在短时间内不供电，这样就可以保证其他电力用户的供电充足，在此期间电力公司还会通知用户尽量关闭可以暂时停运的电力设备装置。就像这样，某个固定地区在一段特定的时间内停电，特定时间过后该地区恢复供电，而其他某个地区又会进行特定时间的停电，如此轮换进行下去。通过这样的方法，电力公司即便没有足够的发电能力在同一时间供给所有的负荷，也可以保证正常供电工作。

另外一种实现发电量与负荷平衡的方法，是与大的电力用户签订供电协议。这个协议的主要内容是，通过降低大用户电价来换取大电力用户同意在负荷高峰时全部设备退出运行。这种方法有时也被称为间断供电技术，电力用户们通过短时间的关闭负荷换取了整体电价的折扣。停电通常都是发生在全网电压跌落的时候。

2.7　后备电源

一些重要的城市服务机构和安全机构需要后备电源保证供电。例如，医院一般都拥有一个后备柴油发电机，它可以供给约75%的医院负荷，主要是为了提供必要的照明供电，以及为重要医疗服务设备（如手术设施）的供电等。如果不配备的话，一旦发生电力中断就会打断手术过程。一些大型工业用户对于各自的必要生产工程也都提供备用电源，这些生产过程一旦开始就不能被打断，如铁熔提纯以及食物加工等。如果想要给这些含有后备电源的电力系统接上太阳能电源，那么一定要认真考虑这些后备电源的影响，因为这些系统之间的开关装置必须要起到电气隔离的作用，这主要是出于装置维护以及灵活性的考虑。

不间断电源是由一组或者多组蓄电池以及换流器组成的后备电源。不间断电源输入为交流电，转换为直流电后把电能储存在蓄电池中，使用时再将直流电能逆变回60Hz的交流电能。一些不间断电源使大部分交流电能穿过本体直接供给负荷，只有一少部分用于蓄电池组充电。当发生停电时，电力电子开关可以迅速动作把电源切换到后备电源工作的模式。通过这样的装置就可以保证不发生电源间断，始终有交流电源供应。蓄电池的容量决定了系统中不间断电源的可用时间。在大多数应用中，不间断电源主要是用来提供即时后备电源，更长时间的后备电源（如柴油发电机）则需要在断电后的一小段时间内才能发挥作用。只要柴油发电机里有油，它就一直可以向负荷供电。不间断电源主要是向计算机、电话设备、警报系统等至关重要的系统供电。

2.8　民用负荷

美国的民用负荷由一些大功率负荷以及一些连续负荷构成。家用大功率负荷包括：空调器、电加热装置、热泵、洗衣机、衣物烘干器、微波炉、电炉，连续负荷包括：照明、电冰箱以及那些在一天甚至一年之中长时间运行的负荷。空调器与供热系统都是季节性负荷，洗衣机、烘干器和电炉都是在一周之中的某些天规律性的投入使用。这些所有的负荷一起构成了民用负荷。成千上万的家庭聚集在城市中或者郊区，所构成的民用负荷比工业和商业负荷还要大。

美国的民用负荷也会随着时区的不同而有时间先后的差别，也就是说在一个地区的家庭都是在几乎同一个时段打开灯，并在深夜人们睡觉时关掉灯。当早晨人们起床时又会打开灯，这些负荷也就随之恢复。在某一城市或者地区，随着房屋的扩建，民用负荷也会随之增长。

2.9　并网系统

在此“电网”一词是指美国和北美所有的电力输配电系统。如果一个太阳能光伏发电系统是被设计用来为电网送电的，那么它就必须连接到一个已经存在的电网上，并且发出的电能必须满足该电网要求。电网是用来给全美分配输送电能的设备，它通常由许多互连的电线构成，从而实现从电能发生地向电能消耗地的电力传输。发电的电压一般不到 5000V，必须被升压到 345kV 才能进行短距离输电，到达 500kV 可以进行长距离输电，升高到 765kV 可进行最远距离输电。当电能达到用户终端则需要变电站的降压变压器将电压降低到满足使用需求的水平。图 2-2 展示了整个输配电系统，从发电厂到输电线路再到居民用户。

图 2-3 给出了美国电网在各个州的位置，电网主要分为三个主要部分：东部互连电网、西部互连电网、德州互连电网。其中东部互连电网包括：东北电力协调委员会（缅因州、佛蒙特州、纽约等），其余同中亚特兰大地区委员会（马里兰州、新泽西州等），中东部可靠协调协议会（印第安纳州、西弗吉尼亚州等），东南电力可靠委员会（南部州等），佛罗里达可靠协调委员会（佛罗里达全州），美国中部互连网络（威斯康辛州、伊利诺亚州），康涅狄格中部地区电力库（达科他州、内布拉斯加州），西南电力库（堪萨斯州、俄克拉荷马州）。

德州电力可靠性委员会包括德州的大部分，美国西部电网包括新墨西哥州、科罗拉多州等西部各州。德州电力可靠性委员会现被称作德州地区实体。

表 2-4 列出了能源供应、需求以及储备容量，其中东部互连电网的储备容量是 33.5%，德州地区实体为 39%，西部互连电网为 32.3%，全美储备容量为 30.4%。

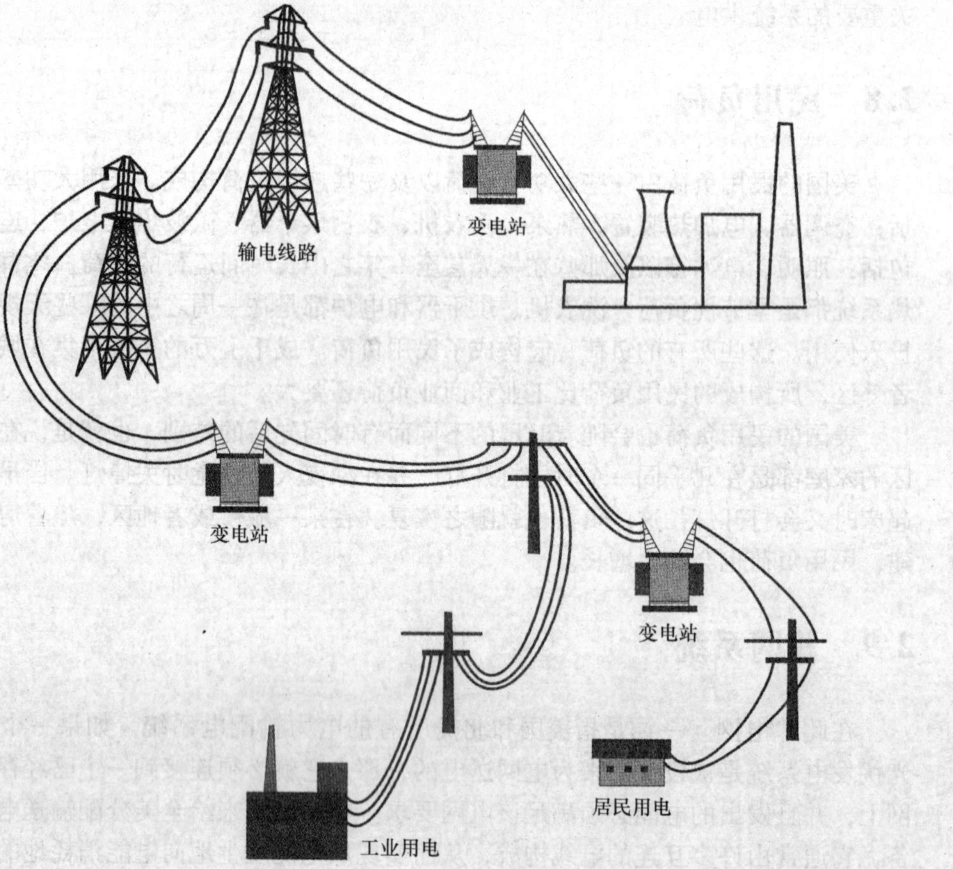

图 2-2 从发电厂到居民用电的电力分布图

电网为图 2-3 中所示地区提供电力，倘若使用太阳能光伏发电系统向电网供电，务必清楚认识所连接的电网，理解该部分电网的运行特性。第 10 章会对此做更详细的说明。

图 2-3 美国的电网系统

表 2-4　美国各领域的电力消费量

	东部电网	德州地区实体	西部电网	全美国
需求/MW	476 057	46 068	113 504	635 629
能源供应/MW	684 015	80 424	170 745	935 184
储能容量（%）	33. 5	39	32. 3	30. 4

2. 10　远端孤立电源

远端孤立系统分为很多种，包括燃气、柴油驱动的发电机、风机以及太阳能光伏电池板等，像这样的孤立单元最适合用在远离电网的农场或小屋。有些更加小型的太阳能发电系统是专门配合带有蓄电池的系统工作的，这样在没有光照的时候依然可以通过电池供电。这种供电方式分为直流和交流两种。如果是交流电源，那么就一定还需要一个换流器，把直流逆变成交流。这样，光伏发电系统产生电能储存在电池中，以供更长时间的使用。

有些系统是用光伏发电系统来辅助风力发电，这样光伏发电系统在日照充足时发电并将电能储存下来，以备风力不足时弥补风力发电的不足。实现风光互补，在风力无法驱动风机时，光伏电池组可以发电，在太阳落山或者阴天没有阳光时可以进行风力发电。

孤立太阳能系统还有许多别的类型，比如高速上的标语牌，当距离电网过远时也会使用这种太阳能光伏发电系统。还有一种应用领域就是距离电网较远的小型油井，它使用小型光伏电池板给蓄电池充电，为其提供电能，图 2-4 就展示了这样的小型光伏电池板系统。另外在高速公路以及偏远地区的天气观测设备中也采用这样的装置进行供电。还有就是旅游电瓶车、船这种不能始终连接电网的交通工具，也会使用这样的太阳能光伏发电系统。

2. 11　太阳能发电环境评估

还有一个需要关心的问题就是太阳能光伏发电系统对环境和生态影响。其所带来的环境问题就包括由于太阳能发电设备安装所带来的环境破坏，还包括由于安装设备而给该地区带来的任何改造，如有时在安装太阳能发电装置之前需要先完善高速公路与基础设施。太阳能光伏电池板的另一个问题就是这些电池板都是由像镉这类的有毒化学物质构成，那么在有效使用期后都需要对这些材料进行再循环以及合理地处理。

图 2-4 为小型乡村油井的装置供电的太阳电池板（来自 T. E. Kissel）

课后习题

1. 简答题

1）解释把太阳能发电作为唯一电能来源的局限性。

2）说明为什么对整个民用、商用、工业负荷的充分了解有助于学习太阳能。

3）说明不间断电源对于民用与工业用电的必要性。

4）区别民用电、商业用电、工业用电的日负荷量。

5）说明常规电力负荷与峰值电力负荷的区别。

6）说明全美的电网是如何互联起来的，其中包括民用电力系统、商用电力系统、工业电力系统。

2. 多项选择题

1）2001 年三大主要电源的发电量为（　　）。

A. 669MW

B. 793MW

C. 15.6MW

2）电压跌落是指（　　）。

A. 整个电力系统瘫痪

B. 发电量大于使用量的时候

C. 电网电压降落了额定电压的 8% ~12%

3）峰值发电机是指（　　）。

A. 可以快速投入并在短时间内可以提供大量功率的电源

B. 水力发电装置

C. 负荷较轻时连续运转的设备

4）2009 年美国日平均电力负荷需求为（　　）。

A. 民用电 37.9 亿 kW·h

B. 商业用电 37.1 亿 kW·h

C. 工业用电 27.4 亿 kW·h

D. 以上全部正确

5）2008 年美国发电能源使用量由大到小的正确顺序排列是（　　）。

A. 风力、太阳能、煤炭、核能、天然气

B. 核能、天然气、风力、太阳能、煤炭

C. 煤炭、核能、天然气、风力、太阳能

D. 煤炭、天然气、核能、风力、太阳能

第 3 章 太阳能系统的类型

本章学习目标

读完本章你将能够

- 了解太阳能用作供热和照明供电的方式以及太阳能是如何发电的。
- 掌握光伏电池、光伏电池板、光伏模块和光伏阵列的区别。
- 掌握太阳能发电系统在抛物线低谷期的运行原理。
- 了解五种太阳能光伏材料或者用来生产光伏材料的工序。
- 了解五种太阳能光伏材料或者用来生产光伏材料的工序的优缺点。
- 理解主动式和被动式太阳能供暖系统。

本章关键词

主动式太阳能供暖
电流
漫射光
阳光直射
电力
纳米技术
被动太阳能供暖系统
光伏阵列
光伏电池
光伏模块
光伏电池板
电阻
荧光灯管照明
子阵
电压

本章概述

本章将介绍太阳能系统的类型，你将会发现这些类型的系统安装在美国和世界的各个角落。这些系统包括太阳能照明、主动式和被动式太阳能供暖系统、太阳能热水供热系统、太阳能光伏发电系统以及抛物线型的阵列。抛物线型阵列是把太阳光聚集在充满油的管子上，当这些油被加热到可以使水变成蒸汽的温度时，这些蒸汽就用来推动一个大型汽轮机，汽轮机带动一个大发电机转动，从而产生电能，这很像燃煤电厂或核电厂的发电机工作原理。在一些实际应用中，油会被太阳光加热到足以把水变成蒸汽的温度，这些油被泵入热交换器中，在这个热交换器中有水的循环：水从高温热油中吸收热量产生蒸汽，然后由蒸汽推动汽轮机做功从而带动发电机发电。太阳能光伏发电系统和抛物线型阵列都是用来产生电能的，其他的系统主要用来为家庭供暖、为水加热以及提供太阳光照明。太阳能光伏部分将介绍现在使用的各种光伏发电系统，并对其进行比较，从而让读者对它们的效率和优缺点有个大致的了解。本章将回顾各种类型的太阳能系统及其应用背景。本章还将介绍各种现在使用的不同类型的太阳能光伏电池板。第 5 章将详细说明太阳能光伏电池板的运行原理，所提到的细节让读者能够理解光转变成电能的过程。本章目标就是为读者提供一些描绘可用来提供太阳能供热或者把光转变成电能系统的词汇和细节。

3.1 现代太阳能系统

现代太阳能系统包括太阳能照明系统、太阳能热水系统、太阳能加热系统、光伏发电系统。所有这些主要都是为了居民或者小的商业用户。大型太阳能光伏发电系统用于大的工商业企业，或者用于并网发电。太阳能发电的另一种方式是用太阳能收集板或者抛物线型槽式系统，在油流过的管子上聚集太阳光，油被加热到高温并流过一个热交换器从而使水变成蒸汽，蒸汽带动直接连在交流发电机上的汽轮机旋转。这个发电机具备与燃煤电厂或者核电厂相似的发电能力。本章将介绍各种类型的太阳能系统，详细阐述各系统中使用的技术，包括确定系统的主要部件及其功能。用于小型居民区或中型商业设施的太阳能系统有两种基本类型，即主动式太阳能系统和被动式太阳能系统。

3.1.1 主动式太阳能系统

主动式太阳能系统可被划分为把太阳的能量转变成为热水、热气或者电能的系统。主动式太阳能供热系统使用了大型太阳能转换系统，后者要求用大量的水或气把所需的大量太阳能带去进行供热系统的有效运行。如果系统中有光伏电池板，就要求跟踪系统更加有效，所有这些活动都需要使用额外的能量。重点是要记住，为保证能量转换系统有效地、经济地运行，需要有一个确定的能量比例。本章将说明使用热水或热气来为建筑、居民区供暖或为热水系统加热水的主动式太阳能系统的运行原理，还会介绍各类光伏发电系统，并说明它们如何发出所需电能。

3.1.2 被动式太阳能系统

被动式太阳能系统设计的目的在于使系统运行起来需要最少的额外能量。基本上被动式太阳能设计方案最大化地利用了太阳的能量，给冬天带来温暖，给夏天带来清凉，终年提供自然的光照，同时创造了舒适的生活空间，减少了能源的消耗。被动式太阳能转换中的很多理念是针对于最初建设的房屋建筑中，而当建筑在一个地方有一段时间了之后其他的理念可能会有所改型。在一些有充足阳光及较强光照强度的地方，例如美国西部的西南地区和南部地区，某些被动式系统可以更有效地工作。被动式太阳能系统的理念、想法包括很多设计元素，例如在哪里放置窗户和其他物体以使建筑内部得到最大化的光和（或）热，其他的被动式元件包括建筑中的大量绝热措施，减小夏天的热负荷，提高冬天的加热过程；附加的屋顶排气扇还可以在夏天反射多余热量，在冬天获得尽可能多的热量供建筑产品使用。

3.2 太阳能照明

太阳能的应用之一就是为居民和商业建筑提供照明。利用太阳光就可以在白天把传统的电灯关掉从而节约很多电费，尤其在像商店和步行街这样的商业地点体现得尤为明显。图 3-1 展示了使用大量太阳能照明的民居，在其南侧有许多窗户。秋天、冬天和春天的月份里，南半球民居的南边能接受到较多的太阳光，这确保了在全年的大部分日子中这些窗户可以接受到直射光。直射光是太阳不经其他表面的反射直接射进窗户的光。在民居中窗户的位置选取是为让阳光进入所需的生活空间而设计的。

图 3-1 被动太阳能照明和取暖（来自美国能源部）

这种方式所带来的问题之一就是窗户带来阳光的同时也带进了太阳光中的热量，使得夏天的室内空间升温。为阻止这种情况或使这种情况尽可能少的发生，窗户进行了改造，使阳光可以进来而热量都被反射出去。另一种解决方式就是使用遮阳棚或悬垂屋面，它们在夏天太阳高高在上时可以阻止一部分直射光，在冬天需要更多热量而太阳又在较低的空中时允许更多的太阳光和热量进入，光线可以从遮阳棚下面照射进窗户中。这些照明系统作为整体太阳能系统的一部分，可以用于居民或商业建筑，同时确保该系统的使用无需空调进行额外的温度调节。

3.2.1 太阳能管照明

给没有窗户的室内空间提供太阳能照明的另一种方式就是使用太阳能管照明的产品。图 3-2 所示为一个通过屋顶和天花板安装的太阳能管照明系统。系统的这一部分安装于屋顶上，包括有一个可以接收 360°光线的透明塑胶透镜。

有着光泽表面的管道系统将光线在管内不断反射，光线因此能定向通过这个系统。该管道把安装在屋顶上的圆顶和安装在需要光线的屋子中天花板上的镜片连接起来。图 3-3 所示为安装在厨房天花板上的光透镜，在图 3-3 中可以看到通过这个系统供给的光线有多少，这些光线和电力照明设备提供的光线十分相似，一些筒灯内部的透镜上有着可以部分或者完全闭合的缝隙来控制通过的光线量，这和用开关调节传统电灯很像。理解这一点非常重要，因为光线是太阳光，就没有像电灯那样为了省电费而关闭的必要。在住宅中一些像卧室的房间里，如果白天有人要睡觉就有必要

图 3-2 太阳能管照明（来自 Solatube International）

调节透镜缝隙来使屋子变暗。

图 3-3　安装在餐厅里的太阳能管照明（来自 Solatube International）

太阳能管照明在像商场、步行街或者百货商店这样需要有策略地投射光线来突出商品的商业上应用也非常广泛。图 3-4 展示了这类照明系统的一个例子，图 3-4a 所示为一仓库的荧光灯照明，图 3-4b 所示为一百货商店屋顶上安装的筒灯照明设备，就像传统的电力照明设备一样。进入商店内的太阳光线被有策略地定位了，用来突出商品。在太阳能筒灯中装上了传统的电灯设备，如果太阳能管传送的光线量变得非常微弱时电灯将自动接通。在一些实际应用中，备用电灯采用由太阳能光伏电池储存的电能支持运行，电子换流器与电池储能系统相连，将直流电转换成照明所需的可用交流电。

太阳能管照明的主要优点在于它提供了只要有太阳时就基本免费的光线。即使当白天的云层遮挡了部分阳光时，通过这些灯送入房间或建筑内部的光线量仍能基本满足照明所需。一旦安装上了这些灯，它们就需要最少的维护费用。如果没有足够的雨水使之清洁以保证充足的阳光通过，那么外部的圆屋顶就需要定期清洗。在下雪的地方使用这种灯，为防止雪太深把透镜覆盖了，有个备用电灯是非常必要的。通常透镜的设计能有效减少顶部的积雪，防止堆积在其上阻挡光线的进入。

a)

b)

图 3-4　安装在一个开放的仓库的太阳能管照明以及百货店中的太阳能管照明

a）安装在一个开放的仓库中的太阳能管照明（来自 Solatube International）

b）百货店中的太阳能管照明。太阳能管照明装置利用从屋顶上直接进入建筑物的光线，很像传统的电气照明

3.2.2　利用光纤的太阳能照明

另一种太阳能照明系统使用了光纤，一端伸过可以接收光线的屋顶，另一端置于需要光线的地方。光纤就像传统的电灯设备一样可以提供足够的光。系统用长长的光纤把光线引导到需要光的地方，所以照明系统就不需要直接在需要光线的内部空间的屋顶上进行延展。大多数情况下照明设备可以安装在看不到它们的地方或者避免出现在建筑的外观上。因为光纤实际上可以有任意长度，它们被安装在屋顶上处于视线外又可以与照明设备相连的区域里。因为维护费用较少且光纤又可以维持很长的一段时间，所以一旦购买并安装了这些设备，照明成本实际上就缩减了很多。

3.2.3　使用太阳能光伏和蓄电池的直流照明

另一种可行的照明方式是使用 12V 或 24V 的直流供电装置。太阳能光伏模块吸收太阳光转变成电能，并储存在 12V 或 24V 的蓄电池中，由此来给该系统提供动力。铅酸蓄电池普遍用于储存直流电。当太阳照射时，光伏电池产生电能并储存于蓄电池中。灯直接与电池相连，打开灯时，就使用了蓄电池中的直流电。这类灯可以用传统的灯具和开关来控制室内的光线。这种系统通常由连着电网的 12V 电源作为后备，因此当蓄电池的电用不了或被用光时这种灯仍然可以使用。这种灯的好处在于太阳电池板提供了绝大部分的电能，从而缩减了整体电费开支。如果照明系统需要交流电压，那么蓄电池和灯之间会安装一个换流器来为照明电路提供交流电力。

3.2.4　太阳能照明的路灯

设置路灯是基于行人和汽车交通安全的考虑。这种灯最近的创新在于直接在可以接收到最多阳光的灯杆上安装太阳电池板，太阳电池板发出的电能充入位于电力杆上的电池。电池充电控制器可确保电池不断充电且不过充，控制器也扮演了与电网相连的电力开关的角色，当电池没电或缺少阳光不能充电时，电网可以给灯提供电力。太阳电池板应足够给为灯供电的电池充满电。即使在冬天日照最短的月份里也能给电池提供充足的电力使其充满电，夏季太阳在白天可以提供更长时间的光照，有时就需要在电池充满后将其和太阳电池板断开，尽管还有很多光照时间可以利用。由于夏天夜间时间较短，不需要开那么长时间的灯，那么来自于电池的电力需要量也就会较少。图3-5所示为一个与路灯直接相连的太阳电池板。这个太阳电池板必须固定在灯杆上，那么它就可以面向南方来聚集最多的太阳能并转变成为电能。由于大多数路灯的设置是出于安全考虑，那么为了随时有电可供使用就需要与电网相连，因为在长期的多云天气里系统也不能把电池充满。

图3-5　照明装置上太阳电池板

3.3　用于提供热水的太阳能供热系统

水可以用来淋浴、洗衣和洗碗碟，还有被称为“饮用水”的可供人类使用。热水箱经常用来提供日常所需的全部热水，往往水箱中的热水可由水箱底部的电气设备、天然液化气或者燃料油加热。由于热水需要饮用，所以需要用氯这样的化学物质来处理，以使之免于微生物污染。用作饮用水的水是绝不允许被污染或长时间停留在会使之受到污染的地方。如果太阳能热水供热装置不能使水保持纯净和清洁，就需要使用热交换器。热交换器系统有两个循环，一个里面是纯净的水，另一个里面包含有太阳能加热装置泵入的乙二醇溶液。由于乙二醇溶液流经太阳能收集器并被加热，它是否受到污染无关紧要，因为它不与纯净水接触。这种类型的系统基本构成包括了太阳能收集器、管道系统、回水箱热交换器、热水槽及控制器。

图3-6是这种系统的图解。太阳能收集器安装于可以收到太阳光线热量的屋顶上。这个系统是个双循环系统，每一个循环都有一个独立的泵和独立的管道系统，

外部循环包括太阳能收集器、泵和热交换器。太阳能收集器安装于屋顶外部，因此流过其中的液体经常是丙烯乙二醇溶液，它可以耐受较低的温度而不至于冰冻。泵将丙烯乙二醇溶液推入收集器返回屋中并通过热交换器。热交换器设计为内部安装有铜管线圈的桶，饮用水在密封系统中流经这个交换器，热交换器桶中充满了乙二醇溶液，把热量转移至流经内部铜管线圈的饮用水中，只要乙二醇溶液温度高于内部线圈的饮用水，热量就会从乙二醇溶液转移到饮用水中，从而给房屋中提供热水。如果室外的温度下降，那么收集器就不能通过光线来加热，乙二醇溶液的温度也会快速的降到内部线圈中热水的温度以下。如果系统持续这样，乙二醇溶液实际上就开始冷却内部线圈中的饮用水，这时候系统温度感应器将识别出乙二醇溶液温度太低了不能给热水提供额外的热量，于是把泵关闭，收集器中的乙二醇溶液则排回热交换器。在一些系统中这个过程被简化，乙二醇溶液将不再泵入收集器，而是停留在收集器中不再排回室内。

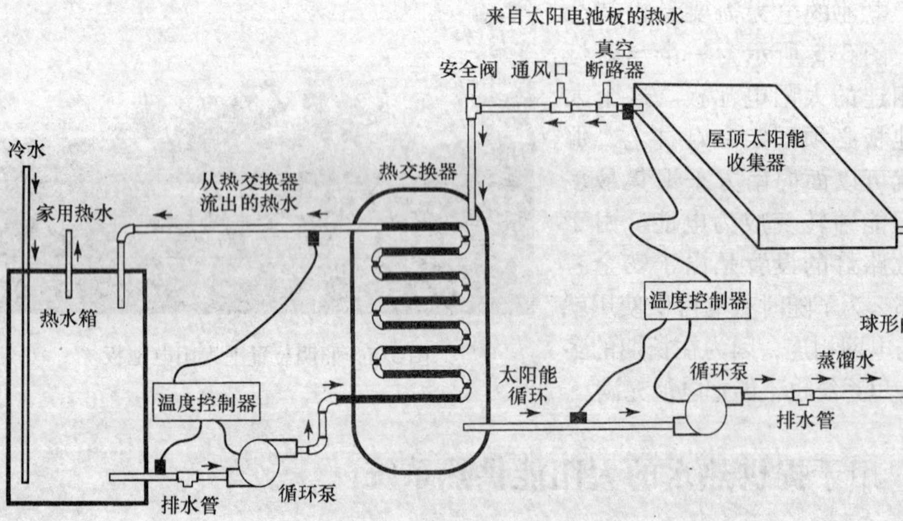

图 3-6　为家庭提供热水的太阳能热水系统

系统中的第二个循环包含了饮用水，还有一个把饮用水通过热交换器线圈抽入位于屋中热水箱的泵，水泵持续运行以确保水可以在流过密封铜管时通过桶中的乙二醇溶液获取热量。只要收集器可以从太阳光线中得到热量，保持乙二醇溶液温度高于饮用水，饮用水就可以持续从乙二醇溶液中吸热。水泵将持续把饮用水通过热交换器送到屋内的热水箱使其到达它所设定的温度。

流经室外收集器的液体通常是混有 50% 的水和 50% 的丙烯乙二醇的溶液，这种溶液可以耐受低至 -29℉的温度而不至于冰冻。表 3-1 所示为含有不同重量百分比水和丙烯乙二醇的不同混合液的冰点。当外界温度低于冰点时，对系统的保护是很重要的，此时，某些系统会把所有的液体排回屋内水箱，合理地放置感应器测量室外温度，如果排水系统太冷，就通过转换阀将乙二醇溶液转移室内系统。由于乙二醇溶液可耐受低于冰点的温度，一些系统使溶液保留在收集器中，并关掉泵以避免溶液流过热交换器造成饮用水热量流失。

表3-1 含有不同重量百分比水的丙烯乙二醇混合液的冰点

丙烯乙二醇（重量百分比，%）		0	10	20	30	40	50	60
温度	℉	32	26	18	7	-8	-29	-55
	℃	0	-3	-8	-14	-22	-34	-48

感应器和控制器必须安装在系统的平衡点。平衡点就是在此温度下收集器中加热的乙二醇溶液不能提供足够的温度差用以加热饮用水。用水时，室内热水箱的温度上升或下降，平衡点不断发生改变。如果没有正在使用热水，收集器就提供着最高温度的乙二醇溶液，乙二醇溶液和加热器中饮用水的温差大到可以让乙二醇溶液引起饮用水的温升。如果热水箱没有排出水，在某种程度上饮用水就可以达到它所希望的最高温度，除非屋内有人在使用热水，否则这些水将不再吸收热量。使用热水时，一些低温的新水将会来进行补充，这时热水箱中的水温会下降，温差会大到让饮用水从热交换器中的乙二醇溶液中吸收热量来升温。只要太阳能收集器可以从阳光中吸收热量并将热量传给乙二醇溶液且内部饮用水的温度很低需要加热，那么这个过程就会全天持续。当饮用水的温度达到所需温度水平或光照条件改变，太阳能收集器不再能使乙二醇溶液升温，系统就会控制热交换过程，突发的多云天气、暴风雨天气或日落以后，不再能给收集器提供充足光能，都会出现这种情况。

有些情况下，太阳能热水加热系统设计得足够大，能给家庭提供足够的热水。这些应用中，白天有足够的太阳光照时间，每月中有足够的日子可给家庭供暖的热水系统供热。房屋位于城市中那些外部温度不会太低的区域也是很重要的，房屋外墙和内墙的温度差别不会大到让屋中的热负荷变得大于转移到水中的热能。这意味着当房屋外界的温度太低时，收集器从光线中吸收的热量就会减少，这会使屋中所需热量比收集器从外界收集的热量大。在这种情况下屋中的温度就会下降，变得不舒适了。这个温度在68~70℉左右。如果系统足够大，就可以提供白天所需要的全部热量，并把多余的热量储存起来以备夜间和多云时太阳能收集器不能聚集足够热量。在有些情况下，需要电加热器或使用天然气、丙烷气体的强迫空气炉或直接用燃料油驱动的备用供热系统，以确保室内温度宜人。这类供电系统的优势在于太阳能可以提供足够的热量以缩减电力公司或燃气公司的账单开支。美国可以最大可能获取太阳能的那些区域，也是那些在冬天较为暖和、不需要大量热量来给房屋供暖的区域。

3.3.1 太阳能热水供热系统的常态运行

一般太阳能热水供热系统，只要在太阳能收集器中的乙二烯溶液比热交换器线圈中流过的饮用水温度高时就会运行。在这段时间可被加热并流经热交换器的乙二烯溶液的体积可以决定获取的太阳能总量。系统的第二部分包括流经热交换器的饮用水体积及乙二烯溶液和饮用水之间的温差。如果系统运行时，乙二烯溶液在白天吸收了光线，它就可以获取最大量的太阳能，并在乙二烯溶液中将其转变成热能。系统能量转变的第二部分取决于饮用水的温度以及其与乙二烯溶液的温差大小，如果饮用水相当冷，而乙二烯溶液却很热，热交换的量就可以达到最大。如果系统运行了几个小时后饮用水接近其最大温度，那么饮用水和乙二烯溶液间的温差就会随着热量的转移而变小。

饮用水吸取的热量大小依赖于正在使用多少饮用水、加入系统中有多少较冷的水以及收集器能吸收多少太阳光。另一个可能影响系统效率的因素是热交换器管道内外的清洁度，如果管道被水垢覆盖，热转换速度就会减缓，系统效率也会降低。

3.3.2　太阳能加热水为房屋供暖

太阳能用于居民和商业建筑的另一种方式是使用热水或乙二烯溶液循环进入供热系统的热交换器中。抽入的水和乙二烯溶液流经太阳能收集器，并储存于一个较大的水箱中，等待稍后再由水泵经置于典型炉中的水加热线圈，图 3-7 是这类系统的一个例子。系统包括太阳能收集器、热交换器、三个水泵、一个大型蓄水箱、炉中水加热线圈与一个带有风机和通风管的炉子。太阳能收集器以一种与加热水时所用的收集器类似的方式安装在屋顶。如果收集器暴露于低温下，泵入的乙二烯溶液将会经过其中，如果外界的温度没有低于冰点，蒸馏水就有可能泵经太阳能收集器。热交换器与太阳能收集器垂直相连，并且热交换器是安装在建筑内部的。乙二烯溶液流经热交换器，并被泵回加热它的热收集器。

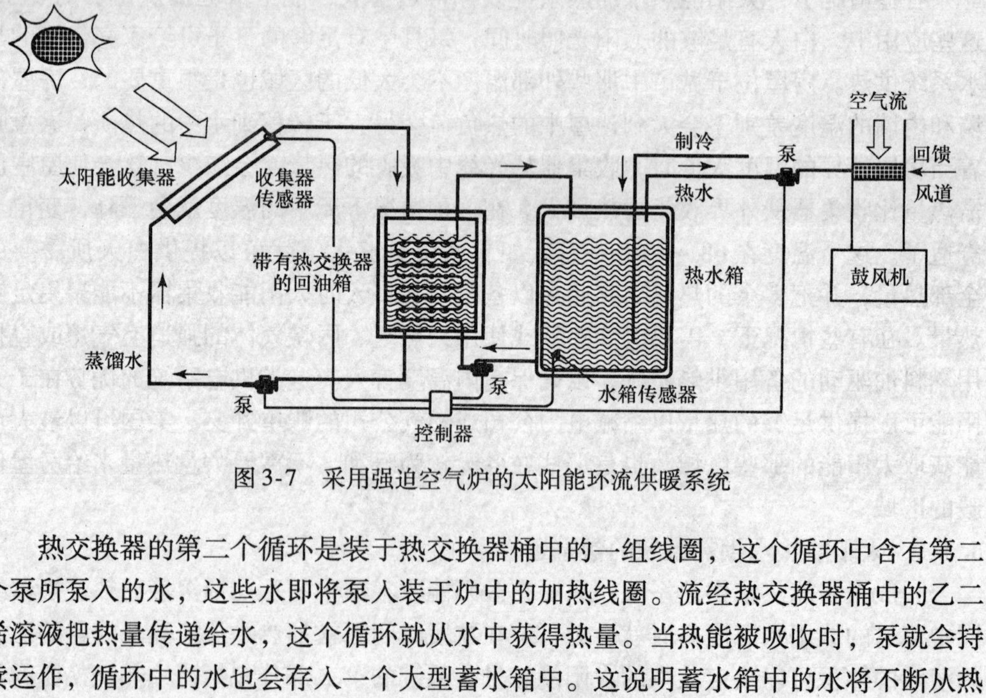

图 3-7　采用强迫空气炉的太阳能环流供暖系统

热交换器的第二个循环是装于热交换器桶中的一组线圈，这个循环中含有第二个泵所泵入的水，这些水即将泵入装于炉中的加热线圈。流经热交换器桶中的乙二烯溶液把热量传递给水，这个循环就从水中获得热量。当热能被吸收时，泵就会持续运作，循环中的水也会存入一个大型蓄水箱中。这说明蓄水箱中的水将不断从热交换器中的乙二烯溶液中吸收热量，而且其中大部分的热量都将存入水中以待炉子稍后使用。

系统中的第三个循环包含配有家用或商用自动温控器的第三个水泵。当室内冷却下来需要热量时，温控器开启并要求热量，这激励了水泵和炉内风扇。第三个循环中的水泵把蓄水箱中的水泵入装于炉内的水加热线圈。炉内风扇把室内在加热线圈上方的空气吹走，从而带走热量，空气通过管道系统传遍屋内，用暖气为屋中供暖。当室内温度上升达到设定温度、满足温控器要求时，第三循环的水泵和炉内风扇就会关闭，第三循环中的水就不再在炉内加热线圈中循环。

乙二烯溶液不断在系统的太阳能收集器中流过，并从太阳能中吸收热量，吸收热能时，第一循环中的泵开始运转，把乙二烯推入收集器和热交换器。第二循环水泵则推动液体乙二烯溶液，向在热交换器线圈中流过的水传导热量，这些水来自于大型蓄水设备，水存储设备尺寸设计要能满足为整个夜间或太阳能系统不收集热量时段提供热量的要求。当太阳能不再可用（例如夜间或多云天气），热水存储系统应该储存有足够的热水以泵入炉内线圈使炉子给房屋供暖。

炉子应该具有备用供热系统，在室外温度很低且太阳能供热系统又不能提供足够热量时，这个系统使用天然气、丙烷或燃料油来为屋中供暖提供所需的全部热量。这确保了在太阳能无法利用的时间段家庭或企业能够一直供热。这个系统也可在外界极度寒冷时提供额外所需的热量，外界温度越低，室内室外温差越大，内部空间需要的热量越多。一般情况下，热水线圈和炉子可以提供内部空间所需的30～40℉温差的热量，这说明当太阳能系统有效运作时可以提供室外温度降到30℉时所需的热量，如果室外温度低于30℉，那么温差会变大，使内部空间需要比炉内热水线圈所能提供更多的额外热量。第二阶段经常使用温控器，任何时候一旦屋内离设定温度有了超过2～3℉的温差时就自动开启辅助供热功能。

3.3.3　太阳能空间供暖系统控制器

太阳能空间供暖系统控制器包括温度控制和让乙二烯溶液转移至太阳能收集器的泵控制。控制器确保水泵能够不间断运行，以使得蓄水单元中的水能在当乙二烯溶液被加热时持续不断地泵入热交换器。当水泵停止运行或其他相似问题使蓄水单元中的水不至于流经热交换器时，过热控制器和感应器必须用来保护太阳能收集器中的乙二烯液体使其不至于过热。

如果蒸馏水在第一循环中取代乙二烯溶液，必须有额外的控制确保系统外部能够在温度低于冰点时适当排水，这通常包含感应器和可以打开允许蒸馏水流回热交换器的阀门，阀门安置于建筑内部以使其免受于冰点温度之害。当系统开启为内部供热时，典型情况下当炉子进行辅助加热时有控制器保护其从蓄水箱泵入线圈而免于过热。

有时可能会用到附加控制，提供管道系统的阻尼控制，给房屋或建筑内部的区域加热。加热区域控制可以使内部其中一间房间中温度在不同温度下可控，而不影响到其他房间。例如，当白天没人在房间中时，卧室的温度可以设定得较低，这样可以在不需要供多少暖的情况下来节省额外的能量。区域控制还可以利用基于定时器或当人进入房屋中就自动开启供热系统的方法使屋内达到较温暖的温度的二次设置。

这类系统可协同直接置于待供暖的每间房屋中的散热线圈来使用，控制器将确保在房间需要供暖时水能够流过散热线圈。传统用作供暖的就是这类热水锅炉系统，此系统的区域控制要在每间需要加热的房间中加装温控器，就可以保证每间房间都能设定一个不同的温度。这类系统将需要额外的水泵把热水泵入每个独立的散热器。

3.3.4　暖风加热炉太阳能供暖系统的优缺点

使用太阳能供暖系统供暖的优点之一就是能够缩减30%～40%的供暖费用。太阳能供暖系统通过加热水来加热为居室和房屋内部供暖所用的气体。在很多情况下，太阳能供暖系统所能提供的热量不能满足当室外温度过低或者夜间太阳能供暖系统所能提供热量有限的情况下的供暖所需，在这种情况下，供暖系统必须采用诸如燃气炉这样的附加供暖源。在太阳能供暖系统可以替代燃气炉时，其优势在于可以消除使用燃烧烃基燃料引起的空气污染。如果使用了高效能气体炉，燃料燃烧完全的情况下空气污染可以减少。如果电加热线圈能提供备用热量，那么附加太阳电池板就可以发出电能。光伏板能产生用于炉内电力加热线圈的直流电力，否则供暖炉所需电力可由与电网相连的为屋中其他地方提供电力的系统提供。在春秋两季，典型的太阳能供暖系统可以在室外温度不太低时为家庭或企业提供所需的全部热量，可用太阳能的会因那些月份日照时间的增加而变大。

这类系统的劣势在于设施和太阳能供暖系统（元件包括太阳能收集器、热交换器、蓄水箱、泵和管道）的初始成本。系统的另一个劣势在于它需要额外的电力来维持三个水泵的运行，这部分可由不需要使用这么多辅助燃料来给房屋供暖带来的节省所弥补。因为系统有附加管道系统，那么就有可能带来渗漏而造成其构造的损坏，传统的水泵也需要额外的维护。

3.3.5　过热保护和其他安全控制

利用控制器太阳能系统可以设计成自动运行。但是，为保护系统设备免受过热或漏水带来的损害应当有处理突发事件的程序。安全控制器需要有大量感应器不断监测温度和水流量，还有其他感应器监测水泵的运行。每一个安全系统都需要有一个预设条件来提供或者可自动对系统做出，改变以使其免受损坏。例如，循环乙二烯溶液的水泵不能把足够的溶液送入收集器，它就可能严重过热，这将会造成系统高压并可能损坏管道。这些情况下必须释放压力且把系统关闭，使压力和温度降至一个安全状态。这可能会使系统排水的开关阀打开，以使得没有多余的溶液留在太阳能收集器里。如果系统发生渗漏，可以安装一系列的阀门来隔离系统的各部分从而使溶液不至于完全漏光。

另一个重要的安全电路就是乙二烯溶液的温度监测系统。如果外界温度下降到低于冰点，乙二烯溶液就可以在没有太阳时继续在收集器系统中循环，它的温度就会继续下降。如果乙二烯溶液的温度继续降低直到低于水的冰点，并流过热交换器桶，则可能引起流经热交换器管道中的饮用水冰冻。当水冰冻时，管道就会冻裂。系统中用于乙二烯和饮用水侧的温度控制器可以避免这种情况发生。如果检测到水的温度低于冰点，乙二烯泵就会关闭，收集器就会开始排水。通常这些阀门被设计在功率不能确保系统能安全排空时保持开通。

一旦室外的温度开始上升，太阳又重新照耀，那么收集器也会很快升温，液体也将重新安全地流过它。系统温度可以回升，并且一旦室外环境改变时就会重新供热。感应器和控制器将很快决定在系统关闭一段时间后何时开始重新供热，这段时间可能是一个晚上，也可能需要更长时间（当系统安装于远离南部区域的地方，并在冬季最冷的时候）。

3.3.6　冬季到夏季的转换

在冬季，供热系统的热负荷最大，因为这时屋内外的温差通常是最大的。在夏季，屋内不需要额外的供热，所以太阳能热水供热系统通常只是用来为洗碗碟、洗衣服和洗澡提供热水。这说明额外的热量不再需要供给屋子内部，因此系统的需求会变得较小。一些系统设定为经由收集器泵入的乙二烯溶液容量较小，这基本上能够缩减系统的大小，减弱转换用来加热水的能量的能力。其余的系统也有尖端的控制技术可以使乙二烯溶液流经控制器，即使饮用水升至设定温度以上，系统也不会过热。还有一些系统有较大的内部存储容量使得能有额外的水被加热和储存。

在时间上，无论通过日期或测量温差，系统都可能需要从冬季模式转换到夏季模式。如果足够先进，这可以由控制器自动完成，在一些情况下也可手动完成。

3.3.7　长时间关闭

如果系统有一周或更长时间没有使用了，在太阳能收集器中循环的乙二烯溶液一般会排回热交换器或蓄水容器中，这样乙二烯溶液就不会暴露于外界的温度中。水泵也可以关闭以免浪费，不进行加热或使用能量循环液体。一些系统有改变阀门位置的内设条件，满足条件时可搁置系统，将其排尽。如果在系统停用的这段时间要调节其他开关，就需要在控制系统中输入程序以使阀门在适当的位置，当需要时，能够使系统自动将水排尽。在一些较小的系统中，这都需要手动完成，而且重新投入使用时应反向操作。

3.4　太阳能热水加热系统为泳池供热

利用太阳能热水加热系统的另一种应用就是加热泳池中的水。泳池中的水必须经由太阳能收集器直接泵入，因为当水温降到冰点以下时，这种典型系统不能用。如果遇到了这种情况，收集器系统的效率就会比所要求的热交换器效率高些。

太阳能毯是位于泳池顶部的透明塑料薄板，它可以防止热量的散发并让阳光透过其中来为水加热，也可以在太阳能收集器系统中附加使用。白天阳光透过太阳能毯来加热水，夜间空气温度降至水温以下，这层塑料覆盖膜会防止低温的空气进入，并与池中的水接触而使之降温。经由太阳能收集器和太阳能毯的泳池混合水，不使用任何像燃气热水器和加热泵这样的加热装置即可使水温升高。因为泳池可以通过直接阳光照射来吸收足够的太阳能，所以太阳能热水加热系统在夏天的某些情况下是不必使用的。在初春加热泳池的水，在秋季为水提供额外的热量，在这些月份里太阳能热水加热系统通常用于延长泳池可用时间。在南部和西南等地方，太阳能供热系统可以使泳池一年到头都可以使用。

3.5 被动式热水加热系统

被动式热水加热系统利用重力和冷热水之间的温差让水流过收集器。被动式系统的优势在于不需要消耗大量电能驱动水泵运水，而是靠重力和冷热乙二烯溶液之间的温差，令溶液流经室外的太阳能收集器和室内的热交换器。在依靠重力或温差的被动系统中，乙二烯溶液体积与压力都非常小，乙二烯溶液被加热时就会膨胀，从而让液体流过系统。确保系统能够满足加热需求的一个途径就是把系统做得比使用泵的典型系统大。

另一种类型的系统使用太阳能光伏电池给整个系统提供额外直流电，这种系统就是半被动式。直流电力驱动系统水泵，就不需要从电网取电运转系统及推动乙二烯溶液的流动。典型太阳能热水加热系统的实例在下一章中会提到。

3.5.1 提供家用热水的小型被动式太阳能热水加热系统

较小的太阳能收集器可以安装于屋顶，这类系统可并入传统热水箱中，传统热水箱用于经济地提供家用热水，图3-8是这类系统的图解。作为乙二烯溶液密封系统的一部分，太阳能收集器安装于屋顶上，乙二烯系统的第二部分是传统热水箱置于屋内的热交换器。系统中的乙二烯流经热交换器线圈，饮用水流过热交换器桶中有乙二烯流过的线圈周围。系统不需要泵来为乙二烯溶液或饮用热水系统服务，而是利用温差把乙二烯推入管道中。乙二烯溶液被加热时就会有轻微的膨胀，并在经过太阳能收集器时吸收太阳热能。当加热后的乙二烯溶液流出收集器并经过热交换器时，它会损失热量，当它完全流过热交换器时，它损失的热量足以使留在热交换器中的水和正在太阳能收集器中加热的水之间产生温差。因为乙二烯溶液管道中充满了溶液，那么温差足以让乙二烯溶液回升到屋顶，使其再一次流过太阳能收集器，回路的下方有一个可扩展水箱以确保乙二烯溶液达到最高温度完全膨胀后能有足够的空间。当太阳能加热乙二烯溶液的能力逐渐减弱时，溶液开始降温浓缩，乙二烯溶液流动的速度减慢，到最后甚至停止了，由于当溶液变冷时流动速度会减慢，就不需要昂贵的阀门来使在热交换器中逐渐冷却的饮用水转移走或停止流动。

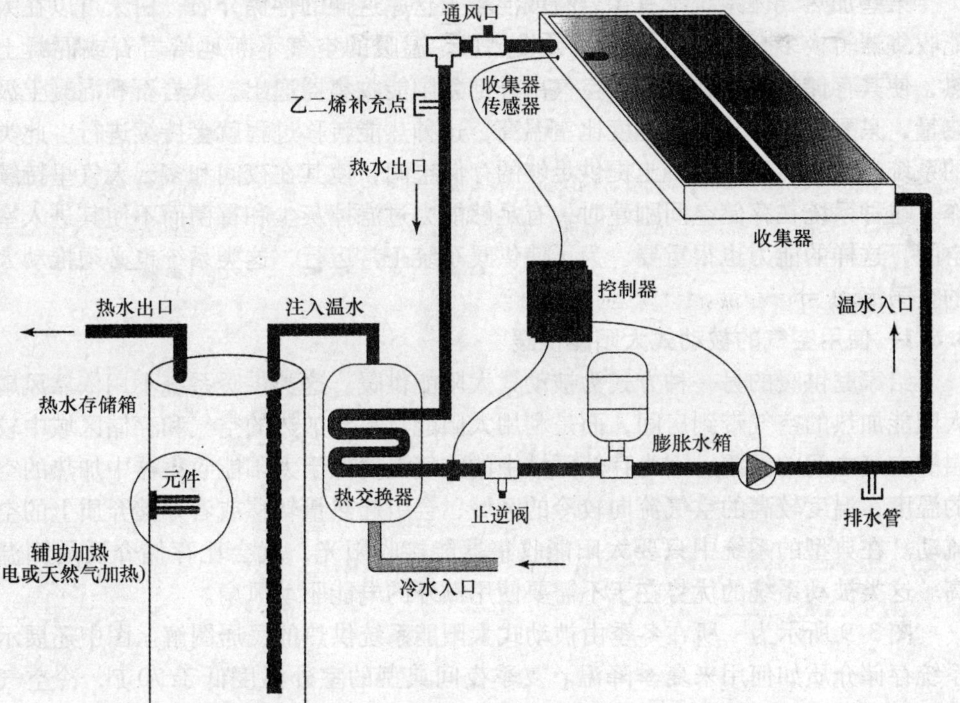

图 3-8　用于加热水的间接太阳能加热系统作为住宅提供饮用热水系统的一部分

当屋中某处需要使用热水时，饮用水自然地流过热交换器进入热水器。如果太阳能热收集器不能把足够的热量传递给热水箱中的水，那么传统的水加热方式（热或电）就会启动把水温提升到所需温度。系统的饮用水在进入热交换器时温度最低，它的温度可由流经热交换器线圈的温度较高的乙二烯溶液来提升。如果在夜间或者太阳能收集器不能给热水供热时，那么燃气或电加热部分就会像没有太阳能加热系统的普通系统那样加热水以供使用。这类系统并不能取代热水箱，反而在太阳能可被利用的条件下作为热水系统的补充。

3.6　使用空气的太阳能供暖

用太阳能为房屋供暖的另一种途径就是加热空气，而不是加热水。这类系统在太阳能收集器中通过大量的空气，由系统中的风扇推动到每个房间来实现供暖。由于收集器系统暴露于外界空气中，所以当太阳不能给收集器提供热量时，把它隔离出来非常重要。这些情况下，需要一个备用系统（就像电热线圈、燃气炉或燃油炉）在太阳能较少或夜间没有太阳光时来提供热量。设计这种类型的系统不是希望它们能提供全部热量，而是当太阳照射时能提供大量的热量。

某些加热气体系统都有像岩石或混凝土仓库这样的存储介质，白天可以在太阳能收集器转换多余热量时缓慢的吸收热量。温暖的空气不断地给岩石或混凝土加热，使其存储热量。在夜间，空气由外部太阳能收集器逸出，从岩石和混凝土汲取热量，只要岩石存储介质温度比室温高，这种热能转移过程就会持续进行。此类型的系统必须为岩石或混凝土提供足够的存储空间，使其在夜间和多云天气里持续工作。这种系统在存储空间刚建时，有足够能力过滤掉灰尘和霉菌而不使其进入室内空间，这样的能力也很重要。为了使供暖系统正常运行，这类系统也必须推动大量的空气流动。

3.6.1 使用空气的被动式太阳能供暖

给家庭供暖的另一种方式为被动式太阳能供暖。这类供暖系统不用依靠风扇把太阳能加热的空气带到房间，而是利用太阳能收集器加热的空气和存储区域中较低温的空气之间的温差。因为存储区域中的空气温度低于太阳能收集器中加热的空气的温度，温度较高的空气流向较冷的区域，会引起热量转移或者存储介质上的空气流动。在典型的系统中只要太阳能收集器能接收阳光，就会比存储介质周围温度高。这类被动系统的优势在于不需要使用额外的电能驱动风扇。

图 3-9 所示为一所在冬季由被动式太阳能系统供热的民居图解。图中还展示了系统存储介质如何用来夏季降温。夏季夜间典型的室外温度低于 70℉，冷空气可以流过存储介质引起岩石或混凝土的温度降到室外能达到的任何温度，存储介质也可以是大型的水容器。当白天室外温度较高时，室内空气流过存储介质而降温，然

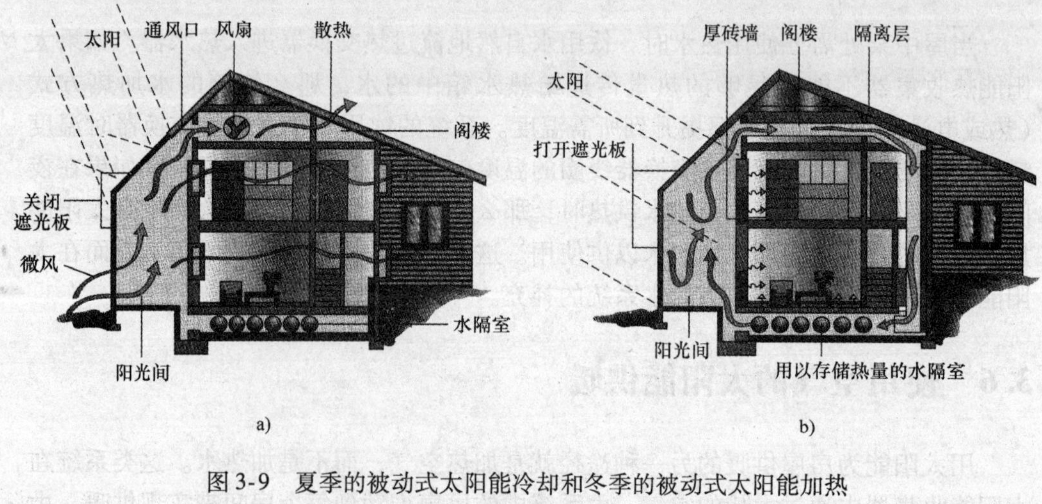

图 3-9 夏季的被动式太阳能冷却和冬季的被动式太阳能加热
a）夏季的被动式太阳能冷却 b）冬季的被动式太阳能加热

后返回室内空间将其进行调节。存储介质和室内温度之间的典型温差并不大，所以只要在室外温度不至于太高，系统就可以很好地工作。由于使用的是夜间的冷空气，花费就会比使用电能来驱动空调系统中的压缩机要少很多。这类系统的主要目标就是将大量空气充满屋内空间。

3.7 太阳电池板

太阳电池板可把太阳能转变成为直流电。本节将介绍不同类型的光伏电池，在了解它们的运行原理和设计之前，需要先了解直流电的基本原理和电力系统中使用的术语。如果读者有电力相关课程的预备知识，这些内容可以当做一个复习。如果没有相关预备知识，读者就需要掌握相关知识，以理解光伏电池是如何开发的，以及它是如何与电力系统相连的。本书最后一章将给读者提供全面了解太阳能技术的所有电力相关信息。在这部分中，用到的电力词汇和理论将会在其应用之处做出介绍。

3.7.1 电压、电流、电阻和功率的介绍

电压、电流、电阻和功率都是说明电参数的术语。“电”定义为电子的流动，也称为电流。电子是原子的负电部分，沿着轨道运行在原子核周围。地球上的万物都有原子，这些原子有一定数目的电子以被称作壳层的特定路线沿原子核轨道运行。电子具有一个负电荷，原子核中还有带正电荷的质子以及呈中性不带电的中子。铜、金、银及铝等元素在原子最外壳层（轨道）中运行的带负电荷的电子可以脱离原子核。原子核上有着可吸引电子的质子，在最外壳层的电子可以脱离的原因在于正电质子的吸引力很弱。当电压加在铜线上，就会引起电子脱离并沿铜线流向负荷。典型的电力负荷都有电阻，如电灯泡或电热元件。电阻定义为电流的反比并以Ω（欧姆）来计量。电流定义为电子流，以A（安培）测算。电压定义为电动势，以V（伏特）测算。电压、电流和电阻的关系是当1V的电压加在1Ω的电阻上，就流过1A电流。

电功率的单位是W（瓦特）。1W定义为1V电压乘以1A电流。电流的单位是A，电阻的单位是Ω。表3-2列出了所有的电气术语、定义、单位，分别给出了该物理量已知或欧姆定律中缩写的表示方式。欧姆定律阐述了直流电驱动电路时，电压的值可以通过电流值与电阻值相乘来计算得到。用欧姆定律计算电压值时，电压可以由代表电动势的字母 E 来表示。当得到了问题答案（知道了电压值），电压就可以由代表伏特的字母V来表示。当用欧姆定律公式求出电流值，可以用表示强度的字母 I 来表示，当答案得出时也由代表安培的字母A来表示。当用欧姆定律公式求出电阻值，可以用字母 R 来表示，当答案得出时也由希腊字母Ω表示，从而也就确定了Ω值。字母O有可能被误认为是零，所以就用字母Ω来表示它。欧姆定律公式中字母 P 表示功率，当求解问题时求出瓦特值将用表示瓦特的W来表示功率。

表 3-2 电气术语、定义、单位和缩写

电气术语	定义	单位	已知量的缩写	欧姆定律中的缩写
电压	电动势也称为电势，它引起电子移动形成电流	伏特	V	E
电流	电子的流动	安培	A	I
电阻	阻止电子流动	欧姆	Ω	R
功率	电压和电流相乘	瓦特	W	P

欧姆、伏特、安培和电路之间的关系可以在数学上用称为欧姆定律的一系列公式来证明。第 12 章会提供更多的信息进一步解释其中的关系，并提出各类问题及读者可理解的解决方案，以便更好地理解这些术语。这时候读者所需了解的全部知识就是欧姆定律可以用电压、电流或电阻表示，这些公式可以用来在已知两个或更多的值时来计算任何使用直流电电路的电压、电流和电阻。在交流电路中用来求电压、电流和电阻的公式变动很小，将在第 12 章中予以解释。表 3-3 所示的是欧姆定律公式。为理解欧姆定律公式，读者需要首先了解的是每一个术语，电压、电流和电阻在不知道其值的时候都可以用缩写字母来代替，例如，E 表示欧姆定律公式中的电压，它来自于单词“电动势”的第一个字母；I 用来表示电流，它是单词“强度”的第一个字母；R 用来表示电阻，它是单词“电阻”的第一个字母。欧姆定律的基本公式就是 $E=IR$。这说明任何电路中通过电流与电阻相乘都可以求出电压。例如说，如果任一个电路中电流为 2A，电阻为 6Ω，电流所引起的电压就是 12V。因为公式中的值可以确定，V 就可以用来表示电压，所以答案就是 12V。要记住当欧姆定律中的值未知时，可以用 E 来表示电压，在一些情况下，有些人更愿意使用 V 来表示未知的电压，但是在公式中值未知时最常用的标准就是用 E 来表示。一旦得出了电压的确切值时就使用 V，当通过仪表测量而得知确切电压值时也使用 V。当欧姆定律公式中不知道电流和电阻值时就分别使用 I 和 R 来表示。一旦求解出了问题，就使用 V 来表示电压，用 A 表示电流，用希腊字母 Ω 表示电阻 Ω。用希腊字母 Ω 而不用字母 O 来表示，是因为 O 可以被认为是数字 0。在电力公式中，只要字母表中的字母可以被误认为是数字或是其他什么，就可以用希腊字母表中的字母来表示。

表 3-3 欧姆定律中电阻和电流的关系

欧姆定律中的单位	求电压	求电流	求电阻	求功率
E = 电压 I = 电流 R = 电阻 P = 功率（瓦特）	$E=IR$	$I=E/R$	$R=E/I$	$P=EI$ 或 $P=I^2R$

如果电路中电压和电流已知，就可以用公式 $R=E/I$ 来求出电阻。如果我们使用原来电路中的相同值，我们就可以用 12V 除以 2A 得到 6Ω 的答案。如果电路中电压和电阻已知，就可以用欧姆定律公式 $I=E/R$ 求出电流。如果我们再使用原来电路中的相同值，就可以用 12V 除以 6Ω 得到 2A 的答案。使用表 3-3 所示的欧姆

定律公式可以求出电压、电流和电阻。

考虑欧姆定律的另一方式就是用欧姆定律盘作为记忆工具，图 3-10 所示的就是这种记忆工具的例子。其基本形态是有水平线通过中心的圆。单词电压（E）置于此线之上，水平线之下是垂线，左边部分所示的是电流（I），右边部分所示的是电阻（R）。垂线也被称为“乘法线”，为了求出电压需要用电流乘以电阻。水平线称为“除法线”，为求出电流或电阻需要用电压来除。

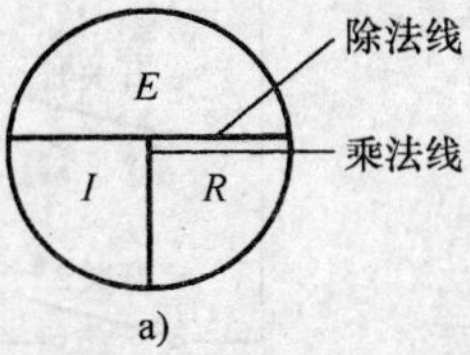

图 3-10　欧姆定律盘和功率 Ω 定律公式

a）欧姆定律盘，用来记住欧姆定律电压、电流和电阻公式的记忆工具

b）功率 Ω 定律公式，包括电压、电流和功率（瓦特）

3.7.2　串联电路中的电压、电流、灯和开关

为理解光伏电池板发出的电压和电流，就需要知道简单电路中的电压和电流。图 3-11 所示是两盏灯和两个开关串联。串联一词意味着电流离开电池一端再返回另一端只有一条通路。因为电流由电阻组成而带负电，它们从电池负极离开返回电池正极。

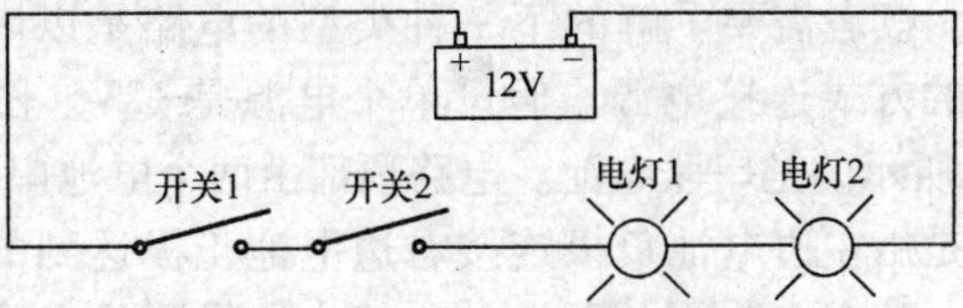

图 3-11　两个开关和两盏灯串联

图 3-11 所示的串联电路中串联了两个开关和两盏灯。在串联电路中，电路导线和开关中的任意一个断开，电流就中断，灯不亮。如果电路导线中任意处断开，电流也会中断，灯不亮。串联电路中灯确定时，串联电路中的电压由电路中所串联的灯分担，如果用电压表测量出每盏灯上的电压，可测得每盏灯上的电压为 6V。图 3-12 所示的是串联两个开关和一盏灯的电路，任何时候只要开关断开，灯就会熄灭。

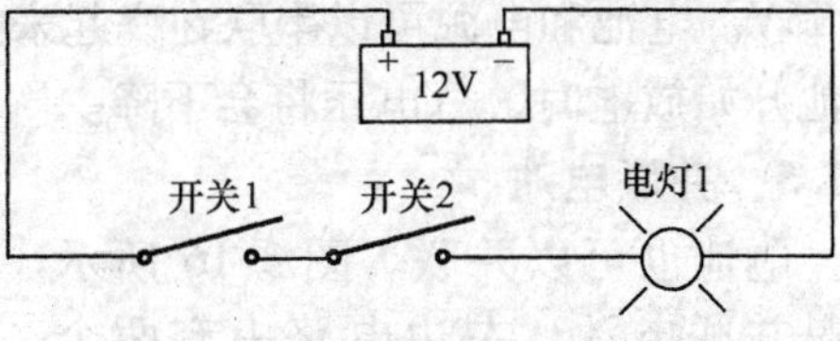

图 3-12　两个开关和一盏灯串联

3.7.3　并联电路中的电压、电流、灯和开关

灯和开关也可以并联。并联电路中电流不止有一条通路。图 3-13 在第一个并联电路中有开关 1 和灯 1，在第二个并联电路中有开关 2 和灯 2。并联电路中，每条支路的电压相等。因为提供电压的是 12V 的电源，第一个并联电路中的灯所受的是 12V，第二个并联电路中的灯所受的电压也是 12V。灯并联的原因之一就是每条并联支路上灯都能够受到电源的全部电压。

灯并联的另一原因在于每一盏灯可以独立地开通和关断，而不论电路中的其他负荷是否开通或关断。

图 3-14 中的电路是由两个并联开关控制的。在这个电路中开关 1 和开关 2 都可以开启灯。如果想关掉灯，开关 1 和开关 2 需要同时断开。

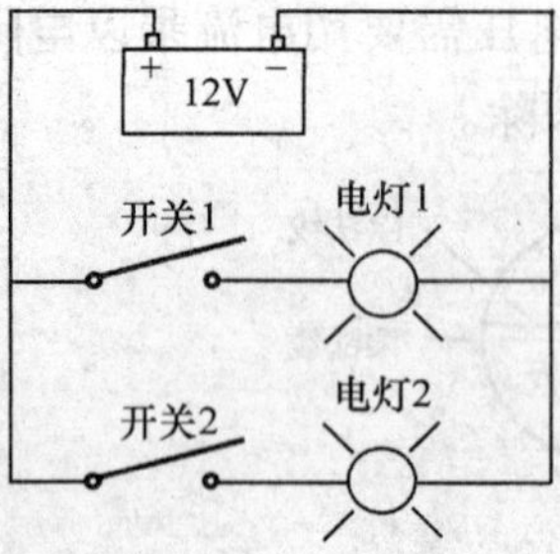

图 3-13　两条并联电路。灯 1 由开关 1 独立控制，灯 2 由开关 2 独立控制

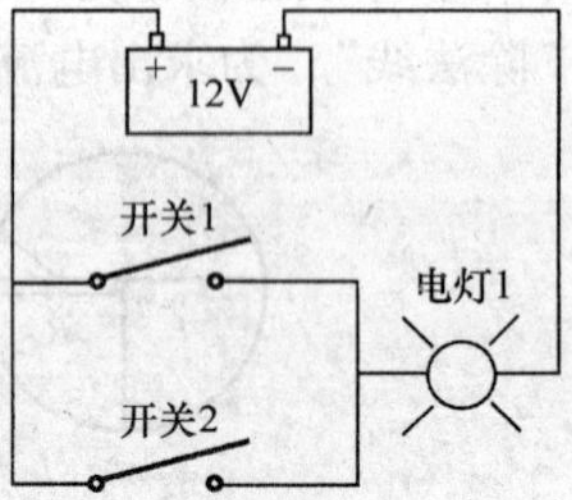

图 3-14　灯由两个并联的开关控制

3.7.4　串联电池

读者需要了解的下一种类型的电路是以串并联的方式连接电源。假设单个电源是 12V。图 3-15 所示的是串联电池。电路顶部由两个电池串联，这是由左边电池负极连接右边电池正极达到的效果，两个电池总电压加在一起。如果测量左边电池正极与右边电池负极之间的电压，可测得 24V。由此可证明，当电池或电源串联时，电压为其总和。

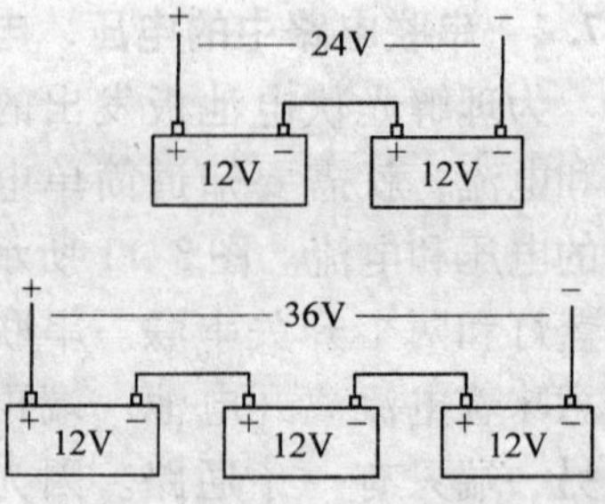

图 3-15　串联电池

图 3-15 下面的图中由三个电池一个接一个正负极顺次相连而形成串联。当三个电池串联时，它们的电压加在一起，从左边电池的正极到右边电池负极可以测得有 36V。电池和电源可以串联在一起来提高总电压，唯一的问题在于当一个或更多电池开始放电时，总电压将会下降。

3.7.5　并联电池

电池也可以并联。图 3-16 所示的是并联电池。左边电路中有两个 12V 的电池并联，两个电池正负极分别对应相接就是并联。当电池并联时，正负极之间的电压仍保持 12V。电池并联的好处就是电压可以保持一定，而是电池所提供的点电流等于每个电池的电流之和。

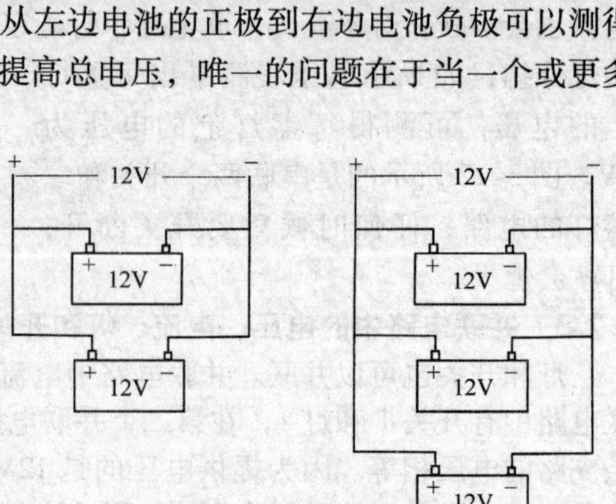

图 3-16　并联电池

图 3-16 右边的电路是 3 个 12V 的电池并联，可以看到并联的电池总电压仍为 12V。三个电池并联的好处是仍旧可以保证 12V 的电压，但是得到的电流将是三个电池发出的电流之和。

在下一节我们开始学习太阳能光伏电池以及它们是如何连接的。每一个太阳能光伏电池基本上都是一个类似于电池的电源，因为太阳光到达其表面时它就会产生电压。读者可以学到为什么光伏电池是串联或并联能产生电压或电流。

3.8　太阳能光伏电池和模块

当太阳光照射太阳能光伏电池表面时，太阳能光伏发电系统产生电能。光伏设备的基本运行原理就是特定物质以特定方式结合，来自太阳的质子能量激发光伏电池中的物质引起电子流动。电路中的电子流动形成电流。为让光伏发电系统提供可用的电压和电流，大部分的光伏电池以模块、组串、阵列的各种串并联方式连接在一起。

光伏电池也被称为太阳能光伏电池，是所有太阳能系统的基本构件。很多物质（包括硅）都可以做成光伏电池，少量的像硼、磷和砷这样的物质也可以添加其中，可以使电池将太阳光转变成电能的效率或多或少地有所增加。生产一些低效率光伏电池是因其成本低。当太阳能投射到其表面时，每一个电池都可以产生 0.5V 左右的直流电动势。任意时刻电池可以产生的最大电流是与表面积及投射在表面上的光照强度成正比的，光伏电池可以发 30 ~ 50 年的电。

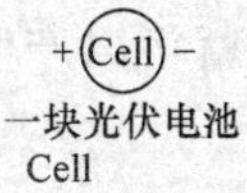

图 3-17　一块光伏电池

为初步了解光伏发电系统，我们需要学习一些基本术语。读者会发现，不同的光伏电池厂家和安装光伏电池的公司可能会用不同的词汇来描述同一个元件。本书使用光伏模块和光伏板来指代可作为一个单元安装的完整元件。光伏模块是一组光伏电池，图 3-17 所示的一块光伏电池，有正极，有负极。图 3-18 所示的是一组正负极顺次串联的光伏电池，这样的光伏电池组就称为光伏模块。典型情况下，36 块电池组成的模块可以产生 18 ~ 22V 的电压，从而产生 12V 的额定输出电压。18 ~ 22V 的电压被认为额定输出电压只是 12V 的原因在于，系统并不是以相同强度接收相同量的太阳光，出于设计和规划的目的，输出电压被认为是 12V。一些生产商会将 72 块电池以这样的方式连接组装起来而获得 24V 额定电压。当电压被送入电网应采用较高的电压，可经换流器产生较高的交流电压。需要注意的是，光伏模块中的电池的串联方式使模块只有一个正极和负极来连接其他模块。

太阳能可以用来加热水和空气，也可以通过光伏电池产生电压。一些厂商把太阳电池板看作是利用太阳能供暖的系统，在他们提到将光变为电能的系统时，就会使用太阳电池板这个词（指的就是光伏电池组成的光伏模块）。

3.8.1　太阳能光伏组串及阵列

太阳能阵列就是光伏电池构成的光伏模块的连接集合。太阳能光伏组串就是一组串联的光伏模块。当它们串联时，就像电池那样，产生的电压也是其总和。图

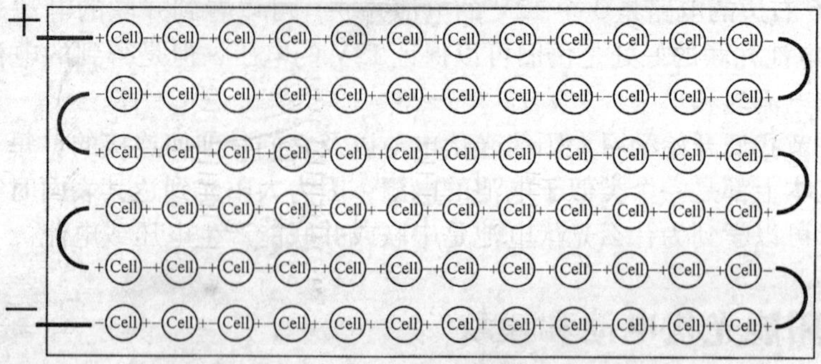

图 3-18 许多光伏电池串联形成光伏模块

3-19 所示的是三个模块串联而成的组串以及两个组串相互并联形成的光伏阵列。每一个模块产生 24V 电压，三个模块就形成了可以产生 72V 电压的组串。可以看到，两个 72V 电压组串在容器箱内并联就是光伏阵列，这样可以提高输出的电流。厂商把光伏模块以各种结构连接起来形成可以在 12V、24V 或 48V 家用或商用额定电压下运行的光伏阵列，高达 600V 时可用于连接在高压电网。阵列的输出电压是直流电压，但是经过换流器可以转变为交流电压，所以也可以用在需要交流的负荷上。换流器还有第二个功能，就是可以作为电压调节器，即使电池提供的电压小于额定电压，供给电器和负荷的电压水平也能在 40s 读数允许值之内。这可以通过给换流器提供高于所要求的电压水平来完成，所以电压调节器可以用来提供较低的交流电。厂商可以生产能够在容器箱内连接成串的光伏板，通过给串联的每块板上施加电压就可以产生任何电压。当需要额外电流的时候，就需要并联更多的光伏板。

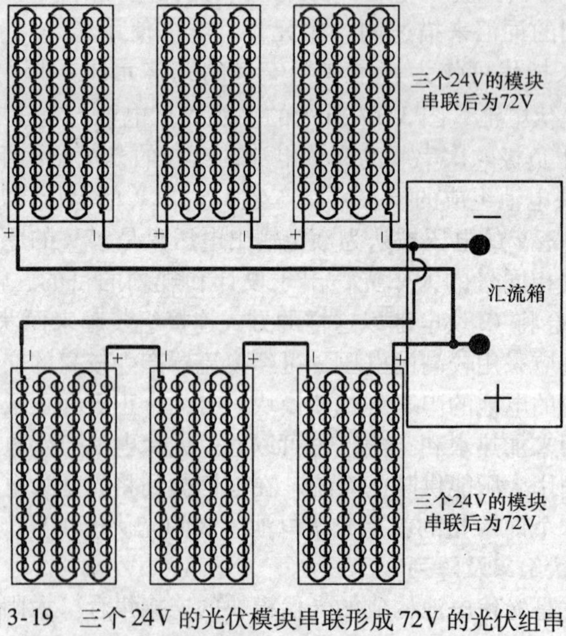

图 3-19 三个 24V 的光伏模块串联形成 72V 的光伏组串，
两个 72V 的光伏串并联成 72V 的光伏阵列

“阵列”这个词描述了系统中的所有模块群。这些模块可以并联或串联产生用电设备所需要的电压。因为以组串的形式连接起来的模块群可以形成阵列，所以组串有时也叫做子阵。把它们简单地安装在支架上，把光伏板倾斜到适合的角度使之可以吸收到最大量的太阳光，阵列就生产出来了。光伏板通过屋顶容器箱并联能产生光伏发电系统可以提供的电流。

3.9　太阳电池板的类型

现代太阳电池板可以由不同的物质制成。如今最常用的物质是硅，为了不同应用于不同的场合，生产的光伏板可能要添加少量的其他元素。至于使用哪种物质有两个决定因素，即原材料成本和掺杂这些物质的生产工序成本。在某些应用中成本不是最重要的因素，光伏板的效率和寿命更加重要。比如，光伏电池被设计用在太空探索应用上（如火星探测器），那么光伏电池最重要的就是要能够产生充足电压来保持系统充满电且能够持续很长时间运行。

在其他应用中，主要目标就是以最小的成本尽可能多地安装光伏发电系统来提高发电量。这些应用中，较低成本的物质与最低成本的生产工序就是必需的。为生产有特殊功能的光伏板，物质的掺杂和制造工艺正在被开发。比如，用于光伏板表面的薄膜物质需要具有弹性以适应屋顶或其他装置上的光伏板结构。纳米技术的发展可以提供许多新产品和制造工艺。纳米技术是相对较新的技术，它是工程科学的一个分支，可以处理小于1000nm的物体。1nm是1×10^{-9}m。纳米技术主要在原子或分子层面上处理物质和进行设备的控制。

本节将介绍用于生产太阳能光伏板的各类物质，可以从不同方面讨论纳米技术材料和生产光伏板的技术。例如，利用光伏板构成和成本的比较可以来展示其各类型的差别。还可以比较它们的制造工艺。表3-4所示为各种太阳能光伏板的效率、使用物质和/或生产工艺以及各类的优缺点。

表3-4　各类物质

光伏电池和光伏板的类型	效率	物质/工艺	缺　点	优　点
单晶硅板	15%～18%	圆柱锭，大表面晶体硅	必须从较大圆柱锭切开或锯开，会引起外形不规则，矩形板角落不能完全封闭	大多数普遍的散装硅物质
两面单晶硅	高到20%	单晶硅太阳能光伏电池两面都有镜子，两面都可以收集能量	需要特殊装备和反射器，以接收光伏板底部可利用的阳光	两面都可以把光转变成电能

（续）

光伏电池和光伏板的类型	效率	物质/工艺	缺 点	优 点
多晶硅板	12%～14%	大面积熔化硅	效率低于单晶硅	比生产单晶硅板成本低
串带状硅	12%～14%	单晶硅类型	效率低于多晶硅	因为浪费少并且不用锯，生产成本低
非晶质硅或薄膜板	5%～6%	没有晶体形状，可直接用于各种物质的薄膜	各种电流光伏技术中效率最低	薄膜板主要优点即低生产成本和其多功能性
碲化镉	18%	CdTe 保存较简单，有利于大规模生产	碲有毒，但太阳能光伏电池含有大约和 NiCad 电池同等量的碲	对于薄膜电池和大规模电池来说是非常有效率的光吸收物质
CIGS（铜、铟、镓、硒）薄膜板太阳能光伏电池	19.9%	置于薄碳酸钙玻璃基片或基体上的铜、铟、镓、硒是有弹性金属箔、高温聚合物或不锈钢板	热保留是一个问题，因为直接应用物质到基体上就没有空间散热	CIGS 要求 1/100～1/50 的典型硅光伏电池原料，生产成本低
群Ⅲ－Ⅴ技术	25%	典型情况下与砷化镓化合	高成本限制了此类光伏板的生产	高效率，可以使用较少的模块
建筑物融合的光电池板	5%～6%	非晶硅半透明层混入用作窗户和墙面板的玻璃	低效率	玻璃在发电时可允许特定量的光线进入如窗户的区域，也用作鹅卵石屋顶材料
高聚太阳能光伏	大于25%	包括标准类型的带透镜来聚光的太阳能光伏板	不能用散射光，安装更复杂	用更少的光伏板产生更多的电力
高效多接点设备	高到40%	三层接点： （1）砷化镓 （2）锗 （3）镓、铟和磷化物	使用蒸汽过程生产工艺	太空应用的原创性研究，例如火星探测车，提供高效率

（续）

光伏电池和光伏板的类型	效率	物质/工艺	缺　点	优　点
染料敏感性太阳能光伏电池（DSSC）	11%	纳米钛有孔层的钌化合物染料	在UV和热的作用下染料会降解	用屏幕打印过程生产，使其成本花费更有效率
CIS（铜，铟，硒化物）	13.5%	由CulnSe2（铜、铟、硒化物）	高生产成本	因其高光吸收能力便有薄膜太阳能光伏电池应用
多接点砷化镓	29%	例如三层接点电池可能包括半导体GaAs，Ge和GalnP2	花费高达其他太阳能光伏电池的五倍	非常高的效率，用于太空应用
非硅类太阳电池板纳米加工，也称作改性光伏量子点	高达42%	此时正处于实验阶段，由碳纳米管也称作量子点制成的，嵌入称为介孔金属氧化物的导电聚合物	仍在试验中，不具备生产条件	可期待非常高的效率
UV太阳能光伏电池	仍在实验中	透明太阳能光伏电池使用紫外线产生电力，且允许可见光穿过	仍在试验中，不具备生产条件	可作为涂层应用在窗户上，可以发电且允许光穿过

3.9.1 单晶硅太阳电池板

单晶硅模块以大面积晶体硅圆柱硅锭产生，是最有效的太阳电池板类型之一。每一块太阳能光伏电池使用硅作为主原料，并由高纯度单晶硅棒切割而成，用先进的机械工艺把硅棒切割成0.2~0.4mm厚的盘片或晶圆，之后硅被加工成接入太阳能串的光伏电池，然后连接起来制成太阳电池板成品。晶体硅太阳电池板有最高的单位电池输出，故而在屋顶空间上得到了最大应用。它们在高温或低温条件下的性能比多晶硅或薄膜模块更好。一些厂商使用由较大圆柱硅锭切割成晶圆的工艺，这种工艺使每个晶圆形状都是圆的。这一工艺会导致当它们一起放在矩形板上时，就可能会产生小的缝隙。单晶硅太阳电池板是最普遍的大块硅材料，光伏板投入生产时，效率在15%~18%。图3-20展示了安装这类光伏板的例子。

3.9.2 双面单晶硅太阳电池板

双面单晶硅太阳电池板使用两面都有玻璃的单晶硅太阳能光伏电池，可以同时

图 3-20 单晶硅太阳电池板（iStockphoto. com）

从太阳电池板的两面收集能量。这类光伏板需要特定的安装支架和反射器把板子安装在近于垂直的位置，以使得其可以同时从太阳电池板的两面收集能量。

一般情况下，这些板子安装在太阳能阵列顶部，所以周边的光线可以从前面或后面到达板上，或者当光伏板水平放置时，屋顶可以由白色光泽涂料或白色涂料处理以使太阳光可以反射到板子背面。由于这类光伏板把两面的太阳光转变成为电力，效率高达 20%。图 3-21 所示的是这类光伏板安装的例子。

图 3-21 双面单晶硅太阳电池板从两面收集太阳能并转化为电能，这些光伏板必须垂直安装以便两面都能接收阳光（来自 Sanyo）

3.9.3 多晶硅太阳电池板

多晶体硅也被称作多晶硅，它由大块多种晶体而不是单种晶体构成的硅制成。这令其呈现碎玻璃状外观。多晶硅以大方块的形式生产，故而生产成本比单晶硅板低。一旦多晶硅电池以大块形式生产，就需要用机械工艺来把它们切割成晶圆以制成模块。就像其他光伏制造工艺一样，这些模块用导线连接在一起构成组串和阵列。多晶硅光伏板的效率为12% ~14%，低于单晶硅板。图3-22所示是一个典型的多晶硅太阳电池板。

图3-22 多晶硅太阳电池板（来自NREL和美国能源部）

3.9.4 串带状硅光伏电池

串带状硅光伏电池采用生产多晶硅带的工艺，通过把抗高温导线拉经熔化的硅，形成多晶硅带。硅带用传统工艺切割成可形成太阳能光伏电池的长度。生产工艺的问题依旧存在，即在全部范围内难以控制材料的厚度。当厚度变化时，就让材料的一些部分不能用于生产光伏电池，图3-23所示的就是串带状硅光伏电池的例子。

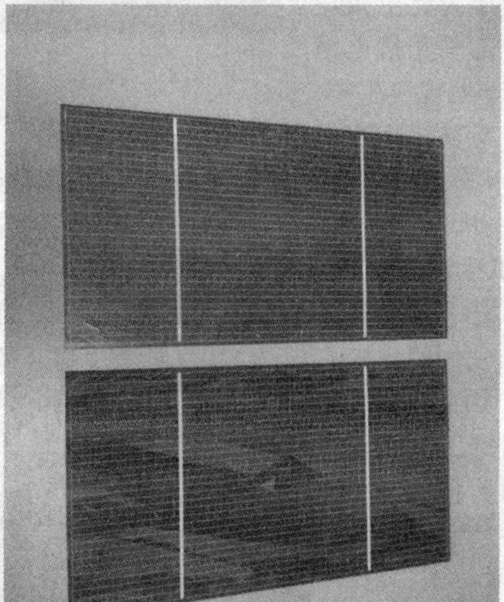

图3-23 串带状硅光伏电池（来自Evergreen Solar）

3.9.5 非晶体硅或者薄膜光伏板

非晶体硅或者薄膜光伏板不是由晶体制成的，而是使用置于金属或玻璃基材的硅薄层制成太阳能光伏板。单词“非晶体”指的是硅晶体没有确定的形状。这些非晶体硅成本低于单晶硅光伏板或多晶硅光伏板。5% ~6% 的效率也远低于其他类型的光伏板，所以发出同等量的电力就需要更大的建筑面积。除了它们较低的成本，薄膜板或者非晶体光伏板可被制成长条形的屋顶材料，覆盖大面积的朝南屋顶表面。

使用其他半导体材料如铜铟联硒化物（CIS）和碲化镉（CdTe）的技术是多样的。这些物质要用相应技术连接同样的导体带，但是没必要使用其他光伏板中的典型元件，因为它们不需要达到保护较脆弱的晶体硅的要求。

薄膜板有扩大使用的潜力，它们可以应用于一些最活跃最先进的光伏发电系统，包括高效多接点设备和融合于建筑物的太阳能光伏发电，这在后面将进行说明。图 3-24 所示的是非晶体太阳电池板实例。

图 3-24　非晶体太阳电池板又被称为薄膜太阳电池板（来自 NREL 和美国能源部）

3.9.6　碲化镉

碲化镉（CdTe）太阳能光伏电池使用碲和镉取代硅作为光电效应的基本原料。制作碲化镉光伏电池的过程较简单，适合于大规模生产，所以与硅电池相比，其整体生产成本较低。CdTe 是一种有效吸收光的物质，可用于生产薄膜电池和大规模电池的，对于 CdTe 的研究早在 1950 年就开始了，但是最近的研究着重于提高生产效率和整体转换效率，同时降低生产成本。

使用 CdTe 的缺点之一是镉是有毒的，但是 CdTe 太阳能光伏电池的镉含量和 NiCad 电池是相同的。使用碲化物的另一个缺点是要用碲（如今在很多场合都不用了，因而材料难找），因此不适合大规模使用。碲是制铜工艺的副产品，所以其可用量有限。如果 CdTe 电池要大规模生产，就需要确定新的方式来获得碲。

目前，碲化镉（CdTe）太阳能光伏电池的效率约有 18%。图 3-25 所示的就是碲化镉太阳能光伏电池的例子。

图 3-25　碲化镉（CdTe）太阳能光伏电池（来源同 3-24）

3.9.7　铜、铟、镓、硒

CIGS（铜、铟、镓、硒）太

阳能光伏电池可以通过把铜、铟、镓、硒置于一个薄的碳酸钙基体或有弹性的金属箔上来制作，基体也可以是高温聚合物或者不锈钢薄板。这种光伏电池的散热是一个问题，因为直接把材料置于基体上会造成吸收阳光时聚集的热量无处散发。CIGS 电池的主要优点在于 CIGS 只需要 1/100 ~ 1/50 的典型硅光伏电池原料。生产成本低说明这类电池更容易进行大规模生产，CIGS 电池效率大约有 19.9%。图 3-26 中就是 CIGS 电池。

图 3-26 CIGS（铜、铟、镓、硒）太阳能光伏电池（来源同 3-24）

3.9.8 使用Ⅲ－Ⅴ族技术的太阳能光伏电池

使用Ⅲ－Ⅴ族技术的太阳能光伏电池就是由元素周期表Ⅲ族和Ⅴ族中物质制成的太阳能光伏电池。这些太阳能光伏电池的组成元素，包括 GaAs，由砷、铟和磷构成的化合物 GaInP，由砷、铟和镓构成的化合物 GaInAs，由砷、铟和锑构成的化合物 GaInSb，以及锗（Ge）。氮化硅合金作为一种相当新的Ⅲ族化合物应用在铟砷氮化合物（InGaN）或者铟铝氮化合物（InAlN）光伏电池中。这些合金可用于单电池太阳能光伏、串联电池太阳能光伏或者多接点设备中。

3.9.9 融合在建筑中的光伏技术（BIPV）

BIPV 电池是作为有孔硅的半透明层生产的，这个半透明层还可用作窗户和墙面板上的玻璃，可以大范围推广应用。但是它的效率相当低，通常为 5% ~ 6%，因此在产生与传统硅电池发出光伏等量的电能时，需要大量的材料。BIPV 电池设计时是被当作屋顶材料或玻璃的，可以同时服务于这两个目的。与在传统屋顶装好之后再在屋顶安装大体积的太阳电池板相比，用 BIPV 电池可以略微减少重建建筑的成本。当把 BIPV 电池做成玻璃的时候，主要优势在于这种玻璃在发电同时允许一定量的阳光穿过窗户。图 3-27 所示的就是 BIPV 电池与建筑物墙面板结合的实例。

图 3-27 BIPV 电池与建筑物墙面板结合（来源同 3-24）

3.9.10 高聚太阳光伏（HCPV）

HCPV 电池是以透镜来聚光的太阳能光伏电池的基本标准类型，但是却不能很好地使用散射光。这种类型的光伏电池有时又称作太阳能聚集器，其安装必须能够接受直射光而不是散射光。散射光是不能直接投射到光伏电池上的光。这种光伏电池使用大面积的镜子和（或）透镜来把阳光聚集在小面积的光伏电池上，故而也被称作集中光电（CPV）。与晶体硅板相比，每块电池上聚集的直射光是晶体硅板的100倍或更多。

所有的聚集系统都至少需要单轴陀螺跟踪系统，更常用的是多轴（两轴）跟踪系统，可以根据太阳升落改变板子的高低，也可以由东到西跟踪太阳。这种跟踪系统使用高准确度控制，因为HCPV电池最高效率发电要求直射光误差小于3°。使用HCPV系统的主要原因是它们耗费的半导体原料（这些原料往往价格昂贵，有些时候供应稀缺）少却能产生同等量的电能。这类系统的效率高达25%。

这种类型电池的主要劣势在于跟踪服务的初始和前期成本昂贵，这点限制了它们的应用，也意味着整个系统的投资回收期较长。图3-28是HCPV电池的例子。

图3-28 HCPV电池（来源同3-24）

3.9.11 用于太阳能光伏电池的高效多接点设备

高效多接点设备使用三层接点来生产光伏电池。多接点设备是根据其使用的多层电池得名的，当吸收定量阳光时每一层就可以作为一个接点。光伏电池第一层是砷化镓，第二层是锗，第三层是砷、铟和磷化合物。高效多接点设备使用的其他类型物质包括砷化镓和有孔硅，设备的这些层中，顶层光伏响应波长较短又携带最大能量的太阳能波。当电池吸收能量时，可产生电荷。其他太阳能波穿过这层时，被下面的层所吸收转变成电能。

制造过程中，蒸汽处理可把这些层变成可用电池。这类电池因其生产成本高而未能广泛生产，它最初的研究和发展都在太空应用上（例如火星探测车），并将持续应用于这类具体应用中。此种应用中电池的效率高达40%。

3.9.12 染料敏感性太阳能光伏电池（DSSC）

染料敏感性太阳能光伏电池（DSSC）通过在纳米二氧化钛有孔层上涂钌化合物染料制成，这种电池也以其发明者 Micheal Gratzel 命名为 Gratzel 电池。它的染料层可强有力地获取阳光。这些电池可以制成有弹性的薄板和覆盖层，通常它们的生产成本比硅太阳电池板要低，生产中通常使用成本较低的打印屏工艺。

这类电池的缺点在于其在阳光中的UV射线和热的作用下染料会退化。这使得其整体效率只有约11%，而且因为暴露于太阳光下电池染料会随时间降解，效率还会继续下降。如图3-29所示为染料敏感性太阳能光伏电池的例子。

3.9.13 铜、铟和硒化物（CIS）

CIS太阳能光伏电池，由铜、铟和硒制成。这类太阳能光伏电池需要相当高的制作成本，限制了其广泛应用，故基本上是作为高吸光率的薄膜太阳能光伏电池应用。它的效率大约有13.5%。

图3-29 染料敏感性太阳能光伏电池（来源同3-24）

3.9.14 砷化镓（GaAs）多接点太阳能光伏电池

GaAs多接点太阳能光伏电池是一个三接点电池。电池大概可以由砷化镓（GaAs）、锗（Ge）、砷铟磷化合物（GaInP2）制成。其生产成本非常高，典型情况下可以达到其他电池的五倍，所以GaAs多接点太阳能光伏电池不能投入广泛的应用，其效率非常高，可达29%且通常可以应用于太空中。

3.9.15 使用纳米工艺的无硅太阳电池板

在过去几年中纳米技术提供了很多现在用于太阳电池板的新生产工艺和新产品，这些新技术仍处于实验阶段。其重要特征在于不使用硅，而是碳纳米管（也被称作量子点），它们直接嵌入导电聚合物或介孔金属氧化物。这类太阳能光伏电池的主要优点是可以吸收不同波长的阳光，试验中太阳电池板的效率可达42%。

3.9.16 紫外线太阳能光伏电池

典型硅光伏电池可以用可见光和红外射线产生电力。日本最近在只使用紫外线的透明太阳能光伏电池研究上获得了成功，这类材料允许可见光穿过。这类技术的优势在于可以用作窗户涂层，允许可见光照入，而其他类型的硅光伏电池用作窗户涂层时则会反射可见光。这种新材料允许可见光进入房间进行被动太阳照明，在较冷的冬季进行供暖，同时也能发电。这种技术目前还在研究中，所以还没有确定的效率数据。

3.10 安装太阳电池板

太阳电池板可以按多种方式安装以确保它们能够获取最大量的太阳光，包括以平板或锯齿板形式安装在屋顶，也可用同样方式安装于地面或杆顶。锯齿板是一系列太阳电池板以同一个角度依次错开安装在一起的，以使每一块板都可以得到最多的阳光。杆上安装进一步分为三个分支，包括杆顶安装、杆侧安装和杆跟踪安装，差别在于板在杆上的位置不同。

安装系统的另一部分就是跟踪系统了。一些太阳电池板需要跟踪系统以保障效率的优化。跟踪系统可能包括支架装置，它可以让板子跟踪太阳从日出到日落在空中的轨迹而改变位置，使太阳电池板表面可获取最大量的太阳能，跟踪装置可由东至西跟踪太阳。本章这一部分就将讨论所有这些安装应用。

3.10.1 太阳电池板地面安装系统

太阳电池板可安装在地面上（典型情况是固定在杆子上），这些太阳电池板可以直接安装在杆子顶部或者杆子一侧。如图 3-30 所示的就是安装于杆顶的太阳电池板，板子略微倾斜，务必置于可使它获得最多阳光的地方，板子安装的位置和角度会因为处于世界不同区域而有所不同。把板子安装成一个特定的角度，使其在地球自转（太阳在空中由西向东运动）时能够充分吸收太阳的能量。有各种式样的杆子和安装硬件可供各种尺寸的太阳电池板选择。

太阳电池板的另一种安装方式就是在杆子的侧面安装，如图 3-31 所示。这类安装可应用于街道照明系统。

图 3-30 安装于杆顶的太阳电池板（来源同 3-24）

图 3-31 安装太阳电池板的标牌（来源同 3-24）

杆上安装的太阳电池光伏板由于有了如图 3-32 所示的跟踪系统，就变得更有效率。跟踪系统由高级的感应器来确定最强阳光从哪个方向来，然后驱动跟踪电动机移动板子获取最强的阳光。跟踪系统往往复杂又昂贵，但是由于它能提高太阳电池板的整体效率，从长远回收投资成本来看，对系统非常有价值的。

3.10.2 太阳电池板屋顶安装系统

另一种安装太阳电池板的方式就是将其安装在位于民居、商业或工业场所屋顶的硬件上。在屋顶安装太阳电池板的问题之一就是需要进行额外的研究，以确保屋顶在设计上可以承受来自于太阳电池板的重量。同样，确定建筑构造和设计是否能够承担屋顶安装硬件也很重要。屋顶安装太阳电池板还存在其他问题，例如技师安装太阳电池板在屋顶上走动时要小心，谨防对屋顶造成损坏，这包括安装支架硬件（如螺栓和螺钉）刺透屋顶引起的问题，每次使用螺栓和螺钉固定安装支架时，会刺透屋顶，渗漏的可能性就会增加，这在一个月多次降雨的乡下地区是个严重的问题。解决这种问题的方法就是在安装屋顶支架后，把屋顶材料覆盖在其上，这样就不会出现屋顶物质或薄膜在支架安装过程中出现开口的现象。

图 3-32 安装在杆上带有跟踪系统的太阳电池板（来源同 3-24）

3.10.3 太阳电池板的平板安装支架

太阳电池板可以安装在民居、商业企业和工业建筑屋顶上。平板可以以微倾斜的角度安装在平坦的屋顶上。板子安装在屋顶支架上，支架是用来把板子安置在一个朝向阳光的角度，同时确保在刮风时不会使之移动或者松动。

如图 3-33 所示，安装于屋顶的平板倾斜角度很大。在农村的一些地方雪量过多，房屋和企业建筑的屋顶都必须有一个较大的倾斜角才能确保雪不会在屋顶聚集，如果雪可以在上面聚集的话，就会因积雪重量给屋顶结构带来危害。当屋顶倾斜角度增加，如图 3-33 所示，雪就不会在屋顶上堆积，而是由于重力或（和）风吹滑落下来。当以一个较大的角度安装于屋顶，太阳电池板就放在房屋一侧以接受最大量的阳光——通常是南面，由于屋顶是倾斜的，太阳电池板就随之有一个相似的倾斜角度。

图 3-33 用平板架在屋顶安装的太阳电池板（来源同 3-24）

3.10.4 太阳电池板锯齿或角度安装支架

太阳电池板可以一个角度安装于屋顶或地面上，当许多板子安装在一起时就会呈现锯齿状的外观。如图 3-34 和图 3-35 所示为以一定角度安装于屋顶的许多太阳电池板，安装太阳电池板的角度使这些板子具有锯齿状的外观。锯齿或角度在安装模式设计上是为了确保板子顶部不会在后面一块板子上产生阴影，这意味着板子必须隔开足够的空间以保证每块板子吸收充足的阳光。太阳电池板也可以按一定角度突出安装在地面上，同样，如果多套太阳电池板安装在一起，它们必须隔开一定空间使板子不会在后面板子上产生阴影。

图 3-34 锯齿状安装在屋顶的太阳电池板
（来自 Ron Swenson，www. Solar Schools. com）

图 3-35 锯齿状安装的太阳电池板
（来源同 3-34）

3.10.5 太阳电池板跟踪系统

提高太阳电池板效率的方法之一就是给它安装一个跟踪系统。跟踪系统可以有一个或多个轴，单轴跟踪系统通常可以改变太阳电池板朝向太阳的倾斜角度，多轴跟踪系统可以让第二个轴（也叫 yaw 轴）移动，让太阳电池板从东到西跟踪太阳。依据美国国家的地区和位置，单轴跟踪系统足以移动太阳电池板以使其跟踪最大量的阳光。在地球的极北或极南地区，需要多轴跟踪系统持续移动太阳电池板来接受最大量的阳光。跟踪系统往往很昂贵，但是该花费常常可以在最初几年中通过太阳电池板提高的效率来收回成本。使用跟踪硬件也可能出现问题，就是通常情况下定期维修和检测的时间比板子安装在固定系统上延长了。

如图 3-36 所示为安装在杆子上的典型跟踪系统。可以注意到，这个应用中太阳电池板的位置几乎垂直，当太阳刚刚在东方升起或者快要在西方落下时，就会使用这个位置。当正午跟踪太阳基本在头顶的位置上时，板子水平放置以使其可以接收最大量的阳光。当大范围的太阳电池板安装在杆子上时就需要跟踪系统，它能为每块太阳电池板提供足够的空间来移动接收额外的阳光，而不在邻板上引起阴影。

图 3-36 太阳电池板跟踪系统
（来源同 3-24）

3.10.6 抛物线型槽式太阳能收集器

抛物线型槽式太阳能收集器包括大型抛物线型槽。大型管道正好安装在抛物线型槽表面底部，所以阳光可以在抛物线型槽表面反射并直接聚集在管内。一种油在管内循环获取反射在管道上的热量，油温高到足以使热交换器内的第二个循环中的液体改变状态，由液体变成蒸汽，蒸汽导入大型发电系统，当从油那边过来的蒸汽导向其中的大型汽轮机轮时，就带动发电机轴。这类发电系统与那些使用在核电厂与燃煤电厂中的系统类似，当蒸汽经过汽轮机叶片，带动汽轮机高速旋转（r/min），同时也带动发电机轴旋转，使发电机产生三相电力。汽轮机叶片旋转速度可以控制为一个常数（r/min）下，发电机需要旋转在一个可以产生60Hz的三相电压的速度下（这个速度由设计决定，具体值不需要指定）。当产生了交流电压，在美国保持它的频率严格为60Hz是很重要的，在欧洲和亚洲的一些国家，频率则保持在50Hz。

如图3-37所示是一个抛物线型槽式太阳能转变系统，长长的一排抛物线型槽对着太阳，每一个抛物线型槽有一个经过各反射板子的充油管道，所以当油在管道中流过各板子时，温度越来越高。这些板子有12~15ft高。如图3-38所示是一个由抛物线型槽式系统构成的太阳能场的鸟瞰图，在图3-38中可以看到两个大的发电站坐落在大面积的抛物线型槽之中，每一个发电站的规模都与传统燃煤电站或核电站类似。汽轮机和发电机在电站室内，油中热量在热交换机中传递，这个热量在系统第二个循环内产生蒸汽压力，压力加在汽轮机上推动其转动而发电。如图3-39所示为一个抛物线型槽式发电系统全部元件的图解（这种类型的系统将油加热到沸点，油的蒸气用来驱动传统的汽轮机，然后驱动一个大型的发电机）。

图3-37　抛物线型槽式太阳能转变系统（来源同3-24）

图3-38　抛物线型槽式太阳能集电器大型场和发电站（来源同3-24）

抛物线型槽内的油向发电站热交换器中移动，热交换器第二个循环中有水，可以吸收油中的热量并转变成蒸汽，蒸汽加在汽轮机轮上，引起汽轮机轮转动。发电机的电枢直接连在汽轮机轮上，所以当蒸汽引起汽轮机轮旋转时，推动交流发电机电枢产生电能，当汽轮机轮把蒸汽能转变成旋转能，蒸汽冷凝回液体又一次泵入热交换器去产生蒸汽，如果蒸汽没有释放足够的热量而冷凝成水，需使用水冷冷凝器

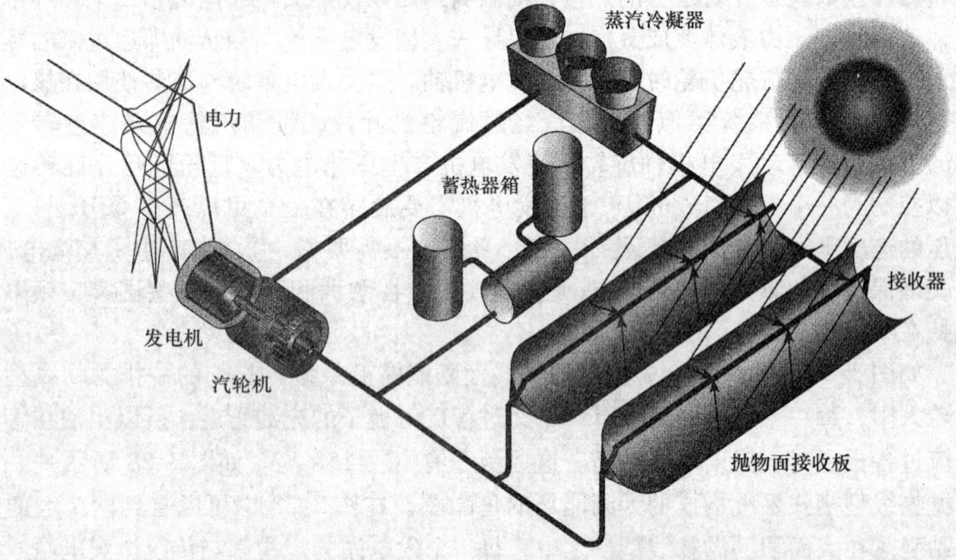

图 3-39 抛物线型槽式发电系统图解（来自美国能源部）

带走热量。只要阳光在照射，就可以提供足够的太阳能来加热管道中的油，使其足够热以使在热交换器中产生蒸汽。当晚间太阳落下，发电机持续运转，通过燃烧天然气把热供给热交换器。所提供的热量足够保证推动汽轮机，意味着该类系统可以不间断的产生电能。

美国一些州不鼓励电力公司使用像天然气这样的烃型能源提供热能。在这些应用中，太阳不能提供足够热量时发电站需要关闭。这时问题就出现了，由太阳能提供的电能只能在白天光照时才可用。这些国家正在权衡不间断电源的需要和烃型能源的缺点。当天然气用作此系统的替代能源时，其与煤相比所产生的污染较小。

这类发电系统要求工作人员昼夜不停地确保系统运行不出现维修问题。泵、电动机和开关设备与传统燃煤电厂或核电站中同类设备一样，需要维护。汽轮机轮和发电机最后也会磨损，需要更换轴承或者一段时间后需要更换汽轮机本身。这类系统的主要优点在于它可以产生大量的电能供给电网。今天系统的运行范围在 50 ~ 80MW，超过 100MW 的发电机还处于设计阶段，期待可以在接下来的 10 年内建成、运行并投产。这些大规模系统的发电成本与同规模燃煤电厂和核电站类似，并往往可以给商业、工业和民用提供最低成本的电力。因为设备投资的大量前期成本和系统低效率的本质，由太阳能和风能产生的电力给消费者的最终电力成本一直以来都是一个问题。抛物线型槽式系统有大量的安装成本，但是一旦系统安装好了，系统的太阳能部分就几乎是免费的。

这类发电系统的劣势之一是它只能在美国西南部安装，在那里太阳能可以较连续的提供较高的能量。但这些地方离需要大量电力的城市和工业区有些距离，因此这些电力必须通过电网传输较长的距离送达到最终使用的地方。另一个问题就是，为了能够使蒸汽最后完全冷凝成液体，需要大型的水冷冷凝器。水冷冷凝器使大量的水挥发到大气层，而这些水本来可以用于农业。当附加系统投入生产过程时，水的使用是需要考虑的重要一项。抛物线型槽式系统的另一个缺点就是它必须安装在受环境法律保护的沙漠和陆地地区。这说明，我们必须研究这些以确保系统不会损害受保护的土地或者扰乱所有系统使用的陆地环境的平衡。

3.11　集中太阳能系统和斯特林发动机

用太阳能发电的另一种方式就是使用大的碟状集热器来把太阳光反射到热收集器上。图3-40所示的就是这种太阳能碟状集热器的例子。这项技术叫做聚光太阳能技术（CSP），可产生3~25kW的少量电力。热收集器是一个填满氢和氦的密封系统，当太阳能聚集到热收集器上时，它把氢和氦转变成为气体或蒸气。当氢和氦为气态时，它们加在类似于汽车中的活塞发动机的斯特林发动机上。斯特林发动机的不同就在于进入活塞使其移动的气体不允许逸出，而是重新利用，通过冷凝重新推入热收集器。施加在发动机上活塞的气体能量使其向下移动，从而推动曲轴。发电机连接着曲轴，只要气体热量引起活塞移动就会推动曲轴。由于氢和氦存在于系统中，只要太阳能可以给热交换机提供热量，发动机就可以持续运转。夜间，太阳能不足以给热交换机供热，氢和氦就会缓慢冷却，恢复成液体，预备太阳升起时加热以重新带动发动机。这类系统被设计成当发动机停止运转时自动关闭发电机，当发动机重新开始运转时自动带起发电机运行。

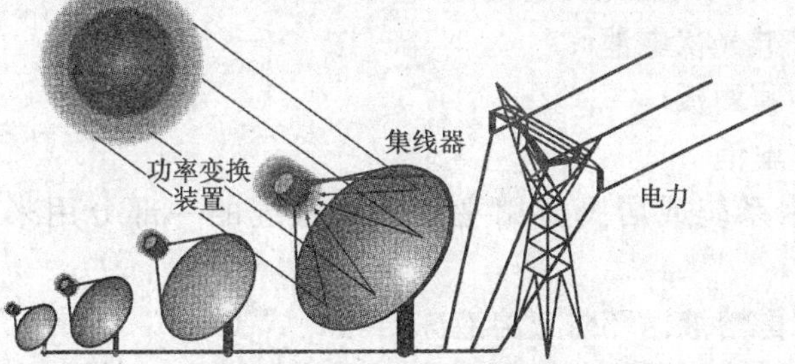

图3-40　太阳能碟状集热器，用于将太阳能集中到充满氢和氦的接收器中。蒸气直接送到斯特林发动机，斯特林发动机将气体中的能量转化为驱动发电机轴旋转的能量（来源同3-39）

这类太阳能转换电能的过程对偏远的地方非常有用，可以给远离传统电力线的小村庄和小农场提供足够的电能。

课后习题

1. 简答题

1）描述太阳能用来供暖、照明以及发电的方式。

2）说明光伏电池、光伏板、光伏模块和光伏阵列的区别。

3）解释抛物线型槽式发电系统的原理。

4）说明五类太阳能光伏物质和用于生产光伏物质的工艺。

5）比较五类太阳能光伏物质和用于生产光伏物质的工艺的优点与缺点。

6）说明主动式和被动式太阳能系统的区别。

2. 多项选择题

1）主动式和被动式太阳能系统的主要区别是（　　）。

A. 被动式太阳能系统比主动式系统使用更多的能量

B. 主动式太阳能系统比被动式系统使用更多的能量

C. 主动式和被动式太阳能系统之间没有区别

2）光伏电池、光伏板和光伏阵列中哪一个是最小的单元（　　）。

A. 光伏电池

B. 光伏板

C. 光伏阵列

3）抛物线型槽式太阳能系统（　　）。

A. 通过光伏电池的使用聚集太阳能发电

B. 使用聚集太阳能加热油产生推动发电机的蒸汽

C. 使用少量聚集太阳能为房屋供暖

4）最有效率的太阳能光伏电池是（　　）。

A. 两面单晶硅光伏电池

B. 非晶硅薄膜面板

C. 串带状硅电池

5）作为热水系统或居民应用主要供暖系统的一部分用来加热水的太阳能（　　）。

A. 需要乙二醇溶液循环防止溶液冻结

B. 需要乙二醇溶液循环，是因为乙二醇溶液应当加入饮用水中

C. 当乙二醇溶液和饮用水混合没问题时，就不需要热交换器

第 4 章　太阳能设备和太阳能场

本章学习目标

读完本章你将能够：

- 解释术语“turn key”。
- 认识当你为太阳能系统选址时可能遇到的四种问题。
- 解释为什么一个小型太阳能系统需要一个电力电子频率转换器（换流器）。
- 列出三种太阳能商用类型。
- 列举 2010 年美国五大太阳能场。
- 知道截止到 2008 年全世界利用太阳能产生的所有电能总和。
- 列出美国境外的两大太阳能场。

本章关键词

容量因子	电力电子频率转换器
吉瓦（GW）	项目开发计划
千瓦峰值总功率	驻地太阳能系统
兆瓦（μW）	太阳能能量站
网络仪表	太阳能站点评估
巅峰太阳时间	turn key 项目

本章概述

本章将帮助你更好地了解太阳能装置，例如大型太阳能场、小型太阳能场、光伏板以及太阳能加热系统等。本章信息将会帮助你对小型独立太阳能装置或大型太阳能装置进行选址。你也会学到与太阳能系统选址有关的其他内容，例如项目开发、太阳能站点评估、独立太阳电池板的放置以及当为大型太阳能系统选址时候所遇到的问题。

本章信息也会帮你为小型家用太阳能系统、简易太阳能系统、商用太阳能系统和太阳能场进行选址，使其发挥到最大效能。如果太阳能系统没有以正确的方式安装，那么将不能发挥出最大的性能。这些信息包括太阳能加热系统以及可以产生直流电能的太阳能光伏发电系统，并帮助你选择最好的地址去放置太阳能系统。你也将了解到美国以外最大的太阳能场以及未来可能出现的利用太阳能最多的地区。此外，本章内容还包括美国以外的国家和地区对于太阳能的学习和开发，以及他们认识到的在其境内的太阳能能量站的最优位置。

如果太阳能设施被安装在居民楼、商用写字楼或者工厂的房顶，施工者必须对建筑规范、设计规范等内容有详细的了解以帮助系统通过审核。该建筑可能需要额外的设计以帮助整个建筑承担太阳能系统的重量等。例如一个包括蓄水系统在内的太阳能供热设备，当设计建筑的承重能力的时候，除了太阳能设备之外，水的重量也需要考虑在内。当你为太阳能光伏发电系统或者太阳能供热系统选址时，以上因素都需要考虑在内。此外，项目开发以及站点评估等技术也是必要的。

4.1 项目开发

当为一个太阳能系统进行选址时，需要制定一个项目开发计划，这个计划应包括项目选址，识别可用的太阳能能源，评估对不同规模的太阳能系统的能量输出，与土地所有人进行会谈并签署合约，考察电网拓扑以及电网运营公司，了解联邦政府以及州政府的相关部门，了解和项目有关的联邦法律以及州法律，最后制定一个环保方案以保证项目所有的内容都符合相关规定。如果太阳能系统安装在房顶或者集成为整个建筑的一部分，那么相关建筑法规就需要被充分地考虑以使整个建筑符合规范。

很多公司都出售太阳能系统，其售价可能会包含安装费。还有一些公司不直接出售太阳能系统但是他们会提供几个品牌的产品以供用户选择。这其中的一些项目是 turn key 项目的一个子类。在项目初期，turn key 项目从初始到交付的所有方面都需要考虑。对于 turn key 项目来说可能会比较昂贵，但是在这种模式下，客户的所有细节都将会被考虑进去。

4.2 太阳能站点评估

对于太阳能系统的潜在用户来说，他们希望知道这个项目的投资回报以及可以从太阳能系统所得到的具体能量值细节。太阳能站点评估就是用来估测太阳能系统在相关站点安装后可能获取的能量数额。

太阳能站点评估包括收集直射太阳电池板所在区域的太阳能数据。如果系统包括了太阳方向跟踪功能，那么每天的日照时间也应该被考虑进去，这些数据（以月、日、时分类记录）用以分析太阳照射角度的改变与可以获取的太阳能能量值之间的关系，通过收集不同站址的数据并且进行对比分析，这样有助于选择最佳的安装位置。一个非常重要的常识就是不同站址的太阳光强度不同，而不同太阳电池板把太阳光转换成电能的能力又不同。因此对不同的场址进行数据收集和对比分析的时候，应使用相同的太阳电池板。

为了在不同站点之间做出有效的对比，一个标准就是对比不同站点之间可获得的能量以及可产出的能量。一个对比方式是利用千瓦峰值总功率，它代表着电力的极限。这个值表现出在最强光照下所能产生的能量极限（基于一系列的标准化测试），$1000W/m^2$的太阳辐射是在标准化测试中用的单位。太阳能模块所能产生的峰值功率越大，说明这个太阳能模块的效率越高。因此这个值可以用来对比采用不同技术和不同材料制作的太阳电池板的优劣。另外一个重要的方面是对比峰值日照时间，在不同的区域这个数值是不一样的。峰值日照时间是折算的每日太阳辐射的能量在 1000W/m^2 的等效小时数。每日的太阳照射密度是不同的，每天 6h 峰值日照时数的含义是太阳电池板每 24h 内接受阳光照射所产生的能量等于太阳电池板被以 1000W/m^2 的稳定光照射 6h 所产生的能量。因为太阳光的光照量并不是一个稳定值，因此当进行不同站点之间选址对比的时候，峰值日照时间是一个更好的对比参数。

一个高效的太阳电池板在一个极限太阳时间较少的地区产生的能量，可能与一个在较高的地区但效率低下的太阳电池板所产生的能量相同。对于选址的另外一个需要考虑的问题就是当地的政策以及税率，因此在一个有相关政策倾斜的地区建造太阳能电站，哪怕日照时间较短，也可能会比其他日照时间长但是税率高的地区取得更多的收益。通常日照时间长的地区就是选择太阳能电站最优的地区，但是也应该充分考虑到其他的方面。

太阳电池板的峰值功率也被大多数厂家称为“额定功率”，它是几个可以用来比较太阳能的单位。由于它是基于在最佳的测量条件下得出的数值，峰值功率与根据实际的辐射条件下产生的数值是不同的。在实践中，峰值功率将减少 15% ~ 20%，这是因为太阳电池的变热和其他的影响太阳光转换为电能的因素的作用。

公司将同时利用数据记录仪与仪器测量出来的数据去衡量太阳能的能量值。这种仪器还可以基于对地球的位置和季节测量一个给定站点的在太阳能的变化以及其他重要信息如日光可用的日期和时间。数据记录器将汇编分布在整个站点中的所有设备的数据，得到正确的方向，获得最高的能量。太阳能站点评估系统通常包含可以提供精确位置的 GPS（全球定位系统）信息，通过这些信息可以获得设备的详细位置以及太阳能能量数据。其他有用的信息可从空中拍摄的照片或卫星图像得到，这些信息包括太阳电池板的安装位置以及周围的树林和河流等信息。还包括是否可能因为降水过多所产生的洪水等。

其他必须考虑的重要问题涉及大型太阳能系统安装位置的地质情况，在一些软土和湿地上可能存在问题，例如排水条件不好造成了当地地理环境不能承受太阳能系统和设备，以及用于安装的太阳能设备的大小和重量限制。其他可能会限制大型太阳能系统放置的因素还包括在靠近城市或住宅区。在其他地区的一些城市，如度假区，可能立法禁止在其领域可能的太阳能发电系统。

如果太阳能系统是直接连接到住宅或商业建筑，设计者需要遵循地区和国家的建筑规范。这意味着你将需要知道考虑安装在屋顶或其他结构件上的太阳能设备的重量和结构。有一些房屋在设计之初没有考虑在屋顶安装太阳能设备，这需要建筑工程师着重留意，并解决相关的问题。如果建筑物的设计为内置的太阳能系统，那么设计师和工程师将需要熟悉如何在屋顶上安装太阳能设备，并提供通风管道或水管线的连通。如果系统是光伏电气系统，那么设计时需要考虑安装在屋顶或建筑物内的某处的电气元件，如合成盒和换流器的位置。如果设计系统为并网形式，则应考虑所在的州和地方法规，电气规范，以及当地的电力公司的要求。

在一些地区，政府机构会帮助你参与现场评估过程，这是为了给当地吸引更多的太阳能系统，一些国家还为国内建设的太阳能系统提供财政补贴。在某些情况下，在考察地点附近已有其他太阳能能源系统，这可能会帮助你更容易完成太阳能现场评估，因为一些可用并且完整的（如与电网的连接，与公用事业公司的接触，国家规定）和其他常见的信息可以从以前的项目中得到。在这些情况下，原始的安装信息只适用于特定的网站，包括在原站点和在新的位置上的太阳能能源供应量。

4.3 站点问题

太阳能系统的场址选择问题可分为以下几类：环境问题、视觉问题、区划和法规的问题、电力和连接的问题。

环境问题可能包括太阳能系统是否适合当地的环境。例如，如果太阳能系统位于野生动物活动区（如沙漠），则必须考虑系统是否会影响到那些动物，进而影响这个物种的数量。其他可能出现的环境问题还包括可能需要为运输太阳能系统而修路，也有因为安装电源线和关键环境地点附近的电力传输塔而造成环境损害的问题。

另一个可能会影响太阳能系统场址选择的因素是视觉冲击问题。由于在一些偏远地区，太阳电池板和太阳能能量站可能是唯一建筑，人们可能有顾虑，设备和建筑将会对周围地区产生视觉冲击力，如大的草原、沙漠或住宅开发。农业区可能已经有类似设备，因此受到的影响可能不及在其他区域严重。

太阳能发电系统选址的另一个影响因素是区划和法规限制。许多法律禁止太阳能系统建在居民住宅附近的位置。这些限制包括太阳能系统可以距离住宅区多远，或者规定在住宅区附近的系统规模和位置要求。

其他需要关注的问题包括维护太阳能发电系统并移除旧的已经淘汰的设备。许多社会组织曾表示，被遗弃的旧设备如果被留在原地，有可能成为视觉污染。有些法规要求公司建立一个代管账户，其中的资金供公司破产或放弃土地使用事件中消除旧设备使用。

最后一个选址问题是太阳电池板连接到电网的位置。一些电力公司致力于将太阳能发电系统与电网连接。这些太阳能系统应该有合适的断路开关和控制系统，确保从太阳能发电系统输入电网的电压和频率与电网保持一致。

4.4 视觉评估

由于可以安装在房屋顶部或地上，太阳能发电系统一般都是远距离可见的。如果太阳能设备的站点在其他住宅或商业场所的视野范围内，则需根据有关的法律法规对该项目进行审批。在某些情况下，一些住宅和商业建筑是历史文化保护区的一部分，由于该区域已被认定为是历史资产，则可能会限制在屋顶或摆放在附近的院子里的设备类型。如果在农村或农场安装太阳能设备，这些问题可能不会发生。为解决这一问题，许多国家和地区已经开始完善法规，做到在保留城市良好景观的情况下，保证太阳能系统的建设。近年来由于使用了更多的太阳电池板，新的太阳能系统一般会比以往的更大，这就加重了视觉问题。在一些国家的城市和地区，太阳能系统被看作是城市的“荣誉勋章”，因此会修改相关法律法规，以确保太阳能系统顺利地纳入到新建及现有建筑物中。

另外，可能影响视觉和景观的问题还包括建设大型电力传输将太阳能系统产生的电力传输到电网。解决这个问题的方法通常有两种：一个办法是把太阳能系统发电站的位置选择在靠近现有电力线的地点，使新输电线路的需求量最小；另一种方法是使用输电电缆。输电电缆是埋在地面以下3~4ft的输电线路，并在地面以上安装电力变压器或开关装置。由于这些地下输电线路可以将电能传输到几mile外的大电力传输塔，因此新的太阳能发电站与电力传输塔之间的距离将不是问题。

为了提前避免上述相关的问题，施工方应事先与太阳能系统安装地点附近的居民和企业举行相关的会议，以获取规划区域内居民和企业的意见，并深入讨论在该处建立太阳能电站的优点和缺点。在会议上居民发表的看法会被纳入规划中进行评估，这样可以防止潜在问题的发生。此外，政府工作人员应向施工方解释相关法律法规，确保这些规定被准确理解并予以遵守。

4.5 小型家用太阳能系统

目前市场上存在各种规格的小型太阳能系统，可以通过太阳电池板产生直流电。通过调查一个月的时间里每天的用电量分析用户的用电需求，以确定太阳能电池板的尺寸。平均每月消耗的电量，以千瓦·时（kW·h）为单位进行统计，通常的范围是从最低的521 kW·h（缅因州数据）到最高的1271 kW·h（阿拉巴马州的家庭消费电量）。用这个值除以30可以得到日均耗电量为每天17.6~42.4 kW·h。一旦当确定了需要多少电量，就可以确定使用什么规模的太阳电池板。基本上60ft^{2}的高性能单晶硅面板每小时可以产生1kW的电量。由于太阳电池板的效率较低，将需要多达130ft^{2}才能产生相同的电量，而一些廉价的太阳电池板将需要

$300ft^2$ 的面板才能达到每小时生产 1kW 的效率。决定系统规格的另一个因素为是否需要在白天存储额外的电能，以供系统不能发电时使用。在这种情况下，需要把白天使用电量的 30% ~40% 储存起来以供夜间使用。不需要储存和白天一样多电量是因为人们睡觉的时候很多电力负荷的设备都会被关闭。所以一般情况下夜晚的用电量比白天减少很多，如果有较大的负荷设备空调器，如将在晚上运行时，则需在白天增加更多的储存。

由于太阳电池板和电池可能仍满足不了用户的用电需求，故可以采取的供电方案是在太阳电池板产生尽可能多的电量的同时，通过电网供应其余的电能。此类电网互联系统能够在太阳能系统无法提供足够的电压时允许居民从电网中获得电力，这种系统的另一个优点是不需要成本较高的电池储存电能，如果系统不使用电池储存，那么当太阳电池板不能产生电能时，必须有一个替代的电源。

太阳能光伏发电系统的另一种设计方案是安装提供多于居民使用电量的太阳电池板，并将系统连接到电网。这种类型的电网互联系统允许个人用户将白天太阳电池板所产生的多余的电力卖给电网。为了达到这一点，太阳能光伏电池阵列的规模必须足够大，这样就可以在提供家庭使用的电量之余，产生足够的多余的电力出售给电网，用售电得到的钱可以抵消在夜间或当光伏电池不提供电能时，从电网回购电量的成本。在大多数情况下，卖回给电网的电价可能会大大低于客户从电网购买电力的价格。同样需要考虑到的是，居民用电量并非全天不断，例如洗衣机、干衣机和其他设备的集中用电时间可能在 1h 内，而如空调器等大型能源消耗设备可能会根据外面的温度而在一段时间内持续使用电力。此类非恒定负荷组成的系统难以设计成可以提供峰值用电时间所需的电量的类型，但却有足够过剩电量以出售给电网，并且可以与当光伏电池不生产电力时的用电成本相平衡。在这些案例中的一些太阳能发电系统将被认为是辅助电源而非主要电源，用户也能从中抵消一部分传统电力系统的费用。

当你在考虑安装一个太阳能住宅系统时，可能出现的另一个问题是确保住宅建筑上方有足够的屋顶空间，以支持运行产生足够能量所需数量的电池板，并确保其安装在正确的方向。一些两层楼高的住宅只有单层建筑一半以下的屋顶空间，对于斜坡屋顶来说，因其可能指向单一方向，因此不会产生最大的电量。这些因素限制了可安装在屋顶上的太阳电池板的数量，从而限制了太阳能电池板所产生的最高电量。在一些实际应用中，太阳电池板可以安装在地面而不是屋顶，这样能够产生足够的电量供用户使用。当用户要确定一个太阳能光伏发电系统或太阳能采暖系统是否可用于屋顶的住宅结构时，应将所有这些因素都必须考虑进去，如果用户是在建房之初就考虑使用太阳能系统，其中的一些问题可以在设计房屋结构时就考虑进去，如果太阳能系统添加到一个现有的居住建筑中，则会有一些无法克服的因素限制太阳电池板所能产生的最大电量。

太阳能发电系统所能产生的电量总和取决于在该地区的太阳能以及每天可以通过太阳电池板转换为电能的时间长短。光伏板所产生的直流电可以储存在电池中或通过一个换流器直接在家里使用，由于大多数家庭的电源都是交流电，所以换流器也称作电力电子频率转换器，可以将太阳能系统产生的直流电转换成60Hz的交流电。开关设备包括电气控制电路，确保电压与接入电网之前的电压相一致。

此类系统所需的另一组件称为网络仪表，这是一个电力仪表，可以测量通过它的任一方向的电量。这意味着，该仪器可以测量从电网到用户的电量，并且它也可以测量由光伏板产生并发送到电网的电量。一些电力公司免费提供网络仪表，还有些需要使用太阳能系统的住宅或商业机构去购买这种仪表。图4-1显示了一个电表、一个换流器和一个住宅体系的网络仪表。

图4-1　左上方是太阳能表，下面是电表，右边是太阳能系统的换流器

图4-2显示了郊区的家庭屋顶上安装的住宅用太阳能光伏发电系统，是一个位于一些郊区可能有法规限制和其他规划限制在相关地区家庭使用太阳能系统的规模和地点。如果太阳能光伏发电系统是一个独立的系统，并没有连接到电网，则通常被称为“离网系统”。这类系统也可用于船舱或其他偏远的无法使用传统电网发电的地区使用。将光伏板的总能量储存在蓄电池里，当居民需要使用电源时，通过换流器连接上家里的电路，电池可以提供来自于太阳能系统的有限的电量。如果要求太阳能光伏发电系统提供足够大的电量可以满足家庭用电峰值时间的所有电力需求，那么换流器就必须足够大，以转换这些电力。如果频率转换器太小，就会限制从光伏电池或蓄电池转换的电量。在这些应用中，电池作为缓冲区，允许光伏板产生的电流直接通过它，而如果家用的电气负载没有打开，多余的电能将被储存。换句话说，电池和换流器必须足够大，以提供在高峰时间所需的所有电量，否则这些元件将成为限制家里电器同时使用的因素。如果是这种情况，大多数人会选择关闭不用的电器以便有足够的电量以满足其他负荷这也是在利用太阳能时固有的问题之一。

图4-3显示了一个小型太阳能光伏发电系统，该系统在庭院的地面上安装了光伏板。光伏板安装在地面上的原因是房子被很严重的遮挡，所以没有足够的阳光，并且没有足够的屋顶空间安装指向正确的方向的光伏板。由于这家是位于农村地区，相关法规较为宽松，这样的光伏板可以放置在其住宅的任何地方，以确保他们获得足够的阳光。

图 4-2 图示为居民区内的家用太阳能系统。地区法规可能会限定居民区安装的太阳能系统的类型（来自 NREL 和美国能源部）

图 4-3 图示为一个安装在家庭后院地面的小型光伏发电系统，这个房子大部分被树木遮挡，房顶也没有足够的空间来安装光伏发电系统（来源同 4-2）

4.6 家用太阳能系统

另一种类型的小型太阳能光伏发电系统是一个自制的或家庭安装的系统。图 4-4 显示了这种类型的小型系统的例子。这些系统通常有一个小功率输出，有足够的电能给电池充电并储存家用所需要的电量。这些小型系统的主要目的是抵消总用电量的一部分。在某些实例，如农村或在度假小屋，系统的规格通常是被设定好的，以便能提供足够的电力，如灯、小家电和小型制冷设备。现在这些部件都可以通过互联网或在出售自制的小型太阳能系统的商店买到。您也可以购买系统所需的换流器、电池充电器、电池和太阳电池板。这就需要用户完全手工打造一个太阳能系统。对某些人来说，亲自参与选择尺寸到定位和安装整个系统的流程很重要，这可以使他们彻底熟悉其操作和原理，以便用户维修或做定期维护。为了正确连接光伏板、电池充电器、电池和换流器，必须了解电气线路的布线，并能够按照所提供的方向完成连接。如果已将太阳能发电系统连接到现有的电网，则需要电工来进行操作，以确保转换开关正确连接、测试符合标准并通过电力公司的检查。

图 4-4 小型家用太阳能光伏发电系统（来源同 4-2）

在许多情况下，自制的系统提供了独立的电路，不依赖于现有的电力系统，这样一个新手就可以完成光伏板、电池和换流器之间的连接，并提供适合家庭使用的几个插座。完成这一点的另一种方式是利用光伏板、电池与电池充电器作为家用直流电源提供电力，这将需要购买使用直流电源的电器。由于直流供电的电器种类繁多，房车、露营车以及卡车司机会经常使用直流电器，因此很容易找到这些家电并且在家庭中使用。

当你用电池来储存产生的直流电能时需要考虑另外两个问题。首先，必须给电池添加电子控制电路，以确保不会被过充。如果不加以控制，太阳能光伏发电系统可能持续为电池充电而不管电池是否已经充满，这样的情况可能会造成电池损坏。第二个问题可能发生在太阳能发电系统由于在安装地点阴暗，暴风雨或阴雨天停止运行一段时间后，由于电力的使用造成电池电量被消耗光。如果此时仍有电器需要电源，由于电池的电压已经过低不足以驱动电器设备，电池可能无法提供任何电量。基于这个原因，重要的是一点是提供一个电子控制电路，以确保电池电压不会过低，使得在电力系统变得不可用时，切断开关可以在电压低到一个固定数值前断开电池，并当太阳能系统发电时将重新连接。有时，过充保护装置和低电压控制系统会被嵌入到电源频率转换器中（换流器）。

如果将电池的输出电压转换为110V，那么将需要一个电力电子频率转换器，也称为换流器或电子换流器，以产生频率为60Hz的单相交流电。应仔细检查和维护这些应用类型的电池，使他们不至于在每天的充电放电过程中电量耗尽或者过充。电池的另一个问题是彻底失效和更换，由于电池的寿命通常是4~10年，所以这是一个持续性的支出。使用新材料制造的可以延长使用寿命的电池正不断地推向市场，并且对这些产品的研究正在不断的为电池技术领域带来新的突破。

小型家用的光伏发电系统都在不断进步，在今天当人们要安装一个太阳能系统的时候，只需要自己或者求助于少数人的帮助就可以完成。这些小的系统可以抵消一部分电费，但通常不会完全取代电力公司提供的电力，与为商业用途设计的更大的系统相比，较小型的系统通常也需要更多的检查，如检查电气连接，进行光伏板上外层玻璃的清洗和除尘等。这就需要安装这些系统的人能够执行检查和维护，或者有其他人愿意帮其做维护，以保证系统正常运行。如果需要支付维护费用，那么这些开销通常会抵消节省下来的电费。所以在为安装和运行一个小型家用太阳能系统做可行性分析和成本分析的时候，必须将所有的这些因素都考虑到发电成本内。

4.6.1 家用太阳能取暖和太阳能热水系统

家用太阳能的另一种应用是使用太阳能取暖，利用太阳能为建筑物采暖以取代水暖系统。当使用太阳能来加热水时，这些热水可以用于室内取暖系统，也可以用来加热饮用水，或者提供洗澡、洗衣或者洗碗等热水。太阳能热水系统包括一个屋顶上的蓄水系统和水泵、水管道等以使水从水箱流向水暖系统。热水可以通过在屋内循环将热量辐射给整个房间以供房间采暖，也可用于淋浴、洗衣服或其他相关用途。

在某些应用中，热水在一个炉内的圈型管道中循环，管道内的水会把炉内的空气加热并将热量转移到室内的空气中，同时空气在整个房子循环，其加热原理与其他加热器类似。

第二种太阳能采暖系统采用了密封的液体介质，通过屋顶上的太阳能系统集热并将热传递给这种介质，再通过这种介质将热量传递给室内或者用来加热饮用水。液体介质中可能有防冻液体以使它不会冻结。当室外温度下降到冰点以下时，太阳能集热器内的防冻液仍可以循环，甚至当外界气温非常低的时候仍可以工作，因为此时仍然可以从太阳获取少量的太阳能。当关闭循环泵和管道使液体不能循环的时候就需要防冻液了，如果没有防冻液注入的话，加热器内的液体可能会冻结。图4-5展示了一个安装在屋顶的家用太阳能集热器，水在它内部循环以收集太阳能，在太阳能收集器中循环的水对下面水槽中循环的水进行加热。图4-6展示了一个家庭热水和家庭取暖系统是如何利用水的案例，被加热过的水储存在家庭的最下面一层。那里的水被用来洗澡或洗衣服，其余的水在地板内的地暖系统循环，用来在寒冷的天气里取暖，热水同时还可以在炉内的加热线圈内循环。

图4-5　安装在居民区屋顶的太阳能收集器（来源同4-2）

4.6.2　家用风能系统和太阳能系统的对比

太阳能系统有一个缺点是在夜间或阴雨天不能产生电力，用户可以安装一个小型涡轮风力发电机来解决这个问题。在夜间或阴雨天，当风力足够强的时候也可以产生电能。在这种类型的系统中，一个小型家用风力涡轮机安装在屋顶与太阳电池板连接在一起。风力涡轮机的叶片在任何风力下都可能旋转，但是旋转的速度不是恒定的，因此，它输出的电力的电压和频率都不是稳定的。许多家用风力涡轮机都可以输出直流电而不是交流电，所以它可以储存在电池中，然后直接提供给使用直流供电的设备或通过换流器将储存在电池中的直流电转换成频率为60Hz的交流电。如果直流电被用到与从电网获取电能相同的电气系统上的时候，必须使用同样的电池控制和互联开关。如果风在白天也有足够的强度，那么由风力发电机产生的电能也可以储存到电池中，它可以在夜间或者风力不够强的时候提供电力，以满足住宅的电力需求。

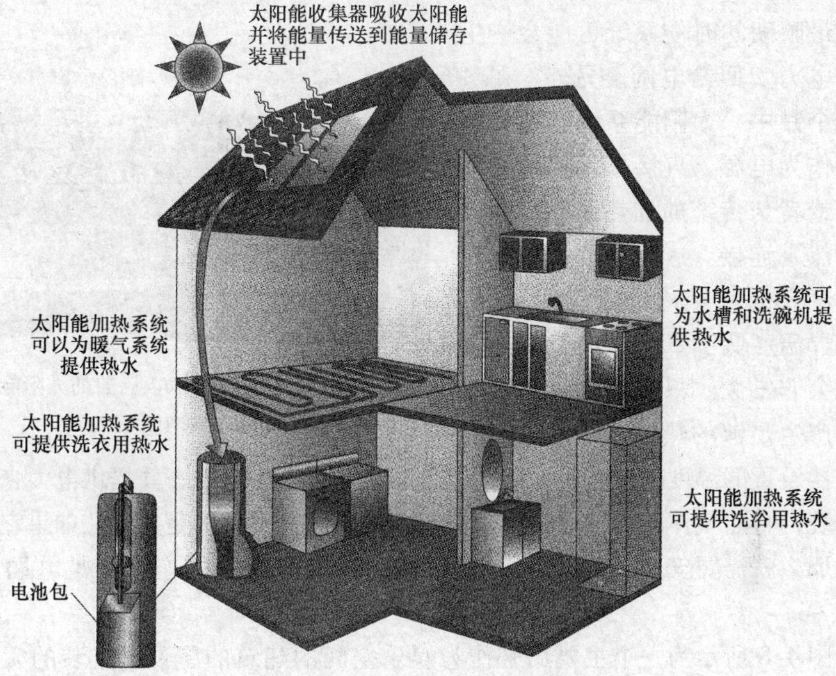

图 4-6　居民太阳能热水系统

一些风力涡轮发电机需要一个初始电压以使其运转并创建初始的磁场，以便它在涡轮叶片转动时发电机可以产生电力。初始电压是通过施加外部电压给发电机的磁场线圈，如果家用的风力发电机组使用这种类型的发电机，发电机必须连接到电池系统以接收电压来创建这个磁场。电池系统的电压水平必须加以保护，所以它不会放电到电压水平低于涡轮发电机的初始电压。当电压接近可以用来提供发电机磁场的电压值时，电池控制电路将断开电池连接。到达这一点之后如果电器仍然需要电能，它将不会从电池中获取。

4.6.3　商用太阳能系统

4～40kW 的中小型太阳能系统可安装到写字楼等商用建筑上。小型企业直接使用太阳能或者使用太阳能产生的电力可以抵消一部分电费单，也可以出售电力给电网。中小型商业机构一般都在屋顶或楼宇上安装一个太阳能系统，并产生的电能可以抵消这些商业机构以前从电力公司购买的电量。在大多数情况下，这些中型太阳能系统与电网之间并行安装有网络仪表，这样他们就可以出售多余的电力给电网。通常这些商业建筑在白天的不同时间使用的电量是不一样的，这样当太阳能系统提供最大的能量时可能有多余的电量卖回给电网。图 4-7 显示了位于一家餐厅前的一个太阳能系统，这种应用类型的太阳能系统运行良好，在白天利用电能约为

12h。雨篷上的太阳电池板阵列足够大，在最晴朗的时候系统可能会产生多余的电力卖回给电网。另外，在冬季的几个月中，太阳能系统产生的电力可以作为电源，直接接入室内的气热暖气或者与传统的加热系统，如天然气或热泵连接。这种类型的系统在另外一些不是那么冷地方工作更好，因为外界温度低于20℉的时候对能量的消耗会非常大。只有当电加热取暖器不能产生足够的热量以维持房间内由温控器设置的温度的时候，太阳能电气系统才会产生电能，并提供电力来加热暖炉内传统的自然气体或其他取暖媒介来为室内供暖。重要的是要记住如果它与电网连接，那么就需要安装安全开关和变压器，以确保系统的连接满足电网的相关规定。

图4-7　坐落于一家饭店前的太阳能装置（来源同4-2）

如图4-8所示为一个主要用来作为娱乐空间的建筑的屋顶上安装的太阳能系统。楼前有大量的镜子，只是为了使建筑立面和屋顶上的太阳电池板更加紧密地匹配。此应用中的太阳能系统可为照明和通风产生电力。太阳能系统产生的多余电力可以用在其他建筑物上，也可以卖回给电网。一幢商业建筑使用太阳能或其他绿色能源的另一个优点是，安装绿色能源或太阳能发电系统可以提供绿色能源信贷，用来帮助企业获得政府的相关补助。许多国家已经设立鼓励使用“绿色能源和太阳能系统”的补助，这些补助可以使公司更好地进行经营。通常这些系统的使用将带来额外的奖励和补助，这将缩短投资回报期。很多时候，这些系统都安装在具有环保或绿色能源的理念和政策的公司，而这些公司会利用所有可能的技术来减少污染并帮助保护环境。

如图4-9所示为一个太阳能光伏发电系统在学校建筑上的应用，如图4-10所示为政府大楼屋顶上的光伏发电系统。在这些应用中，太阳能系统的规模大到足以为建筑物所需的所有照明提供电力，因为它们主要在白天使用照明，而白天阳光通常都很充足。由于这些类型的应用所消耗电能主要集中在每周五天工作日，因此在用电量最小的周末时间他们可以出售多余的电能给电网。由于其中一些建筑物的屋顶都非常大，因此可以设计将太阳能系统指向正确的方向并为大型建筑提供电力，将每天多余的电量卖回给电网。由于学校只有从9月到次年5月是开学期间，因此在暑期学校会有额外的电能卖回给电网，由此产生的利润可以抵消下一年的部分财务开支或其他账单。

图 4-8　公共娱乐场所屋顶上的太阳能发电系统

图 4-9　安装于学校屋顶的太阳电池板（来源同 4-2）

4.6.4　太阳电池板的其他应用

太阳电池板可以用在农村和农业领域以提供足够的电力用来抽水或提供其他服务例如养牛或监控牛群等。将太阳能光伏阵列安装在农场，则太阳电池板可以为牛和其他牲畜的饮水泵提供电力。如图 4-11 所示为太阳能光伏板在为距农场很远的水泵供电，用以为奶牛提供饮用水。注意背景里是有风车的，但有时风不能持续不断地驱动风车带动水泵。此外，机械风车只能支持浅水泵，拉水深度不超过 30ft，这意味着水井在雨水少的季节可能会干旱。如果用深井泵放在井的底部，那么它就可以抽取超过 200ft 深的水，这样就很少会干旱。太阳电池板可为电池充电，电池的电流可以驱动水泵的直流电动机，电池的电力也可以通过一个换流器转换为 60Hz 的交流电，以驱动水泵的交流电动机，井底的水泵通过电缆与换流器相连以驱动电动机。

太阳能光伏电池的另一个应用类型是在停车场的路灯杆上直接安装光伏阵列，为晚间的停车场照明。如图 4-12 所示为灯杆上安装一个太阳能光伏阵列的例子。例子中有一个蓄电池和换流器系统，阳光照射使光伏板对电池进行充电，电池的电

图 4-10　安装于政府办公楼的太阳电池板（来源同 4-2）

图 4-11　光伏电池为牲畜提供饮用水的水泵供应电力（来源同 4-2）

流通过换流器转换为60Hz的交流电为照明系统供电。这种类型的系统也可以连接入电网，在多云的天气或其他可能会限制光伏电池提供电能的情况下，为保障照明安全，它需要有来自于电网的电力备份。这种类型的太阳能光伏发电系统的安装将提供足够的电能，使城市降低照明费用。工程安装部分的初始成本需要增加一个额外的设备开销，但是从电力公司购买电力的钱会多于这个项目数倍。这些类型的光伏电池可以安装在最优的方向，获取整个白天阳光中的最大能量。

图4-12　灯杆上安装光伏电池

4.7　太阳能场

太阳能场是指把两块到上千块太阳能组件集中放置在一起，使它们能够共享电网连接、变压器和其他设备。有时候，几百个太阳能系统将会安装在同一地点，将太阳电池板集中放置有很多优点，其一是只需通过电气开关或者变电站就可以进行电网的联网，多个较大的太阳能发电系统联网后可经过更大的变压器升压至联网电压；另一个优点是，将多个较大的太阳能发电系统放置在一起，他们可以在几乎相同的时间进行维修和检查。

太阳能场建好后，安装额外太阳能系统的花费将会降低，因为之前的安装已完成了大部分。此外，如果需要对相关规定进行协调，则对于集中在一个区域中的所有太阳能系统都可以照此协调，这比对分散运行在不同州、不同国家、不同司法管辖区的系统进行逐一协调更容易。因为太阳能场会交大量的税，并提供额外的电力，有关这些装置的投诉也会降到最低，大部分工业区和州政府都希望在本地区发展此行业。大面积的空地为太阳能场的最佳选址地点，太阳能场就是用来生产能源的，不应该还有其他用途。它的选址是需要大量分析的，以使得这些装置每年都会高效的发电。

太阳能场系统装置能发出一个小型火电厂的发电量，这是一个新的趋势。表4-1为2004~2008年美国太阳能发电的发电量。这些太阳能场发出了充足的电量，使得整个不同类型发电厂的结构发生偏移。美国太阳能能源项目中也有不少大的生产商参与，例如英国石油、通用电气和西门子公司。另外美国还呼吁其他的能源公司、能源机构也能参加其太阳能项目。表4-2为2008年美国最大的几个太阳能场，列表中的太阳能场并不如最近已建成的或在建设中的太阳能场项目重要。曾有一段时间，大部分大型太阳能场都建在加利福尼亚州和西南地区，而现在基本上每个州都建有太阳能场。

表 4-1　2004～2008 年美国太阳能系统的发电量　（单位：kW·h）

年份	2004 年	2005 年	2006 年	2007 年	2008 年
年发电量（kW·h）	575，155	550，294	507，706	611，793	843，054

另一个评估太阳能场的因素就是其发电能力，和其他类型发电厂的评估方法相同，就是当其以满容量运行全年 8760 个小时，能发出多少电量。

表 4-2 列出了太阳能发电项目及其地点、直流额定功率、年发电量（GW，1GW 是十亿瓦特）。已建成或者在建的项目位于表的顶端，第一个为佛罗里达最大的发电项目之一，能达到发电量 25MW。第二大的项目为内华达州内利斯空军基地，能达到发电量 14MW。每年都会有新的项目，并且规模越来越大，所以表 4-2 中这些大的太阳能场可能每年都会有所不同。最近一个联网的太阳能场位于俄亥俄州，由 159200 块 First Solar 公司生产的太阳电池板组成，发电量能达到约 12MW（1MW 等于一百万瓦特），并能为超过 1400 户居民供电。此太阳能场位于俄亥俄州的哥伦布往北 40mile 处，占地面积大约为 40 亩。

表 4-2　美国规模最大的太阳能场

太阳能发电场名称	位置	直流峰值功率（MW）	GWh/年	发电能力	备注
德索托下一代太阳能中心	佛罗里达州德索托郡阿卡迪亚；佛罗里达电力照明公司（FPL）	25	42	0.19	2009 年 10 月建设完工
内利斯（Nellis）太阳能发电场	内华达州内利斯空军基地	14.02	30	0.24	70000 个太阳电池板有待投入使用
阿尔莫萨（Alamosa）光伏发电场	哥伦比亚圣路易斯山谷	8.2	17	0.24	2007 年 12 月建设完工
牧场蓝天（Rancho Cielo）太阳能场	新墨西哥州贝伦市	600			项目尚未完工；由 Signet Solar 提供薄膜硅材料
Tozap 太阳能场	加利福尼亚州圣路易斯奥比斯波郡	550	1，100	0.23	项目尚未完工；由 First Solar 提供薄膜碲化铬材料
AV 太阳能一号场	加利福尼亚州羚羊谷	230	600	0.30	项目尚未完工
KCRD 太阳能场	加利福尼亚州	80			预计 2012 年建设完工
戴维森县太阳能场	北加州林伍德市	21.5			项目尚未完工；计划由 36 个单体结构组成
肯尼迪航空中心	弗罗里达州	10			计划由 FPL 能源公司的太阳能子公司建设，预计完成于 2010 年

注：资料来源于美国能源部。

另外在建的项目还有新墨西哥州 600MW 太阳能场和加利福尼亚 230MW 太阳能场。计划中的项目还有加州的 230MW 太阳能场和 80MW 太阳能场，这些太阳能场将会比美国现有的最大的太阳能场更大。这预示了太阳能工业将会吸引大规模投资，并提供大量工作岗位。下一节中我们将更深一步的学习这些大型项目。

4.7.1 德索托下一代太阳能中心（Desoto Next Generation Solar Energy Center）

德索托下一代太阳能中心坐落在佛罗里达州德索托的阿卡迪亚，德索托位于 Tampa 的东南方，Port Charlotte 的东北方。这个项目是在 2008 年年底施工，于 2009 年 10 月完工的。这个太阳能场目前是美国最大的太阳能电厂，功率为 25MW。计划每年发电约 42000kW · h，大约能给 3000 户供电。该电场拥有超过 90000 个太阳电池板。

该项目施工高峰期间，提供约 400 个职位，2010 年年底将为德索托县提供约 2 百万美元的税收，这个项目是全美最大的私人资本投资。由太阳电池板提供的电力将提供通过传统方式生产的电力，如果由燃烧煤炭的电厂，同样多的电力，将产生 75000t 的温室气体，如果由使用天然气发电厂生产同等的发电量，将使用约 70 亿 ft^3 的天然气。如果由燃烧石油的电厂生产，则需要 277000 桶石油。这个项目最重要的特点是，能为佛罗里达州提供一个稳定的，没有因为石油、天然气或煤成本增加而带来担忧的电力来源，另外，此项目在数年内不会引起因为环境问题而增加的额外费用或税收。

4.7.2 美国邮政、能源部与联邦能源管理计划合作项目

还有一些大型太阳发电系统项目的投入来自于政府机构之间的合作。其中之一是美国邮政服务（USPS）、美国能源部（DOE）、联邦能源管理计划（FEMP）之间的合作项目。此项目位于加利福尼亚州玛丽安德尔湾的 USPS 滨海加工配送中心，并安装了光伏分配能源系统（DER）。此项目由国家实验室、当地公共事业和私营公司协助，建立了一个 127kW 的屋顶光伏发电系统——全国最大的屋顶集成光伏发电系统。它产生的 127kW 电力可提供高峰时所需的总量为 1.2MW 电能的 10%，并且每年节约公共费用 25000 美元。图 4-13 为此项目图例。

图 4-13 位于加利福尼亚州玛丽安德尔湾 USPS 滨海加工配送中心的太阳电池板（来源同 4-2）

4.7.3 内利斯太阳能发电厂（Nellis Solar Power Plant）

内利斯太阳能电厂是北美第二大的太阳能光伏发电系统，它位于内华达州克拉克县的内利斯空军基地，克拉克县位于拉斯维加斯东北边。内利斯太阳能发电系统将发出超过 2.5×10^5kW · h 的电力，也就是整个基地所需用电量的 25%。这个项

目于 2007 年 4 月开工建设，并于 2007 年 10 月发出第一个 5MW 电能。该系统于 2007 年 12 月以全功率运行，可由光伏阵列发出约 13MW 电能。图 4-14 为内利斯空军基地的光伏阵列，这些接收板以同一角度追踪太阳能。

图 4-14　内利斯空军基地的光伏阵列
（US Air Force - digital Version/Science Faction/CORBIS）

整个项目占地略超过 140 亩的土地是从空军租用的。该系统由单独的地面太阳能系统组成，使用先进的太阳跟踪系统。该系统由 SunPower 公司设计和部置，由约 70000 块太阳电池板组成，它的设计功率有 14.2MW。在其峰值发电时，发电厂可生产约 13MW 交流电，这意味着容量因子（平均输出额定功率与峰值功率的比例）约为 20%。总输出的电能将为超过 12000 名用户和内利斯空军基地军事人员提供用电。

4.7.4　科罗拉多阿拉莫萨光伏发电厂

阿拉莫萨光伏发电厂坐落在科罗拉多的一个高山峡谷——圣路易斯山谷中，额定功率可达 8.22MW。该电厂于 2007 年 12 月由 Xcel 能源公司的 SunEdison 建设完成。太阳能光伏电池阵列占地约 83 亩，提供给 1400 户用户充足的电力。它发电后，成为美国最大的光伏发电厂。科罗拉多州的 Xcel 公司为客户支付可再生能源项目电费补贴的 2%，科罗拉多还应用了将风能与光能相结合的方法来提高可再生能源的发电量。

接下来的项目都已经在施工阶段末期或者设计阶段，不久后将会并网发电。这些项目比先有的项目都要大，并代表了未来使用太阳能发电的承诺。

4.7.5　新墨西哥贝伦的牧场蓝天太阳能场

新墨西哥贝伦的牧场蓝天太阳能场，是美国计划建设的最大的太阳能场。它占地面积有 6000 亩，位于阿尔伯克基南面。当它在全功率运行时，预计能为整个社区提供大部分电力。牧场蓝天太阳能场的预计费用约为 8.4 亿美元，将提供 600MW 电能，它的太阳能光伏电池阵列将覆盖超过 700 亩。这个项目的太阳电池板将为薄膜硅板，并直接由新墨西哥州 Signet Solar 在本地建造，牧场蓝天将会是新墨西哥州一个新的光伏生产设施。

4.7.6　加利福尼亚州的二号高原电场

二号高原电场有限责任公司位于加利福尼亚州的圣何塞，是 SunPower 公司的子公司。他们计划建设加州山谷太阳能场。该太阳能场将提供约 250MW 的太阳能光伏电池的电力，它将会建在卡里索平原，加州山谷的东北部。卡里索平原是圣路易斯奥比斯波县东南部的一个封闭大平原，位于洛杉矶西北方向 100mile 处。

为了使项目可以在2008年正式开始，太平洋天然气和电气公司宣布了一项协议，从电厂购买了所有的电力。该项目将结合附近的一个550MW的项目，大量增加提供的电力。该项目将利用约1966亩土地进行太阳能发电。用于该项目的光伏板将使用由SunPower公司设计和制造的高效率的晶光伏面板。共88000个太阳能跟踪装置将安装于光伏板，而这些设备将使光伏电池板跟踪太阳，随着太阳划过天空而移动。

太阳能发电厂预计每年提供约5.5×10^5GW·h的能量。这将相当于250MW的电力。该工厂将有25%的容量因子，这意味着它可以产生额定功率的25%的电能。由于大部分太阳能发电是在白天进行的，所以如果白天的电力需求高于夜间的电力需求，则该厂的运营是可行的。该项目预计在2010年底开始提供电源，并应在2012年全面投入运行。

4.7.7 加利福尼亚州克恩县的AV太阳能一号场

AV太阳能场是尚在一个计划中的项目，位于加利福尼亚州贝克斯菲尔德附近，洛杉矶以北。预计额定功率为230MW，是由NextLight可再生能源发电公司拥有的。光伏阵列占地约2100亩。该项目计划于2010年开始建设，在2011年实现部分电力的生产，直到2013年开始全面生产。在系统全面投入运转时，它会产生每年约600GW·h的能量，这足以满足70000户家庭的需求。该项目的一个组成部分，是一个由太平洋天然气和电力公司（PG&E公司）签署的协议，购买NextLight项目在未来25年内在价格不超过13.3美分/kW·h产生的电能。

太阳能光伏板将安装太阳跟踪系统，朝向南方，与地平线约20°的倾斜。跟踪系统将设计为东西运行方向，他们由电动机驱动，控制太阳能光伏板跟踪太阳方位由东向西运动以获得最大的能量。跟踪机制会提高此面板的发电效率。

4.7.8 在北卡罗莱纳州戴维森县太阳能场

另一个在建设初期阶段的太阳能厂在北卡罗莱纳州的林伍德附近，在整个州的中部地区。戴维森县太阳能厂占地350亩，于2011年建设完成，是美国最大的太阳能场。该太阳能厂被评定为21.5MW等级的发电站。马里兰州的SunEdison公司负责建设光伏电池板阵列，杜克能源公司计划购买的太阳能场所有的电力产出。该项目的第一阶段于2010年2月开始发电，它会产生约4MW的电力，将会服务于约650户住宅。当项目全面投入使用后，会产生约16MW的电力，这足以为2600户家庭提供电源。北卡罗莱纳州是几个强制性使用可再生能源的州之一，在不久的将来北卡罗莱纳州将使用超过20%的可再生能源。

4.7.9 佛罗里达州的约翰肯尼迪航天中心（KSC）

正在建设中的另一个项目是位于东海岸的佛罗里达州的肯尼迪航天中心。肯尼迪航天中心是美国国家航空航天局（NASA）分布在美国各地的众多设施之一。这个光伏电厂位于梅里特岛，佛罗里达州卡纳维拉尔角的西北偏北。在2009年11月，该项目的第一阶段是产生电力，送入太空中心的电网。太阳能厂的其他两个部分是在不久的将来使系统满负荷运转，届时将为航天中心提供约1%的电力。图4-15显示了个人在系统中使用的太阳电池板。

NASA 机构与佛罗里达电力和照明公司进行了密切合作，他们一起建立了在佛罗里达州的太阳能发电系统。NASA 正在另外的 500 亩土地上对另一个太阳能发电系统进行可行性研究，这个系统将提供额外的电力以满足更多的设施需要。

图 4-15 位于佛罗里达的肯尼迪航天中心的光伏电池阵列

4.7.10 佛罗里达其他的太阳能场

佛罗里达州的另一大型太阳能项目位于杰克逊维尔的西边，东北部为大西洋沿岸。杰克逊太阳能项目全面运行时，将产生约 15.01MW 的直流电，它是佛罗里达州杰克逊维尔市政管理局（JEA）和 PSEG 太阳能公司之间的合作项目。JEA 是佛罗里达州最大，美国第八大的社区公用事业。该系统为 PSEG 太阳能所有，但是位于 JEA。JEA 通过与 PSEG 之间 30 年的电力购买协议，已签约购买和使用整个系统的输出，包括设施所产生的环境问题。

该项目是由科罗拉多州博尔德市的一家公司名为 Juwi Solar 的公司在管理。这家公司开发、设计，并获得生产 15.01MW 直流电的许可，并提供工程、采购和施工服务，也将提供初步的操作和维护服务。Juwi Solar 还将代表 PSEG 在项目的最初几年执行运行、维护、监控职责。

PSEG 太阳能公司是新泽西州纽瓦克一家公共服务电力及燃气（PSE&G）的子公司。杰克逊维尔的太阳能项目是其三个太阳能项目之一，该公司目前拥有共计 29.2MW 发电量。这些都是 PSEG 太阳能公司拥有的第一个整个都在美国进行开发、建造和经营计划组合的太阳能设施项目。

杰克逊维尔太阳能项目将有一个容量为 15MW 的直流电源，年发电输出为 220MW 的交流电。在这个项目中所使用的太阳电池板为安装在地面上的 20 万个固定薄膜（碲化镉）太阳电池板，这些电池板是由 First Solar 公司提供，占地面积为 100 亩。该项目于 2009 年 10 月始建造，并于 2010 年 5 月开始提供电能。

4.7.11 产业间的太阳能场项目

一些太阳能发电场已经和一些行业或企业建立了特殊的合作关系，如与太阳能公司或者服务于当地的电力公用事业公司建立合作的伙伴关系。其中一个项目是位于新泽西州的海克特斯镇的一个太阳能场，它拥有安装在 18 亩土地上的超过28000 组的太阳电池板。如图 4-16 所示为这些设施的鸟瞰图。太阳电池板安装在一个毗邻海克特斯镇的地区，在这个地区有超过 1200 家联营公司以及 M&M 牌巧克力的糖果制造厂以及玛氏巧克力北美总部。太阳能光伏系统可以在用电高峰时间提供 2MW 电力，这相当于工厂的能源消费高峰的 20%。这将减少超过 1000t 的二氧化碳排放，相当于每年从道路中减少190辆汽车。其余部分电力则依靠该公司从电网购买。

公共服务企业集团（PSEG太阳能源公司）拥有该系统，玛氏公司已签约购买使用整个系统的电力输出。Juwi Solar公司为该系统提供工程建设、采购和施工服务，还将提供初始操作和维修服务。玛氏巧克力北美总部和PSEG太阳能源公司之间的长期合作伙伴关系将确保太阳能场的成功。First Solar公司为这个项目提供薄膜太阳电池板。

图4-16 位于新泽西州海克特斯镇的太阳能厂鸟瞰图（来自PSEG）

4.8 世界最大的太阳能发电场

世界各地都安装有太阳能发电装置。德国主要掌握着太阳电池板制造生产技术，西班牙和德国掌握了太阳能光伏的安装和光伏发电技术。表4.3列出了截止到2010年一月份的世界十大太阳能光伏发电场。这些太阳能发电场的规模从30MW到60MW不等。

表4-4为2008年太阳能发电量排前五位的国家。德国每年发电3.5GW·h，居榜首。美国2008年发电0.843GW·h，中国为0.14GW·h，加拿大为0.017GW·h，日本为0.002GW·h。尽管拥有好几座大型太阳能场，西班牙却没有登榜。

表4-3 2010年美国境外正在运行、计划或建设中的规模最大的太阳能场

太阳能发电场名称	国家	直流峰值功率/MW	GW·h/年	发电能力	备注
Olmedill光伏发园区（park）	西班牙	60	85	0.16	2008年9月建设完工
Strasskirchen太阳能发电园区	德国	54			
Lieberose光伏发电园区	德国	53	53	0.11	2009年建设完工
Puertollano光伏发电园区	西班牙	50			2008年建设完工
Moura光伏发电站	葡萄牙	46	93	0.23	2008年12月建设完工
Waldpolenz太阳能园区	德国	40	40	0.11	2008年12月建设完工；包括550000个由First Solar提供的碲化铬薄膜硅模块
Arnedo太阳能园区	西班牙	34			2008年10月建设完工
Merida/Don Alvaro太阳能园区	西班牙	30			2008年9月建设完工
Planta Solar La Magacona & La Magasquila	西班牙	30			
Planta Solar Ose de la Vega	西班牙	30			

表 4-4 2008 年太阳能发电量前 5 名国家

国　家	2008 年发电量/GW·h
德国	3.5
美国	0.843
中国	0.14
加拿大	0.017
日本	0.002

4.9 抛物线型槽式太阳能集热器发电

抛物线型槽式太阳能集热器是另一种发电装置。这种集热器使用了油或者相似的易吸热的物质。将集热器的表面与阳光照射呈一个特定的角度放置，可以让光线聚焦在含油的管道上。当阳光在管道上聚焦时，管道中的油就会在抛物线型槽中流动，达到 800°F 的高温，并且可以让水管道的水加热以通过热交换器，变成水蒸气并引入汽轮机中，这种汽轮机与火电厂或核电厂中的汽轮机很相似。汽轮机的轴与发电机的转子直接相连，当蒸汽被通入汽轮机时，使得汽轮机高速运转，带动了发电机转子高速转动，发出了交流电。通入汽轮机的蒸汽的量是被严格控制的，这是为了让其以一个精准的速度运转，发出交流电的频率刚好是 60Hz。它和火电厂或核电厂一样，一般都采用三相的发电机。

传统发电厂中，水加热部分都是用的煤炭燃烧或核反应等放出来的能量。因为抛物线型槽式太阳能集热系统只能在阳光照射管道时发电，所以可以当做发电厂的后备或者辅助电源。由于其在夜间是不能发电的，所以此时就需要靠燃烧煤炭或者核能等传统能源来维持其运行。

抛物线型槽式太阳能集热系统存在着一定的问题和限制。这种系统降低成本的途径之一是获得税收抵免，如果这个系统想要获得新能源补贴，那么煤炭作为的能量来源要被限制在 27% 以下，另外的 73% 必须是通过太阳能获得的。另一个问题是集热系统的反光装置和集热器需要固定安装，这会降低其效率。抛物线型槽内的反光板可以使管道固定在槽内，并且可以提供一个反射面，以确保太阳光可以被聚焦到管道上，从而充分利用太阳能。太阳能跟踪系统可以使反光板时刻接收最强的光照，这样会使装置更加有效，但是也会更昂贵。

位于加州莫哈韦沙漠 Kramer Junction 的抛物线型槽式太阳能集热器是全世界最大的几个太阳能集热器之一。Kramer Junction 的太阳能发电系统（SEGS）是全世界最大的太阳能发电装置，由 9 个太阳能发电场组成。这些发电场都位于莫哈韦沙漠中，联合发电能达到 355MW 的装机容量。位于 Kramer Junction 的发电场装机容量为 150MW，Harper Lake 的为 160MW，Daggett 的为 44MW。图 4-17 为 Kramer

Junction 的抛物线型槽式太阳能集热器。表 4-5 为美国最大的几个抛物线型槽式太阳能集热器，包含了发电场名称，发电量的大小，太阳能发电场的大小。

图 4-17 位于加州莫哈韦沙漠 Kramer Junction 的抛物线型槽式太阳能集热器（来源同 4-2）

表 4-5 美国抛物线型槽式太阳能发电系统数据统计［1 巴（bar）=14.5 磅/in^2（PSI）］

电场名称	位置	首次投入使用时间	净输出电功率/MW	太阳能收集区放电倍率/C	太阳能收集区面积/m^2	太阳能涡轮效率（%）	功率循环	调度提供
内华达州太阳能 1 号（solar one）	内达华州博尔德市	2007 年	64	390	357，200	37.6	100 巴重加热	无
APS Saguaro	亚利桑那州图森市	2006 年	1	300	10，340	20.7	低温余热发电（ORC）	无
SEGS Ⅸ	加利福尼亚州哈珀湖	1991 年	80	390	483，960	37.6	100 巴重加热	导热油加热器
SEGSⅧ	加利福尼亚州哈珀湖	1990 年	80	390	464，340	37.6	100 巴重加热	导热油加热器
SEGSⅥ	加利福尼亚州克莱默叉口	1989 年	30	349	188，000	37.5	100 巴重加热	燃气锅炉
SEGSⅤ	加利福尼亚州克莱默叉口	1988 年	30	349	250，500	30.6	40 巴蒸汽	燃气锅炉

（续）

电场名称	位置	首次投入使用时间	净输出电功率/MW	太阳能收集区放电倍率/C	太阳能收集区面积/m^2	太阳能涡轮效率（%）	功率循环	调度提供
SEGSⅢ	加利福尼亚州克莱默叉口	1987 年	30	349	230，300	30.6	40 巴蒸汽	燃气锅炉
SEGSⅣ	加利福尼亚州克莱默叉口	1987 年	30	349	230，300	30.6	40 巴蒸汽	燃气锅炉
SEGSⅡ	加利福尼亚州达盖特市（Dagget）	1986 年	30	316	190，338	29.4	40 巴蒸汽	燃气锅炉
SEGSⅠ	加利福尼亚州达盖特市	1985 年	13.8	307	82，960	31.5	40 巴蒸汽	3 - hrs TES

4.10 太阳电池板和太阳能装置的生产

全世界的太阳能超过 40% 由德国生产。其中一个原因就是德国拥有很多生产太阳能的公司。德国政府用了一个特殊的方法来推动太阳能应用，那就是不应用清洁能源的公司将被处罚，这大大地推动了太阳能的发展，这也使得德国的太阳能市场，包括了太阳电池板的制造和太阳能发电，比别的国家发展的快得多。事实上太阳能发电第二多的国家仅能发出全世界太阳能发电的 20%。美国和其他国家正在努力赶超。当美国的太阳能发展计划得以实施，所有的太阳能装置安装完毕并开始发电后，将赶上德国的发电量。德国成为最多应用太阳能的国家还有一个原因为它增加了所有用户的电力消耗，而额外的收入将用来资助太阳能发电，约为 50 分/kW·h，这使得太阳能发电和火电、核电发电的成本是基本是一样的。太阳能发电的收入一部分还会返还给科研机构和大学，让他们用来研究如何增加太阳能发电装置的安装并提高太阳能发电的速度和效率。

4.11 世界最大的太阳能公司

在过去的 20 年中，太阳能发电公司的数量持续增长，规模逐步扩大。太阳能公司包括了生产太阳能设备的公司、安装维护太阳能设备的公司、拥有或租赁大型太阳能发电场的公司。这些公司在太阳能的各个方面发展，并会在将来雇佣很多太阳能工程师。

现在各国都在大力发展太阳能发电。各政府出台了财政奖励和减税政策，并给予了经济支持，使得这些太阳能发电项目得以实施。表4-6为各国生产太阳能并拥有太阳能项目的公司。这些公司是按字母顺序排列，并不代表其规模和价值。

表4-6　大型太阳能公司例举

公司名称	地　点
英国石油公司（BP）	英国
雪福龙石油公司（Chevron）	美国加利福尼亚州
第一太阳能（First Solar）	俄亥俄州佩里斯堡
通用电气公司（General Electric）	美国
GT国际太阳能股份有限公司（GT Solar International，Inc）	新罕布什尔州梅里马克
晶澳太阳能（JA Solar）	中国
纳米太阳能（Nano Solar）	瑞典
西门子太阳能（Siemens Solar Energy）	德国
索朗太阳能公司（Solar Enertech Crop）	加利福尼亚州门罗帕克市
Sun Edison	美国马里兰州
尚德太阳能电力有限公司（Suntech Power）	中国
中电电气光伏有限公司（Sunergy）	中国
太阳能有限公司（Sunpower Corporation）	加利福尼亚州圣何塞市
尚德电力控股有限责任公司	中国

课后习题

1. 简答题

1）解释“turn key”。

2）陈述当你在为太阳能系统选址时，会遇见的三种视觉问题。

3）为什么小型住宅太阳能系统需要电力电子频率转换器（换流器）？

4）列举出三种太阳能系统的应用。

5）列出2010年1月全球最大的5座太阳能电场。

6）2008年美国太阳能系统发出的电量是多少？

7）解释抛物线型太阳能系统如何发电。

8）列举出欧洲两座PV太阳能电场。

9）说明PV太阳能电场发电量的两种限制。

10）列出太阳能发电系统中两个应用抛物线型发电原理的电场。

2. 多项选择题

1）太阳能场选址的三种选址问题是（　　）。

A. 环境问题，视觉问题，连接问题。

B. 环境问题，使用时间问题，噪声问题。

C. 环境问题，高度问题，噪声问题。

D. 所有上述选项。

2）小型住宅太阳能系统需要电子转换器装置当（　　）。

A. 太阳能系统发出来的电用于家庭电池充电，并且家庭应用交流电压源。

B. 太阳能系统发出来的交流电需要转换成直流电。

C. 太阳能系统用于家庭供热系统并提供热水。

D. 所有上述选项。

3）美国额定功率最高的三座太阳能电场是（　　）。

A. Kramer Junction California，Desoto Country Florida，Nellis AFB Nevada

B. Kennedy Space Center Florida，Nellis AFB Nevada，Alamosa Colorado

C. Desoto Country Florida，Nellis AFB Nevada，Alamosa Colorado

4）美国计划建设的最大的近海的太阳能电场位于（　　）。

A. 大西洋海岸区

B. 墨西哥湾岸区

C. 太平洋岸区

5）十个最大的太阳能电场中，最多位于哪个国家（　　）。

A. 德国

B. 西班牙

C. 葡萄牙

D. 中国

6）2008年哪个国家太阳能发电量最大（　　）。

A. 日本

B. 中国

C. 德国

D. 美国

第 5 章　光伏发电（PV）的基本原理及太阳能光伏电池的类型（光能向电能的转化）

本章学习目标

读完本章你将能够：

- 解释什么是价电子、价电子层。
- 识别电子、质子和原子核，并能够确定其极性。
- 解释如何将两种材料相结合，使其成为 P 型材料。
- 解释如何将两种材料相结合，使其成为 N 型材料。
- 解释 P 型材料和 N 型材料是如何通过掺杂而结合成硅光伏电池。
- 确定元素周期表中的哪些元素是导体。
- 确定元素周期表中的哪些元素是绝缘体。
- 确定元素周期表中的哪些元素是半导体。
- 解释当光照射 PN 结时，直流电流是如何形成的。

本章关键词

原子	负荷电阻
原子序数	N 型材料
导带	中子
导体	原子核
二极管	PN 结
掺杂	元素周期表
电极	质子
电子	P 型材料
元素	半导体
自由电子	电子层
空穴	价电子
绝缘体	价电子层
晶格结构	

本章概述

本章将列举美国及世界各地使用的太阳能光伏电池的类型，并解释太阳能光伏电池的制造方法，以及 P 型材料和 N 型材料电池中的电子和质子是如何排列的。从元素周期表中可以看到，有着不同数量电子的各元素单质如何组合成为制造光伏电池的材料。本章将解释用于制造光伏电池的三类基本材料：导体、绝缘体、半导体。你将了解这种材料的原子构成，它是如何利用其材料的优势使得太阳能光伏电池的制造更有效率且更便宜。本章也将解释为什么只有特定类型的材料才能结合制得光伏电池。

本章还会解释光伏材料在阳光照射时如何反应，硅太阳能光伏电池中的电子如何流动产生直流电流。本章的最后一部分给出了每种常用的光伏电池，同样也给出了电池的不同材料层是如何反应并将光能转化成直流电流的详细图表。

5.1　导体、绝缘体和半导体

在你去了解硅如何将光能转化成电能时，需要了解一些术语。

本节中，你将会更多地了解到用来制造光伏电池的与硅结合的几种元素单质。当光照射时，光伏电池将产生电能，所以了解哪种元素单质是导体、绝缘体或者半导体是非常必要的。导体中可以允许电流流过，其原子价壳层电子少于4个；绝缘体中电流无法流过，原子有超过4个的价电子。半导体元素恰好含有4个价电子，它既可以成为导体也可以成为绝缘体，这主要取决于与它掺在一起的元素，这个结合的过程叫做掺杂。掺杂指将少于或者多于4个价电子的元素单质和恰好含有4个价电子的半导体材料结合在一起。

前几章已经说明了所有的物质都是由原子构成的，原子由原子核中的质子和中子，还有围绕原子核的一个特定轨道运动的电子构成。物质的原子含有超过一个中子，比如硅，它的中子在另外一个轨道上运动。这个运动轨道也叫做电子层，不同的电子层与原子核之间都有一个特定的距离。这一节中将说明在制造光伏电池时，不同电子层的电子如何被控制，使其能将光能转化成电能。

原子是保持元素化学属性的最小微粒。图5-1给出了1个氢原子，它含有1个质子、1个中子、1个电子（虚线表示在原子核的吸引作用下电子绕核旋转的轨迹）。质子在原子中心的原子核中，带有正电荷。中子也在原子核中，不带电。电子围绕原子核外特定距离的轨道运动，这是因为电子带负电，受带正电的原子核的吸引。

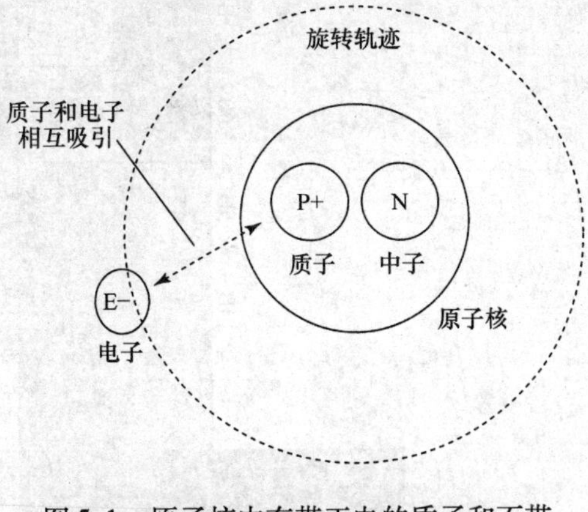

图5-1　原子核中有带正电的质子和不带电的中子，带负电的电子绕核旋转

目前有118种已知的物质，称之为元素。元素周期表如图5-2所示。元素周期表中给出了103种化学元素的缩写及其每个元素的原子量和电子数量。原子量是一个数字，没有任何单位，它是元素原子平均质量和一个碳原子的质

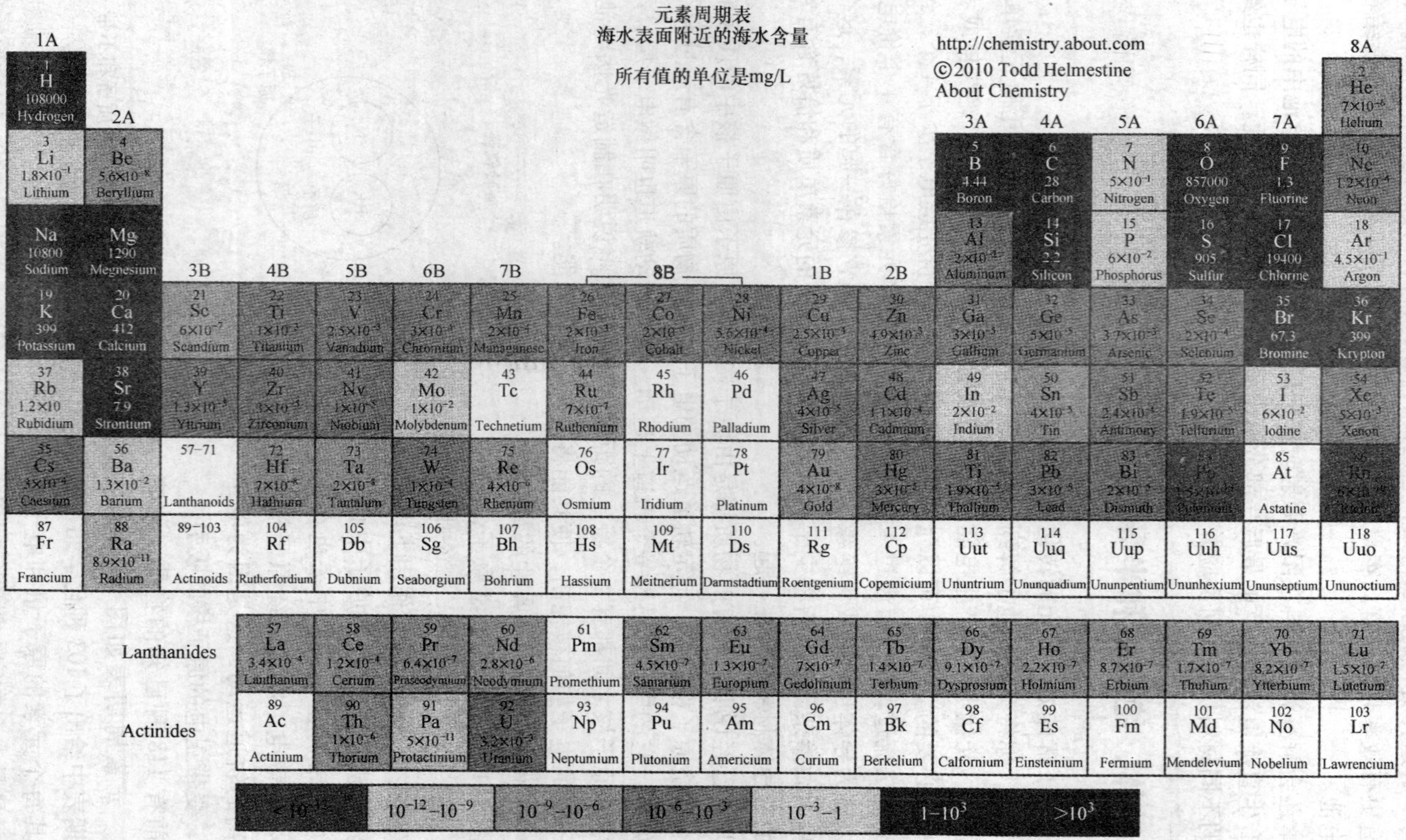
元素周期表
海水表面附近的海水含量
所有值的单位是mg/L
http://chemistry.about.com
©2010 Todd Helmestine
About Chemistry
Lanthanides
Actinides
$<10^{-12}$
$10^{-12}-10^{-9}$
$10^{-9}-10^{-6}$
$10^{-6}-10^{-3}$
$10^{-3}-1$
$1-10^{3}$
$>10^{3}$

图 5-2　元素周期表

量的1/12的质量比。每个元素都有一个唯一的编号，这个数也就是其所含的电子数，这个数字也被称为该元素的原子序数。由于没有两个元素具有相同数目的电子，每个元素的电子数也就作为其原子序数。

由于每个元素的原子中的电子数目是不同的，所以可以通过研究任一元素的原子中电子是如何围绕原子核移动的来得到其规律。硅是使用最广泛的太阳能光伏电池的材料之一，所以我们应该研究硅原子中电子围绕原子核移动的规律。硅原子的原子序数为14，它有14个电子在3个独立的轨道上围绕它的原子核运动。

图5-3给出了硅原子电子的排列简化二维图。最靠近原子核的电子层上排列了2个电子，第二层排布有8个电子，最外层排布有4个电子。最外层叫价壳层，价壳层上的电子称为价电子。图5-3显示了硅在其最外层有4个电子，所以硅是一种半导体材料，其有14个电子分布在3个不同的轨道（又被称作电子层）上做绕核运动。

如图5-4所示，硅原子的电子沿着其轨道朝着不同方向运动，这也就解释了电子如何围绕原子核各自运动使得相互间不会碰撞。为了使每个电子层电子计数更简便，我们通常使用二维模型来描述原子电子层。

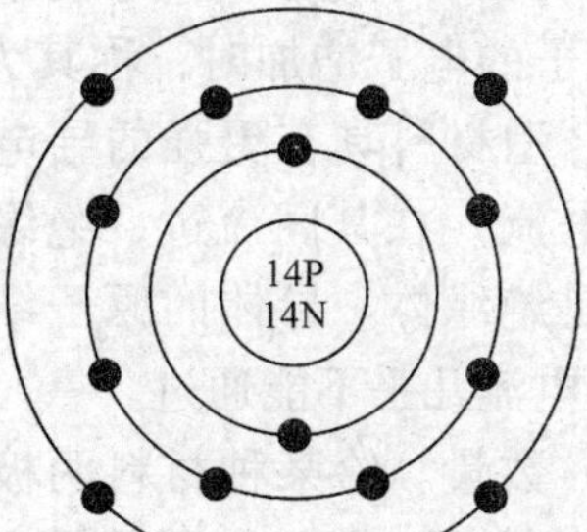

图5-3　图为14硅原子的简图

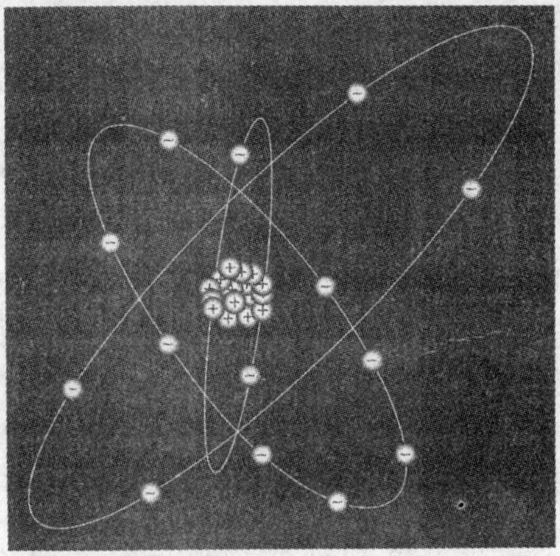

图5-4　此模型中，14个电子在不同的方向做绕核运动

有些元素会比其他元素更稳定，这一点在光伏电池的制造中是非常重要的。元素周期表中最稳定的元素一般有8个价电子，呈4对。每对电子中1个以顺时针方向运动，1个以逆时针方向运动，这样使得原子可以更加稳定。当某一原子最外层的电子是4对时，它可以与相似类型的原子结合得非常好。

太阳能光伏电池的制造材料的元素应在第二层或者第三层有8个电子。举例来说，硅在第三层上有4个电子，与之结合的元素最外层电子与其结合后应填满硅原子第三层，或者让硅原子和这个元素结合失去这4个电子，这样最外层就是第二层，也是8个电子。

科研人员为了制造太阳能光伏电池，会将硅和最外层不是8个电子的元素结合起来。新掺入的材料可以得到或失去电子，使得结合后的材料的价电子层都是8个电子。这个将两种材料结合起来，并可以交换电子的过程叫做掺杂。

掺杂过程中，硅掺入别的杂质会失去或者得到电子。掺杂过程通过价电子层得到8个电子所需要的能量来描述。并非所有掺杂后的材料都有8个价电子，但是需要注意的是，掺杂的过程中所有的原子结合的过程中都会得到或者失去电子，使得每个电子层都排满8个电子。这一概念有助于解释掺杂过程中材料内部的一些反应。

有关价电子层的另外一点是，电子沿着不同的轨道运动，每一层的电子向另一层电子迁跃时是需要能量的。最内层电子迁跃时需要的能量是最大的，因为离原子核越近，其正负电荷引力越强。第二层电子迁跃需要的能量比最内层要少。最外层电子离开其运动轨道需要的能量是最少的，因为它们离原子核最远，引力最小。价电子离开价电子层需要的能量是最少的，这就说明了为什么价电子非常重要。当更深入学习元素周期表时，可以得到定量地计算一个电子迁跃至任何电子层所需要的能量的方法。本章仅需要定性地了解最外层电子、价电子迁跃成为自由电子需要的能量最少。

当我们给硅掺杂后，得到的新的晶体就不再是最外层有4个电子的纯净的半导体了。掺入的杂质会给硅原子增加或减少电子，当硅原子的电子增加时，称其为P型材料，当硅原子的电子减少时，称其为N型材料。P型材料具有更强的导电特性，N型材料具有更强的绝缘特性。导体允许电子（电流）在其间流过，绝缘体与其相反，不允许电子（电流）流过。橡胶、塑料都是绝缘体。导体的原子结构使得电流可以更容易地流过，而绝缘体的原子结构使得电流几乎不能通过。

我们还可以比较元素的原子最外层电子（价电子）数量。给某种材料两极加上电压，观察其电子的运动，如果很快就释放出很多自由电子，那该材料就是良好的导体。如果这种材料将电流中的自由电子吸入，它就是绝缘体。

5.2 元素周期表中导体、绝缘体、半导体元素

图5-5给出了元素周期表的7列，分别为：1B、2B、3A、4A、5A、6A、7A。1B族元素都只有1个价电子，2B族元素有2个价电子，3A族元素有3个价电子。1B、2B、3A三族元素因易导电，称之为导电元素。例如铜是29号元素，为1B族；铝是第13号元素，为3A族。铜和铝都是良好的导体，可以用来做导线。

4A族元素是用来制作半导体的材料，因为他们都恰好有4个价电子。14号元素硅、32号元素锗都是这一族的，这两个元素用来制造电子电路中的二极管和晶体管等半导体的历史已超过50年。4A族的元素在价电子层都有4个电子。

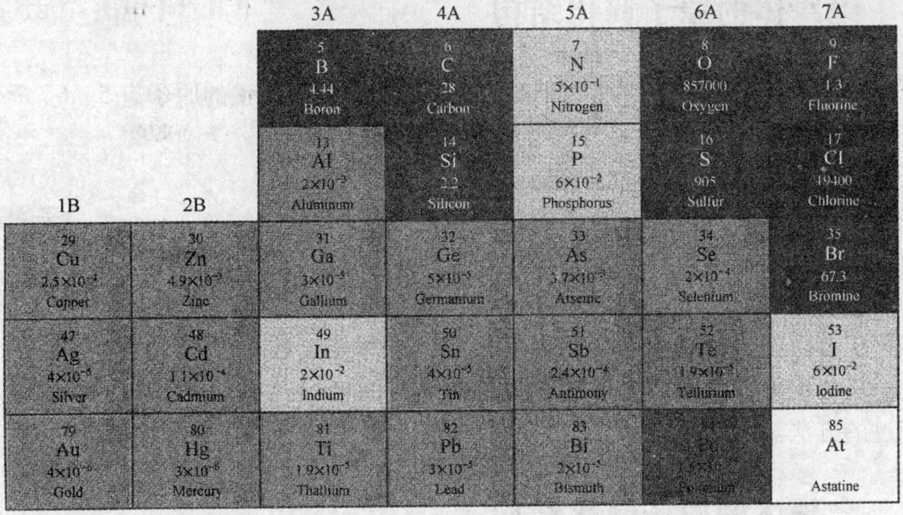

图 5-5　1B、2B、3A、4A、5A、6A、7A 中的元素

第 5、6、7 列的元素都被认为是绝缘体。在 5A 列的所有元素，其价电子层都有 5 个电子，在 6A 列的所有元素有 6 个价电子，7A 列所有元素有 7 个价电子。这三列元素都被认为是绝缘体，经常在电气绝缘材料中使用。

5.3　导体的原子简化结构

图 5-6 给出了一个导体元素的原子结构。如图 5-6 所示，这个原子有 1 个价电子。原子中有 1 个、2 个或 3 个价电子的元素是导体。所有的原子都会获得或失去足够的电子以达到最外层有 8 个电子的稳定状态，当导体失去最外层全部电子而使得次外层排列满 8 个电子时，需要的能量最少。这样一来，最外层的电子全部失去，而次外层的电子是满的，此时的原子变得更加稳定。例如，如果某一材料的元素已在其第三层有 1 个、2 个或 3 个电子，这时给其施加电压，这些电子就会被释放，这个材料就会只有两个电子层，但是第二层共排列满 8 个价电子。当电子被释放后，第二层将成为新的价电子层，共有 8 个电子。释放出来的自由电子自由移动，就会形成电流。

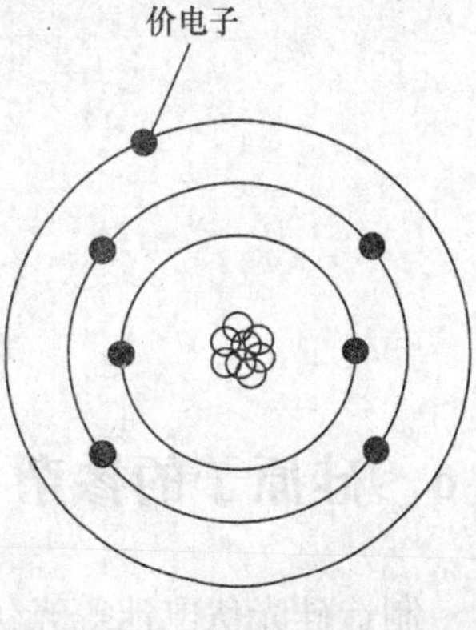

图 5-6　导体原子的结构简图

5.4 绝缘体的原子简化结构

如图 5-7 所示为一个绝缘体元素的原子结构。任何元素的原子有 5、6、7 个价电子，那它就是绝缘体。图 5-7 中给出的原子有 7 个价电子，这种结构使得它很容易得到一个额外的电子从而获得 8 个价电子。自由电子会被价电子层吸引，他们通常也会自由流动形成电流。当电子被价电子层捕获时，价电子层的电子已满，这个电子就不再是自由的，原子也会变得足够稳定，这意味着电子从电流中被抽离出来。这就是绝缘体阻断电流流过的方法。

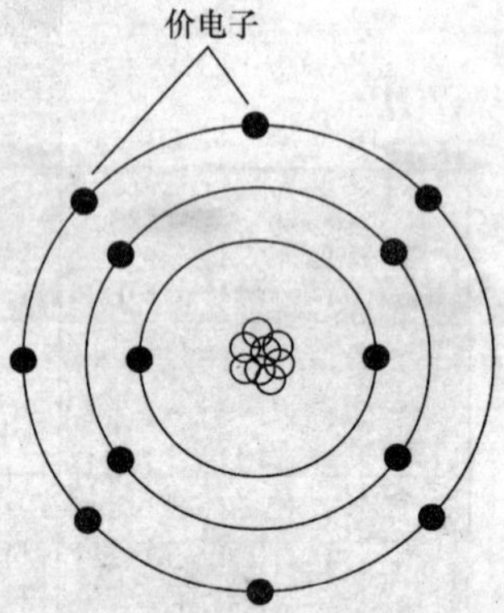

图 5-7 绝缘体原子的结构简图

5.5 半导体的原子简化结构

半导体材料的原子具有恰好四个价电子。当掺入杂质后，硅原子获得了 1 个、2 个或 3 个新的价电子后，会体现绝缘特性，而硅原子释放 1 个、2 个或 3 个价电子后，会体现导体特性。图 5-8 给出了一个正好 4 个价电子的半导体材料的原子结构简化图。

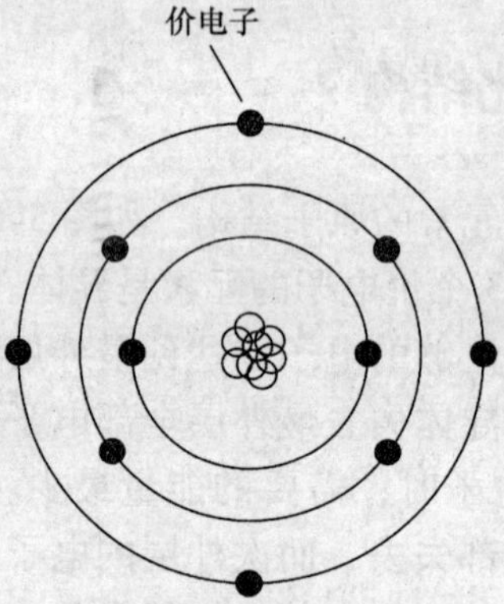

图 5-8 半导体材料原子的结构简图

5.6 硅原子的掺杂

制造硅光伏电池等光伏电池时，掺杂过程中硅原子是并列排列的。

这样一来，材料的结构变得非常稳定，因为每个硅原子最外层都会被其他硅原子的电子填满。如图 5-9 所示，在掺杂过程中，一个硅原子和其他相邻硅原子间是如何排列的。图5-9只给出了硅原子的4个价电子。当硅原子离得很近时，他们将分享相邻硅原子的电子。图中有5个硅原子，中心的硅原子周围围绕的是4对电子，而不是4个单电子，因为与它相邻的每一个原子都会与其分享一个电子。当十亿个硅原子重复这个过程，本有4个价电子的硅原子都得到了8个价电子，这样的物质就会变得非常稳定。原子共用电子形成的这种结构叫做晶格结构，这种结构被认为是最坚固最稳定的原子结构。

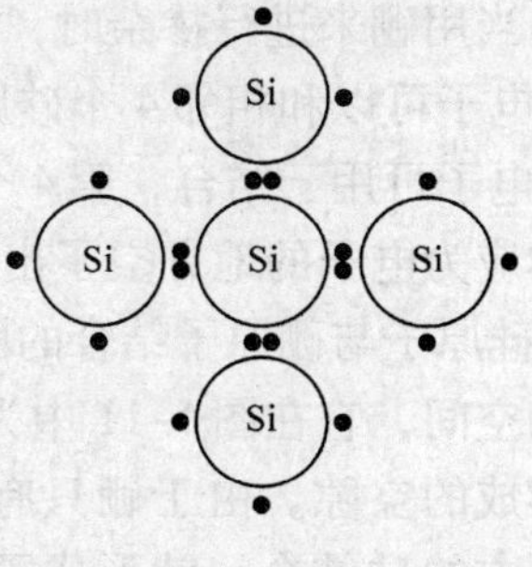

图5-9 硅原子结合成晶格结构

下一步我们将研究硅晶体掺杂，使其成为P型或者N型材料的过程。

5.7 N型材料——硅中掺入磷或砷

硅与其他材料进行掺杂，得到用来制造光伏电池的N型材料或P型材料。当硅材料和N型硅P型材料相掺杂，得到太阳能光伏电池，它能够在材料内部将太阳能转化为电能。

N型硅材料是掺杂（与有4个价电子的硅混合）比硅原子多1个价电子的材料。有5个价电子的元素的代表是磷和砷，它们在元素周期表中5A列（第5族元素）。

由于只有4个电子需要与相邻的4个硅原子结合，第5个价电子用来导电。

磷和砷有5个价电子。当他们与硅原子结合，会有4个价电子结合，从而得到N型材料。N型材料如此命名的原因是它额外的那个电子带的是负电荷。图5-10给出了4个硅原子与砷原子相结合的过程。这种组合建立了晶格结构。每个硅原子像与硅原子结合那样，贡献出来1个价电子，与砷原子的价电子相结合。由于砷原子有5个价电子，有1个电子不会配对，将从原子中游离出来，这种电子称为自由电子，它可以以最小的能量传导电流。由于这种新材料的自由电子带的是负电荷，也就叫做N型材料。

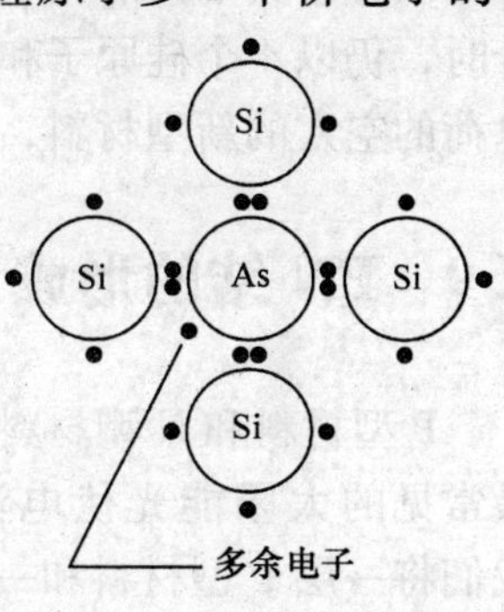

图5-10 4个硅原子和1个砷原子结合形成N型材料

5.8 P型材料——硅中掺入硼

P型材料掺杂（混合）至少比硅原子少1个价电子的物质。元素周期表中第3族的元素含有3个价电子（见图5-5）。第3族代表元素为硼（B）、镓（Ga）和铟（In），常在掺杂过程中使用。

当用硼来进行掺杂时，因为硼原子比硅原子少1个电子（3个价电子），只有3个电子可以和相邻4个硅原子的电子结合。由于只有3个电子可用于结合，第4个电子没有配对的电子，这个本应为电子的地方空了出来，叫做空穴。图5-11是4个硅原子与硼原子结合的图。空穴是第4个电子该配对的空间，它在图5-11中为标出的最下方的硅原子与硼形成的空隙。由于硼只有3个价电子，没有电子与最下方的硅结合，就形成了该空穴。关于空穴最重要的一点是，它可以吸引附近的任何电子来填补空穴，尤其电流形成时，电子会被其捕获。当发生这种情况时，电流中的电子填上了空穴，也就防止了电流的流动。这样的材料将像一个绝缘体，阻止电流的流过。同样重要的是理解当一个空穴被填满时，会创建另一个新的空穴，会捕获新的电子。

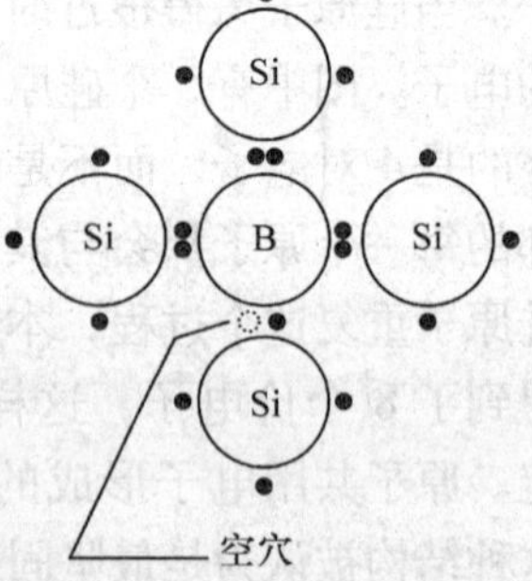

图5-11　4个硅原子和1个硼原子结合形成P型材料

硅硼结合形成的新材料，称为P型材料。因为它有1个空穴，代表1个正电荷。硼原子和硅原子形成的晶格如同硅原子和硅原子结合。由于空穴没有配对电子，没有带负电荷的电子填入，就相当于1个正电荷。当数百万硅原子和硼原子结合时，仍以4个硅原子和1个硼原子的形式结合。这种掺杂创建一种具有大量带正电荷的空穴的新型材料，这种材料被称为P型材料。

5.9　PN结的形成

P型材料和N型材料结合就形成了PN结。图5-12给出了一个典型的PN结。最常见的太阳能光伏电池是由PN结构成的。我们将一层P型材料和一层N型材料放置在一起，就可以得到最简单的PN结。但是，这并不是制造PN结的方法，制造PN结时，将N型的掺杂剂加入P型晶片中让其扩散，从而得到PN结，反之亦然。N型掺杂剂指的是专门为制造光伏电池而给硅中添入的N型材料。扩散指的是拥有较高浓度的空穴的P型材料和有较高浓度电子的N型材料逐渐相互混合的过程。

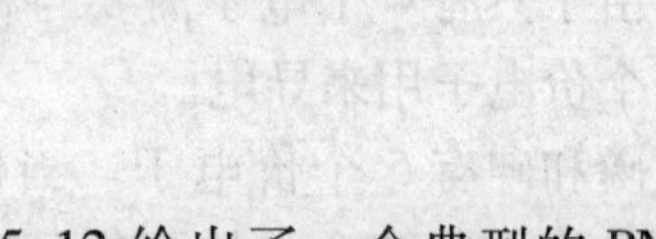

图5-12　P型材料和N型材料相连接

当把一块P型硅和一块N型硅结合，电子就会从电子浓度高的区域（N型侧）扩散至电子浓度低的区域（P型侧）。当电子扩散经过PN结时，就填补了P型侧的空穴。电子和空穴的扩散不会无限地持续下去，因为交界处两侧电荷聚集，并建立了一个电场。在电子和空穴扩散的整个交界处称为耗尽区，它不再包含任何自由电子或为载体的自由空穴。

5.10　PN结和负荷的连接

连接光伏电池N型侧和P型侧的部分被称为电极。当这些电极连接到外部负荷，也就是所谓的负荷电阻时，电极N型侧产生的及其交界处捕获来的电子会聚集在N型侧，这些电子会形成电流在导线中流通，并通过负荷电阻到达P型材料，构成整个回路。

图5-13为其等效电路，PN结相当于一个负荷电流源和一个二极管。二极管只允许电流在电路中沿着一个方向流动。电流的流动方向是箭头方向的反方向。负荷电流源用一个圆圈和一个朝上的箭头表示，旁边的二极管的图标是一个向下方向的开放的箭头。二极管的旁边并联的是 R_{SH}，它代表了PN节内部分流电阻。流过二极管内部的电流为 I_{SH}。电路图中最后一个电阻为内部串联电阻 R_S。图5-13中还确定了等效电路的正极和负极。

光伏电池的电气符号如图5-14所示。两个箭头指向圆圈指的是太阳光照射入光伏电池。光伏电池的正端是一个加号（+），表示组件的正极，负端是一个减号（-），表示组件的负极。

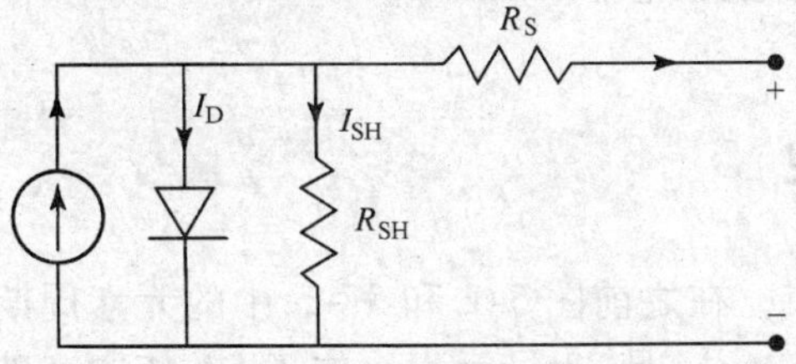

图5-13　光伏电池等效电路

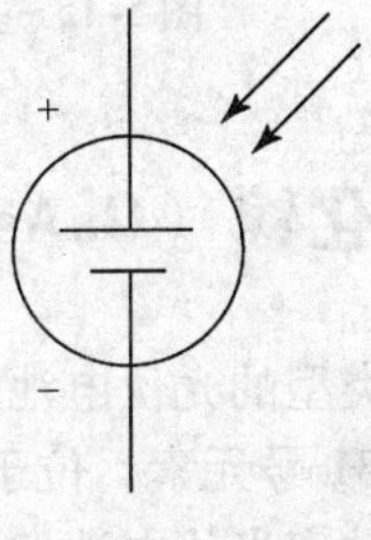

图5-14　光伏电池的电气符号

5.11　硅光伏电池的基本原理

部分来自太阳的能量以电磁波，也就是可见光波的形式到达地球。可见光到达PN结，使硅光伏电池表面发生一些反应。可见光的低能量光子通常会直接穿过硅光伏电池，而剩余的光子将被硅光伏电池吸收。当光子被吸收，其能量传给价电子带的电子，提供了足够的能量来激发N型材料的自由电子，使其移动到导电带，便可以在半导体内移动。导电带是指PN结中电子从电子层中释放出来后的区域。当电子从电子层中释放到导电带，就可以自由移动形成电流。图5-15为光子到达光伏电池的N型侧，并流向电流流出的地方（负荷）或电网、电池，然后再流回其P型侧，形成回路。光伏电池中的电流是直流电。

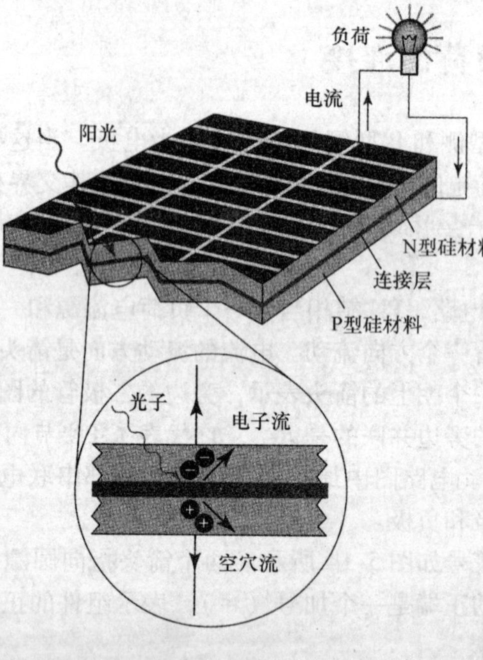

图 5-15　太阳光照射光伏电池形成电流（RESLAB）

5.12　砷化镓（GaAs）光伏电池

另一种类型的光伏电池是由镓和砷构成，在之前图 5-2 和 5－5 中的元素周期表中，镓为 31 号元素，位于 3A 族中。砷（As）是 33 号元素，位于 5A 族中。砷化镓用于高效率光伏电池的生产，它往往应用于空间集中的光伏发电系统，集中太阳能照射时其效率可达 25%～28%。特殊型电池在阳光集中照射时效率都可达 30% 以上，集中阳光照射时可达到标准光的强度的百倍。

砷化镓是比硅更优异的用于生产高效光伏电池的材料。

砷和镓是理想的单结太阳能光伏电池材料，砷与镓 PN 结的能量间隙比硅要小很多。能量间隙是指电子进入导电区所需的能量的大小，它越小，效率就越高。砷化镓光伏电池和硅光伏电池对热都不敏感。当阳光照射硅光电池时，不仅吸收了光能，还吸收了阳光中的热能，热导致电池效率降低，因为它减少了电池电压输出，并随着时间的推移热量积聚在电池中，降低了电池硅 PN 结材料的将光转换成电能的能力。

另外需要了解的是，发出同样多的电时，所需要的砷化镓材料远远少于硅材料。例如，砷化镓电池大约只有 1～2μm 厚，而硅光伏电池约 100μm 厚。这意味着发出等量的电时，需要的硅约为砷化镓的 100 倍。由于砷化镓较为稀少昂贵，砷化镓电池主要用于空间应用，例如国际空间站的太空飞船（ISS）等。

硅光伏电池和砷化镓电池之间的另一个区别是砷化镓 PN 结形成的方式。硅光电池 PN 结是给 P 型硅片顶部加入 N 型硅材料。当制造砷化镓光伏电池时，所有部件都是由单晶硅一层一层排列起来的。每增加一层时，掺杂形成 PN 结电池其他性能也可以被控制。

5.13　碲化镉（CdTe）光伏电池

另一种类型的光伏电池材料是碲化镉（CdTe）。回顾之前的周期表，如图 5-2，镉元素为48 号元素，位于2B 列，这意味着它的最外层有两个电子。碲化物来自元素碲，碲元素为52 号元素，位于6A 族，价电子层有6 个电子。碲化镉制造过程是指将他们沉积或溅射在一种薄膜材料上。薄膜材料可以符合各种相匹配的不同曲率的光伏电池安装。这是光伏应用的一种很有前途的低成本解决方案。这种技术正处于起步阶段，许多人认为这种材料不久以后将会有一个低成本优势，并有其灵活性的优势。

镉的主要缺点是它是一种有毒物质。它的生产过程必须严格控制，保证实验室技术人员不会接触到它。一旦被制成光伏电池，镉会变稳定，处理它和处理镍镉电池（NiCad）一样，并不会对人类构成威胁。碲化镉光伏电池的效率约为 8%，但因为它降低了制造成本，所以很有竞争力。这意味着要发出同样多的直流电，碲化镉电池将要比硅光伏电池多安装一倍。但碲化镉的制造成本要低得多，每瓦特直流电发电的最终成本将略少于硅光电池。

图 5-16 为碲化镉光伏电池的生产材料。该材料后接点在图中为最顶部，下一层为 P 型碲化镉材料，再下一层的材料是 N 型的硫化镉（CdS），也就是一种镉和硫的化合物。底层为氧化锡（SnO_2）直接放置在玻璃基板上。玻璃基板允许光线穿过，到达碲化镉（CdTe）光伏材料，使电子成为自由电子从而形成电流。

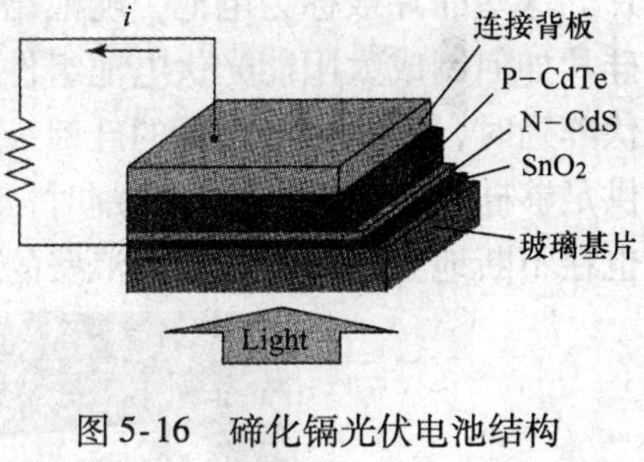

图 5-16　碲化镉光伏电池结构

5.14　铜、铟、镓、硒太阳能光伏电池

另一种光伏电池是由铜、铟、镓和硒构成的。铜是第 29 号元素，位于 1B 族；铟为 49 号元素，位于 3A 族；镓为 31 号元素，位于 3A 族；硒为 34 号元素，位于 6A 族。这些元素化合得到光伏电池，即所谓的 $CuInGaSe_2$。图 5-17 为此光伏电池。光伏电池顶层是镍（Ni）和铝（Al）。第二层是由氧化锌（ZnO）和铝（Al），还

有氧化锌（ZnO）和碘（I）构成。再下一层是N型硫化镉（CdS）制成。与P型的铜铟镓硒（$CuInGaSe_2$）。最后两层是钼（Mo）和玻璃，玻璃是最外层。电池正极连接到钼层，负极连接到顶层的镍铝层（Ni/Al）。

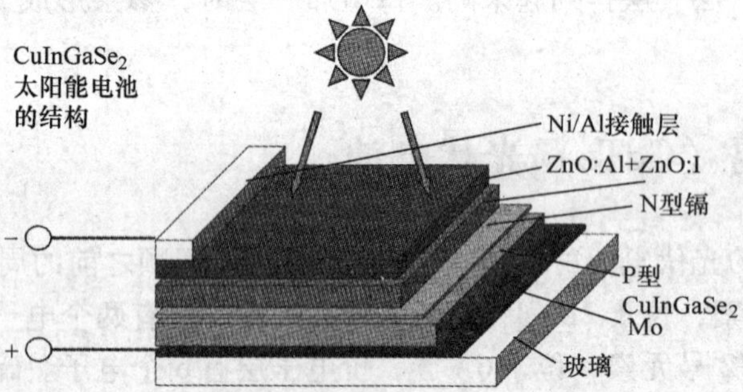

图5-17 铜、铟、镓、硒化物组成的太阳能电池

这种类型的光伏电池应用薄膜材料，效率可达17%。该材料为一种新型光伏电池，但电池过于复杂，造成一些制造问题，增加了生产成本。

5.15 光伏电池中硅的大规模生产

硅光伏电池需要大规模生产硅锭。图5-18为类型和大小不同的两种硅锭。将P型材料和N型材料掺到一起可以得到硅锭。硅锭制好后，用精确的计算机数控加工系统（CNC）将其切成薄片，就得到了硅晶片。图5-19为从硅锭切割出来的硅晶片。这些晶片被称为电池，电池结合在一起就成为光伏电池组件。图5-20为单个硅片如何制成太阳能光伏电池组件，而组件又如何成为太阳能光伏阵列的。生产光伏阵列时，需要生产大量的硅锭，给太阳能光伏电池组件和太阳能光伏电池阵列提供足够硅片。目前在硅片切割时，仍存在原材料浪费的现象，计算机数控加工系统也在不断地完善中，切割中浪费的材料可以进行重复利用。

图5-18 硅锭

图5-19 从硅锭上切下的硅晶片（来自 Silfex）

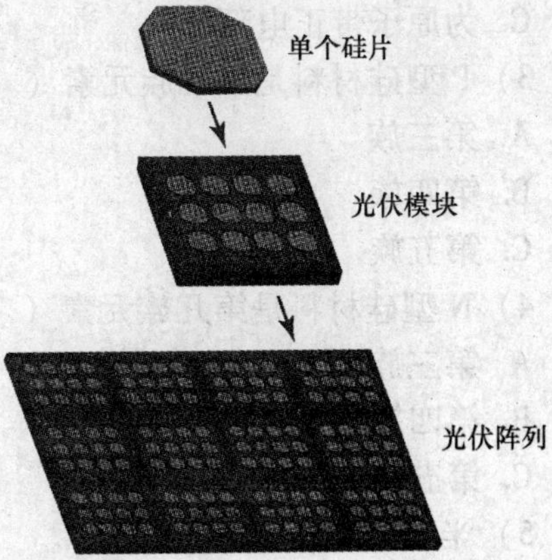

图5-20 单个硅片经组合可成为光伏模块和光伏阵列

课后习题

1. 简答题

1）解释价电子、价电层。

2）区分原子的电子、中子和电子并说出每种粒子的极性。

3）解释 P 型材料如何由两种材料结合而成。

4）解释 N 型材料如何由两种材料结合而成。

5）解释 PV 电池是如何由 P 型材料和 N 型材料掺杂而成。

6）找出元素周期表中的导体元素。

7）找出元素周期表中的绝缘体元素。

8）找出元素周期表中的半导体元素。

9）解释当光照射在 PN 结上时，直流电流是如何形成的。

10）画出 PV 电池结构图，指出电池各层。并解释电池哪层吸收太阳光，引起了直流电流的流动。

2. 多项选择题

1）电子带有（　　）。

A. 正电荷

B. 负电荷

C. 中性电子

2）电子（　　）。

A. 在某一轨道围绕质子旋转

B. 是原子核的一部分，中子围绕其旋转

C. 为原子带正电部分

3）P 型硅材料是第几族元素（　　）。

A. 第三族

B. 第四族

C. 第五族

4）N 型硅材料是第几族元素（　　）。

A. 第三族

B. 第四族

C. 第五族

5）半导体材料有（　　）。

A. 3 个价电子

B. 4 个价电子

C. 5 个价电子

第 6 章　太阳电池板的构建

本章学习目标

读完本章你将能够：

- 解释制造太阳能硅板的步骤。
- 解释制造太阳能薄膜板的步骤。
- 了解太阳电池板参数表信息。
- 了解太阳电池板的基本测试标准。

本章关键词

背膜材料	太阳电池板
电缆连接器	串列
乙烯醋酸乙烯酯	技术参数表
材料框架	钢化玻璃
接线盒	

本章概述

本章介绍如何将不同类型的光伏电池组合成光伏板。在上一章中我们学习了固态材料是怎样构成不同种类的光伏电池的。本章中我们将学习如何将不同类型的电池组合成串列，如何再将电池串列组成安装在发电场中的光伏板。本章还将介绍如何组装几种最常用的光伏板。因为每种光伏板所用的材料和应用的范围不同，所以它们的组装方式也有细微的差距。

本章还将介绍传统光伏板技术参数表的详细信息，解释这些参数在光伏板安装时的作用。第 11 章将详细介绍屋顶光伏板和地面太阳能系统的光伏板的安装细节。本章将提供详细的光伏板安装流程图，以及之后的联合接线。

6.1　光伏板的测试标准

国际电工组织的光伏板国际标准 61215 与光伏板所使用的多晶硅的种类有关。相关的设计资质和可靠性测试被用在多种光伏板的制造标准中。传统的光伏板测试系属范畴列在表 6-1 中。IEC 的测试表格可以从 IEC 的标准中查找到。IEC 的标准可在 IEC 网站 http：//www. iec. ch/上购买。

表 6-1 光伏组件的一般测试标准

目视检查
最大功率设定
绝缘测试
温度相关度测量
额定电池温度测量
STC 和额定电池温度时的性能
户外暴露测试
热临界点耐受力测试
紫外线预处理测试
热循环测试
潮湿度 - 冰冻实验
湿热测试
鲁棒性和中止运行测试
湿极漏电流测试
机械性负荷测试
冰雹测试
旁路二极管热测试

在 IEC 协议中，每一项测试都有一套完整的标准。第一组测试为光伏板外观测试。中间的一组测试确定了光伏板能够承受的紫外线强度。还有一些测试则确定了光伏板的极限温度、湿度以及雨雪等造成的潮湿、冰冻。热潮湿度测试确定了光伏板在潮湿环境下被加热时的耐受能力。其他的一些测试则检验了终端连接器和它们在各种条件下的耐受能力，包括检查终端连接器在潮湿状态下的电流损失情况。机械重力测试则用来确定在光伏板顶玻璃能够承载多少的重量而不破损。冰雹测试则可以确定光伏板对不同大小的冰雹撞击的耐受程度。最终测试为旁路二极管的热测试，旁路二极管能够在不同种类的光伏板的不同的输出电压所产生的旁路过电流时对电池进行保护。在美国以及其他的一些国家，光伏板进入市场前还有一些其他的测试和标准需要完成。读者可以通过互联网查询到当地对于光伏板的标准要求。

6.2 制造坚固的光伏板框架

这一节将要介绍如何建造坚固的光伏板框架。图 6-1 为可用于安装的传统光伏板外观。图 6-2 中的 a ~ h 是光伏板的分层结构示意图。接下来将要介绍的是如何将不同的分层结构组装成为光伏板。

6.2.1 钢化玻璃

图6-2中的最顶端的部分为钢化玻璃（标为a），它保护了整块光伏板及其所有其他组成部分。钢化玻璃主要的作用是保护光伏板，使其在接收到太阳光的同时不受外界的雨雪、污秽或其他对光伏板工作不利的物质的影响。钢化玻璃相当的坚固，能够承受冰雹和其他碎片的撞击，但对于过大的物体撞击，钢化玻璃仍有可能发生脆裂。钢化玻璃脆裂后将产生缝隙，因此光伏板的内部将不能保持干燥，当水分凝结后光伏板将出现损坏。经过一段时间后，钢化玻璃的表面有可能积累灰尘，因此要对其进行定期清理，使其工作在正常状态。通常雨水便能够有效地对灰尘进行清理。在降雨较少的地区，清洁人员必须定期对钢化玻璃进行除尘处理。

图6-1 待安装的完整光伏电池板（来自NREL和美国能源部）

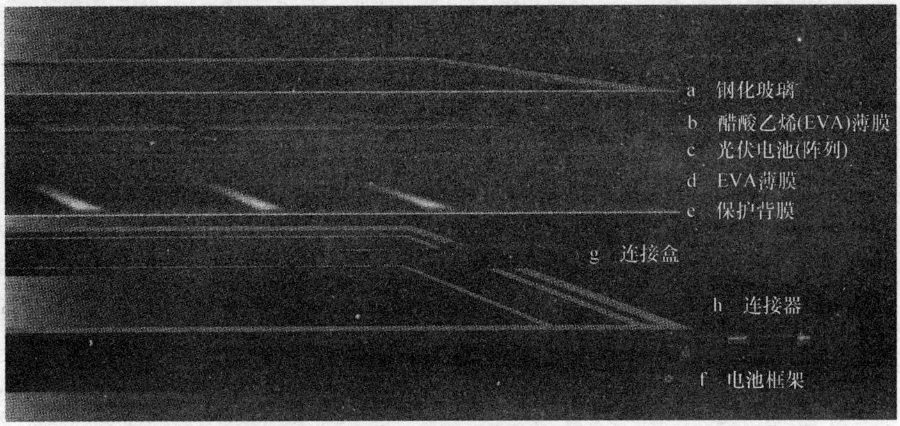

图6-2 光伏板的分层结构示意图

a—钢化玻璃 b—醋酸乙烯（EVA）薄膜 c—光伏电池（阵列） d—EVA薄膜 e—保护背膜 f—电池框架 g—连接盒 h—连接器

新型光伏板的钢化玻璃不含铈元素，使得钢化玻璃具有良好的通透性。通透性对于光伏板是十分重要的参数，通透性高的玻璃能使更多的阳光到达电池中。这种玻璃使得光伏板具有更高的功率转换率。在玻璃中加入铈元素，最初的目的是为了使窗户能够抵挡紫外线，但是在光伏板的玻璃中，铈元素的存在会使玻璃易脆和变色，阻挡一些太阳的能量通过玻璃传入电池。钢化玻璃表面可以添加一种防反射的材料，它可以减少因反射而造成的能量损失，因此能让能量转换率上升。当过量的太阳光从光伏板的表面被反射时，太阳能转化为电能的效率会降低。

6.2.2 乙烯酯酸乙烯酯（EVA）材料

接下来要介绍的光伏板材料由两层乙烯醋酸乙烯酯（EVA）组成，EVA 材料由一层透明的醋酸乙烯构成，它密实地压在光伏阵列的四周，防止潮湿和一些有害物质的侵入。在图 6-2 中，EVA 材料为“b”和“d”，两层 EVA 材料将光伏阵列紧密地覆盖起来。在制造过程中，光伏电池被两层的 EVA 材料紧紧包裹。

6.2.3 光伏电池（阵列）

第 5 章中我们已经学习过单个光伏电池是由半导体的 PN 结材料组合而成的。将单个电池进行阵列组合后形成更大面积的片状电池阵列，然后组成太阳能光伏板。如图 6-2 中“c”所示。当阳光照射在电池板上时，每个阵列都能产生相应的额定电压。这时候，在生产过程中，光伏阵列也应当有正负极。片状光伏阵列的尺寸应当和钢化玻璃大小一致，便于封装。此后，将线缆的相应接头连接至光伏阵列的正负极上，再将 EVA 材料覆盖在电池的正反面。当光伏阵列被 EVA 材料封装好后，便相当于在光伏电池上形成了保护膜。

6.2.4 保护背膜

之后将由 EVA 封装好的电池阵列安置在暗色的聚对苯二甲酸乙二醇酯（PET）保护材料上，见图 6-2e，为其上物体提供支撑。这种材料的作用是保护电池阵列免受光伏电池安装过程中的碰撞和刮擦。小心操作对光伏板十分重要，在安装过程中要尽量避免保护背膜受损。

6.2.5 电池框架

光伏板的框架结构由高强度的铝合金制成，见图 6-2f。它将光伏电池的所有组件封装在其中。由于铝合金强度高且质量轻，因此作为框架材料被使用。此外铝合金的框架上还含有支架孔，以便于之后安放支撑光伏板的托架及其他硬件。光伏电池的所有组件封装组装完成以后，最后将铝制框架安装在光伏板上以覆盖其四周。框架可以是长条形的，也可以分成独立四条，使得每边都有一条。长条形的框架沿着电池四周安装，最终汇集在一点上。四条独立的框架则最后需要通过焊接或其他方式保证稳固安装。

6.2.6 连接盒

连接盒在光伏板中的位置见图 6-2g，光伏阵列的正负极间连接盒中，连接盒的作用是使光伏阵列的正负极连接起来，最后将光伏板连接在一起。光伏电池的正负极弯曲 90°，使他们超出光伏阵列的表面。连接盒被封装好以后被直接装配在电极之上，使用胶黏剂和密封剂密封，使其免受潮湿的影响。正负极端子可以通过焊接的方式与光伏阵列和线缆连接在一起。在正负极之间加入二极管，也就是旁路二极管，如果电池出现功率供应不足的情况，旁路二极管投入，将此电池旁路。如果这个功率不足的电池没有被旁路，那么因为电池是串联的，因此整个电路都要被切断。旁路电容需要通过 IEC61215 第二版标准的热测试。

在线缆连接好之后，通常连接盒需要被灌封，防止水分进入连接盒。灌封材料需要将连接盒灌满，保证连接盒的干燥。图 6-3 是连接盒的示意图。连接盒体由金属保护盖、树脂保护盖，以及金属保护盖构成。这样的构造保证了光伏阵列和线缆的可靠连接。

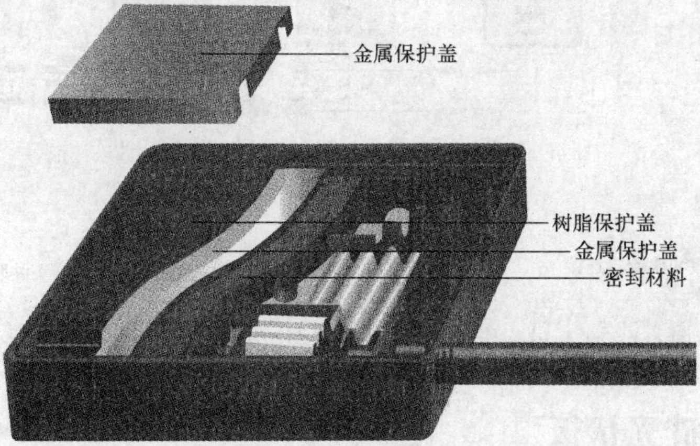

图 6-3　太阳能板连接盒

6.2.7　连接器

MC4 连接器如图 6-2h 所示。图 6-4 为连接器示意图。连接器的两端分别称为公端和母端，公端与母端可以相互连接在一起。一般情况下公端由光伏电池的正极引出，负极则引出光伏电池的母端。当公端和母端的插头连接时光伏板正负极依次相接，两个光伏板便串联在一起了。多接口连接器也可以将多个光伏板连接在一起。图 6-5 所示即说明了光伏板是如何以串联或并联的形式与连接器相连的。

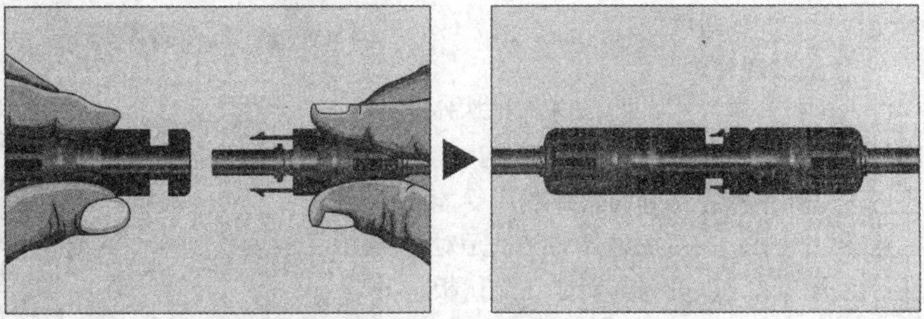

图 6-4　公端的插头和光伏板正极相连示意图

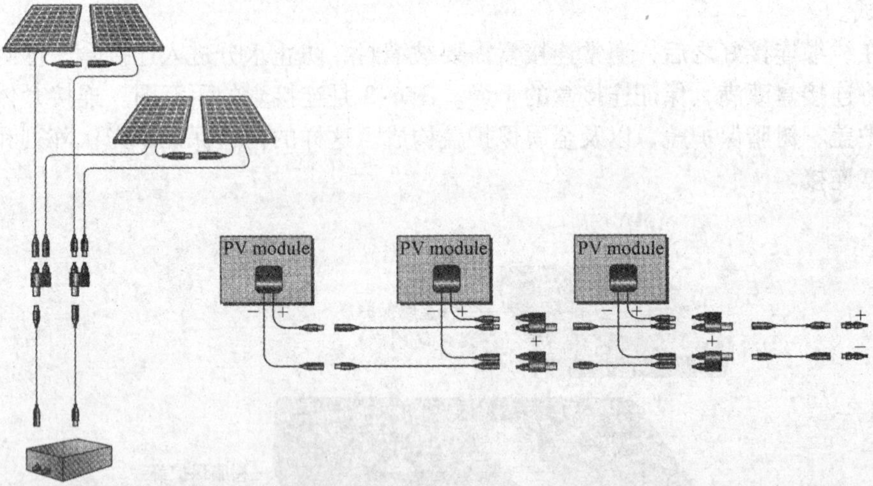

太阳电池板和换流器连接　　　太阳电池板通过分接接头并联

图 6-5　光伏电池串联和并联的方式（连接器起主要连接作用）

6.3　多晶硅光伏板

多晶硅光伏板的制造过程是相对来说比较简单的多步骤工艺。为了保证光电转换的高效性，某些制造厂商在制造过程中加入了一些额外的步骤。为了让光伏电池保持很高的寿命，在装配中加入一些材料。本节将介绍制造高质量多晶硅光伏板的自动生产步骤。一些企业使用机器人或者其他的自动化设备将各元件组合形成光伏板。而一些小型企业仍采用纯手工组装。图 6-6、图 6-7 所示为光伏板装配的过程。

图 6-6　不同装配状态的光伏板

6.3.1　光伏板玻璃材料

建造光伏板的第一步是选择覆盖在其外的玻璃材料。玻璃覆盖材料应能使阳光最大幅度地通过，并且拥有良好的紫外线耐受能力。在建造过程中，一项很重要的测试是对玻璃进行耐压测试，以确保其能撑住光伏板的外层覆盖。在大部分的自动生产过程中，机器人将每块玻璃抽取出来一一测试。当达到耐压标准后，玻璃材料将被送至清洁车间。清洁后的玻璃材料具有抗菌能力，防止玻璃材料与光伏板之间的细菌滋生。某些制造厂商还将紫外线保护液体或者其他紫外线保护材料加入其中，紫外线的防护是光伏板在太阳光长时间照射下正常必须要解决的问题。图 6-8 所示为光伏板前期制造过程。

图 6-7　装配阶段的光伏板
（来自 Schott Solar PV Inc.）

图 6-8　生产初期的太阳电池板
（来自 First Solar，Inc.）

6.3.2　加装介质膜

下一步便是加装介质膜。介质膜是一种透明的薄膜。介质膜可以通过机器人或者通过手工安装。在自动化过程中，薄膜被裁剪成特定的大小，之后机器人利用吸力盘将其覆盖安装完成。组装过程中，机器人将卷起的薄膜拉出并剪裁至特定大小。在手工操作过程中，技术人员将薄膜拉出，并用分切刀片裁剪至特定大小。再将薄膜准确地覆盖安装在玻璃上。这层薄膜能够保证玻璃材料与光伏电池之间的最大程度的“交流”。因此能够保证光能到光伏电池最有效的转换。

6.3.3　将光伏电池级联

在此过程中，将光伏电池级联，形成一张光伏薄板，光伏阵列是由光伏电池互联而成的，太阳光照射光伏板后转换成的电流可以很容易地通过光伏电池。组装过程中的所有组件都事先经过严格的测试。图 6-9 所示为技术人员检验光伏材料。

光伏阵列中所用的光伏电池与前几章中所讨论的一致。光伏薄板的大小与光伏板的尺寸应当一致。级联的光伏电池以模块特定标准生产，需要达到优质标准，从而使得光伏板能稳定工作。如采用全自动装配方式，在接下来的步骤中，机器人将用真空吸力盘完成安装。如采用手工方式安装，技术人员将手工选择光伏阵列，并把它们安装至正确的地方。如图 6-10 所示为待装配的多晶硅电池，图 6-11 为技术人员装配光伏电池。

图6-9 所有在生产过程中需要用到的材料都要先通过仔细的检查（来源同6-7）

图6-10 待装配的多晶硅电池（来源同6-7）

图6-11 技术人员装配光伏电池（来源同6-7）

6.3.4 安放

接下来要将已经焊接成阵列的电池准确地安放至已经覆盖好介质膜的玻璃材料上，这一步需要很高的精确性。如果安装过程是全自动的，每个阵列的组装都将由机器人或者自动安放装置完成。如果采用手动安装，那么技术人员必须保证安装过程的精确性。

6.3.5 总线安装

接下来是总线安装。安装总线的过程是将电气连接口焊接至光伏阵列上，以提供光伏板与外部连接的接口。光伏板的电气连接口是影响光伏板寿命的关键因素。总线的安装过程越好，光伏板的寿命也就越长。大部分的总线安装过程都是在先进的激光室中进行的，激光的作用是保证焊点的牢固。激光焊接保证了高准确度和高可靠度，因此在自动化的安装过程中，所有的焊接点都是由激光所完成的。

6.3.6 加装第二层介质膜

这一步要将第二层介质膜加装到光伏电池的背面。第二层薄膜的作用是保证电池良好的交联性。若采用手工安装，技术人员将薄膜材料铺装到光伏电池的背面。若采用自动安装，那么薄膜材料的铺装将由机器人完成。第二层介质膜的材料和第一层的相似处在于二者都为透明膜。当第二层的薄膜完成铺装后，便可以开始材料的压制过程。

6.3.7　压制

之前已经完成的模块在此过程中将被压制。压制过程中，电池、薄膜和钢化玻璃板在真空条件下装为一个固态单元。在真空条件下，组件将被薄膜封装好，所有气体将被排出。压制完成后，太阳能光伏电池、介质薄膜和钢化玻璃被组装在一起并抽出多余的气体。压制的过程保证了光伏板能够不受潮湿、灰尘以及其他恶劣条件的影响。压制的过程可以多台机器一起进行，以保证高产量。

6.3.8　检测

压制过程结束后，每个模块都要进行检查，以保证品质标准。质量检测人员检查所有压制完成的模块，查找出压制或安装过程中的瑕疵。在进入最后组装之前，所有含有瑕疵的模块都将被弃用。如图6-12所示为质量检测人员正在对光伏板进行检测。

图6-12　检测人员正在对光伏板进行检测（来源同6-8）

6.3.9　连接盒的安装

在完成了严格的检测之后，将要对光伏板进行连接盒的安装。连接盒被安置在光伏板电池正负极的连接点处。在全自动的安装过程中，由机器人将连接盒准确地放置在光伏电池正负极端。机器人将连接盒放置到工作台上，而后在盒底涂上密封胶，使盒底能够粘在组件上。在全自动的安装过程中，密封胶由机器释放出，粘附在连接盒基座上。密封胶的作用可以确保连接盒与模块表面紧紧相接，以免水分或湿气进入连接盒的电极终端。机器人将连接盒精确地放置在模块上，并施加一定的压力，使密封胶均匀分布。密封胶还可以使模块与连接盒的连接更加紧密。连接盒中的电子元件将在之后被安装。触点安装过程中，高性能的摄像机被用来保证高准确度。连接盒的基座被安装在模块的背面。在此过程中，触点可以被锻接或者焊接，现在最新的激光焊接也开始被应用在触点焊接中，激光焊接的准确度更高，保证触点的可靠连接。手工操作中，由技术人员完成以上的焊接过程。

6.3.10　框架

当连接盒的安装完成以后，装配过程就接近尾声了。安装过程的最后一步是在光伏板的四周安装铝合金框架。框架安装开始之前，要将模块的保护膜去除。通常在自动化的安装过程中，将由两个或者两个以上的机器人完成对每块光伏模块铝框架的安装，框架压制在光伏板边缘上，以保证框架在光伏板的使用过程中的稳固性。铝框架上还有螺纹孔和光伏板安装工具所需要的孔。对于光伏板应用环境不同，框架压制在光伏板边缘上的具体位置以及安装工具也将不同。

6.3.11　模拟太阳光测试

对光伏板的一个重要的测试便是模拟太阳光测试。每一块光伏板的性能曲线都将被测试和记录。另外还将对光伏板进行耐压能力测试，对光伏板照射一定量的太阳光，并对其产生的电压进行测量。本测试是为了保证安装完成后的光伏板在阳光照射下产生特定的直流功率。测试时光照是特定的，在很短的时间内测量光伏板的直流电流数值。在测试中产生的电流将会和额定电流相比较，只有达到或者超过额定电流的光伏板才能达到出厂条件。

6.3.12　运输

在光伏板的序列号、功率等级和其他的信息确认完成之后，便可以出厂了。如图6-13所示为技术工人对光伏板进行最终的检测，如图6-14所示为技术工人将参数指标贴纸粘附在光伏板上。技术指标贴纸含有光伏板的生产信息以及光伏板的序列号，通过序列号可以查询到光伏板的相关信息以及参数。不同的光伏板以功率等级的不同进行分类，良好的物流系统保证了运输费用以及在仓库中的储存费用达到最低。高品质的光伏板在运输至装配地点之前只在仓库中停留很短的一段时间。

图6-13　对完成的光伏板进行最后的检查（来源同6-7）

图6-14　技术人员将参数指标贴纸粘附在光伏板上（来源同6-7）

太阳电池板可以成堆叠放，有利于安全批量并长距离地运输到所需安装的地方，并且能减少运输成本。太阳电池板必须装在纸板集装箱中运输，以保证运输过程中不被损坏。

6.4　不定型硅薄板光伏电池

另一种光伏电池称为不定型硅薄板光伏电池。这种光伏电池和本章之前讨论的光伏电池不一样。如图 6-15 所示为这种电池的示意图，该电池由 13in 的材料制成，这种材料成卷销售，总长度为 2400ft。由于这种材料十分薄，因此可以安装在屋顶或者房屋侧顶。

图 6-15　典型的薄板光伏电池（来源同 6-1）

为了节省成本，该光伏电池成卷制造，并且采用单片整合的材料安放在塑料卷轴之上。塑料基板材料由耐用的聚合物构成，此种轻质材料使整片材料更轻，基板材料的厚度仅有 0.025mm。

如图 6-16 所示为薄板光伏材料的横截面特写。顶层材料采用的是允许光照通过的透明的导体。下一层材料为 PN 结，PN 结材料中间被绝缘体隔离。倒数第二层材料由金属触媒背膜构成，为 PN 结材料提供支撑。最后一层材料成为聚合物基板，它的作用是在保护电池材料的同时防止潮湿气体进入光伏板中。根据客户的要求，这层材料可以采用织物材料或者玻璃纤维。

光伏电池的材料采用不定型硅薄板材料作为太阳电池板的吸收层，这种太阳电池板所用的硅材料只有传统太阳电池板的 1%，因为这种太阳电池板采用 PN 结材料，因此不需要用到镉材料。光伏材料完全封装在允许阳光通过的耐用薄膜中。

这种太阳电池板只需在某一端加入连接，这样，减少了较短小太阳电池板之间每3～4ft的线缆和连接器数量。而且产生电功率的形式也与传统的并联太阳电池板一致。

如果需要安装得更坚固，则可将薄膜太阳电池板置于脊支持材料上，也可以制成类似于屋顶或屋侧的建筑材料。

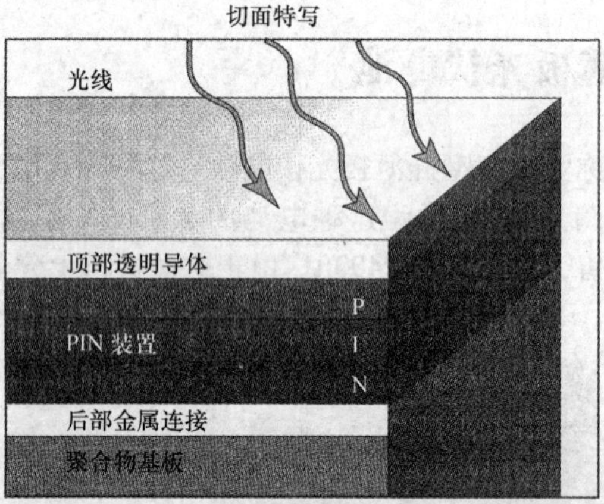

图 6-16 薄膜光伏材料切面图

6.5 杜邦光伏板的制造方法

太阳电池板由多部分组装完成，其中包括电气连接口的安装、模块的封装，以保证在雨水、雪花、大雾等特殊天气状态下的正常工作。

太阳电池板的基本组成元件是光伏电池，光伏电池可以由硅、镉或者其他半导体材料构成，他们的组成形式可以是单晶硅、多晶硅以及不定型光伏模块，单个的光伏电池一经生产出来，就连接成串。大多数的商业化模块由 36 或者 72 个电池构成。光伏电池的电气连接通常存在于半导体材料的表面，从表面上看像是金属网格。这样的构造使每个电池之间产生电气连接，从而由于光子打击光伏电池产生电压和电流。光伏电池的互联越薄越好，从而使电池能够被底层的 Tedlar 材料以及顶部的钢化玻璃包裹。如图 6-17 所示为杜邦公司生产的 Tedlar 材料，Tedlar 材料是一种弹性聚氟乙烯材料。

图 6-17 Tedlar 的聚氟乙烯薄膜作为持久耐用的 PV 模块背板具有很好的市场前景（来自 DuPont.）

这种表面材料通常采用低铁含量的钢化玻璃。还有一些采用特种材料的模块，即使用杜邦公司另外一种表面材料，例如 Tefzel 或者非钢化玻璃。

光伏电池阵列和玻璃材料之间采用EVA薄膜隔离，EVA薄膜覆盖在电池的底部，并将光伏材料封装在其之间。如图6-18所示的是一种传统的EVA材料。除了EVA之外，还采用聚乙烯醇缩丁醛树脂（PVB）材料，这种材料同样可以应用在挡风玻璃中，防止玻璃碎裂后碎片飞出。PVB材料通常被用于透明材料的封装，EVA材料则更多用于标准电池的封装。

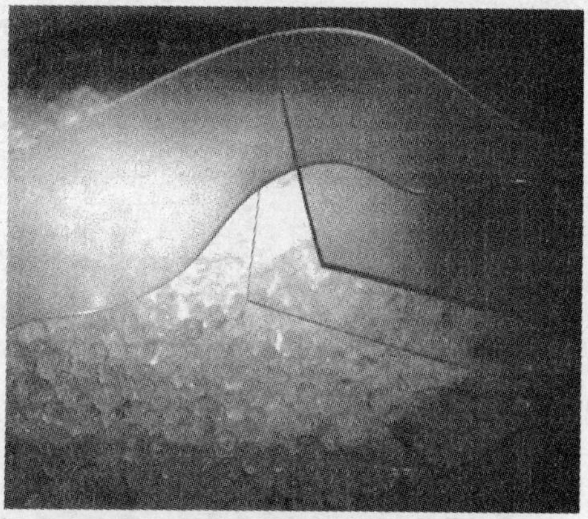

图6-18 弹性和刚性EVA薄板材料（来源同图6-17）

当所有的组件安装完成后，将其封装在框架中。通常框架材料采用铝、塑料或者不锈钢。框架材料必须十分坚固，以防止安装在屋顶或者顶端的光伏板被强风损坏或移动。此外，框架材料需要质轻，并且能抵抗各种恶劣的天气状况。

如图6-19所示为杜邦公司生产的两种不同的光伏板。图6-19的左端显示的是传统的单晶硅光伏板分层结构，右端则显示的是薄板光伏板的材料。杜邦公司所生产的光伏板所采用的都是自己生产的材料。分层的材料用A~F来表示。顶层材料称为前端材料，用字母A表示，前端材料为一种名为特富龙的透明薄板材料，它起着在一些光伏板中嵌入玻璃的作用。字母B表示的是EVA薄板材料，包裹在光伏电池的顶端和底部，使水分不进入电池板中。图中的两个字母B表示的是EVA材料。

字母C表示的是光伏电池在一层称为光伏金属的材料之上，杜邦公司的光伏电池采用晶体硅材料，结合成是Solamet阵列。

字母D表示的PV材料下层的薄膜，在杜邦公司光伏板中，称作Kapton，Kapton材料由聚酰亚胺构成。聚酰亚胺材料也是杜邦公司的一种作为封装的材料，和顶端的EVA材料一起将光伏板封装好，保证光伏材料不会因为潮湿而损坏。

连接盒之中的电气终端与光伏阵列相连，并且牢固地固定在光伏阵列上。连接盒在图中用字母E表示，连接盒中的线缆用来串联或者并联光伏板。光伏板的线缆连接至电池的正负极，因此直流功率即可从光伏板中传递至电气线路中。因此电池的输出即是换流器的输入端，换流器的作用是将直流电压转换为交流电压。制造连接盒的材料是一种称为RYNITE的PET塑料材料。PET由聚对苯二甲酸乙二醇酯构成，因为其强度高且耐热性能突出而被普遍采用。另外，当太阳能光伏电池被回收后，PET材料也能被一起回收。

如图6-19所示，传统的晶体硅光伏板中，连接盒是被安装在光伏板的底部的，而电气连接则是在光伏阵列的正负极以及连接盒的电气终端中。在薄板光伏电池中，连接盒与光伏阵列直接连接，电气连接位于光伏阵列的正负极终端中。

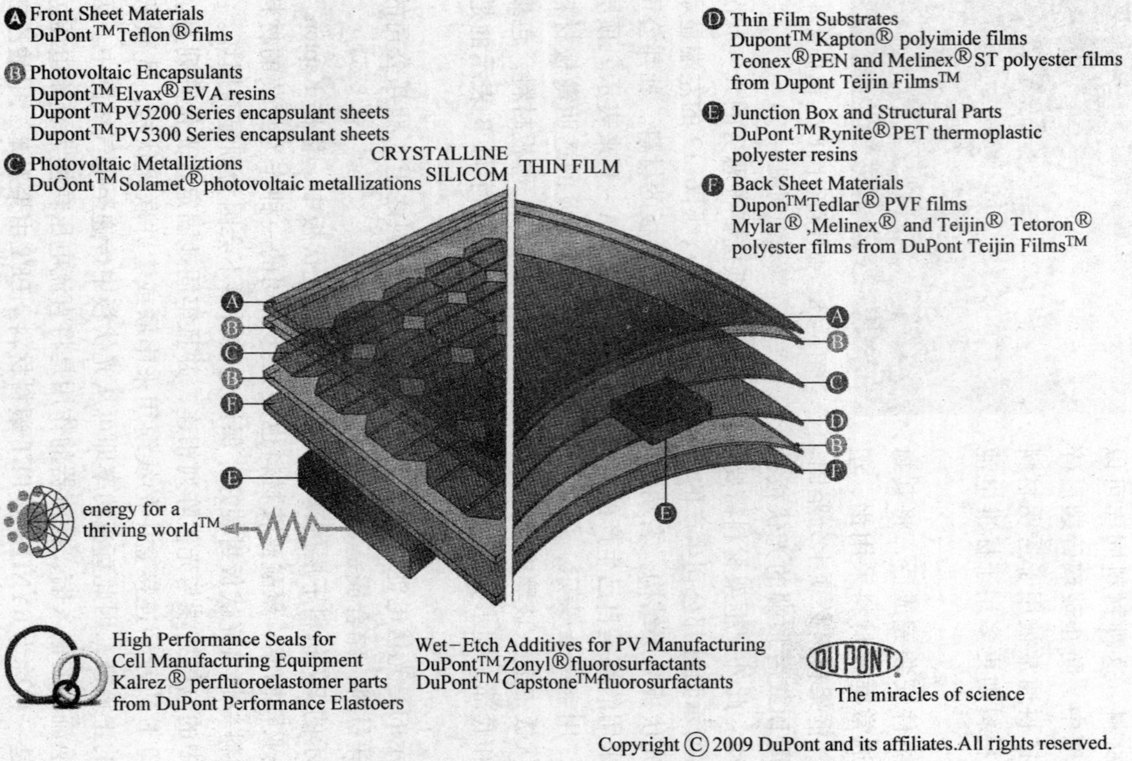

图 6-19　杜邦公司生产的两种不同的光伏板，分别是单晶硅光伏板和薄板光伏板的（来源同图 6-17）

最后一层材料称为阵列后保护层，采用的材料是杜邦公司的 TEDLAR PVF 薄膜材料，这种材料由 MYLAR、MELINEX 以及 TEIJIN TETORON 聚酯材料构成。这种产品由杜邦 TEIJIN 薄膜材料分支产品线构成。后保护层对光伏板的底层进行保护。对于薄板光伏板，后保护层对其他层材料也提供支撑保护。

薄膜材料的采用使其相对于传统光伏板来说更加柔韧。如图 6-20 所示为薄板光伏板，这种材料可以使其在任意形式的屋顶或其他表面进行安装，薄板材料可以是非常长的，因此不需要像传统的光伏板一样在每 3 ~ 4ft 便需要线缆连接，同时薄板材料的制造也比传统的多层结构的光伏板更便宜。但是，在效率方面，传统光伏板要高于薄板光伏板。

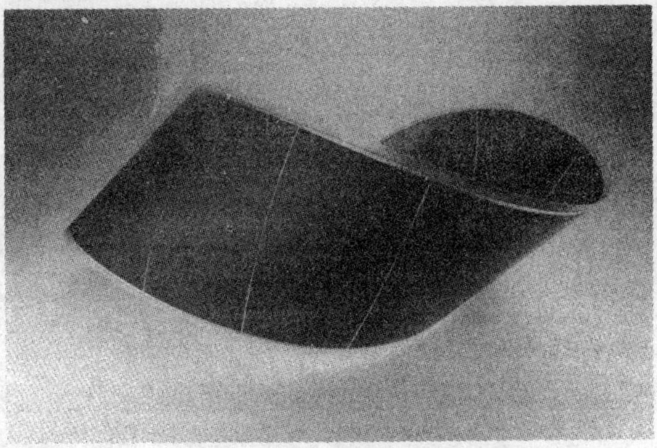

图 6-20　一种薄板光伏材料的示例（来源同 6-17）

6.6　技术参数表

光伏板制造完成后，技术参数信息附加在模块后方，与技术参数表一同寄往用户。参数表给出了所有详细的光伏板参数。最重要的参数例如峰值功率、短路电流、额定电流、空载电压、额定电压等的确定是建立在 $1000W/m^2$ 的光照强度之下，同时电池温度为 25℃，空气质量为 1.5。每一个光伏板的生产都应遵循此制造标准。

如图 6-21 所示为一张参数表示意图。是 SunPower 公司生产的 215 型光伏板的信息：

峰值功率：215W

额定电压：39.8V

额定电流：5.4A

空载电压：48.3V

短路电流：5.8A

系统电压峰值：1000V/600V

SUNPOWER

215 SOLAR PANEL

EXCEPTIONAL EFFICIENCY AND PERFORMANCE

Electrical Data

Mcasured of Stondord Test Conditions (STC):Irodionce of 1000/m², oir moss 1.5g,and cell temperoture 25℃

Peak Power(+/−5%)	Pmax	215W
Rated Voltage	Vmp	39.8V
Rated Current	Imp	5.40A
Open Circuit Voltage	Voc	48.3V
Short Circuit Current	Isc	5.80A
Maximum System Voltage	IEC,UL	1000V,600V
Temoerature Coefficients		
	Power	−0.38%/℃
	Voltage(Voc)	−136.8mV/℃
	Current(Isc)	3.5mA/℃
Series Fuse Rating		15A
Peak Power per Unit Area		173W/m², 16.1W/ft²
CEC PTC Rating		198.5W

IV Curve

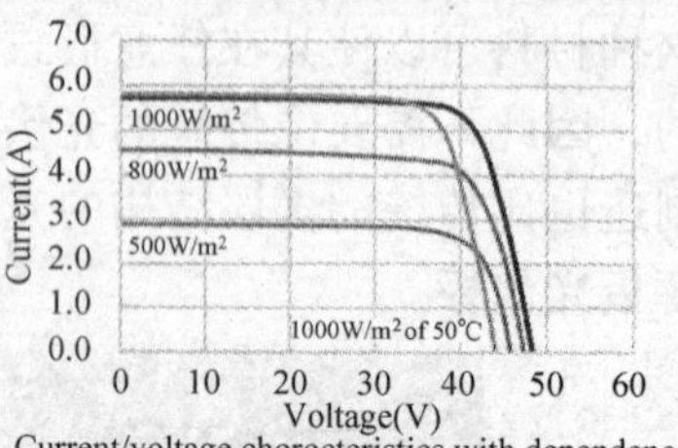

Current/voltage chorocteristics with dependence on irrodionce and module temperoture

Mechanical Data

Solar Cells	72 SunPower all−back contact monocrystalline
Front Glass	3.2mm (1/8 in) tempered
Junction Box	IP−65 rated with 3 bypass diodes
Output Cables	900mm length cable / Multi−Contact connectors
Frame	Anodized aluminum alloy lype 6063
Weight	15kg,33 lbs

Tested Operating Conditions

Temperature	−40℃to+85℃(−40°Fto+185°F)
Max load	50 psf (2400 Pascals) front and back
Impact Resistance	Hail−25mm (1 in) at 23 m/s (52 mph)

Warranty and Certifications

Warronty	25 year limited power warranty
	10 year limited product warranty
Certifications	IEC 61215,Safety tested IEC 61730; UL listed (UL 1703),Class C Fire Rating

Dimensions

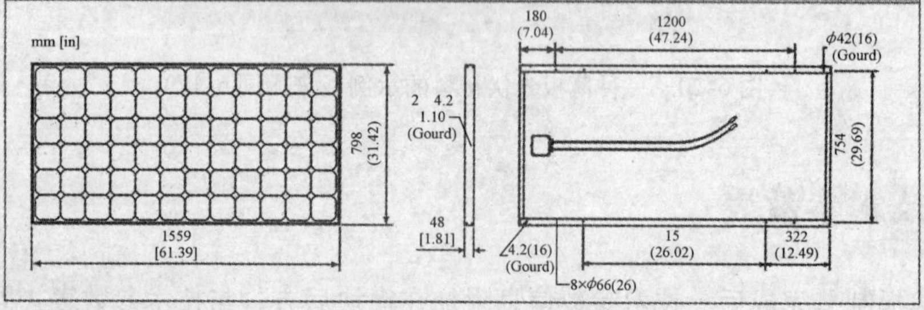

CAUTION:READ SAFETY AND INSTALLATION INSTRUCTIONS BEFORE USING THE PRODUCT.Go to www.sunpowercorp.com/panels for details

About SunPower

SunPower designs, manufactures and delivers high performance solar electric technology worldwide.Our high efficiency solar cells generate up to 50 percent more power than conventional solar cell.Our high performance solar panels,roof tiles and tracks deliver significantly more energy than competing systems.

Printed on recycled paper　　www.sunpowercorp.com　　Docunent #001 42024 Rav

图 6-21　SunPower 公司生产的 215 型光伏板的信息表（来自 Sun Power.）

6.7　其他类型光伏板的参数表

光伏板制造过程的一个环节便是制造参数表。如表 6-2 所示的是两种日本三菱公司制造的典型的硅晶体光伏板参数。表格中的第一个参数为模块号和模块名。接下来的两组信息为电池型号和电池数量，这些信息给出了每块电池所能提供的功率和一块光伏板中电池的数量。从表 6-2 中可以看出最大的光伏板能提供的是 130W 的功率，较小的光伏板能提供 120W 的功率。

表 6-2 典型的硅晶体光伏板参数

光伏板名称	光伏板 1	光伏板 2
电池类型	多晶体结构	多晶体结构
电池数量	36 个串联	36 个串联
熔断率	15A（300V）	15A（300V）
短路电流（ISC）	8.4A	7.2A
开路电压（Voc）	22.1V	21.6V
最大功率	130W	120W
最大功率浮动范围	+10% ~5%	+10% ~5%
最大功率电压	17.3V	17.1V
最大功率电流	7.51A	7.32A
正常操作电池温度	47°	47°
系统最大电压	DC 1000V	DC 1000V
模块效率	12.4%	11.6%
规格	60×24×1.9in	60×24×1.9in
质量	28.2 磅	28.2 磅
包装	2 个/箱	2 个/箱

接下来的四组数据提供了系统电压与电流信息。信息包括开路电压、短路电流、最大功率电压、最大功率电流。以上的信息能够帮助设计人员确定光伏板的数量。通过将每个光伏板所能提供的电压相加，设计人员能够计算出将多少块光伏板进行串联连接，从而提供最大电压。额外的并联光伏板能够提供额外的电流。

下一行信息给出了光伏电池的操作温度，即电池工作在最大电压时的温度。当温度高于此操作温度时，设计人员就能从中得知电池不是在最大电压下工作，并且电池效率降低。

再下一行信息表示光伏电池所能接入的最大电压，这种光伏板的最大电压为 1000V 直流电压。在实际运行中，很有可能出现能量的反馈，因此知道光伏板对于电压的最大承受能力是很重要的。在美国，校正以后的最大电压限制为 600V，对于其他国家，最大电压限制为 1000V。

从光伏板中制造的一些信息能得出串接的光伏板需要加装一系列的保险额定值，熔丝的型号则需要被确定。串联电路连接中的熔丝能够有效地阻止线路中两个或更多光伏阵列短路形成的过电流对光伏阵列造成的冲击。过大的电流可能造成线路的熔断而造成火灾，对终端的连接造成损坏，对光伏板造成永久性的破坏。在任何情况下，无论是不是电池回馈的正常电流，只要电流超过 15A 额定值时熔丝就会熔断，保护光伏板不会受过电流的损坏。光伏模块的运行电流不能超过表 6-2 中所示的安培值。熔丝的作用是防止并联电路短路时的过电流流至电池阵列中。

接下来的两行给出了光伏板的尺寸信息，包括重量和长度。重量的单位是磅，在安装屋顶或需要支架的太阳能系统时，需要这些参数。

光伏板的信息有时还包括了输出端的连接形式，其他光伏板的输出端也应与此匹配，这样光伏板连接口的安装仅需手动连接即可。这些信息对于光伏板组合箱末端连接和其他光伏板接线终端接口也适用。

其他的文字信息提供了光伏板的运输信息，例如每个集装箱中装载了多少光伏板，以及光伏板的测试标准。例如，一种光伏板的测试标准采用的是 IEC 的 61215 第二版标准，承重能力是 2400Pa。不同生产厂商提供的附加信息也不同，但是运输过程所需要的数据是必须提供的。

课后习题

一、简答题

1）解释光伏板的制造过程。

2）解释薄板光伏板和传统光伏板的区别。

3）解释薄板光伏板的制造工序。

4）识别光伏板的制造参数表。

5）识别典型光伏板测试标准。

二、多项选择题

1）钢架光伏板的顶层材料是（　　）。

A. 背薄膜材料

B. 钢化玻璃

C. EVA 材料

D. 光伏电池阵列

2）钢架光伏板中用于密封和防止水分进入的材料是（　　）。

A. 背薄膜材料

B. 钢化玻璃

C. EVA 材料

D. 光伏电池阵列

3）哪些信息不存在于典型光伏板参数表中（　　）。

A. 峰值电压 $P_{max}=215W$

B. 额定电压 $V_{mp}=39.8V$

C. 额定电流 $I_{mp}=5.4A$

D. 光伏板造价

4）钢架光伏板底层采用什么材料（　　）。

A. 背薄膜材料

B. 钢化玻璃

C. EVA 材料

D. 光伏电池阵列

5）钢架光伏板中的连接盒有什么作用（　　）。

A. 提供光伏电池和线路直接的电气连接

B. 提供光伏电池锻压处的连接点

C. 提供光伏电池的玻璃层粘接处的连接点

第7章　太阳能电力：太阳能光伏发电系统的基本电气原理

本章学习目标

读完本章你将能够：

- 描述电压的概念。
- 说明电流的概念。
- 描述电阻的概念。
- 理解欧姆定律以及它是如何被用来计算电压、电阻和电流。
- 说明电路图的功能。
- 说明电气梯形图的功能。
- 说明为何并联电路中每条电路的电压都与电源电压相同。
- 说明符号 M、k、m 和 μ 的含义并例举其应用方法。
- 讨论带有负荷的串联开关的优势。
- 说明无限电阻的概念。
- 列举使用电阻表测量电阻时的两个注意事项。
- 说明为何在首次测量未知电压或电流时必须把电压计和电流计设定在最高数值。

本章关键词

线圈　开关	电流	熔丝		
熔丝断开	毫安	常闭	常开	开路
开式熔丝	开式开关	超负荷		
并联电路	电源电路	继电器		
串联电路	串并联电路	开关		
变压器	电压	电压骤降		

本章概述

作为一名技术人员，必须对电气学有着透彻的理解，这样才能够排解系统中如太阳电池板、开关和控制器等电力组件的故障。本章所介绍的电气学基础知识是研究更复杂电路的基础，无须任何电气学方面的知识铺垫，你也能够理解本章的内容。直流电是最易于理解的电力形式，故本章的许多例子将使用直流电。但交流电亦有其重要性，因为绝大多数民用和商用的电力组件和电路都带有使用交流电的设备，本章中的一些例子将会对交流电和直流电之间的差异给出相应解释。本章将在开篇中给出如电压、电流和阻力等基本术语的定义，并阐述其相互间的简单关系。

7.1　基础电气学和简单电路

将电学的基本术语与现实中的工作电路相联系，将有助于理解这些概念。例如，在居民区或商业区，太阳能加热设备的高炉鼓风机需要由电动机来驱动，而电动机的运转则源自电压和电流。电流即电子流，而电压则是促使电子流动的力量。当然，这仅仅是一个介绍，更多有关这些术语的细节将在本章的后续内容中给出。

图 7-1 展现了前文提到的电路。如图 7-1 中的 L1 和 N 所示，电压源为 110V。该电路中手动控制开关的作用在于开启和关闭电动机，当开关处在闭合状态时，电压和电流就会经过开关和电线通向电动机，当它们到达时，电动机的传动轴便开始运动。作为导体，电路中的电线不仅为电压和电流提供了路径，同时也伴随着少量对电流的阻抗，也就是所谓的电阻。

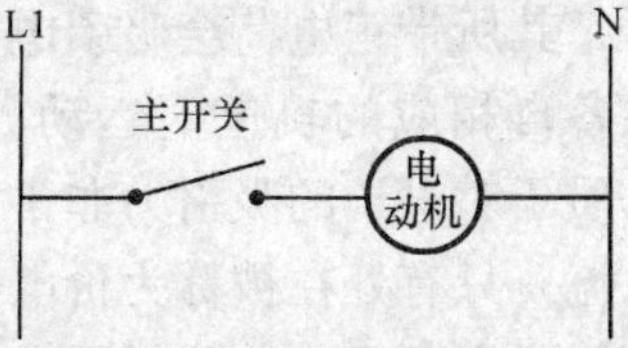

图 7-1　手动控制电动机的电路图

在电动机运行不久后，开关被断开，电压和电流无法再通过，电动机随即停止运转。当开关再次闭合，电压和电流也能再次通向电动机。

促使电动机传动轴运转的能量源被称作电源。电源被定义为电子流，一些读者或许还记得在前面的讨论中我们将电流也定义为电子流。实际上，在许多情况下，电源和电流这两个术语可以互换使用。电子是原子中的负电荷部分，而原子则是构成一切物质的基础。所有物质都可被分解为总计 118 种元素之一，而电力组件和电路中最常用到的两种元素，一种是用于制造电线的铜；另一种是用来制造电动机等设备中许多部件的铁。

想要就此对电力有所认识，你只需理解原子包含三个部分：带负电荷的电子、带正电荷的质子，以及不带电荷或带中性电荷的中子。如图 7-2所示的是一个最简单的原子，它带有一个电子、一个质子和一个中子。质子和中子处在原子中心被称为原子核的位置上，电子则在围绕原子核的轨道上运动，正如地球绕着太阳公转。

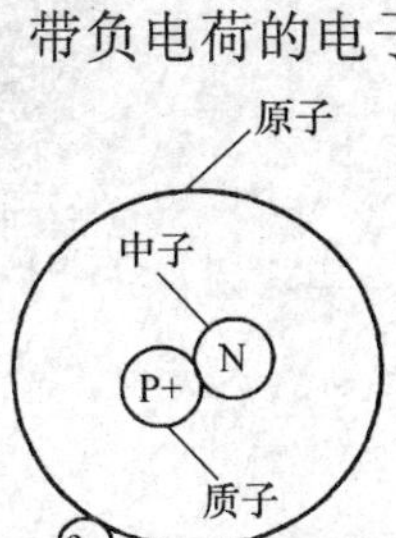

图 7-2　氢原子

由于电子带负电荷而质子带正电荷，两种电荷间的吸引力使得电子无法脱离环绕原子核的轨道，直到出现某种充足的能量，例如热、光或磁力将吸引力削弱，电子才变得能够自由流动。无论何时，只要一个电子脱离其围绕质子的轨道并且能够自由流动，电流就产生了。只有当电子脱离原子并能够流动的时候电流才会出现。促使电流产生的能量可以来自燃煤、核能反应或水电站坝。

图 7-2 中的原子是一个氢原子，它只带一个电子。在如图 7-1 所示的电路中，铜线为电流提供一个通向电动机的路径。作为最常被当作电路中导体的元素，铜原

子的研究非常重要。与氢原子不同，铜原子带有 29 个电子，而为电流提供路径的铜线则包含了无数的铜原子。

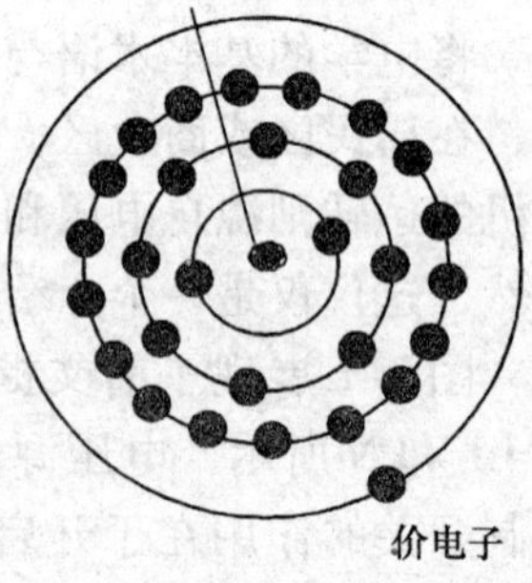

图 7-3　铜原子有 29 个电子

如图 7-3 所示的是带有 29 个电子的铜原子，价电层上有一个电子，电子脱离轨道可以产生电流，这些电子在一系列轨道上绕着原子核运动。由于数量太多，电子无法并存于同一条轨道上，因此铜原子有四条轨道，这些轨道被称作“层”。铜原子的原子核内含有 29 个质子，其所带正电荷会吸引电子所带的负电荷，使得电子在各自相应的轨道上运动。在最靠近原子核的三层中，质子对电子的吸引力非常强，电子无法脱离轨道形成电流。只有处在被称为价电子层的外层轨道的电子才有可能脱离原子，这些外层电子也被称为价电子。值得注意的是，铜离子的价电子层中只有 1 个电子。优良导体的价电子的数目往往都非常少，例如最佳导体之一的金，它只有 1 个价电子，而另一种优良导体银也只有 3 个价电子。在前面提到的电动机电路中，铜线中的铜离子得到了大量的电能（电压），其所提供的能量使得每 1 个铜原子的价电子脱离并开始自由流动，它们从 1 个原子移动到另 1 个原子，这种运动被称为电子流，更准确地说即电流。由于铜线中含有无数铜原子，以 3 个铜原子为例进行研究更易于理解。如图 7-4 所示的就是 3 个离子脱离单独铜原子的过程。图 7-4 中最右侧的价电子从轨道上脱离并形成空穴，左侧的电子通过一个个空穴向右移动，形成电流。

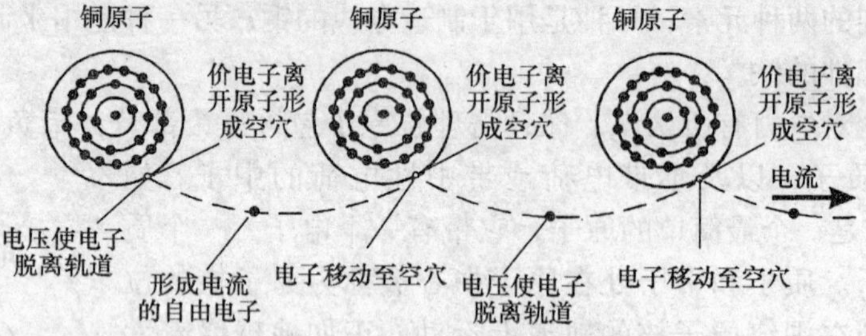

图 7-4　电压即可以使电子脱离轨道的外力

当电子脱离原子后，其原本所在的空间将形成一个空穴，这个空穴会吸引与之相邻原子的自由电子。虽然电压迫使电子运动，但每个电子运动的距离仅限于毗邻原子之间的空穴，这意味着电子是以在诸个原子的空穴间运动的方式通过导体的，就像汽车在高速公路上连环相撞一样。

7.1.1　例子：电路中的电压

如前所述，电压是迫使电子在电路中运动的力量。图 7-5 展示了两个完全相同的灯泡在带有不同电压的电路中的发光情况，可以发现与 12V 电池相连的灯泡明显比与 6V 电池相连的灯泡明亮。因为与 6V 电压相比，12V 电压能更有力地迫使电路中的电子运动，电压越高电流越大。

图7-1中电动机电路的电压是110V，其能量源自发电机，而发电机的传动轴则需由蒸汽之类的能源来推动，使用燃煤或核反应将水加热到沸点即可产生蒸汽。当然，发电机的传动轴也可由通过水电大坝的水流所产生的能量来驱动。在前述的灯泡电路中，电压来自电池。最初给电池充电时，电压就以化学能形式预先储存在电池中了。电路中电压越大，施加到电子上的能量就越大，所产生的电流也就越大，故电压的学名称为电动势（EMF）。

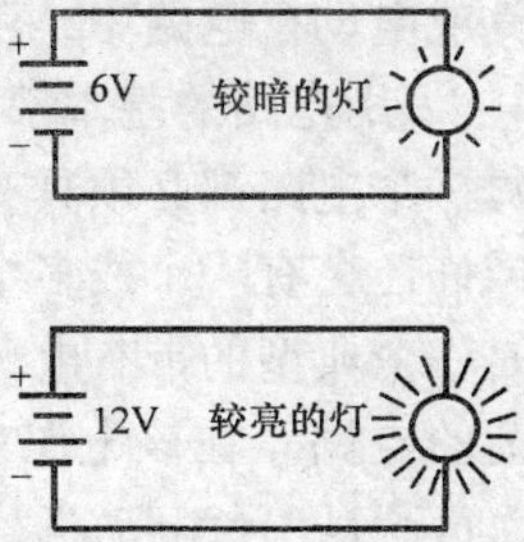

图7-5 两个完全相同的灯泡具有不同的电压，12V的灯泡比6V的更亮

7.1.2 例子：电路中的电流

任一时刻通过电路的实际电子数量是可以计算的，但那是一个很大的数字。电流的单位是安培，缩写为“amp”，1A相当于6.24×10^{18}个电子在1s内流经单位截面积。图7-6显示了相当于1A的流动电子数量，总计6.24×10^{18}个电子流经单位截面积即是1A。作为电流的单位，安培这一概念被广泛运用在电动机、泵、开关等一切电力设备中。

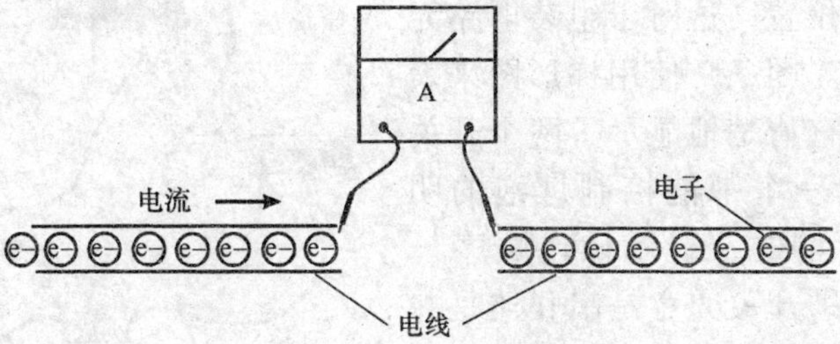

图7-6 电子通过测量点

7.1.3 例子：电路中的电阻

作为与电流相反的力量，电阻存在于用作导体的电线和包裹电线的绝缘层中，其单位是欧姆，记作Ω（代表“O”的大写希腊字母）。若一种物质的电阻很高，它就被视为绝缘体，反之则被视为导体。

低电阻对于导体来说是十分重要的，这样电子通过导体时就不需要很大的动力。相应的，包裹电线的绝缘层则必须有很高的电阻，以防电子从电线中漏向附近的另一条电线。绝缘层还防止电子从钻孔机或电锯上的电线中漏出，避免人们在使用这类手工工具时遭受电击。橡胶、塑料和空气都带有很高的电阻，可用作绝缘材料。

通过调整其数值，电路中的电阻也能够为人们服务。例如，焚化炉的加热元件被制成带有特定的电阻，如此一来电子就会在通过元件时将其加热。在决定灯泡灯丝的电阻时也引入了同样的理念，一个100W灯泡的灯丝带有接近100Ω的电阻——足以让电子在通过灯丝时剧烈运动，并将灯丝加热到发光的程度。在诸如加热元件或电动机电路中，用来转换能量的电阻被称作负荷。

7.1.4 识别电路的基本部分

每一个电路都必须具有①一个电源，②为电流提供路径的导体，③至少一个负荷，或许还会有一个或多个控制器。如图7-7所示的就是一个典型的带有电源、导体、控制器和可识别负荷的电路。在该电路中，电压源连接终端L1和N，负荷是一台电动机，而两根连接电动机与电压源的电线即是导线，手动开关即控制器，它控制着流向电动机的电流。工厂中更大的电路系统往往有不止一个负荷，例如多重传输机或多个液压泵。后续将对这些组件做更深入的学习。

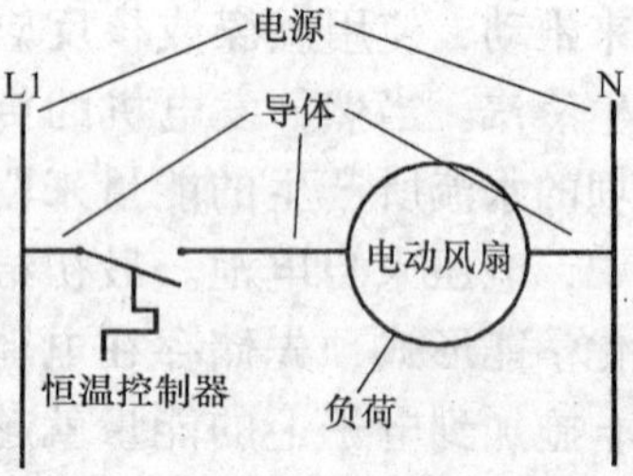

图7-7 电路的基本组成部分：电源、导体、控制器和负荷

7.1.5 线路图和梯形图

线路图和梯形图是电路的两种基本表现方法，前者就像照片一样呈现出电路图的实际状态，后者则显示所有元件的操作顺序。图7-8就是一个带有两个开关和一个灯泡的线路图，它有助于识别元件和终端在电控箱中的位置，这对于组装电路元件来说非常重要。图7-9使用梯形图来表现同一个电路，它清楚地显示了两个开关是并联的，任意一个都能控制灯泡的明暗，这也就是所谓的“显示操作顺序”。在线路图中，辨别开关究竟是串联还是并联很困难，但梯形图却直接显示了开关是如何操作的。线路图和梯形图各有各的优点，两者间的相互转换也十分容易，应根据不同情况选择不同的表现方法。

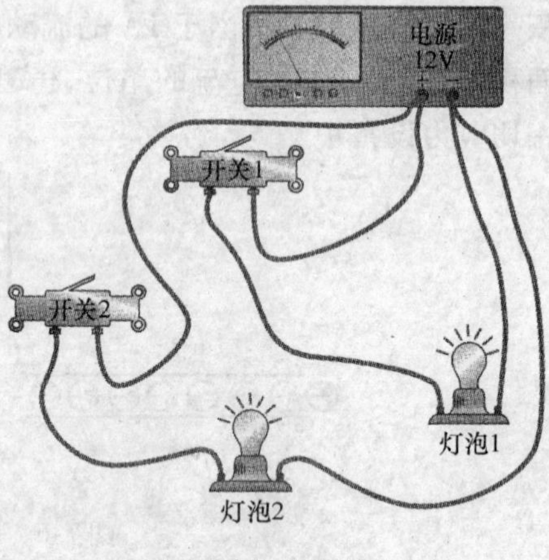

图7-8 两电路并联示意图

7.1.6 电力系统与供水系统的类比

为了更好地理解电力系统，我们将其与日常生活中常见的供水系统进行类比。例如，软管中的水流相当于电流，而水压则相当于电压。用脚踩住软管或弯折其末端就会产生阻力，使得水流速度减慢，正如电路中的电阻使电流减小一样。图7-10所示的即是供水系统和电路系统之间的相同之处，水流相当于电流，水流在阀门处遇到阻力而减慢速度，电流遇到电阻也会减慢速度。

在定义中，1V电压代表足以推动1A电流通过带1Ω电阻电路的能量，1A电流代表在1V电压下通过带1Ω电阻电路的电子数量，而1Ω电阻代表在1V电压下允许1A电流通过的电阻大小。由此可见，电压、电流和电阻中的任何一个概念均可通过其他两个进行定义。

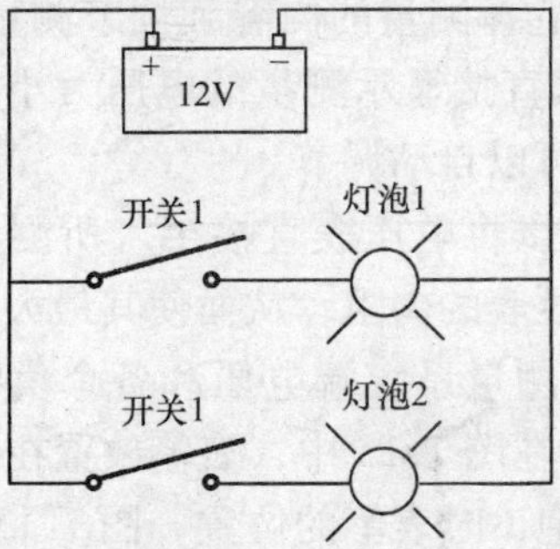

图 7-9　两并联电路的梯形图，每一条支路有一个灯泡和一个开关

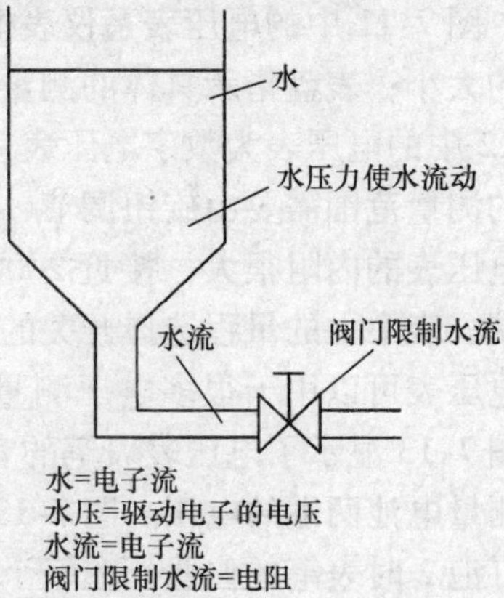

图 7-10　供水系统和电路系统之间的相同之处

7.2　测量电压、电流和电阻

测量电路中电压、电流和电阻的大小很重要，如此一来就能在太阳电池板运转不畅或发生故障的时候进行调整。对于汽车轮胎来说，如果它变瘪了就必然发生了问题，这是显而易见的。可是对于电路来说，人们无法用肉眼直接观察电线中是否有电压和电流，因此就需要使用仪表来测量电压、电流和电阻。

7.2.1　测量电压

用来测量电压的仪器被称为电压表。图 7-11 和图 7-12 分别为两种电压表的示

图 7-11　模拟式仪表的指针由磁场控制

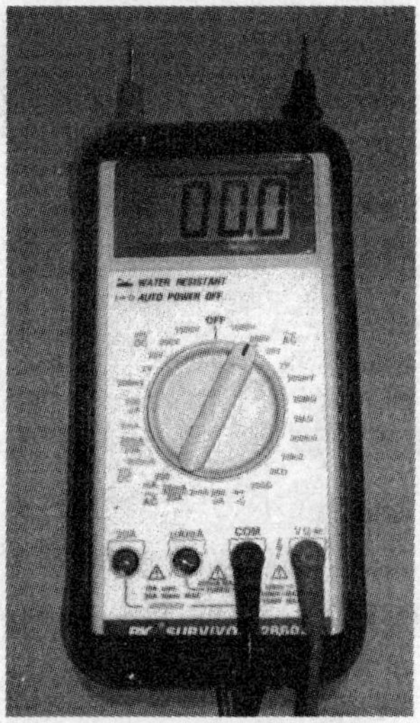

图 7-12　数字式仪表的测量值通过数字显示器表示

意图。图 7-11 中的电压表是仪表模拟式的，因为它采用指针和比例尺来表示所测电压的大小，表盘指示具体的测量值，旋钮用于选择测量的内容和调节测量范围。图 7-12 中的电压表为数字电压表，可以通过屏幕直接显示测量的电压大小。一些仪表的测量范围需要由旋钮调节，而另外一些则可以自动调节。

电压表的内阻很大，接近 2000Ω/V，因此可以将电压表直接接入所测量的仪器两端。表中央的量程选择开关的原理是调整电压表的内阻，从而使其最大量程增大。电压表可以用于很多电压测量。例如，可以测量系统端电压和各个负荷的电压。图 7-13 显示了电压表表笔的安全测量位置。在图 7-13 中，表笔放置在电池两端，测量电池两端的电压。图 7-13b 显示测量灯泡 1 时表笔的位置，图 7-13c 显示测量灯泡 2 时表笔的位置。在每个例子中，测量电压时表笔都应放置在两端。

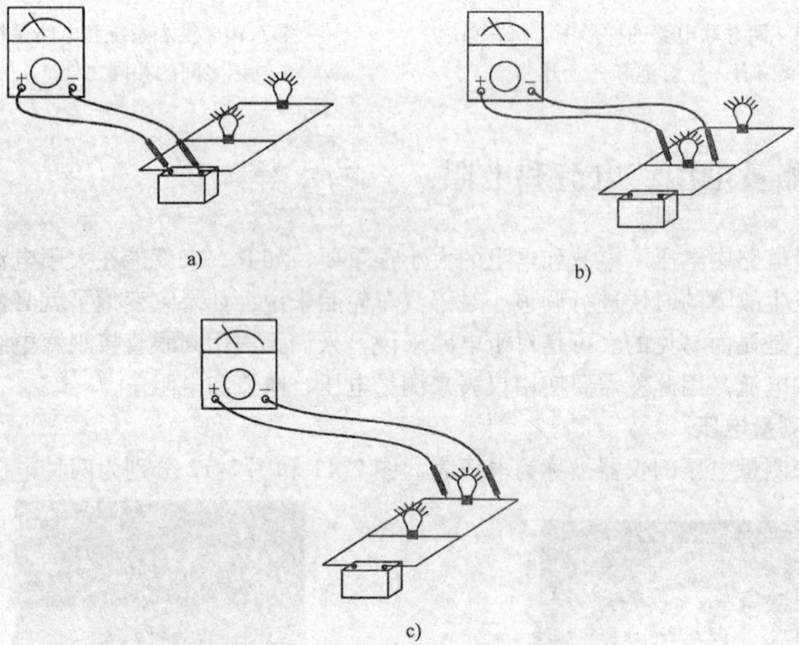

图 7-13　放置电压表探针的正确位置

a）电压探针放在电池末端可以测量电池的电压　b）测量电灯 1 电压的正确位置

c）测量电灯 2 电压的正确位置

7.2.2　测量电流

图 7-14 中显示为钳式电流表，它被用在电流较大的交流电路测量中，最大可测电流可以达到 100A（有些钳式电流表可以测量直流电流），钳式电流表有两个钳臂，当钳臂关闭时形成一个闭合的圆。电流表旁边有一个开关可以使钳臂打开，因此无需将线路切断就可以使用电流表进行测量了。钳式电流表的钳臂实际上是个变压器，通过感应原理测量流经导线的电流。电流流过导线时产生磁场。交流电压每 1/60s 变换一次极性，磁感应线的消失过程会产生电流，电流通过钳臂内变压

图7-14　数字钳式电流表，用于测量大电流

器。电流表便完成了电流的测量，这个电流的值就是流过电线的电流。钳式电流表一次只能测量一根导线的电流，因为若是测量多根导线的电流，每根导线的磁感应线将会相互抵消，有可能测量出的电流是0A。电流表有多个量程，因此可以测量小至10A大至100A的电流。如果想要测量更小的电流，可以让电线缠绕在钳臂上，缠绕两圈，则测出的是两倍的电流值，三圈则是三倍的电流值。在测量小电流时，采用乘法能使电流测量更准确。

还有另外一种电流表可以用来测量直流电流。

接下来介绍的是毫安表，这种表可以测量电压、电阻和1mA～10A的电流。这种电流表可以测量很小的电流，如1/1000A，也就是毫安（mA），也可以写成0.001A，前缀m表示千分之一。指针型毫安表如图7-11所示，当电流流过线圈时，指针开始转动。当电压加在毫安表之上时，它将会记录下流经毫安表所产生的电流值。当毫安表被设置成测量电流或电阻时，毫安表也会有相应的动作。若要把其从电压表转变成为电流表或欧姆表，唯一可以改变的就是表内的限流内阻。如图7-15所示为均方根数字型万用表，可以测量电压、电阻、10A以下毫安级电流。另外可以测量温度和电容。

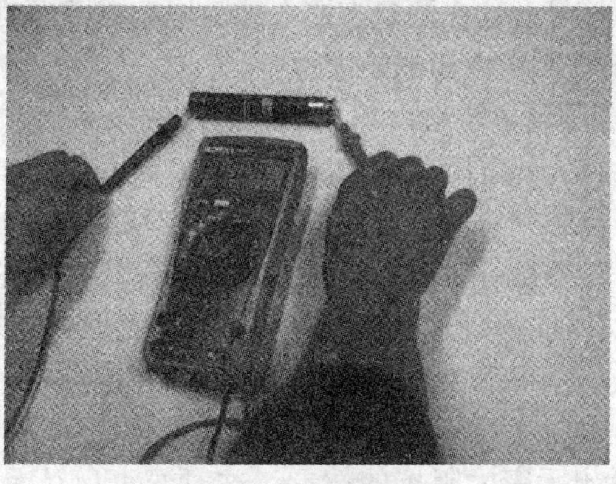

图7-15　均方根数字型万用表

7.2.3　测量光伏设备的电流

在光伏设备中，电流通常是小于1A的，因此我们通常使用毫安表来测量电流。我们通常在恒温加热器上安装热预测器来测量光伏发热后设备的蒸汽阀电流。

在新型熔炉以及太阳能系统的空调系统的仪表盘控制系统中也需要使用到毫安表。毫安表测量电流时需要将其串联在电路中，因此需要将电路断开而接入。如图7-16所示为测量电流时毫安表的位置，毫安表的两个端口需要与开路的导线相连接。开路是由撤掉电池两端导线之一形成的。毫安表的一个极与电池相连，另一极则与和电池断开的导线相连。这样便使得电流表与电路串联在一起，电路中的电子也经过电流表，因为电流表现在也是电路的一部分。

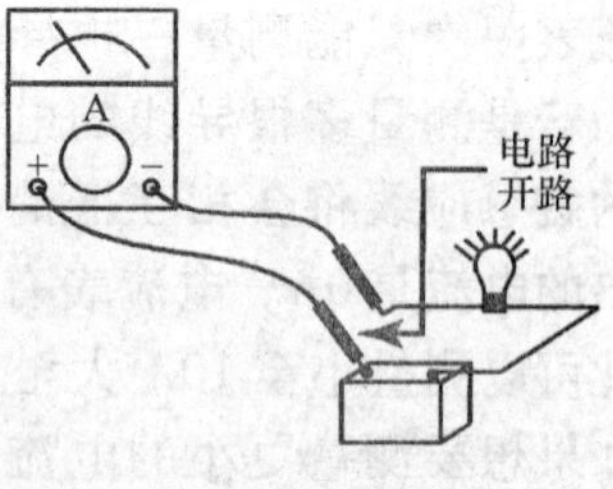

图7-16　放置电流表探针的正确位置

电流表成为电路的一部分，因此它必须具有很小的内阻，从而尽量少地改变电路阻抗。当电流表设置成毫安表档位时，由于内阻很小，因此很容易损坏。

操作人员很可能需要了解如何使用毫安表和电流钳，毫安表通常在测量小电流时使用，而电流钳则被用于测量较大的电流，如测量电动机的电流。当过大的电流流过电动机时，必须判断是否会使电动机过载，在本书的接下来几章中将探讨如何使用电流钳测量电动机的电流。

数字 VOM 表和一些模拟 VOM 表中含有的电路可以测量交流或者直流电流。他们能够测量的小电流的量程从毫安级到 10A。

7.2.4　使用数字 VOM 表

使用数字 VOM 表和使用模拟 VOM 表的原理是相同的。主要的区别是数字 VOM 表将示数显示在屏幕上。在使用时将档位调至所需档位，读取显示出来的数值即可。在测量直流电路的电压或电流时，需要观察它们的极性。一些数字表在测量电阻时会发出声音信号，这在测量多芯电缆的电阻时是非常有用的。

7.2.5　用数字 VOM 表测量电阻的连续性

利用数字 VOM 表测量电阻有以下几个理由：例如可以利用数字表计测量连续性，即测量从零到无穷大的电阻，比如测量熔丝以及开关。阻值为 0 的熔丝被认为是正常的，无穷大的电阻则认为是开路的开关。当使用数字电压表测量连续性时，首先要测试表的触头是否良好。首先将表头对接，这样表示的是零阻抗，表中应显示阻值为 0 或者接近 0 的一个值。将表头分开，此时示数应该是接近无穷大的。一些表中可能显示的是 0L，也有可能显示一个很大的数值，例如 9999。我们可以通过将表头对接显示 0 阻抗或者将表头分开显示无穷大阻抗来测试数字表的连续性。如图 7-17所示为测量出无穷大阻抗的情形，这时候可以认为熔丝是断开的。注意到表显示的阻抗为 0L。如图 7-18 所示为数字表测量出 0 阻抗的情形，表示熔丝是正常的，所示数值为 0.0Ω。

测量连续性表示的是寻找 0 阻抗和无穷大阻抗。连续性测试用来测量开关、熔丝和电线阻抗，并且观察他们是否为 0 阻抗或无穷大阻抗。当电路组件的阻值很小，

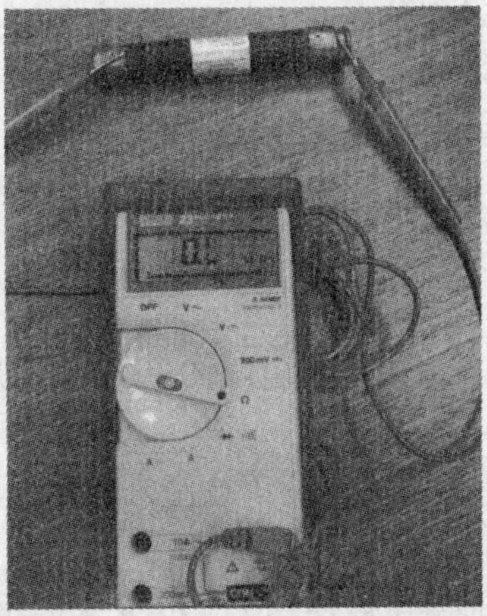

图7-17　熔丝断开时，数字万用表测出无穷大阻抗

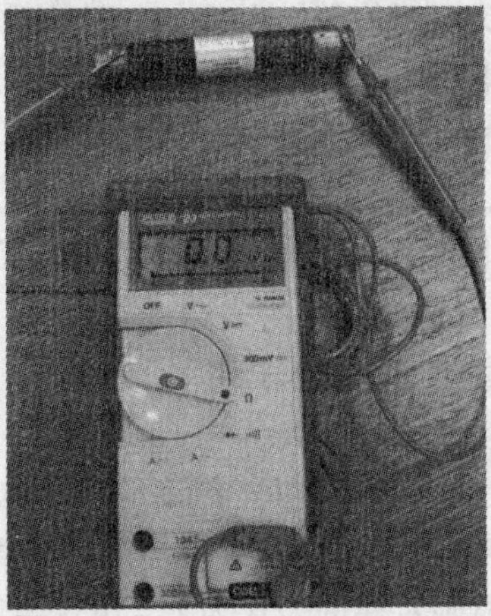

图7-18　熔丝正常时，数字万用表测得数值为0

我们称之具有连续性。如果阻抗值很高，我们称开关或者熔丝是开路的。有一些表会在测量到阻抗很小出现连续性时发出哔声，这对于测量熔断器、开关或者电线是非常有用的，因为可以不用注视显示屏，只需听声音便可以了。

欧姆表还可以被用于电动机绕组电阻或者可变电阻的测量上。我们需要测量的被用在光伏发热系统中的用来循环冷却液的电动机拥有非常多的绕组，这些绕组主要由大的线圈组成。如果是一台110V的电动机，起动和正常运行时的绕组电阻是不同的，通常起动时的绕组阻值要大于正常运行时的阻值。因此可以通过测量出的阻值来区别起动绕组和运行绕组。在测试中，操作人员需准确地读出示数。在测试过程中，表的显示屏将会准确地显示出读数。测量线圈欧姆值的另一个实验是变压器的绕组实验，在这个实验中，必须了解每个绕组的准确阻值。在此实验进行过程中，必须确保线圈无能量通过，还必须确保将要测量的组件与其他组件隔离开，免受其他电阻的干扰。将表笔的表头触碰将要测量的电阻的两端，在显示屏中显示出的示数便是所测量的电阻大小。因为表的内部含有小的电池，能够在测量电阻时使用，因此不需要为所测量的线圈供电。

7.3　利用欧姆定律测量电压、电流以及电阻

在研究电路的时候，需要测量或估计电路中的电压、电流以及电阻。在对电路进行故障排查时，也需要对其参数进行计算，以确保电路正常工作。有时，测量值并不能作为电路正常工作的参考，因为不知道测量值是否适合电路运行，因此必须进行必要的计算。

直流电路中的电压、电流以及电阻可以通过欧姆定律来解释，欧姆定律的计算

公式为电压值等于电流与电阻的乘积。如果电路中的电流为2A，电阻为4Ω，那么总的电压为8V。

这个公式也可以改写成电流或者电阻形式。例如2×4=8，那么8÷4=2，8÷2=4。因此当电路中的电压为8V，电流为2A，那么可以计算出电阻为4Ω。同理如果电压为8V，电阻为4Ω，那么可以得出电流为2A。

7.3.1 欧姆定律的表达式

科学家以及工程师计算时常用字母代替电压、电流以及电阻的单位，并被所有人所接受和使用。

在欧姆定律中，字母E表示电压。E是电动势的简称。R被用来表示电阻。I被用来表示电流。I是电流强度的简称。

欧姆定律的公式为$E=IR$，当使用欧姆定律时，可以使用E、I、R来表示未知参数，计算结果的数值单位分别是：V，表示电压值。A，表示电流值。Ω，表示电阻值。

7.3.2 利用欧姆定律计算电压

当需要计算电压值时，我们需要知道电流以及电阻值。如果不知道这两个值的大小，电压值也就无法计算。当电流是20A、电阻为40Ω时，那么将它们相乘，得到电压为800V。为了解决这个问题，将I和R用相应数值代替。

$$E=IR$$

$$E=20\text{A}\times40\Omega$$

$$E=800\text{V}$$

7.3.3 用欧姆定律计算电流

用来计算电流的欧姆定律为

$$I=\frac{E}{R}$$

将电压除以电阻则得出电流。例如电路电压为50V，电阻为10Ω，那么电流为50V除以10Ω，等于5A

$$I=\frac{E}{R}$$

$$I=\frac{50\text{V}}{10\Omega}$$

7.3.4 用欧姆定律计算电阻

用来计算电阻的欧姆定律为

$$R=\frac{E}{I}$$

将电压除以电流，即可得到电路中的电阻。例如电压为60V，电流为12A，那么电阻值就是电压除以电流的值。

$$R=\frac{E}{I}$$

$$R=\frac{60\mathrm{V}}{12\mathrm{A}}$$

$$R=5\Omega$$

7.3.5　利用欧姆定律转盘识记欧姆定律

图7-19给出了一种识记欧姆定律的好方法，它的形状像一个饼或者转盘。饼图的顶部为字母 E，表示电压；底部左边为字母 I，表示电流；底部右边为字母 R 表示电阻。

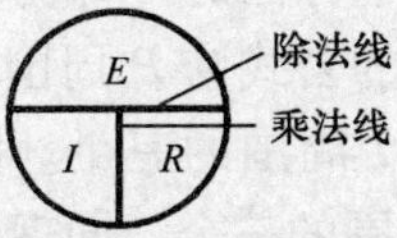

图7-19　便于记忆欧姆定律的欧姆定律饼状图

图7-20给出公式应用方法。如果想要识记电压公式，那么将手指放在 E 上，字母 I 和 R 将靠在一起显示，竖线表示的是 I 与 R 相乘，因此公式为 $E=IR$。若想要知道电流公式，将 I 遮住，剩下 E 和 R，横线表示相除，因此电流公式为 $I=E/R$。若想要知道电阻公式，将 R 遮住，剩下 E 和 I，同样的，横线表示相除，可以得到公式 $R=\frac{E}{I}$

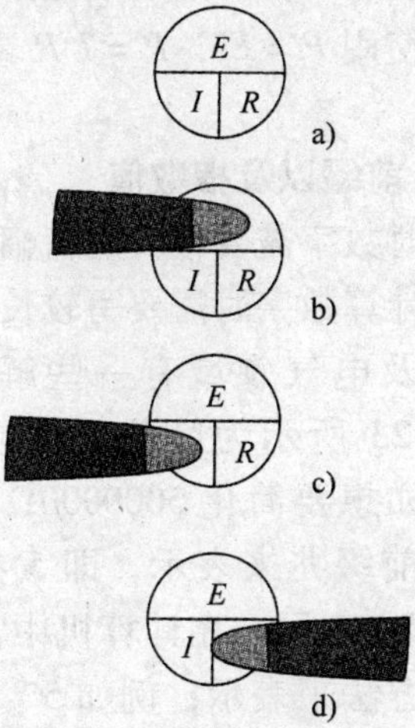

图　7-20

a）用于记忆所有欧姆定律公式的欧姆定律饼状图　b）用手指盖住 E 可得到电压公式　c）用手指盖住 I 可得到电流公式　d）用手指盖住 R 可得到电阻公式

7.3.6　计算电功率

电功率（P）表示电流可以做多少功。电功率的单位是瓦特（W）。瓦特的定义是安培每伏特（$P=IE$）。大多数的电气负荷是电阻型的，例如加热元件等，都是以瓦特作为单位。例如加热元件的标称值是5A和110V，那么它消耗的电功率为550W。计算功率可以通过瓦特定律：$P=IE=5\mathrm{A}\times110\mathrm{V}=550\mathrm{W}$。这个公式可以像欧姆定律一样转换形式。可以将功率除以电压而得到电流，也可以将功率除以电流得到电压。如图7-21所示为帮助识记的饼状图。

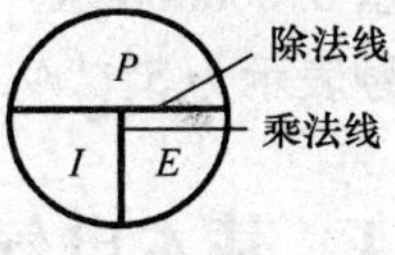

图7-21　计算电压、电流和功率的公式

7.3.7　所有公式的汇总

进行故障排除时，电压的数值比较容易获取。若能找到提供加热元件或其他负荷的瓦特值，便可以计算出电流以及电阻值。这个值是估计出来的，因为我们是使用元件设计参数来计算出来的，计算所得的数值可以给我们一个参考。将实际测量值与其进行比较后，可以知道这个系统是否在正常的范围内工作。但是这些公式的记忆有时比较困难，

图 7-22 为这些公式的集合。此图是圆盘形的，存在一个内环，两个交叉的直线将其分为四个部分。分别为 P（功率，用瓦特表示），I（安培），E（伏特），以及 R（欧姆）。

每个分区的外部为它们相应的计算公式。计算瓦特的公式为 P 周围的三个。所有计算电流的公式为 I 周围的三个。同样的，计算电压的公式为 E 周围的三个，同理 R 周围的三个公式为计算电阻的公式。

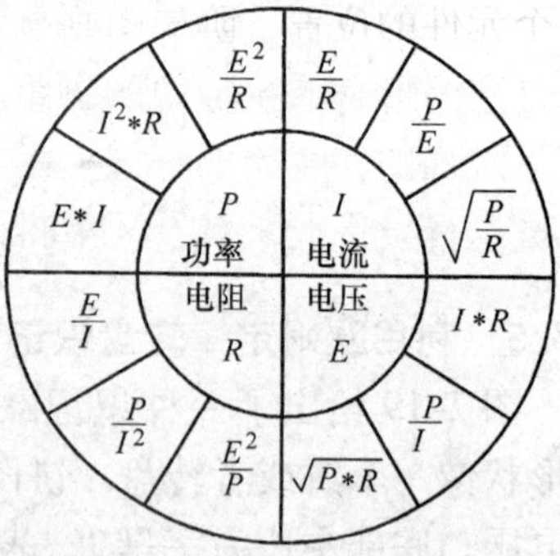

图 7-22　计算功率、电流、电压和电阻的公式汇总

如果想要计算电路或者某个元件上的功率，那么就利用 P 周围的三个公式来计算。因此，读者可以使用 $P=EI$，$P=I^2R$ 或 $P=E^2/R$ 三个公式。对公式的选取应依赖于已知条件。

7.3.8　前缀以及指数值

有时数字需要很大的篇幅来表示，例如 5000000 或者 0.0000003。有时使用表计或者计算数字时需要写较长的数字，因此我们需要找到一种简化篇幅的办法。在数学以及电气领域有一些解决办法，如图 7-23 所示为简化数字空间的方法。例如想要简化 5000000Ω 的写法，可以用前缀兆来表示，即 5 兆欧，或用 5MΩ 来表示。在计算机中，可以用指数的方法来表示，例如 5^{e6}，表示为 5 乘以 10 的六次方。

前缀	符号	数字	指数级
兆	M	1,000,000	10^6
千	k	1,000	10^3
毫	m	0.001	10^{-3}
微	μ	0.000001	10^{-6}

图 7-23　电器领域中常用的前缀和数量级

如果想要缩短 7000Ω，可以用前缀千来表示，即 7 千 Ω，或者可以用 7kΩ 表示，也可以用指数方式表示，为 7^{e3}Ω，可以念作 7 乘以 10 的三次方。

如果想要缩短 0.005A 的话，可以用前缀“毫”，表示为 5 毫安，或者用 5mA 代替。若要使用指数表示，为 5^{e-3}A。可以念作 5 乘以 10 的负三次方。若是想要表示 0.0000002A，可以用“微”来表示，例如 2 微安，写作 2μA，或者利用指数符号表示为 5^{e-6}A，念作 5 乘以 10 的负六次方。

7.4　基本电气线路

基本的电气线路包含电源、导体（导线）、使电流通过或者阻止电流的一个或者多个开关，还有负荷，例如电动机。基本线路图有两种画法。如图 7-24 所示为线路图，此接线图的作用是指示电路中各元件的位置。如图 7-25 所示为阶梯图，图的整体形象像阶梯中的脚蹬，并且表示了动作的顺序。线路图被用来显示电路中各个元件的位置，阶梯图则显示的是电路操作的顺序。图 7-25 被称为阶梯图的原因是它的形状像阶梯中的脚蹬。通常在前面的元件比后面的元件先被激发。在此书中，阶梯图和线路图将被广泛应用。设备制造商将会提供以下两种接线图以便安装人员进行设备调试以及故障排除。

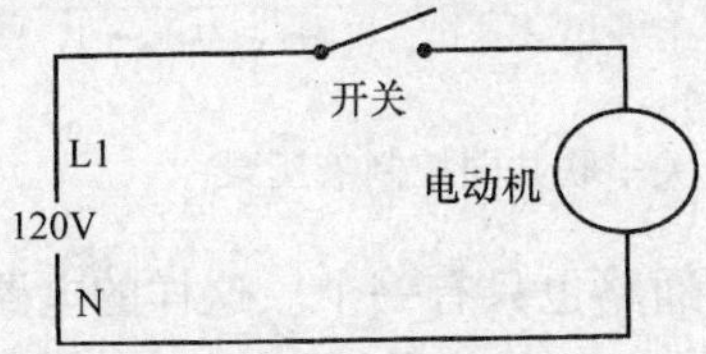

图 7-24　由电源、开关和电动机组成的接线图

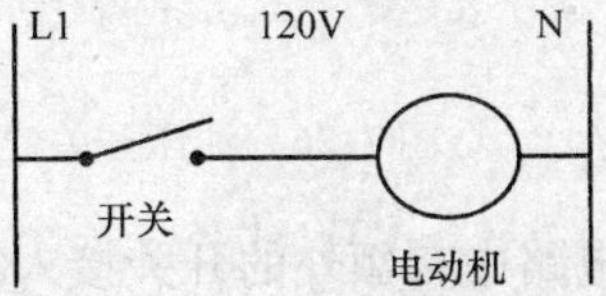

图 7-25　由电源、开关和电动机组成的结构示意图（阶梯图）

一些基本属性将会有助于我们了解电气系统的工作方式。例如开关有两种基本状态，开通或者关闭。当开关在线路中打开，我们称之为开路，此时电子无法流过，整个电路断开。当开关控制一个电动机时，若开关是断开的，电动机也将处于关断状态。当开关闭合时，电子将会通过电路，电动机也将会运转。

7.4.1　电压、电流和电阻在串联阻性电路中的关系

简单的电阻电路可以用来解释串联电路中电压与电流的关系。在现代电路中，电阻作为小型控制元件是非常常见的。电动机和其他负荷在某种意义上可以看作是电阻，因此了解串联电路中多个电阻间的关系是非常必要的。在电池充电系统的控制器以及变流器的控制系统中最基本的应用便是电阻元件的串联以及并联。

技术人员需要了解的是串联电路中的开关以及串联的电气负荷。因此必须了解他们的特性，在接下来的章节中将会对串联以及并联电路中负荷与开关的关系进行分析。

并联电路中电压、电流以及电阻将会被介绍，当电阻大小知道以后，分析并联电路将会变得容易。在简单的串联电路中，阻值完全由电阻提供。每个电阻上都画有一系列彩色条纹，用来表示电阻的阻值。因此利用欧姆定律可以帮助我们了解串联电路中的电压和电流关系。在本章中分析的基本原理将会有助于我们对大型控制系统进行故障排查。

7.5　串联电路

电路中至少含有电源、一个负荷以及导体来提供电流通路。当电路复杂时，会加入开关进行控制。通过开关的不同形式连接，可以有不同的作用。如图 7-26 所示为一个简单的电路，包括一个电源，三个开关用于控制，以及一个电动机作为负荷。这个电路成为串联电路，因为电流只通过一个通路经过负荷，最后回到电源处。液压泵用来控制大型太阳电池板的跟踪系统。

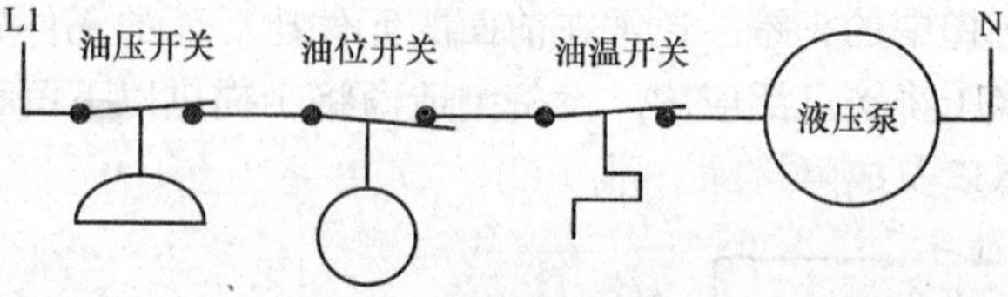

图 7-26 油压开关、油位开关和油温开关串联共同控制液压泵

当电路中有额外的开关接入，同样，电流的通路也只有一个。这样的电路称为串联电路，因为电流只存在一个通路，通过 L1 进入负荷，最后回到 N。如果三个中任意一个开关打开，则电流将消失，负荷电动机停止工作，待所有的开关重新闭合后，电动机才重新开始工作。

因为三个开关串联连接，每个开关都有断开而使电动机停止工作的能力。如果要在电路中加入开关，或者安全控制开关，它们应该和原有的开关串联连接。串联电路中相当重要的特性就是开关必须串联连接，它们中的任何一个断开，则整个电路将不存在电流。

7.5.1 串联电路中另外的元件

熔断器是和电动机、绕组和控制装置相串联的。它的作用是控制流经电路的最大电流，从而对电路起到保护作用。当电流超过正常范围时，熔断器将会发热并且熔断，而使电路发生断路。因为熔断器与所有的负荷、导线以及控制系统串联，因此电路的断路能使能量停止输送，使它们与电路断开。

熔断器断开开关是与熔断器一起使用的，熔断器断开开关和熔断器串联连接，当需要改变系统的连接组件时，可以断开此开关。这样熔断器断开开关可以与电路的任意部分相连接，当其断开后，电路中不存在功率和电流。

7.5.2 串联电路中增加负荷

太阳能发电系统中的负荷如电动机是不和其他负荷相连的，它们是并联连接的，以保证电压是相同的。一些电热元件则是串联连接的。电阻也是在电路中串联连接的，目的是为太阳能系统中电子电路板和元件提供适当的电压降。

负荷通常不串联接入，因为他们将会各自占有电压。例如将两只相同的灯泡串联在 120V 的电压下，每个灯泡将会分配 60V。每只灯泡在 60V 的电压下的亮度只有额定电压 120V 下的一半。

一些负荷的连接是串联的，例如两只太阳能发热系统中的后备发热元件。当每个发热元件的电阻是相同的，那么他们所承受的电压是相等的。例如发热器的电压为 240V，每个发热元件将分配 120V。因此每个发热元件的标称值应当是 120V。

串联连接负荷的另一个问题是如果其中一个负荷发生故障开路，那么其他的负荷将受到影响。例如在圣诞树上的一串灯泡。如果灯泡是串联的，那么其中一盏灯烧坏，其他的灯将会停止发光。当 50 只灯泡在 120V 电压下串联工作时，每只灯泡上的电压将会接近2.4V。

7.5.3　计算串联阻性电路中的电压、电流以及电阻

一些电路中的负荷是电阻型的。这些电阻的作用是使电路电压降低，这种电路常被用在太阳能设备的电子电路中。电阻的改变将会影响电压和电流的大小。如图7-27所示为电池供电且含有三个电阻的电路。三个电阻串联在一起，且该电路只含有一条电流通路。电阻被标记为 R_1、R_2、R_3，电压为 E_T。串联电路的电阻计算公式为 $R_T = R_1 + R_2 + R_3$。依此类推。图中的箭头方向为"参考方向"。（电子流方向为电子由电池负极流向正极的方向。本文在图注中使用传统参考方向。如果读者喜好电子流理论，则电流方向应与箭头方向相反。）

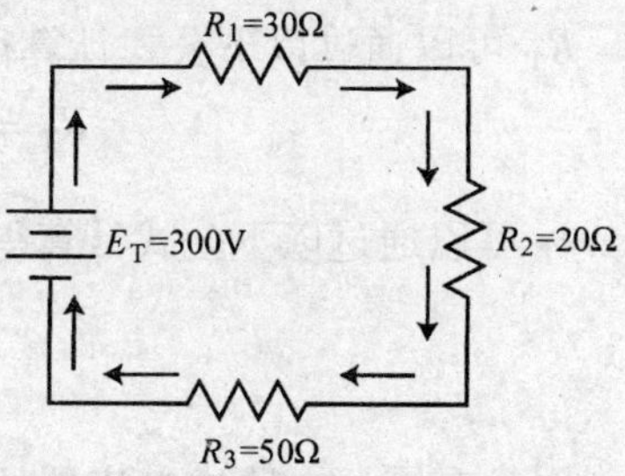

图 7-27　有三个电阻组成的串联电路，电流只有一条通路

图7-27中的串联电路有三个电阻，R_1 为 30Ω，R_2 为 20Ω，R_3 为 50Ω。因此线路总阻抗为

$$R_T = R_1 + R_2 + R_3$$

7.5.4　计算串联电路的电流

总电流可以通过欧姆定律得到：$I = \dfrac{E_T}{R_T}$，$I = \dfrac{300\text{V}}{100\Omega} = 3\text{A}$。串联电路的电流在每个部分都是一样的，因为电流在其中只有一个通路。因此当线路的总电阻和总电压已知后，便可用总电压除以总电阻得出电路总电流和流过每个电阻的电流。在图7-27中，总电流为3A，因为流过每个电阻的电流是一致的，因此 R_1 上的电流是 I_1 与总电流 I_T 相等。

7.5.5　计算电阻上电压降

电压降可以根据欧姆定律 $E = IR$ 计算。电压降可以通过表笔在电阻两端直接测量。因为串联电路中每个电阻流过的电流是相同的，均为3A。因此通过每个电阻的电压便可以通过欧姆定律计算得出。

将表笔放置在 R_1 的两边，可以测量出电压为90V。这是电流流过电阻以后所产生的实际电压降，电阻 R_2 上的电压降可以通过公式得出：

$$E_2 = I_2R_2,\ E_2 = 3\text{A} \times 20\Omega,\ E_2 = 60\text{V}$$

R_3 上的电压降落可以通过公式得出：

$$E_3 = I_3R_3,\ E_3 = 3\text{A} \times 50\Omega,\ E_3 = 150\text{V}$$

通过公式可以计算出 R_1 上的电压为90V，R_2 为60V，R_3 为150V。将这些电压相加可以得出总电压，即 $E_1 + E_2 + E_3 = E_T$（90V + 60V + 150V = 300V）。

例 7-1

此电路含有三个串联电阻接在450V 的电压源上。电阻 R_1 的阻值为 40Ω，R_2

的阻值为 30Ω，R_3 的阻值为 20Ω。计算此电路每个电阻上的压降。

计算出总电阻，用电压值除以总电阻值，就可以算出总电流的大小。当电路的总电流求出了以后，就可以求出每个电阻上的电压降了。

解题思路：

R_T 可以通过以下公式计算得出：$R_T = R_1 + R_2 + R_3$

$$R_T = 40\Omega + 30\Omega + 20\Omega = 90\Omega$$

I_T 可以通过以下公式计算得出 $I_T = \dfrac{E_T}{R_T}$

$$I_T = \frac{450\text{V}}{90\Omega} \quad I_T = 5\text{A}$$

因为在同一电路中电流处处相等：

$$I_T = 5\text{A} \quad I_1 = 5\text{A} \quad I_2 = 5\text{A} \quad I_3 = 5\text{A}$$

每一个电阻上的电压降可由如下公式计算得到：

$$E_1 = R_1 \times I_1 \quad E_1 = 40\Omega \times 5\text{A} \quad E_1 = 200\text{V}$$

$$E_2 = R_2 \times I_2 \quad E_2 = 30\Omega \times 5\text{A} \quad E_2 = 150\text{V}$$

$$E_3 = R_3 \times I_3 \quad E_3 = 20\Omega \times 5\text{A} \quad E_3 = 100\text{V}$$

可以将所有的压降加和进行检查，如果等于总电压值，则答案正确：

$$E_T = E_1 + E_2 + E_3 \quad E_T = 200\text{V} + 150\text{V} + 100\text{V}$$

$$E_T = 450\text{V}$$

7.5.6 计算每个电阻上的功率损耗

每个电阻上的功率消耗以及总功率可以通过任意三个公式得出：$P = EI$，$P = I^2R$，$P = E^2/R$。之前我们已经计算得出了电压、电流以及每个电阻的阻值，通过之前学过的三个公式可以计算出功率。在这个例子中，我们将用全部三个公式来计算功率，它们的计算结果是相同的。我们使用 R_1 的值：$E_{R_1} = 200\text{V}$，$I_{R_1} = 5\text{A}$，$R_1 = 40\Omega$。

因为三个公式是等效的，在计算中可以选择任意一个，通过已知的参数可以对公式进行选择。

7.5.7 计算发热元件的功率损耗

功率计算公式也可以用来计算电路中的发热元件损耗的功率。发热系统中的发热元件主要由大电阻构成。若知道它们的阻值以及电压，可以计算出流过它们的电流以及它们损耗的功率。如果发热元件为 10Ω，接入 240V 的电压中，那么通过它的电流为 24V，消耗功率为 5760W。

例 7-2

在一个电加热系统中，有一阻值为 2.5Ω 的加热元件。计算当该加热系统连接 240V 交流电压时的电流和功率值。

解题思路：

计算电流值：240V/2.5Ω = 96A

功率值由公式 $P = I^2R$ 或 $P = IE$ 计算。由 $P = I^2R$ 可知功率为：$(96)^2 \times 2.5\Omega = 23.040\text{W}$

由 $P = IE$ 可知功率为：$96 \times 240 = 23.040\text{W}$

（注意：上述功率还可以表达为 23.040 千瓦，或 23.040kW。）

7.6 并联电路

在电力系统中，并联电路的使用是非常广泛的。并联电路和串联电路的主要区别是：在并联电路中，支路中的电压是相等的；而在串联电路中，负荷的电压根据阻值的不同而不同。在光伏发电系统中，由于在同一电路中的汽轮机和光伏发热系统的电动机需要相同的电压，因此他们需要并联在电路中。每一个电阻相连的并联支路节点称为分支点。并联电路的分支回路个数可以是任意的。在并联电路中，电流通过多个路径返回电源。在图中用箭头来表示电流的流向。

在并联电路中，电流是可加的，相加的公式是：$I_T = I_1 + I_2 + I_3 + \cdots$。另一个需要了解的重点是并联电路的电流随着负荷的增加而增加。并联电路另一个特点是当电路中的负荷发生改变时，不影响其他负荷的工作。因此可以在每一个支路的负荷前加入开关，来实现负荷的切除。

在支路中加入开关后，就成为了串并联电路，在此电路中，存在串联和并联电路。例如，熔断器在电路中的作用是当其熔断后，电路中不存在任何能量，因此熔断器应该串联在电路中。在串并联电路中，对串联部分应用串联电路定理，而对并联部分应采用并联定理。也可以应用简化定理，使电路成为简化的串联、并联电路求解。

7.6.1 计算并联电路的电压、电流以及电阻

并联电路中的电压、电流和电阻计算方法和串联电路是类似的，可以采用欧姆定律。如图 7-28 所示为并联电路中每一个节点的电压、电流和电阻计算公式。供应电压为 300V，因此可以得出每条支路的电压也是 300V。

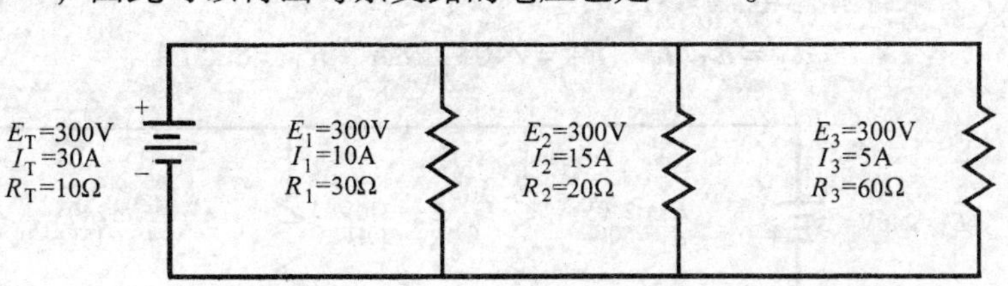

图 7-28 并联电路的每一条支路上标明了电压、电阻和电流

经过每一个电阻上的电流可以通过欧姆定律计算得出，每一条支路上的电流也可以由此计算出来并标在每个电阻旁边。

$$I_1 = E/R_1 \quad I_1 = 300\text{V}/30\Omega \quad I_1 = 10\text{A}$$
$$I_2 = E/R_2 \quad I_2 = 300\text{V}/20\Omega \quad I_2 = 15\text{A}$$
$$I_3 = E/R_3 \quad I_3 = 300\text{V}/60\Omega \quad I_3 = 5\text{A}$$
$$I_\text{T} = E_\text{T}/R_\text{T} \quad I_\text{T} = 300\text{V}/60\Omega \quad I_\text{T} = 30\text{A}$$
$$I_\text{T} = I_1 + I_2 + I_3 \quad I_\text{T} = 10\text{A} + 15\text{A} + 5\text{A} \quad I_\text{T} = 30\text{A}$$

如果电压和电流给出，而需要计算电阻的话，可以应用电阻欧姆定律：

$$R_1 = E/I_1 \quad R_1 = 300\text{V}/10\text{A} \quad R_1 = 30\Omega$$
$$R_2 = E/I_2 \quad R_2 = 300\text{V}/15\text{A} \quad R_2 = 60\Omega$$
$$R_3 = E/I_3 \quad R_3 = 300\text{V}/5\text{A} \quad R_3 = 60\Omega$$
$$R_\text{T} = E/I_\text{T} \quad R_\text{T} = 300\text{V}/30\text{A} \quad R_\text{T} = 10\Omega$$

如果知道电路的总电阻和总电流，也可以计算出电路电压。如果知道支路电流和电阻，也可以通过欧姆定律得出电压。并联电路的特点是一旦知道了某一支路的电压，就可以得出另外支路上的电压。如果计算得出电压源处的电压，也不必算出各个支路电压，因为它们的大小也是相同的。

$$E_\text{T} = I_\text{T}R_\text{T} \quad E_\text{T} = 30\text{A} \times 10\Omega \quad E_\text{T} = 300\text{V}$$
$$E_1 = I_1R_1 \quad E_1 = 10\text{A} \times 30\Omega \quad E_1 = 300\text{V}$$
$$E_2 = I_2R_2 \quad E_2 = 15\text{A} \times 20\Omega \quad E_2 = 300\text{V}$$
$$E_3 = I_3R_3 \quad E_3 = 5\text{A} \times 60\Omega \quad E_3 = 300\text{V}$$

例 7-3

利用图 7-29 来计算每个支路的电流、总电流和总电阻。

解题思路：

由如下公式计算各支路电流：

$$I_1 = E/R_1 \quad I_1 = 240\text{V}/60\Omega \quad I_1 = 4\text{A}$$
$$I_2 = E/R_2 \quad I_2 = 240\text{V}/30\Omega \quad I_2 = 8\text{A}$$
$$I_3 = E/R_3 \quad I_3 = 240\text{V}/15\Omega \quad I_3 = 16\text{A}$$

用如下公式计算总电流 I_T：

$$I_\text{T} = I_1 + I_2 + T_3 \quad I_\text{T} = 4A + 8A + 16A \quad I_\text{T} = 28A$$

用如下公式计算总电阻 R_T：

$$R_\text{T} = E_\text{T}/I_\text{T} \quad R_\text{T} = 240\text{V}/28\text{A} \quad R_\text{T} = 8.57\text{A}$$

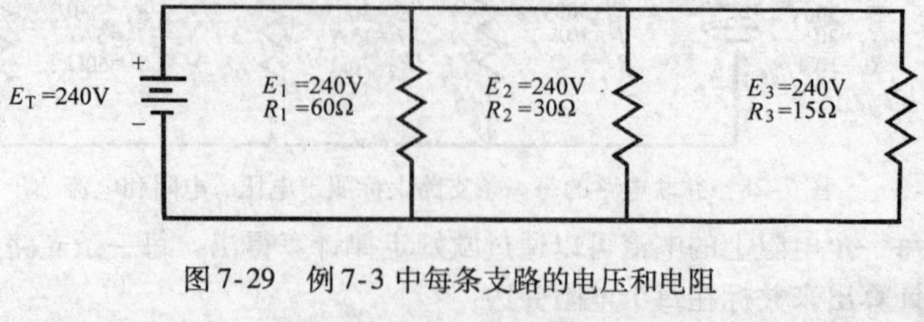

图 7-29　例 7-3 中每条支路的电压和电阻

有时只给出支路电阻和总电压来计算并联线路总电阻。我们可以通过计算每条支路上的电流，并通过公式 $I_T = I_1 + I_2 + I_3$ 相加，来计算出线路总电流。求出总电流后，可以通过公式 $I_T = \frac{E_T}{R_T}$来计算出线路电阻。

另一种解题方法称为“相乘除相加”法，这个方法是计算出并联电路的总电阻。正如名字所示，该方法是通过将并联的两电阻相乘的积后除以相加后的和。计算公式是：

$$R_T = \frac{R_1 \times R_2}{R_1 + R_2}$$

可以发现利用这个公式，每次只能计算两个并联电阻的阻值。因此如果电路含有三个电阻，先计算出任意两个电阻的总阻值，再将其与第三个电阻进行计算，就能得出电路的真正总阻值。利用这个方法，我们可以计算三个并联电阻的阻值：$R_1 = 30\Omega$，$R_2 = 20\Omega$，$R_3 = 60\Omega$。

利用此方法，每次只能计算两个电阻的总阻值，在这一步中，将计算 R_1 和 R_2 的阻值，我们称这一阻值为“等效电阻”。这是第一个计算出来的等效电阻，记为 R_{eq1}，接下来计算 R_{eq1} 和 R_3 的等效阻值。在此电路中只含有三个电阻，因此 R_{eq1} 和 R_3 的等效电阻即为该电路的等效电阻。

$$R_{eq1} = \frac{R_1 \times R_2}{R_1 + R_2} \quad R_{eq1} = \frac{30\Omega \times 20\Omega}{30\Omega + 20\Omega} \quad R_{eq1} = 12\Omega$$

$$R_T = \frac{R_{eq1} \times R_3}{R_{eq1} + R_3} \quad R_T = \frac{12\Omega \times 60\Omega}{12\Omega + 60\Omega} \quad R_T = 10\Omega$$

通过计算可以得出，线路的总电阻为 10Ω。通过计算可以发现，在并联电路中，并联总电阻总是小于支路中最小的电阻阻值。在支路中最小的电阻为 20Ω，而线路总电阻为 10Ω。

接下来的计算公式：

$$R_T = \frac{1}{\frac{1}{R_1} + \frac{1}{R_2} + \frac{1}{R_3}} \text{或} \frac{1}{R_T} = \frac{1}{R_1} + \frac{1}{R_2} + \frac{1}{R_3}$$

利用以上公式计算时，最好使用计算器。若不使用计算器，则推荐使用上述的方法。使用计算器则需输入以下公式：

$$R_T = \frac{1}{\frac{1}{R_1} + \frac{1}{R_2} + \frac{1}{R_3}} \text{或} R_T = \frac{1}{\frac{1}{30\Omega} + \frac{1}{20\Omega} + \frac{1}{60\Omega}}$$

注意：计算器可能会有“倒数”或“1/x”键。

例 7-4

计算图 7-30 中流过每个电阻的电流，总电流，和线路总电阻，电源电压为 100V。解题思路：

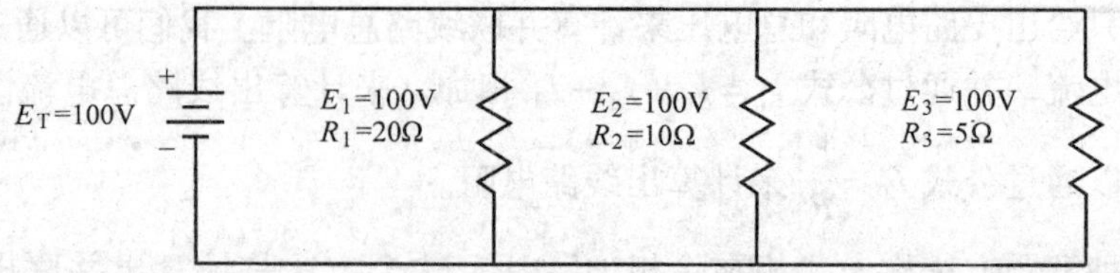

图 7-30　例 7-4 所示的并联电路

$$I_1 = E/R_1 \quad I_1 = 100\text{V}/20\Omega \quad I_1 = 5\text{A}$$

$$I_2 = E/R_2 \quad I_2 = 100\text{V}/10\Omega \quad I_2 = 10\text{A}$$

$$I_3 = E/R_3 \quad I_3 = 100\text{V}/5\Omega \quad I_3 = 20\text{A}$$

$$I_T = I_1 + I_2 + I_3 \quad I_T = 5\text{A} + 10\text{A} + 20\text{A} \quad I_T = 35\text{A}$$

$$R_T = E_T/I_T \quad R_T = 100\text{V}/35\text{A} \quad R_T = 2.86\text{A}$$

$$R_T = \frac{1}{\frac{1}{R_1} + \frac{1}{R_2} + \frac{1}{R_3}} \quad R_T = \frac{1}{\frac{1}{20\Omega} + \frac{1}{10\Omega} + \frac{1}{5\Omega}}$$

$$R_T = 2.86\Omega$$

7.6.2　计算并联电路的功率

并联电路的功率计算公式与串联电路是一样的：每个单独的电阻的功率遵循瓦特定理：$P = IE$。因此我们必须计算每个支路的电阻的功率，并且将其相加而得到电路总功率。如图 7-28 所示，并联支路电阻 R_1 的电压为 300V，流过它的电流为 10A，电阻 R_2 的电压为 300V，电流为 15A，R_3 的电压为 300V，电流为 5A。那么如下的计算公式可以计算出每个电阻的功率和电路总功率。

同时也可以计算出电路的总功率：

$$P_1 = I_1E_1 \quad P_1 = 10\text{A} \times 300\text{V} \quad P_1 = 3000\text{W}$$

$$P_2 = I_2E_2 \quad P_2 = 15\text{A} \times 300\text{V} \quad P_2 = 4500\text{W}$$

$$P_3 = I_3E_3 \quad P_3 = 15\text{A} \times 300\text{V} \quad P_3 = 1500\text{W}$$

$$P_T = P_1 + P_2 + P_3 \quad P_T = 3000\text{W} + 4500\text{W} + 1500\text{W} \quad P_T = 9000\text{W}$$

我们也可以通过使用以下公式来计算线路消耗的总功率：

$$P_T = I_TE_T \quad P_T = 30\text{A} \times 300\text{V} \quad P_T = 9000\text{W}$$

7.7　电磁理论基础

所有的直流和交流电动机的工作原理均可以通过电磁理论来解释。一名合格的风电工程师和维护人员必须完全了解电磁理论，从而理解各种元件的运行。作为一名技术人员，在故障排除以及测试之前必须了解风机的工作原理。了解电磁原理将会使这些工作变得更简单。同时也很有必要了解交流电路中的电磁原理。在本书的第 1 章中，我们已经对它有了一些初步的介绍，关于交流电压和交流电磁理论也会在接下来的章节中进行介绍。

“磁”是对一种能吸附铁和钢材料的总称，因为这种材料在4千年以前在一个叫做MAGNESIA的城市的石头里发现的。这种石头被称作“magnetite”，但是在发现的初期并未被利用，后来才发现，当这种石头被悬挂的时候，有一极总是朝向相同的方向，即地球的北极。随后科学家根据这一现象发现了地球是具有磁性的。最初磁石仅被用于指南针中。很久以后，磁铁的相吸相斥的特性才被用于电动机控制中。

随着科学家对电磁学研究的不断深入以及研究装置的进步，一系列的理论和法则被发现。第一则定律为每个磁铁均含两个磁极，分别是北极和南极。当两个相同的磁极靠近以后，它们将会相互排斥。不论是南极还是北极，得到的结果都是一样的。当两个不同的磁极靠近以后，两个磁铁将会相互吸引。这两个理论成为“电磁第一、第二定律。”

随着实验室中更多精密仪器的使用，磁铁产生这种现象的原因被发现是原子结构和电子的排列方式所产生的。随着对磁铁原子结构的研究，科学家发现在磁铁中，原子以场和偶极子的方式组合。在非磁材料中，电子的偶极子排列是随机无规律的，通常是以晶硅材料结构排列的。在磁性材料中，每个偶极子的排列均是按照一定的方向排列的因为每个偶极子的排列均是一致的，因此磁力的大小因相互叠加而加强。在磁力较弱的材料中，偶极子的排列是随机的且不遵循磁力线排列。更准确地说，如果偶极子的排列遵循磁力线的排列的话，产生的磁力也将更大。对于一种包含排序一致的偶极子的软性铁质材料，我们称之为永磁体。因为永磁体的磁力将会在很长的一段时间保持一定强度。如图7-31a所示为一种非磁性金属材料，在金属内部，偶极子的排列是不规律的，如图7-31b所示为一种磁性金属材料，其中的偶极子排列是顺序的，就可形成强磁性。

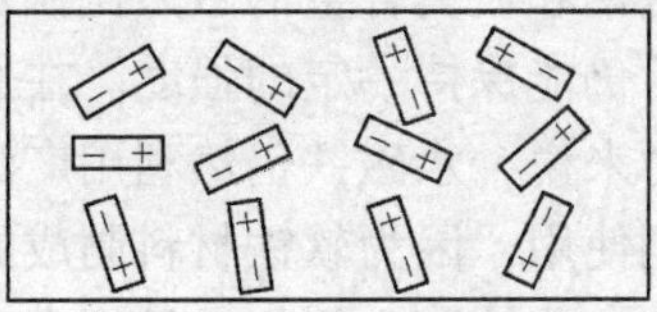
a)

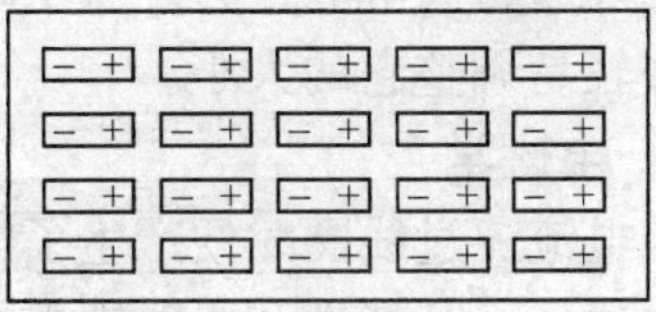
b)

图7-31　非磁性金属材料以及磁性金属材料

a）金属中的偶极子随意放置，形成较弱的磁场

b）金属中的偶极子有序排列形成较强的磁场

7.7.1　条形磁铁和磁力线

如图7-32所示为软磁材料组成的条形磁铁，该磁铁的南北极已经被标注出来，且是永磁体。这种磁铁产生很强的磁场，因为其中的偶极子是规则排列的。磁场产生无形的磁力线，磁力线从北极发出，在磁铁外部流动，到南极结束。图7-32中画出了磁力线南极到北极的磁力线示意图。磁极被定义成北极（N）和南极（S）。

因为磁力线是无形的，因此想要知道它的具体形状，必须设计一个实验来验证磁力线的存在，并且知道它们是如何在磁铁周围分布的。这个实验需要一个透明的塑料薄板，如投影仪中的塑料板和一些铁质碎屑。将塑料薄板平稳放置在条形磁铁上，由于无形的磁力线的作用，铁质碎屑将会沿着磁力线在磁铁两极弧形排列。由于磁力线从一极发出并进入另一极，因此在两极里磁力线是集中的。铁碎屑的排列也在两极集中，但是在两极仍能清楚地看出磁力线在两极的分布。通过投影仪，我们可以更清晰且直观地看到这一现象。这些铁质碎屑与图 7-32 中所示的相似。磁铁周围的磁力线数量和磁力的大小是成正比的。磁力强的磁铁比磁力相对弱的磁铁含有更多数量的磁力线。磁场的强度可以由相同面积上的磁力线数量决定。因为磁场的强度是由排列整齐的偶极子所决定的，因此当偶极子的数量增多后，磁场的大小也相应增加。

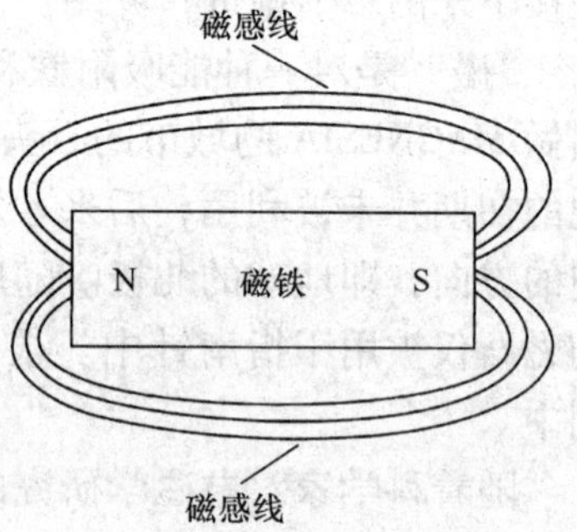

图 7-32　条形磁铁示意图

磁钢和坡莫合金的磁力比铁永磁体的磁力大很多，因为它们的偶极子场在重复使用后仍能保持一定的强度。在造价不菲的电动机和控制中，常常采用这种材料。但相对来说，永磁铁仍然利用广泛。永磁铁可以在多种控制尤其是电动机和发电机中得到使用，因为软铁材料制成的磁铁可以在多年以后仍然有较好的磁性。永磁铁同样有一些缺陷，例如一旦拥有磁性以后，便不能消失，当磁铁吸引一个物质后，只能用外力将其解除；另外一个缺点是永磁铁的磁性是固定的，也就是我们无法根据需要轻易调整它的大小。

7.7.2　电磁学

当电流流过线圈时便产生了电磁场。当电池两端用线圈连接好后，线路中就产生了电磁场，其特性和永磁铁中的磁场一样。当电池的两端通过导线连接好后，便产生了电流，同时线圈的周围也产生向心的磁感线圈。将通过电流的导线放置在铁屑周围，将会发现导线也如永磁铁一般，对铁屑产生吸引。如图 7-35 所示为导体周围的磁感线分布图。如图 7-33a 所示为当电流流过任意导线时所存在的磁感线。通过一些简单的实验可以验证这些理论，将一个通电的导体放置在有铁屑的薄板上，可以观察到铁屑会在导体周围呈圆形向心分布，向心圆的形状则显示了磁感线的分布情况。当电流增加时，磁感线的数量也相应增加。当电流接近饱和时，磁感线便更加接近线圈分布。当磁感线达到饱和后，电流的增加将不会使其继续增加了。

将直导线绕成线圈后，磁感线的分布将会更加密集，如图 7-33b 所示为通电的线圈周围的磁感线分布情况。由于线圈的磁通更强，因此通常会遇到的情况便是通电的磁感线圈。例如变压器、继电器、电磁阀和电动机中的磁感线圈。

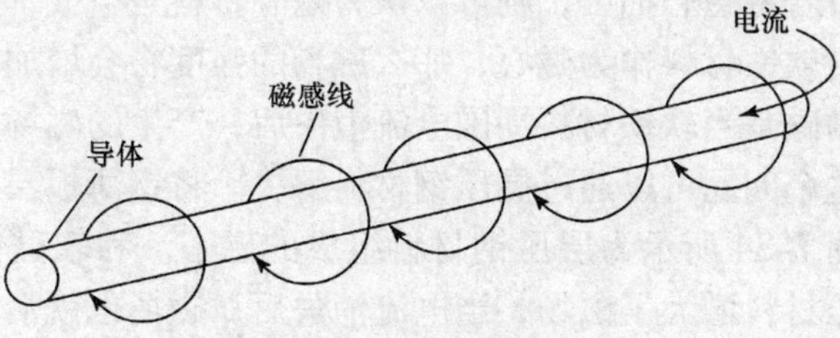

a)没有缠绕的导线附近磁感线较少

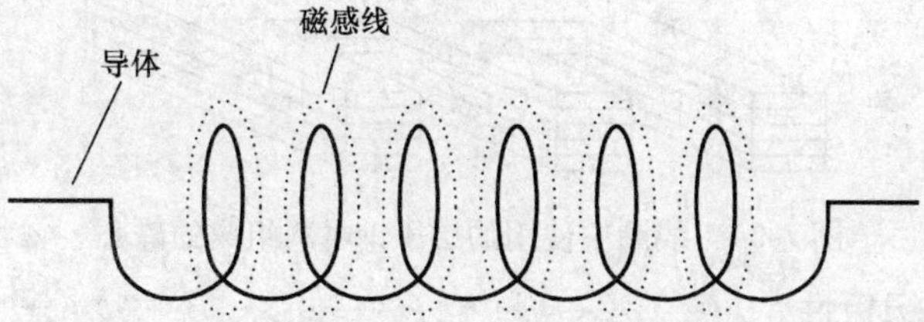

b)当导线卷起来时磁感线更密集

图 7-33　带电导线附近形成的磁感线和带电线圈附近形成的磁感线

电磁铁相较于永磁铁的优点是电磁铁的磁场的激发和消失可以通过对导电状况的控制来进行控制。磁场强度同样可以通过改变电流来调整。这个理论是磁场理论的核心，因为电磁场的变化被用在电动机转矩控制中，通过转矩的控制，能够使电动机带动更大的负荷或提供更大的电压。电磁场的另外一个重要的理论是可以通过对导线中流过的电流的开断来控制线圈的电磁场。可以在线路中加入开关来控制线圈的电流的开断，从而达到控制磁场的目的。当开关断开时，电路中就没有电流的存在，因此也没有磁通和磁场了。

发电机、继电器以及电磁阀采用的便是磁场的开关原理。当电流流进线圈时，磁场便建立起来，当电流消失，磁场便不存在了。此原理在电动机开关控制中应用广泛。当电流流过发电机线圈，转子转动并产生电压。当电流关断，磁场消失，发电机也将停止发电。

7.7.3　增加线圈匝数来增强电磁场强度

电磁场的另外一个特点是可以通过改变线圈匝数来改变磁场的强度。因为增加线圈匝数需要更长的导线，因此导致磁感线增加。使线圈更加紧密也可以使磁场强度增加，因为磁感线变得更集中。因此增大了磁场强度，细金属丝常常被用作导线材料。但细导线的电流过负荷能力较弱，过大的电流会使细导线烧毁。

电动机就是应用电磁原理来提高马力和扭矩的，含有不止一个线圈，因此它们可以通过不同的连接方式而达到扭矩的控制和转速的控制。扭矩定义为电动机轴的扭力。电动机中的线圈可以是串联或者并联的来影响电动机的扭矩和速度。

7.7.4　通过磁心来增大磁场强度

在线圈中加入某种材料，也可以增加磁场强度。磁心在线圈中放置得越深，磁场强度增加得越大。若将磁心抽出，则可以认为磁心材料是空气，那么磁场在这时候是最弱。如果采用软铁材料作为磁心，那么磁场的强度将会增加，但是也会产生不希望有的剩磁。剩磁是当软铁材料周围电流消失后，产生的磁场，使铁心材料具有永磁体的特性。这个问题可以通过层压钢材料解决。将钢薄板层压在一起便形成了坚固的磁心，如图7-34所示为层压钢材料组成的磁心。和软磁铁材料一样，当电流流过线圈，层压材料增大了磁场，当电流消失后，磁场也就消失了，因为层压钢材料不能保持足够的磁场。

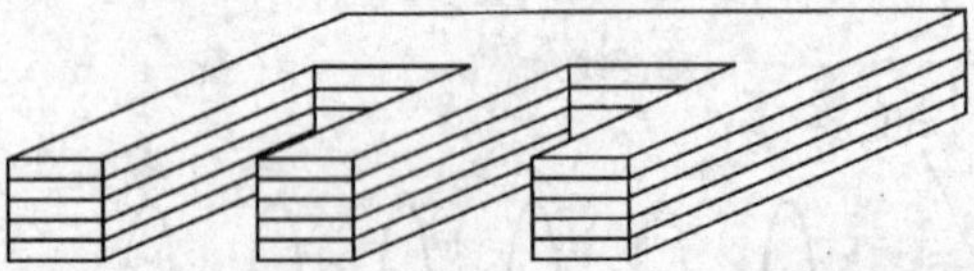

图7-34 线圈中使用的层压钢材料组成的磁心

7.7.5 反转电磁场极性

通过线圈的电流方向决定了线圈的磁场极性。磁场的极性非常重要，因为它决定了在交流或直流电动机的转轴旋转方向。当电流的方向反转，那么磁场的极性也将反转。在工厂、风机和水泵电动机中，磁场的方向是相当重要的。在这些应用中，有可能需要对电动机的绕组连接进行改变或改变三相电动机的供应电压来使其转动方向改变。在这些应用中，电磁场的特性便得到应用，因为改变电流流动方向或者电压极性能使电动机转动方向改变。

可以用另外一种方法理解极性的改变，当线圈通过磁场区域，能产生一个方向的电流。当线圈反方向通过磁场区域，相应的电流方向将会反转。这就是发电机产生电流的理论基础。

7.8 交变电流

在交流电路中，电子的流动由一个方向变化到另一个方向。这种电流运动的方式可以通过特征波形来表示。交流波形如图7-35所示，称为正弦波。正半波与负半波表示不同的电子流动方向。

7.8.1 交流电路的频率

交流电路中的每一个完整的正弦波的正负半波各持续1/60s。而这种正负半波的振荡成为频率，这是交流电路与直流电路的最大区别。频率表示的是电流从正方向转变到负方向的时间。电流产生交变的原因是由于线圈在磁场中的运动方向是变化的，将导

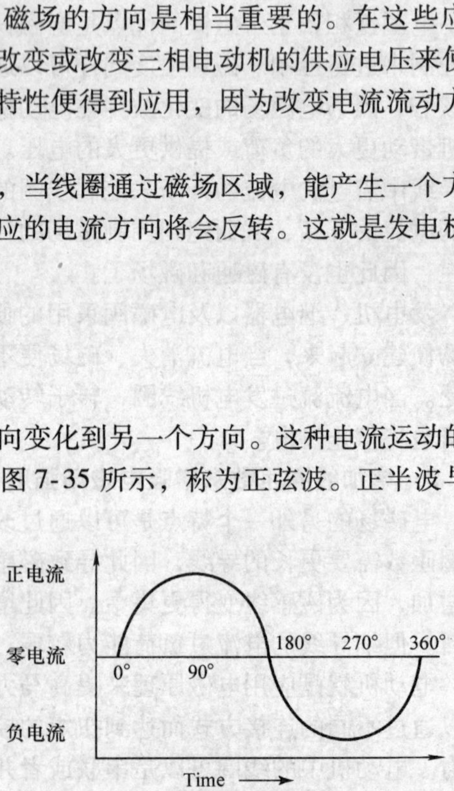

图7-35 一个周期内的交流正弦波

线绕成线圈，再将其安装在一个旋转的轴上，当转过 180°时，便与磁场产生一定程度的切割。继续旋转线圈，从 180°到 360°的区间，导线与磁力线的切割是反方向的，因此产生的电流也是反方向的。通过轴的旋转而产生的电流是交变的。交流电压的频率在北美是 60Hz。频率的大小取决于轴转动的速度。频率在技术上定义为 1s 正弦波发生的次数。如图 7-36 所示为 1s 正弦波发生的。

正弦波的周期表示为从零开始，正弦波经过 360°所需要的时间，如图 7-37 所示。一个周期为一个完整的正弦波，由轴转动一周产生。正弦波是由轴转动 360°产生的。因此完整的正弦波是 360°的。如图 7-37 所示正弦波从 0°开始，在 90°时达到正峰值，在 180°时回到零度，在 270°时达到负峰值，最后在 360°变为 0°。角度的大小在以后的讨论中用来指定正弦波的大小。正弦波的周期定义为 $T=\frac{1}{f}$，而频率为 $f=\frac{1}{T}$。

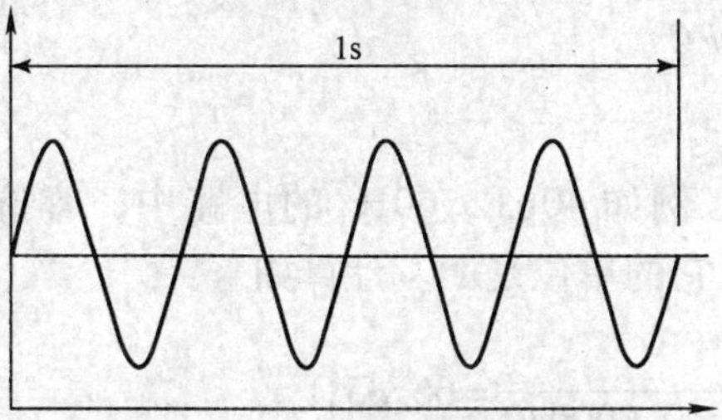

图 7-36　1s 内正弦波发生的次数即交流电压的频率

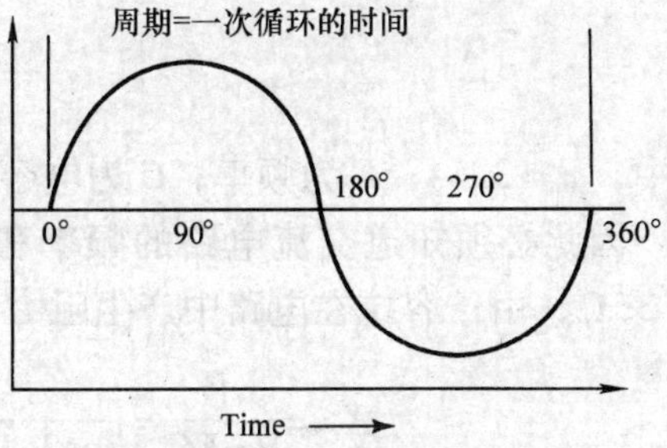

图 7-37　交流电压的周期指发生一次循环所需的时间

7.8.2　电容以及容抗

电容是一个有两个接点的具有存储电子能力的电气元件。它是由两个导电极板构成的，极板之间由绝缘体隔开，绝缘体又成为电解质。如果它是电介质电容，那么电容的两个端点分为正负极。其他类型的电容器的两极是无极性的。

对电容的操作可以通过在其两端加入直流电压，令其充电，再通过开关电路进行放电。电池的负极接入电容的负极，当电路中的开关闭合后，电子从电容的负极流出通过电池流到电容的正极。很重要的一点是电流不能通过电容器，因为电容中间含有绝缘介质，在电容电压与电池电压相同的时候，电流才停止流动。在这时，电容和电池之间不存在电势差，因此电流的流动也停止了。因为电容的正负极之间存在绝缘体，理论上当开关断开，电池与电容断开以后，电容仍然处于被充电的状态。

当电容的正负极板之间存在较大的电势差时，电子将从负极板流到正极板，直到两极板的电子相同，这时认为电容放电。此时，将开关拨至 A 点，电容将继续被充电。当电容器安装在直流电路中，电容将一直处于充电状态，直到电路状态改变。若电容器安装在交流电路中，电容将随电压频率变化而充放电。

电容所产生的阻力称为“容抗”，电感所产生的阻力称为“感抗”。电容和电感阻力综合作用在电路中称为“电抗”。容抗和感抗相对于电阻的主要区别是他们的存在造成了电路中电压波形和电流波形之间的相位差。如图 7-38a 所示为容性电路，如图 7-38b 所示为该电路电压、电流波形，如图 7-38c 所示为用来计算相位差的矢量图。矢量图是从用来计算相角的三角函数图衍生而来的。

当电压通过电容器时，充放电都需要一定的时间，因此对电压波形产生了一定的阻力，电容对电流波形不造成影响。

7.8.3 计算容抗

电容器所造成的阻力称为容抗，用 X_C 表示。尽管容抗可能不用我们计算，但是必须了解不同电路参数对容抗大小的影响，电容以及频率都是影响容抗大小的因素。容抗可以通过以下计算公式得出：

$$X_C = \frac{1}{2\pi FC}$$

式中，$\pi = 3.14$；F 为频率；C 为电容值。

因此必须知道交流电路的频率和电容。例如 40μF，60Hz 的电路中，容抗为 66.35Ω，由于容抗在电路中产生阻力，所以它的单位是 Ω。计算如下：

$$X_C = \frac{1}{2\pi FC} = \frac{1}{2 \times 3.14 \times 60 \times 0.000040} = 66.35\Omega$$

例 7-5

计算在 60Hz 交流电路中，电容值为 90μF 电容器的容性电抗值。

解题思路：

$$X_C = \frac{1}{2\pi FC} = \frac{1}{2 \times 3.14 \times 60 \times 0.000090} = 29.49\Omega$$

7.8.4 计算电容电阻电路的总阻抗

计算交流电路中由电容器和电阻产生的总阻抗。图 7-39a 为计算此类电路阻抗的电路图。例如，在电路中电阻的大小为 70Ω，容抗大小为 40Ω。由于电路中的电压电流不同相，总阻抗应由平方公式计算。本电路的阻抗计算公式为：

$$Z = \sqrt{R^2 + X_C^2}$$

$$Z = \sqrt{70^2 + 40^2}$$

$$Z = 80.62\Omega$$

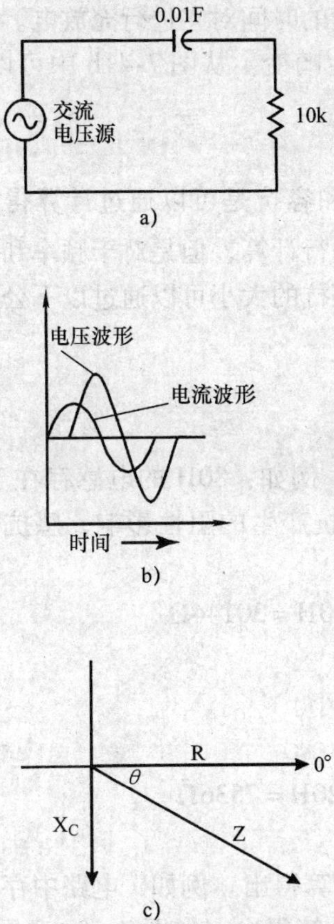

图 7-38 交流电路以及电压、电流波形，表示电压与电阻和电容之间关系的矢量图

a）具有电容和电阻的交流电路

b）交流电路中电压和电流的波形。注意电流波形决定了电压波形

c）矢量图表示了电压与电阻和电容之间的关系

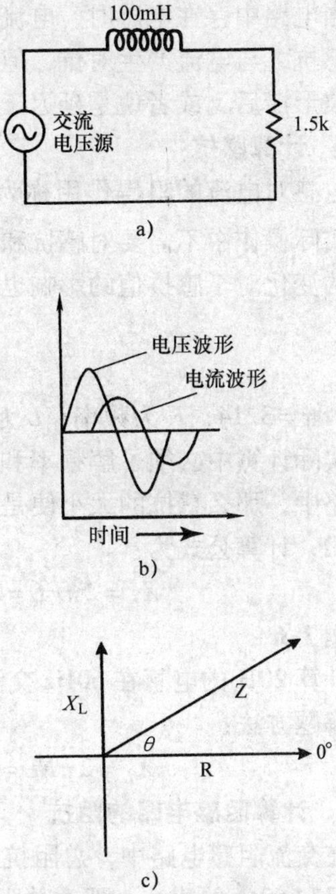

图 7-39 交流电路以及电压、电流波形，表示电感电压与电阻电压之间关系的矢量图

a）交流电路中的电感和电阻

b）阻感电路中电压、电流波形

c）矢量图表示电感上的电压决定了加在电阻上的电压

7.9 电阻和电感

在交流电路中，电感（线圈）产生与电阻所类似的阻碍，由电感产生的阻碍称为感抗。感抗、容抗和电阻的主要不同是通过它的电压和电流之间的相角差。图 7-39a 是一个阻感电路图，图 7-39b 表示此电路的电压与电流波形，图 7-39c表示的是用于计算电路相位差的矢量图。

当电路中存在电感时，电流经过电感需要一定的时间对它进行充放电。因此产生了感抗，与电流产生对抗，但是电压波形不产生畸变。从图 7-41b 中可以发现，电流波形滞后，或者说是延迟于电压波形。

7.9.1 计算感抗

电感对电流的阻碍作用称为感抗，X_L。感抗和容抗是可以通过计算得出，尽管在实际操作中不需要对感抗和容抗的具体数值进行计算，但是对于频率和电感值大小的变化对于感抗值的影响也是应该了解的。感抗的大小可以通过以下公式进行计算：

$$X_L = 2\pi FL$$

式中，$\pi = 3.14$；F 为频率；L 为电感值。

实际计算中必须了解频率和交流电压的大小。例如：80H 的电感存在于 60Hz 的电路中，那么感抗的大小便是 30144Ω。由于感抗产生的阻性影响，感抗的单位便是 Ω，计算公式为：

$$X_L = 2\pi FL = 2 \times 3.14 \times 60\text{Hz} \times 80\text{H} = 30144\Omega$$

例 7-6

计算 20H 的电感在 60Hz 交流电路中的感抗大小。

解题方法：

$$X_L = 2\pi FL = 2 \times 3.14 \times 60\text{Hz} \times 20\text{H} = 7536\Omega$$

7.9.2 计算阻感电路的阻抗

在交流阻感电路中，总阻抗的大小可以通过计算得出。例如，电路中存在 70Ω 的电阻和 50Ω 的感抗，那么总阻抗应通过矢量图计算得出，如图 7-38c 和图 7-39c 所示，因为在此电路中，电流和电压存在相角差。计算公式为：

$$Z = \sqrt{R^2 + X_L^2}$$

$$Z = \sqrt{70^2 + 50^2}$$

$$Z = 86.02\Omega$$

7.10 视在功率和有功功率

在直流电路中，将电压与电流相乘得到线路总功率。在交流电路中，由阻感或者阻容电路所产生的电流与纯阻电路产生的电流应分开考虑。电阻电路中电流产生的功率，称为有功功率。阻感或阻容电路中电流产生的功率，称为视在功率。视在功率的计算没有将电感和电容造成的相角差考虑进去。纯阻电路中的电流产生的功率称为有功功率，在纯阻电路中，电流并未产生相移，因此电流和电压波形之间未产生移相。

7.11　计算功率因数

交流电路中有功功率和视在功率的比值称为功率因数。计算公式为：

$$PF = \frac{TP}{AP}$$

例7-7

计算视在功率600V·A，有功功率500W的电路功率因数。需要注意的是存在无功功率的电路中，视在功率的单位是V·A，伏安。

解题方法：

$$PF = \frac{TP}{AP} = \frac{500\text{W}}{600\text{V} \cdot \text{A}} = 0.83\ (83\%)$$

电路中的有功功率总小于视在功率。纯阻性电路中，有功功率和视在功率是相同的，因此功率因数为1。用户侧产生的功率因数远小于1时，供电公司将根据电价，对用户进行罚款。对于一个平均月电费超过20000美元的工厂，罚款将是很高的。这样的情况下，要对功率因数进行校正，校正的方法是在感性电路（含有大功率电动机）中加入电容器，或者在容性电路中加入电感。在实际应用中，采用商用功率校正系统达到功率校正的目的。

7.11.1　使用电感或电容改变功率因数

当电路中存在电感时，功率因数降低，可以通过加入电容器的方法使功率因数回到1，这个过程称为单位因数校正。在容性电路中，加入电感来调整功率因数。在与电网相连的光伏发电系统中，电网连接点附近需加装功率整流器。大多数的光伏发电系统所发出的交流功率因数需要加装额外的电容或电容器组来进行补偿。

7.11.2　VAR

视在功率的单位是VAR，代表的是伏安阻抗。当VAR的数值非常大时，可以用kVAR来表示。感性电路和容性电路的视在功率都可以用VAR来表示。

7.12　继电保护和接触器的原理和操作

继保装置是在电力系统中常用的控制元件，它是由磁控开关组成的。图7-40表示的是传统的继保装置，图7-41是小型继保装置的切面图，它含有接触器和线圈。继保装置可以由单个线圈和几组接触器组成。当线圈中存在能量时，便存在磁性，产生的磁场使得常开开关关闭，而常闭开关断开。这些接触器的操作是依靠磁力完成的。使得接触器动作的部件成为衔铁。当能量加在继保装置的线圈上时，将产生磁通使得衔铁移动并使接触器改变位置。线圈属于线路控制部分，而接触器则

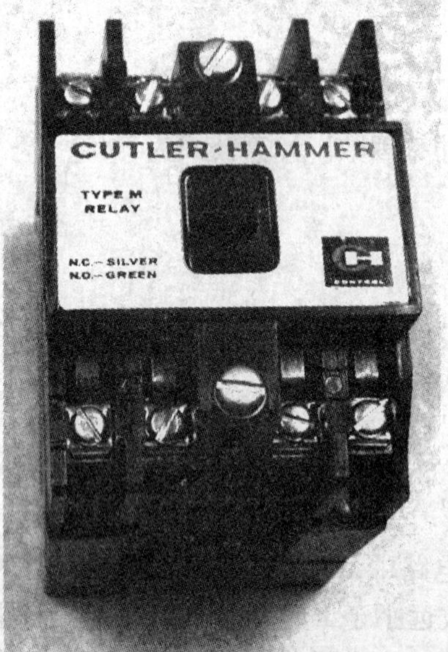

图7-40　传统的继电器

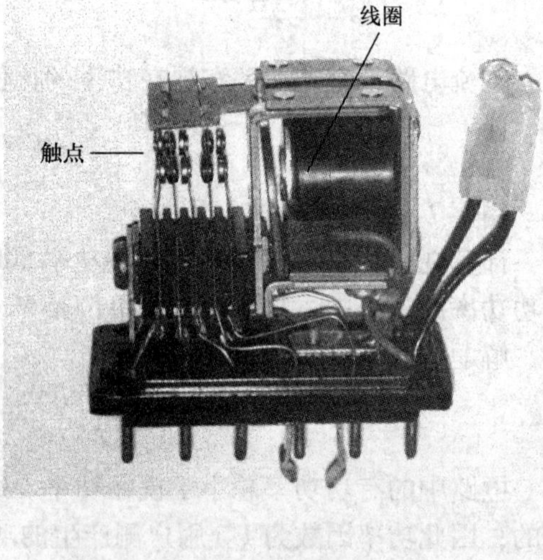

图7-41　小型继保装置的切面图，内含有接触器和线圈

属于线路负荷。

在分析时，需将线圈和接触器分开，尽管它们在继保装置里的安装位置很接近，几乎在相同的时间里动作。必须了解的是，线圈需要先储能，在储能结束后的短暂时间内在线圈中建立磁场，使得接触器动作。

7.12.1　峰值和稳定值电流

对继保装置加压时，将会产生过电流，因为当电流刚流过线圈时，线圈只表现为电阻性，当电流增加后，线圈开始建立起导抗，使得流过线路的电流减小。电流在线圈周围产生很强的磁场，从而导致衔铁动作。当衔铁移动后，线圈中的磁场导抗变化，因此只需要很少的电流便能维持衔铁的位置。

如图7-42所示的是峰值电流和稳定值电流。峰值电流又称为浪涌电流，稳定值电流又称为seal - in电流。浪涌电流的值一般为稳定值电流的3 ~5倍。

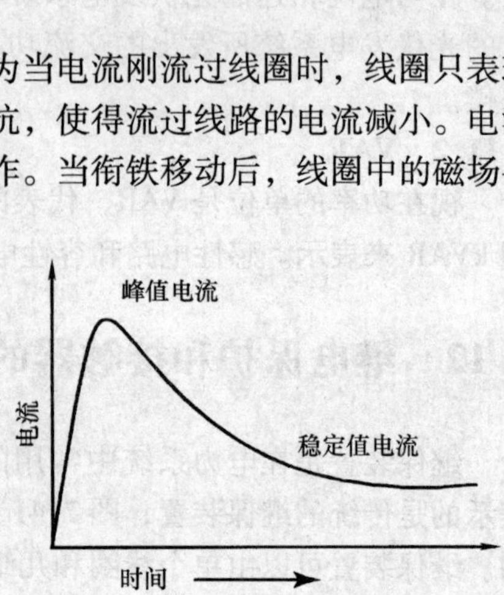

图7-42　继电器线圈的峰值电流和稳定值电流示意图

7.12.2　常开和常闭开关

继电器中存在常开和常闭开关。常开表示的是当继电器的线圈上没有被加上电压时接触器的状态。接触器在此时因为重

力或者弹簧的作用而保持原来的位置。当线圈中存在能量时，继电器将从正常状态改变。

在场的作用下，一些类型的接触器的正常状态将被改变，而有一些接触器的状态是不会改变的。这些接触器的状态改变需要技术人员手动切离继电器或扳动来改变。常闭开关状态改变后，将成为常开开关。常开开关状态改变后将成为常闭开关。在实际操作过程中，技术人员可以改变开关的开闭状态，使得开关的开闭数量符合需要。

7.12.3 继电器接触器和线圈参数

当继保装置损坏，需要更换时，需要保证新的继保装置的线圈参数与旧的线圈电压参数一致。如果控制线圈的电压是24V，那么线圈参数就是24V，并用黑色来标记。如果控制电压是70V，那么线圈就应用红色贴纸标记。如果线圈参数为208V或者240V，那么标记就是绿色的，标记的方式可以是绿色的贴纸或者线圈制造时染成绿色。直流线圈的标记是蓝色的。值得注意的是线圈的参数大多是不在线圈上注明的，若需要了解线圈参数，则要通过继保装置附带的参数表单来寻找。当需要更换继保装置时，必须保证接触器的电压、电流等额定参数匹配或大于负荷的参数。

接触器的参数是根据电压和电流来划分的。电压额定值通常分成300V和600V。也就是说当需要接触器控制240V或者208V的交流电压时，所需要的接触器应该具有300V的额定值。如果需要接触器控制480V的交流电动机，则需要采用600V额定值的接触器。

接触器的电流参数用安培或者马力来表示。电流和马力的值必须大于继保装置的控制电流。这意味着如果继保装置的控制电流为7A，那么接触器的参数必须大于7A。接触器的电压和电流参数必须印在继保装置或者接触器上。

7.12.4 根据接触器的排列区别继保装置

一些继保装置的接触器是按照一定的标准来排列的，因此可以很轻松地根据接触器来识别不同的继保装置，从而进行维修和替换。如图7-43所示为一些传统的继保装置，图7-43a中的继电器只含有一组常开开关。常开开关也可以由常闭开关来代替，因为这种继电器只有一个开关，因此只能对这个继电器进行开闭，所以这种继电器又称为单刀单掷继电器。“刀”表示的是装置中开关的个数，“掷”表示的是接触器所能开闭的节点个数。例如图7-43a中的继电器只有一个接触器，并且只有一个节点可以接入，因此称为单刀单掷。

如图7-43b所示为含有两组常开接触器的继电器，因为这种继电器含有两组接触器，因此称为双刀单掷开关。双刀代表的是有两组常开接触器，单掷表示的是每个开关只有一个闭合触点。当线圈中存在能量后，两组开关都会从常开态切换至常闭态。

如图7-43c所示为含有一组常开和一组常闭开关在左侧连接的继电器，他们的连接点成为公共点，用字母C表示。当线圈中存在能量时，常开继电器将关闭，因为公共点在输入端，输出端有两个（一个是常开端点NO，另一个是常闭端NC），因此此种继电器称为单刀双掷继电器。这种继电器的特点是输出端有两个，因此称为双掷。单刀双掷继电器通常用在不需要两个特定动作条件同时发生的情况下。

图7-43d有两组单刀双掷开关，因此它被称作是双刀双掷开关。在这种继电器中，有两组单刀双掷开关。每一组在输入端都存在一个公共点，输出端都含有常开和常闭开关。这种继电器常用的范围是负荷是208V或者240V时，他们需要从L1和L2端口吸收功率，此时L1与一组接触器公共点连接，L2与另一组接触器的公共点连接。这就保证了L1、L2在同样的条件下动作。

如图7-43e所示的继电器含有多组常开开关，这种继电器由多组常开接触器构成。在原有继电器的基础上，还可以往其中多加几组接触器，安装的方法是将接触器安装在继电器的顶部，并旋好固定螺钉，使得新加入的接触器和继电器衔铁共同工作，这种继电器的好处是可以任意改变接触器的个数。

如图7-45f所示为含有多组独立常开常闭接触器的继电器。这种继电器和图7-45e中的类似，但是图7-45f所示的继电器中可以含有多组常开常闭开关组。在许多情况下继电器里的接触器可以根据应用的不同而更换。技术人员可以将继电器中的常开常闭开关根据需要而转换。在大多数情况下，只有在安装和检查时才对不同的继电器种类进行鉴别。

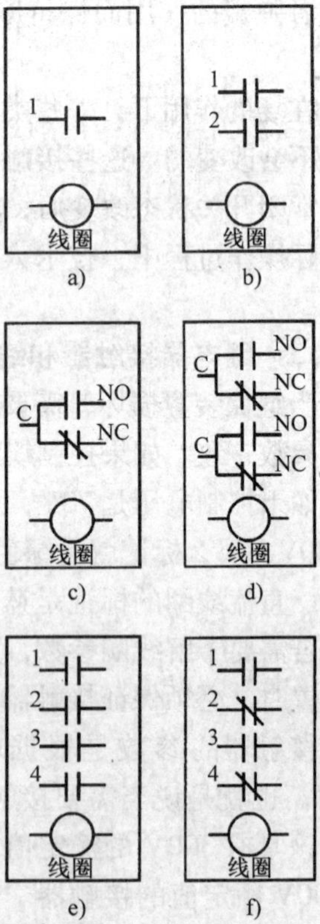

图 7-43
a）继电器只有一个常开开关，称为单刀单掷（SPST）继电器 b）继电器有两套开关，称为双刀单掷（DPST）继电器 c）继电器有两套连接在公共点（C）的开关 d）继电器有两套SPDT开关，称为双刀双掷（DPDT）开关 e）继电器含有多组常开开关 f）继电器含有多组常开和常闭开关

7.12.5 继电器和开关的不同

开关和继电器的相同之处是具有线圈和接触器；最主要区别就是开关的体积更大，可以承载很高的电流。继电器通常被称作磁控式开关，主要控制15A以下的电流，开关则可以承受15A以上的电流。但有些厂商并不以15A作为标准，因此有时可以看见最大电流大于15A或者小于15A的继电器。通常，开关是经过特殊设计的，可以承受很大的电流，最高可以达到2250A，开关的标准测量是由NEMA制定的，开关的型号从00到09。有的开关是由马力来标称的。

在系统中大多数的电动机是由开关而不是继电器控制的，因为电动机的额定电流通常都是大于 15A 的。

7.12.6　NEMA 的开关标准

表 7-1 给出了为了限制堵转和慢速运行的三相单速全电压磁控制器的马力和堵转电流等级，可以看出 00 号接触器所能承受的安全电流为 9A，同样可以看出，开关电压最高可以达到 575V。通过前面的学习，我们了解了开关的电流大小由接触器的型号决定，电压标称值则由开关的制造方式决定。因此越高电压等级的接触器的两极间所具有的绝缘材料就越多，因此电弧不会在接触器两极之间或者继电器的其他部分跳跃。此表格中也定义了最大马力值。这就意味着电流和马力值均可以作为负荷开关选择的标准。

通过表格可以知道第二个开关是 0，最大连续电流为 18A，9 号开关是最大的，电流值为 2250A。

表 7-1　为了限制堵转和慢速运行的三相单速全电压磁控制器的马力和堵转电流等级

控制器型号	持续电流/A	At 220V 60Hz		At 230V 60Hz		At 380V 50Hz		At 460V 60Hz		At 575V 60Hz		非持续电流
		HP	LRA	HP	LRA	HP	LRA	HP	LRA	HP	LRA	
00	9	1.5	46	1.5	40	1.5	30	2	25	2	20	11
0	18	3	74	3	70	5	64	5	53	5	42	21
1	27	7.5	151	7.5	140	10	107	10	88	10	70	32
2	45	10	255	15	255	25	255	25	210	25	168	52
3	90	25	500	30	500	50	500	50	418	50	334	104
4	135	40	835	50	835	75	835	100	835	100	668	156
5	270	75	1670	100	1670	150	1670	200	1670	200	1334	311
6	540	150	3340	200	3340	300	3340	400	3340	400	2670	621
7	810			300	5000			600	5000	600	4000	932
8	1215			450	7500			900	7500	900	6000	1400
9	2250			800	13400			1600	13400	1600	10700	2590

课后习题

1. 简答题

1）解释为什么并联电路每个线路节点的电压等于电源电压。

2）解释 M，k，m 和 μ 的物理意义，并给出应用实例。

3）讨论串联开关在电路中应用的优点。

4）解释无穷大电阻的意义。

5）说出利用欧姆表测量电阻的注意事项。

2. 多项选择题

1）在串联电路中，线路中每一处电流（　　）。

A. 总是零

B. 相同

C. 等于电压

2）毫安等于（　　）。

A. 千分之一安培

B. 十万分之一安培

C. 百万分之一安培

3）当温控开关、高压开关和油量开关串联连接在水轮机电路中，油量开关因为油量低而断开，那么此电动机将（　　）。

A. 仍然正常运行，因为其他两个开关是闭合的

B. 不受影响，因为负荷是以串联形式连接的

C. 因为电流为零而断开工作

4）并联电路中的电压（　　）。

A. 随着并联电阻的增加而增加

B. 随着并联电阻的增加而减少

C. 随着并联电阻的增加不变

5）并联电路的阻值（　　）。

A. 随着并联电阻的增加而增加

B. 随着并联电阻的增加而减少

C. 增加或者减少与并联电阻的数量没有关系

第 8 章　光伏发电的换流器和控制器

本章学习目标

读完本章你将能够：

- 解释汇流箱的功能。
- 画出换流器的原理图并解释其工作原理。
- 确定换流器的主要部分并解释它的功能。
- 识别三种类型的换流器电路（可变电压输入、脉宽调制、电流源输入）并解释每种类型的操作方法。
- 解释电池充电控制器的功能。
- 识别太阳能控制系统的主要组件。

本章关键词

吸收阶段充电
反孤岛电路
Boost 稳压器
Buck 换流器
Buck - Boost 稳压器
充电控制器
斩波器
断路器
汇流箱
接触器
换流器
电流源输入
直流接口外壳
断开外壳
电磁干扰
浮充充电阶段
正激换流器
全桥换流器
半桥换流器
换流器
线性电源
最大功率点跟踪
脉宽调制
推挽式换流器
数据采集与监视控制系统
六步换流器
太阳能充电控制器
开关式电源供应器
变压器
两段式电池充电
可变电压输入

本章概述

光伏发电系统可以发出不同电压和电流等级的直流电，这些直流电可以向能直接使用直流电的独立式住宅系统供电。如果光伏发电系统含有蓄电池，那么必须使用充电控制器以确保电池能够完全充满电并且不出现过度充电的情况。同时，充电控制器能够使电池避免出现完全放电的情况。

在其他居民和商业应用中，直流电必须先经换流器转化为交流电才能向照明、加热、空调设备、水泵和风机等现有交流用电设备供电。在工业应用中，交流电的性质必须和由电网提供的交流电三相的性质（幅值、相位、频率）完全相同，以保证敏感设备在不管是由电网供电还是由光伏电池板供电时同样都能工作。太阳能发电系统的另外一种应用是并网，也就是说光伏电池板发出的直流电必须经过换流器的转换成单相或三相的60Hz交流电，并且必须保证幅值和电网电压幅值一致。如果是三相交流电，还必须保证相位和电网的三相交流电的相位相同。

根据照射到光伏电池板上的光照强度的不同，产生的直流电大小也不同，这种电压的不同必须被控制以保证系统工作在最佳容量。电池板使用了一种追踪系统使它的表面转动以最大限度地获得太阳能。

在一些应用中，光伏电池板发出的电直接被储存在蓄电池中，以应对夜间或阴天光照不足时发出的电不能满足需求的情况。在光伏电池板没有对蓄电池进行充电的时候，控制器需要控制放电速率，保证蓄电池不会被完全放空且电池组不受到损害。

一些用于工业的较大的太阳能光伏系统一般采用并网方式，这些系统不需要蓄电池。当光伏电池板发电时，电能输送到母线上给整个工厂供电，如果产生的电能大于工厂的需求，多余的部分被输送到电网。如果光伏电池板没有产生充足的电能，电网将会提供电能以满足需求。因而需要双向电表来计量电网输入或输出的电能。

典型的系统应该包括光伏电池板、汇流箱、蓄电池和换流器。本章将会阐述系统中所有组件的工作原理，并提供换流器、控制器以及驱动它们工作的组件和电路的深入信息。同时会解释应用于光伏的典型电压控制器。本章会提供典型的应用和图表来阐释电压控制器是如何有效控制光伏发电系统的。本章其他部分会说明更复杂的控制系统及它们的工作原理。本章重点是光伏发电系统及其控制的运行原理和它们的解决和维修。

8.1 需要充电控制器的应用类型

任何使用了蓄电池的光伏发电系统都需要充电控制器。充电控制器能够延长蓄电池的寿命，使太阳电池板免受蓄电池过充电的影响，同时能避免蓄电池在夜间被太阳电池板耗尽，一些充电控制器还能记录光伏发电系统的性能信息。

充电控制器有一个叫做低压断开的回路，该回路可以使蓄电池避免出现严重过放电的情况。充电控制器有许多与每个系统匹配的特殊特征以保证系统可以高效运行。例如，充电控制器需要和所使用的蓄电池的类型匹配，如胶体蓄电池或者铅酸蓄电池系统电压等级（12V、24V、48V或60V的直流电压）要和系统在该电压等级下可以产生的最大安培数相适应。绝大多数情况下，充电控制器可以极大限度地允许光伏阵列在未来扩充。

一些使用单体蓄电池或者蓄电池组的系统，包括小型的居民系统，都需要使用充电控制器。在商业系统中，充电控制器的主要功能是使蓄电池作备用并储存过剩的电能，而不是将电倒送回电网。其他一些独立系统使用太阳电池板给蓄电池充电，然后给停车点照明系统或者偏远地区高速路旁的风电设备供电。

一些充电控制器具有改变光伏电池板位置的功能，以使得它们能最大限度地获得电能。这种充电控制器在给蓄电池充电时通过追踪光伏阵列的最大功率点来获得最大电流。

8.1.1 太阳能光伏阵列汇流箱

汇流箱可以使多种类型的太阳能光伏阵列相互连接，并且在电能被输送至充电控制器之前将电压统一。这个外壳可以被认为是 NAME3R，也就是说它是用于室外的，可以抵抗雨雪；或者可以被认为是 NAME4R，即用于室内的不漏水的。在这些等级中，NAME3R 汇流箱可以直接安装在暴露于任何户外天气的屋顶上，NAME4R 汇流箱可以安装在屋顶的半建筑外壳里或者直接安装在室内。汇流箱的末端连接的额定电压是 600V，使电池板既能满足居民用户又能满足工业用户。汇流箱具有十个回路，总额定电流是 120A。每个回路最大可流过 15A 并提供一个供光伏电池板连接的连接点。更大型的汇流箱额定电流可达 200A。图 8-1 是一个打开柜门的典型汇流箱，从图 8-2 中可以看出每个光伏阵列的连接点都在电池板上并在熔丝处进行连接。光伏控制系统的下一部分是充电控制器。

图 8-1　连接多个 PV 面板的汇流箱
（来自 Ron Swenson，www. SolarSchools. com）

图 8-2　连接箱中的熔断器单元。
熔断器也可以位于汇流箱中
（来自 Ron Swenson，www. SolarSchools. com）

8.2 太阳能充电控制器的基本操作

太阳能充电控制器可以设计成为船上、RVs 或者直接给电池充电的小型民用太阳能系统中的小型蓄电池充电。太阳能充电控制器也可以设计成控制电池用来作大型居民用电系统的备用电源。图 8-3 是施耐德电气 Xantrex XW60 最大功率点跟踪电池充电控制器。下一部分将会介绍充电控制器的运行以及它是如何给蓄电池还有系统的其他组件提供保护的。

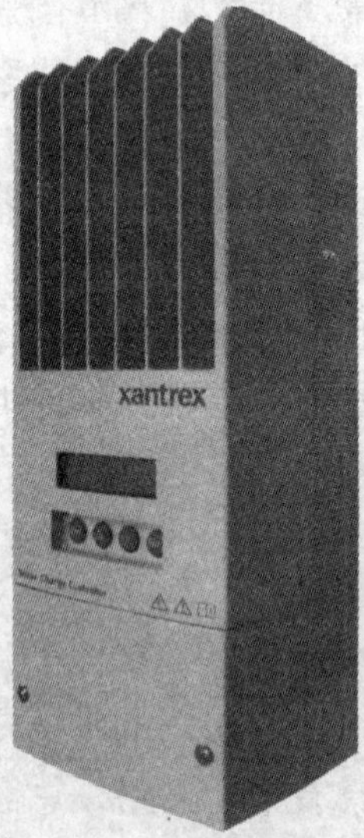

图 8-3 施耐德电气最大功率点跟踪电池充电控制器 Xantrex XW60（来自施耐德电力可再生能源事业部）

8.2.1 最大功率点跟踪（MPPT）系统

有些大型工业充电控制器带有一个用来跟踪太阳的电路，可以使光伏阵列持续转动以最大限度地获得太阳能。如果光伏阵列安装在一个固定的位置，由于太阳在天空的运动就不能全天都获得最多的太阳能。效率最高的光伏阵列是可移动的，有一个可以确保太阳运动过程中电池板接收最多太阳能的跟踪系统。这个跟踪系统叫做最大功率点跟踪系统。当充电时，控制器根据光伏阵列输出的能量和蓄电池的充电水平来控制蓄电池电压和输出电流。白天太阳在天空转动，当控制器检测到接收到的最大太阳能改变时，MPPT 系统将会调整电池板的位置。控制系统使用一种使光伏阵列获得最多的太阳能算法。MPPT 不断地调整阵列的运行点来确保它们始终工作在功率最大点。在一些品牌的控制器中，跟踪的同时可以不中止太阳能的接收。这个特征在所有光照条件下都是非常有利的，特别是在云层快速移动和太阳能条件变化迅速的地区。下一部分将会解释控制器是如何控制充电水平到达最大限度充电但又不会过充电的。

8.2.2 充电控制器的两阶段和三阶段充电状态

太阳能控制器主要是一个电池充电器，来控制直流电源（光伏阵列）对蓄电池充电的方式。蓄电池充电可以由两个或者三个阶段完成。充电的第一阶段叫做大容量充电阶段，发生在最多的电能被输送到电池进行充电时。如果电池被放电了，控制器就运行在常电流模式，把它的最大电流送到蓄电池直到接近被充满。

充电的第二阶段叫做吸收阶段，发生在蓄电池电压接近与达到充满状态时。当蓄电池到了吸收阶段时，控制器将工作在恒电压模式，在预先设定的时间范围内蓄电池电压维持在吸收电压。在这段时间里，电流随着电池容量的达到而逐步减小。

充电的第三个阶段叫做浮充充电阶段。在这个阶段里，蓄电池接近被充满，电流达到极限。在浮充阶段，蓄电池控制器降低充电的电流，但是电压在最大水平之下保持稳定，使蓄电池不会过充电。当充电控制器进入浮充充电阶段，它开始限制充电电流的大小，充电逐渐停止。

当以下三种情况之一出现时，充电控制器会转换到浮充充电阶段：

1. 当蓄电池充电电流降至退出电流门槛以下一分钟时，退出电流门槛相当于蓄电池容量的 2%（对于一个 500A · h 蓄电池组来说是 10A）；

2. 蓄电池电压达到或超过浮动电压 8h 以上时；

3. 蓄电池电压在容量/吸收电压的时间达到预先设定的时间限制（最大吸收时间）。

8.2.3　两阶段电池充电

有些太阳能蓄电池充电控制器只包含两个阶段。这两个阶段包括大容量充电阶段和吸收充电阶段。浮充阶段没有被用到，当蓄电池达到接近充满的状态时，控制器不允许任何电流流入蓄电池。当电流向负载供电时，控制器开始降低蓄电池电压，就回到吸收阶段并又开始对蓄电池充电。当蓄电池在接近充满且只有非常小的负载电流时，两阶段充电控制器在吸收阶段和满充电模式之间转换。使用一种电压监视电路来持续监控蓄电池的充电状态，并决定需要的充电量。不同类型的充电器和不同类型的充电方式已在第 7 章讨论过，可以翻阅相关章节来回顾这些信息。

8.2.4　光伏阵列的夜间自动断开

有时，特别是在夜间或者多云天气时，光伏阵列的输出电压水平会降到蓄电池的电压水平以下。当发生这种情况时，蓄电池的电流可能会流回光伏阵列。充电控制器有一个专门检测光伏阵列低输出电压的回路，这个回路打开一个内置的继电器来阻止电流从蓄电池流回光伏阵列。当控制器工作在这种模式时，从蓄电池中吸收最少的能量。由于继电器触点会将这个回路完全打开，所以在蓄电池和光伏阵列之间就不再需要反向二极管了。如果光伏阵列包含非晶形的太阳能模块或者薄膜，为了避免在云层间歇或偶尔遮盖太阳时太阳能光伏阵列的输出电压将降蓄电池充电水平以下，就需要安装二极管。

8.3　光伏系统的基本控制图

图 8-4 是控制连接控制器的光伏阵列所需要的所有元件。太阳能光伏电池板阵列在左上角。从图 8-4 中可以看出，太阳能光伏电池板发出的电能可以通过换流器直接给居民用户和小型商业用户供电，作为电网供电的补充。如果太阳能光伏电池板发出的电能在满足居民用户和小型商业用户任何时候的需求之外仍有剩余，多余的电能就可以通过计量仪表倒送回电网。如果蓄电池是用来储能的，那么太阳能阵列发出的直流电还可以通过充电控制器给蓄电池充电。控制器可以确保蓄电池不出现过充电的情况，也不会放电到不安全水平。图 8-5 是典型充电控制器的电路图。

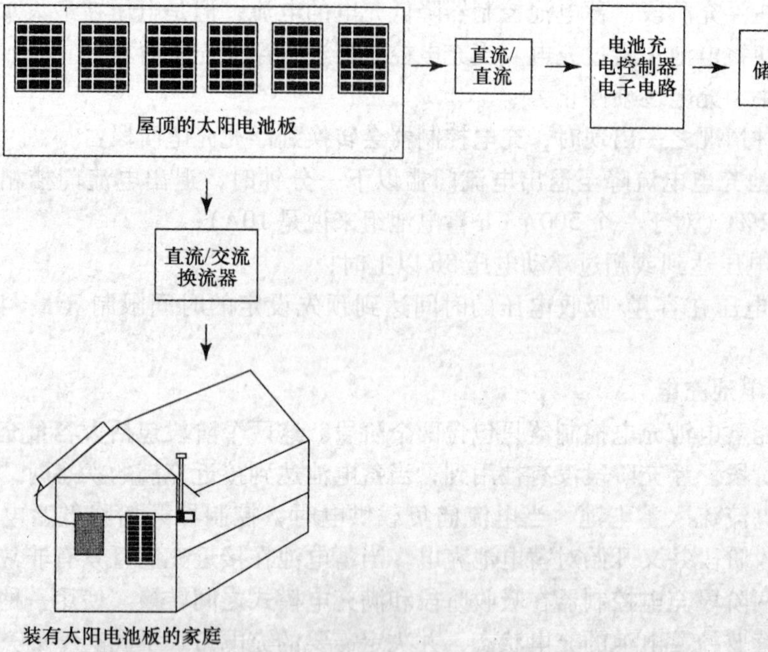

图 8-4 块状图示出太阳电池板阵列可以经过一个换流器直接为居民和商业设施提供能量，或者可以将能量储存于电池中以供后续使用

整个太阳能系统包括图中从最右端光伏阵列到左端的输出部分的所有部分。

8.3.1 太阳能光伏电池板

从电路拓扑图中可以看出太阳能光伏电池板是系统的电能转换器。光伏电池板把太阳能转换成直流电。太阳能光伏电池板可以是单个的电池板，也可以是大量电池板组成的阵列。电池板连接在控制器的正极和负极末端，连接的极性要完全正确。太阳能阵列单点接地。太阳电池板的安装方式和系统其他部分一样。电路必须有一个正极与一个负极来适应当地和其他系统的需要。

8.3.2 直流接口外壳

系统的下一部分是直流接口外壳：一个末端板（TB3）、一个直流断开开关和一个直流接触器。断开开关是一个手动开关，接触器由磁性线圈控制。直流界面提供一种使太阳能光伏阵列的所有直流电和主控制器断开的方法。任何时候都要确保重要的维修工作的完成，这种断开能使系统需要进行维修的部分断开和锁定。

8.3.3 主换流器附件

主换流器部分包括把直流电转化成交流电的换流器电路。直流电输入换流器时是没有任何频率的纯粹的直流电。电压大小是随着获得光照的多少而发生变化的，其变化范围介于光伏阵列可产生的最小电压和最大电压之间。例如，在早上和下午，阵列产生的电压就比中午的时候要小，多云天气时电压水平也会降低。换流器

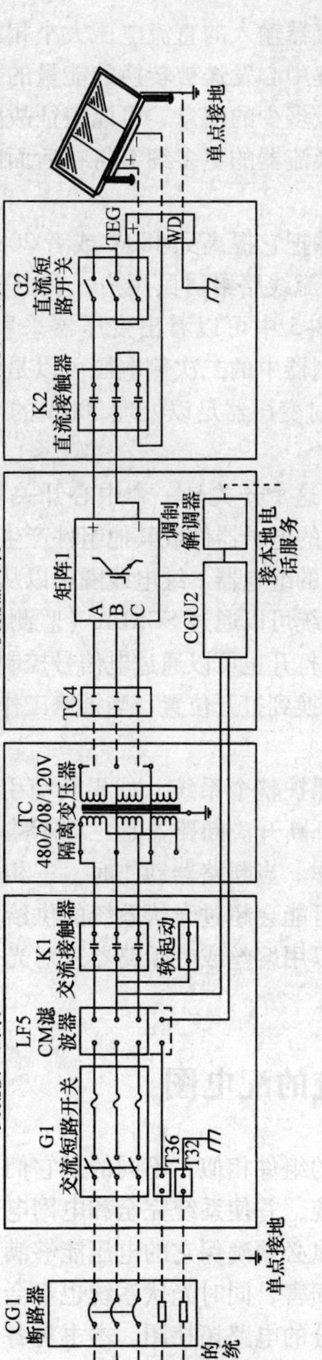

图8-5　一个包含六个模块的简单光伏系统及其控制的电气结构块状图（来自施耐德电力可再生能源事业部）

输出的交流电压的大小是和换流器输入的直流电压大小相匹配的。

调制解调器用来向数据收集中心发送被转换的能量的数据，这些数据包含时间信息还有光伏电池板产生的能量多少的信息，可以表征故障以及其他情况，从而可以判断系统的工作状况。关于换流器的更多细节将在后面的部分讲述。

8.3.4 变压器附件

变压器部分使用交流电，并把它提高到480V或者208V的工业用三相交流电，也可以在中性点提供120V的交流线路给居民用户。在更低的电压等级中，中性点可以接地也可以不接地。从图8-5中可以看出变压器采用三相Y形联结，一次侧和二次侧可以隔离开来。该控制器中的二次侧电压可以是208V或者480V。额定功率是100kV·A，所以在480V时变压器足以处理200A的电流。

8.3.5 交流界面附件

交流界面有交流断开开关，这个开关是一个中心开关和EMI（电磁干扰）滤波器。EMI滤波器可以限制电路中的电子器件或其他组件产生的谐波注入电网。交流接触器是一个由继电线圈控制的大的继电器。继电线圈可以从任何电脑控制的设备或者PLC接收信号，也就是说光伏系统可以通过SCADA（监测控制和数据采集）系统进行远程控制。断开开关可以手动打开也可以通过电信号控制。在任何系统需要维修的情况下，交流手动开关都可以转换到打开位置，当维修工作完成后再合上。

8.3.6 电路断路器

电路断路器会在过负荷时保护整个系统。如果负荷引起流向系统的电流过大，断路器就会动作，将三相电路都断开。断路器是三相断路器，但是只要任一相的电流超过最大允许电流它都会动作。当断路器动作时，三相电路同时打开。负荷可能会是整个工厂，所以电能需要可能会超过光伏系统的供给，这会出现过负荷情况并且给系统带来过大的电流，所以用熔丝或者断路器来对光伏设备和电路进行保护是非常重要的。

8.4 大型工业光伏系统的配电图

大型光伏系统和小型系统的组件相似，不同的是它们会增加电容器、电感器和一些其他需要的组件来保护系统，并使系统完全和电网电压兼容。由于任何时候光伏系统都是和电网相连的，所以必须确保它的电压能够满足电网的标准，这样才能保证光伏设备不会受到电网的损害，同时光伏系统也不会影响电网。图8-6是一个商业用太阳能发电系统各个部分的电路拓扑图。本书对各个部分进行了编号，方便在以后的讨论中清楚地知道是哪部分。本节将会介绍系统的所有组成部分，并展示其中一些组件。在某些系统中，图中的所有设备都安装在一个橱柜内。而在其他一些系统中，这些设备被分别安装在屋顶的不同橱柜内。图8-7是一个安装在屋顶的典型大型居民用太阳能发电系统。

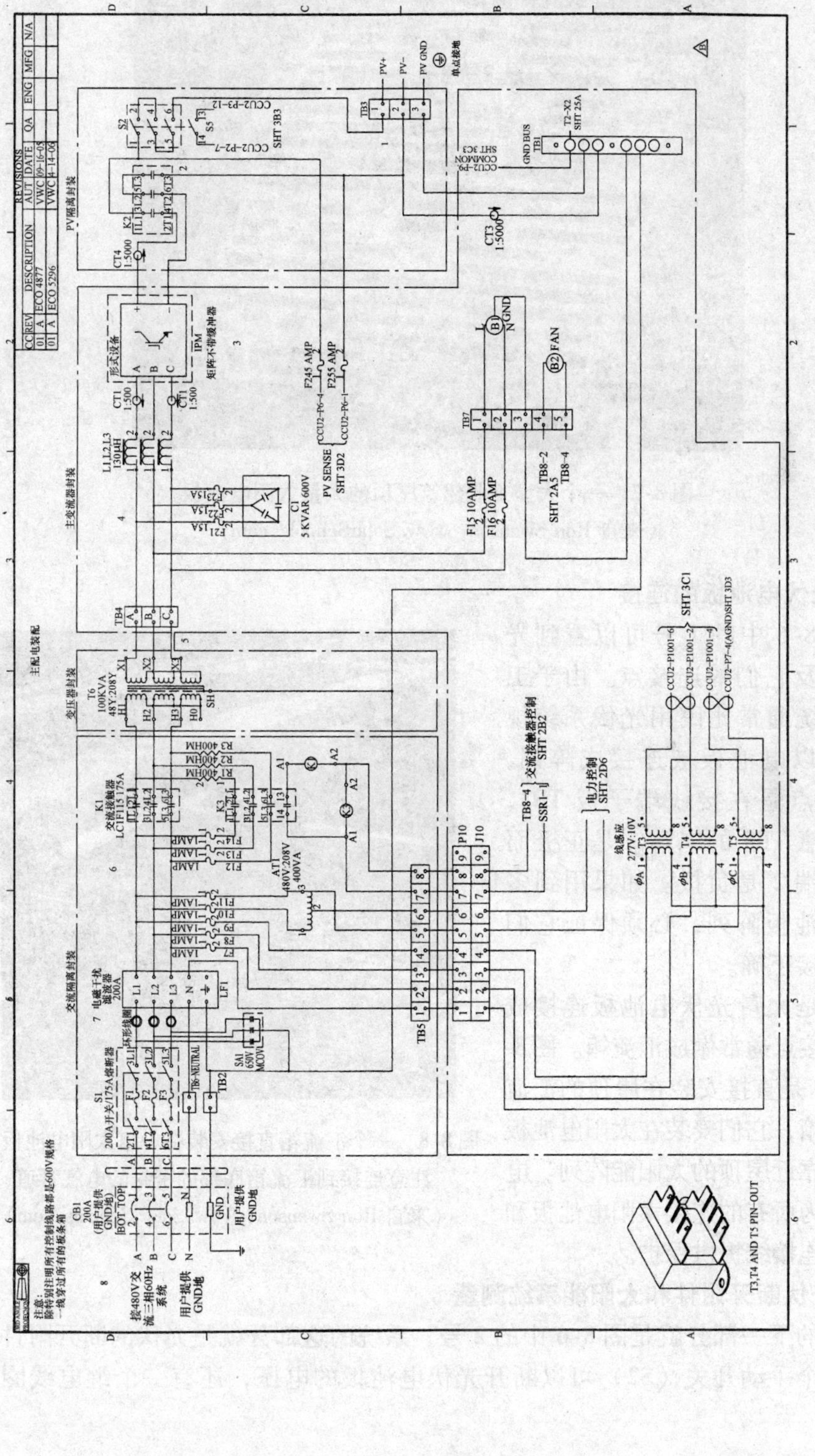

图 8-6　一个工业太阳能电路各模块的电气结构块状图（来自施耐德电力可再生能源事业部）

图 8-7 一个大型工业建筑屋顶的大量太阳电池板
（来自 Ron Swenson，www. SolarSchools. com）

8.4.1 光伏电池板的连接

从图 8-6 中的 1 号可以看到光伏电池板及它们的连接点。由于工业光伏系统通常比民用光伏系统规模大，所以电池板被连接成阵列。注意连接点是在接线端子板 TB3，并且要注意 TB3 的末端 1 是正极而 TB3 的末端 2 是负极。如果用到多种光伏电池板阵列，必须保证它们的极性连接正确。

图 8-8 一个汇流箱直接安装在一组太阳电池板下。注意连接到汇流箱底部的密封的电气管道
（来自 Ron Swenson，www. Solar Schools. com）

如果是大量光伏电池板连接成阵列，连接点通常做成汇流箱。图 8-8 和图 8-9 是直接安装在屋顶的汇流箱和连接箱，它们安装在太阳电池板下面或者靠近屋顶的太阳能阵列。电气导线管为所有的连接太阳电池板和汇流箱的连接线提供保护。

8.4.2 光伏断开附件和太阳能系统测量

系统的下一部分就是图 8-6 中的 2 号。系统的这部分就是光伏的断开附件。这部分有一个手动开关（S2）可以断开光伏电池板的电压，还有一个继电线圈控制

图 8-9　安装在临近太阳电池板阵列的屋顶四周的附加连接箱
（来自 Ron Swenson，www. Solar Schools. com）

的接触器（K2）。CT4 是电流互感器，来显示系统产生的直流电流的大小。图 8-10 是太阳能系统的仪表和开断附件。太阳能系统开断附件在图中被标为字母 a，系统仪表被标为 b，两个小换流器的开断开关标为 c，太阳能系统连接箱被标为 e，两个小型换流器被标为 f。测量仪表的测量值为净值，可以测量在白天或黑夜太阳能系统不能满足电力需求时系统从电网吸收的电能。系统需要独立运行的时候，或者太阳能系统的电能需要和电网系统的剩余部分断开时，开断开关都可以使系统独立。如果系统使用数据采集，联络管可以通过同样的设备箱连接。

图 8-10　太阳能系统的仪表和开断附件
a）太阳能电气系统隔离开关　b）太阳能电功率表　c）两个小换流器的隔离开关　d）太阳能电气系统电缆分线箱　e）两个隔离变压器　f）两个小换流器
（来自 Ron Swenson，www. SolarSchools. com）

8.4.3　换流器部分

系统的下一部分即图 8-6 中的 3。整流器有一个把直流电转化成交流电的逆变回路。换流器内部的实际电路将在本章的下一部分详细讲述。换流器的输入是光伏阵列产生的直流电，通过换流器转化成 60Hz 的交流电。光伏阵列产生的电压大小随光线的改变而变化。图 8-11 是一个安装于屋顶的柜内换流器，旁边是一个断开开关。有些系统在光伏阵列附近使用一系列小型换流器，而有些系统在中心位置使用一个或两个大型换流器。

8.4.4　电容和电感

在电路框图 8-6 中，系统的下一部分是电容和电感，即图中的 4。电容和电感过滤交流电。电容过滤直流电压，电感过滤直流电流。电容也可以用来校正系统的功率因数。在第 12 章将介绍更多关于功率因数的知识及功率因数不正确带来的问题。

8.4.5 变压器部分

变压器是图 8-6 中的 5。该 100kV · A 的变压器提供 480V 的电压。它把换流器的输出电压升高到 480V。由于一次绕组和二次绕组没有联系，所以被称为隔离变压器。从图 8-12 中可以看出隔离变压器安装在将光伏阵列发出的直流电转化成交流电的 225kW 换流器的左边。隔离变压器用来升高交流电压。

图 8-11　太阳能光伏系统用的换流器和隔离开关
（来自 Ron Swenson，www. swenson. com）

图 8-12　安装过程中换流器内部图
（来自 Ron Swenson，www. SolarSchools. com）

8.4.6 交流接触器

图 8-6 中的 6 是交流接触器。接触器的触点是通过线圈控制的，线圈的电压可以由与 SCADA 系统相连的电脑或者 PLC 控制器提供。接触器使与负荷相连的输出电路和换流器之间完全的独立。

8.4.7 EMI 滤波器

EMI 滤波器是图 8-6 中的 7 号，它过滤掉任何干扰信号和可能会进入交流电压和电流的谐波。滤波器使得信号干净，从而计算机以及其他敏感负荷可安全用电。

8.4.8 断路器和输出部分

图 8-6 中的 8 是系统的断路器和输出部分。断路器是三相断路器，可以在过电流时对任何负荷起保护作用。断路器跳开后可以重新整定和使用。如果电压的一相检测到过电流，三相电路会同时跳开。

8.5 孤岛抑制电路和其他保护电路

光伏发电系统连接于电网时，如果电网出现故障，则会对光伏发电设备造成不利影响，例如，闪电或其他的严重故障。同样，当系统中的电气设备如变压器或者换流器故障时，也会对电网产生危害。短语“孤岛”描述了这样一种情形：电网的一部分已断开而其余部分仍相连。这种情况有时是意外发生的，而有时则是因为一些电网的各部分之间是独立的，这样在某些部分断开时，可以由其他的一部分或几部分继续运行并向电网供电。例如，当发生飓风、龙卷风或者冰风暴时，电网被损坏的部分可能必须和主网断开，并且停止对这部分供电以进行大检修。这些情况下，是故意进行孤岛运行的。当故障引起部分电网的电压下降，会使例如太阳能与风电之类的小规模电源成为电能唯一的提供者，从而不能使它们过负荷和受到损害。当电网部分断开并允许太阳能发电系统之类的发电设备继续发电时，会出现的情况是，电能可以回送或者返回人为试图孤立的电网的那部分，从而它们能在无电的情况下安全工作。在这些应用中，如果采取恰当的步骤来保证电网本身不被回送，一些孤岛是允许的。但是非故意的孤岛是被完全禁止的，因为会使不受控制的电压回送到电网中。太阳能光伏电池板使用的开关和电子控制都有一个叫反孤岛的回路，防止在电网所连接的部分出现故障或故障时继续向电网供电。

孤岛情况通过电力电子电路对以下几条进行监控：

1）电压大小水平发生突然或非预期的改变；

2）一个或多个电源引起的系统频率改变；

3）有功输出的突然增加，超出了系统中小回路可以预测到的典型水平；

4）功率因数或者无功输出的改变，和现有情况不同。

这些情况中的任何一条都可以表明出现了小型发电机断开或者负荷的某些部分和电网断开等故障。这些情况可能出现在小型居民系统或者更大一点的商业系统和工业系统。如果这些情况中的任何一种出现，太阳能发电系统就需要快速和电网断开，防止它继续向电网输送电能。

IEEE1547 标准总结和解释了在什么情况下反孤岛保护需要动作，以及参数达到什么水平时定义为不正常情况。在单个的换流器中，保护电路通常包括锁相环电路，它可以实时监测系统电压。IEEE 1547 详细说明了反孤岛保护的类型必须包括与电网相连的任何太阳能设备。

8.6 换流器的基本运行

在前面的章节中已经对换流电路进行了概括性的讨论。这部分将会对不同类型的换流器及其组件进行更为细致的讨论。不同类型换流电路的输入和输出电路也会讨论到。

在太阳能发电系统中，换流器不仅仅是把直流电转化为交流电，它还被认为是电力控制器。换流器产生的交流电是三种特征波形之一，包括正弦波、准正弦波或者方波。正弦波换流器通常比其他类型的要贵一些，通常用来给敏感负载或者大型系统供电。准正弦波和方波换流器相对便宜些，所以通常用来向照明负荷或者其他对波形要求不高的负荷供电。

另一种讨论三种类型换流器的方法是通过它们所用的电路，例如可变电压输入(VVI)，脉宽调制（PWM）和电源型输入（CSI)。这些将在本部分的后面讨论。如今，很多工厂和其他工业都使用太阳能，要求太阳能发电系统发出的电具有特定的电压和频率。

8.6.1 单相换流器

最容易理解的换流器是单相换流器，它输入直流电并转换成单相交流电。这种换流器的主要组件是四个晶闸管和四个晶体管。这种电路通常叫做直流连接换流器，或者被简单的称作换流器。

图 8-14a 所示为逆变电路中使用的四个晶闸管。SCR1 和 SCR4 同时导通，提供交流电波形的正半周；SCR2 和 SCR3 同时导通，提供交流电的负半周。图 8-14b 为交流输出电压的波形，可以看出是交流方波。相控电路用来控制导通角，它是通过控制 SCR 的导通时间来获得交流波形的。负荷加在供应交流电的位置的两极。

图 8-13 左侧为一个隔离变压器，右侧为一个 225kW 的换流器
（来自 Ron Swenson，www. SolarSchools. com)

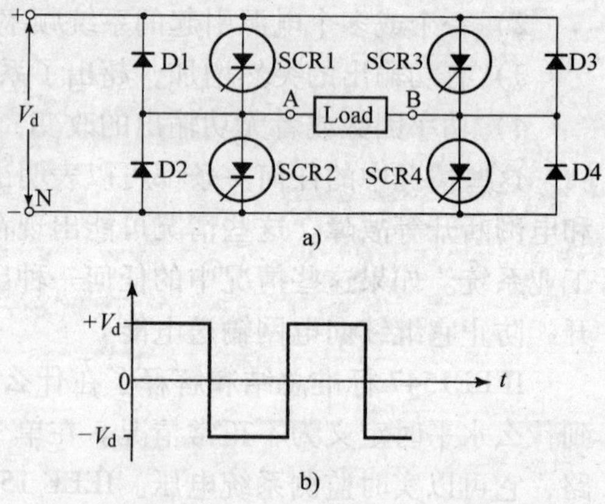

图 8-14 典型换流器电路图及输出波形
a）一个使用四个晶闸管整流器的典型换流器电路 b）晶闸管换流器的输出波形

8.6.2 使用晶体管的六脉动换流器

图 8-15 是用四个晶体管来代替四个晶闸管的换流器的电路图。由于晶体管可

以在从零到饱和之间的任何电压下导通，所以这种类型的换流器的波形图更为复杂，看起来也更像传统的交流正弦波。图 8-15 中的波形图是六脉动交流正弦波。两个晶体管用来产生正弦波形的正半周，剩下的两个晶体管用来产生正弦波形的负半周。

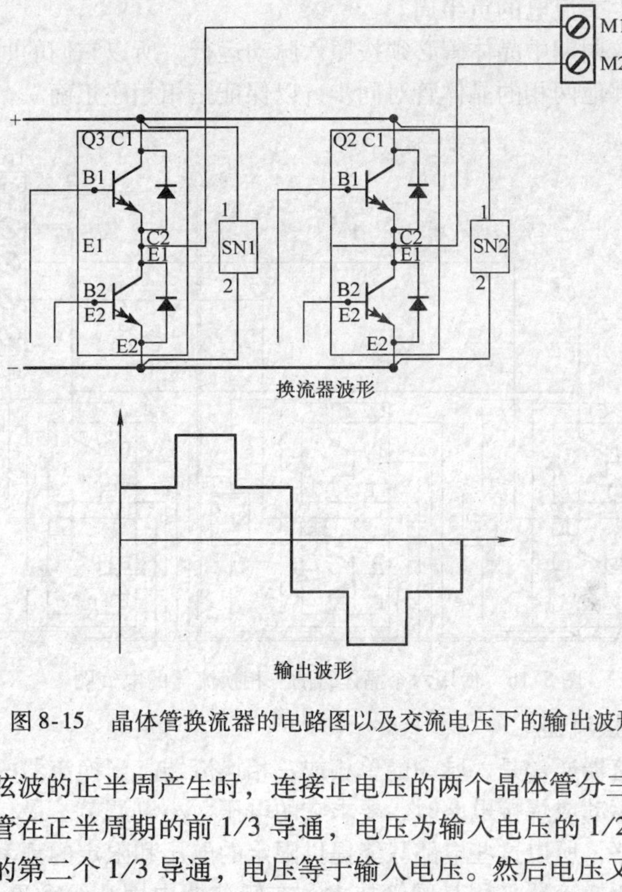

图 8-15　晶体管换流器的电路图以及交流电压下的输出波形

当正弦波的正半周产生时，连接正电压的两个晶体管分三阶段导通。在第一阶段，晶体管在正半周期的前 1/3 导通，电压为输入电压的 1/2。然后这些晶体管在正半周期的第二个 1/3 导通，电压等于输入电压。然后电压又回到输入电压的 1/2，导通时间是正半周期剩下的 1/3 时间。在负半周也按该顺序重复。也就是说连接负极母线的晶体管分三步导通，与正半周的三步相对应。

由于完成交流正弦波的正半周和负半周需要 6 个脉动，因此这种类型的换流器被称为六脉动换流器。换流器的交流输出电压两极被标为 M1 和 M2。虽然换流器输出的交流正弦波有 6 个阶段，但是对于电动机及其他负荷来说和传统的平滑交流正弦波没有差别。每个正弦的周期只有 16ms，也就是说频率是 60Hz。当换流器用于 50Hz 系统时，可以通过调节六脉动的周期来调节频率。

由于通过控制晶体管的导通可以控制通过的电压，所以 M1 和 M2 的交流电压可以在 0 到直流电压的最大值之间改变。

8.6.3 三相换流器

由于工业应用中要求大电压大电流，所以三相换流器的效率更高些。它的基本电路和基本原理都与单相晶体管换流器类似。图 8-16 是含有三对晶体管的三相换流器电路图。每对晶体管的运行都和单相六脉动换流器的晶体管对相同。也就是说每对晶体管中与直流母线正极相连的晶体管产生交流电的正半周，与直流母线负极相连的晶体管产生交流电的负半周。

由于每个正弦周期中晶体管必须按照六脉动运行，所以它们的时序必须完全正确，而且必须和其他两相的晶体管对同步，以保证三相相序正确。

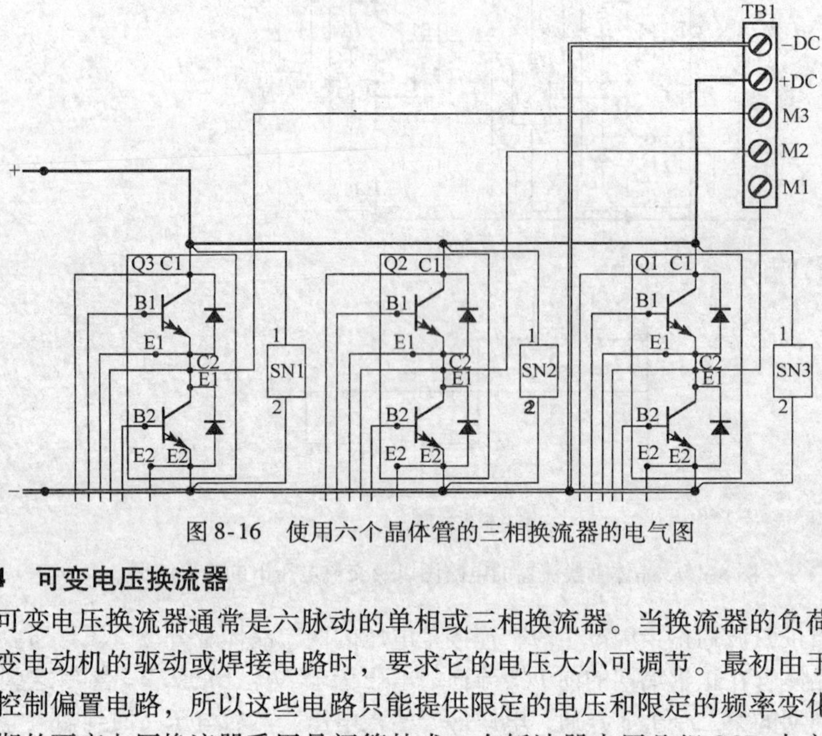

图 8-16 使用六个晶体管的三相换流器的电气图

8.6.4 可变电压换流器

可变电压换流器通常是六脉动的单相或三相换流器。当换流器的负荷是交流频率可变电动机的驱动或焊接电路时，要求它的电压大小可调节。最初由于使用振荡器来控制偏置电路，所以这些电路只能提供限定的电压和限定的频率变化。也有很多早期的可变电压换流器采用晶闸管技术，在斩波器中用几组 SCR 来产生六脉动波形。随着微处理器价格的降低和应用的逐步广泛，通过微处理器来控制晶体管换流器的偏置电路的应用更加广泛，使六脉动换流器具有更大范围内调节电压和频率的能力。电动机需要调整频率来提高或降低它们相对于额定值的转速，额定值由生产时电动机具有的极对数决定。驱动时当频率校正后，电压也应校正为常数，以保证电动机获得的电压与频率比值是恒定的，从而保证力矩是一定的。当电动机力矩松散时转速非常低，运行就会出现问题。

图 8-17 是可变电压换流器的电压和电流波形。电压波形的一个周期有六阶段，电流输出接近交流正弦波。在这种类型的换流器的任意两极加上示波器，都会得到这种波形。

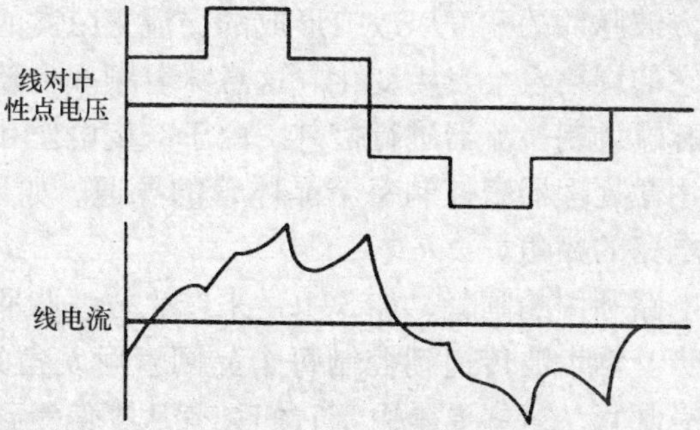

图 8-17　可变电压换流器的电压和电流波形

8.6.5　脉宽调制换流器

另一种对换流器进行电压调节和频率调节控制的方法是使用脉宽调制控制。这种控制利用的是晶体管不同频率的开通和关断。它提供特定的波形控制得到在特定时间开通和关断的多样方波周期，来产生交流正弦波的整体形状。波形的轮廓看起来和六脉动换流器信号很相似。图 8-18 是这种类型波形的一个例子。注意到每个波形大体上是一个交流六级正弦波，并且其实际上是由一系列方波所组成。波形的整体形状是交流正弦波。每个正弦波其实是由多种方波脉冲叠加而成的，这些方波脉冲是由晶体管快速开断形成的。由于晶体管的偏置可以控制，所以每个方波脉冲的电压大小可以调节以使整个方波系列形成正弦波的形状。观察脉宽调制换流器的电压波形可以发现交流正弦波的轮廓仍和可变电压换流器一样是六脉动的。每个独立的脉冲的电压变大时，交流正弦波的每个脉动的高度也会增加，这样会增加脉宽调制换流器供应的正弦电压的总大小。

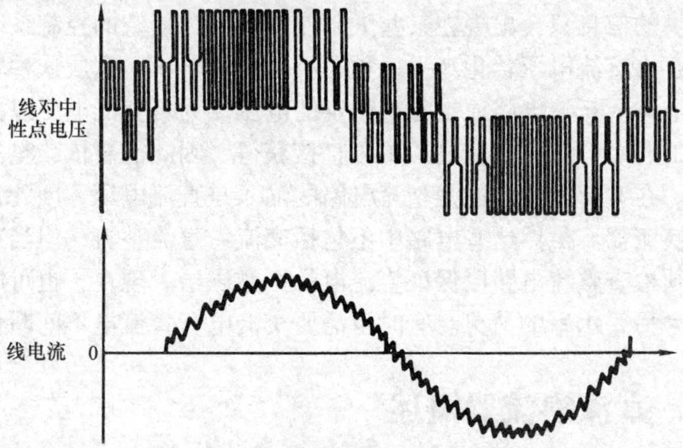

图 8-18　脉宽调制换流器的电压和电流波形

也可以调节每个方波脉冲的宽度以改变形成的交流正弦波的脉冲的周期。当正弦波的宽度改变时，它的周期也会发生变化。这意味着频率也随之改变，通过改变每个脉冲的时序来对脉宽调制换流器进行控制。由于改变电压和频率非常复杂，所以脉宽调制换流器利用微处理器来控制每个晶体管的导通。如果晶闸管采用 SCR，微处理器将控制触发电路的相角。

早期的脉宽调制电路利用晶闸管，如 SCR，来产生方波脉冲。控制电路包括三角载波来保持电路同步。锯齿波传递到控制每个晶闸管触发角的触发电路。现在，脉宽调制换流器使用晶闸管，这主要是由于它们具有从零偏置到满偏置变化并快速回到零偏置的能力。现代电路更倾向于使用晶体管，因为它们现在具有更强的耐大电流的能力，可高达 1500A。

8.6.6 电流源型换流器

电流源型换流器产生的电压波形与交流正弦波一样，产生的电流波形与最早的利用 SCR 的开断控制的换流器一样，是方波。这种类型的换流器采用晶体管控制输出电压和电流。通过调整晶体管的开通时间和关断时间可以改变换流器的频率。输出电压的大小也可以通过调节每个波的幅值来确定。这说明在用于可变频率电动机驱动和其他要求电压和频率可变的应用场合时，电流源型换流器和以前的换流器一样可以使用。图 8-19 是电流源型换流器的电压和电流波形。

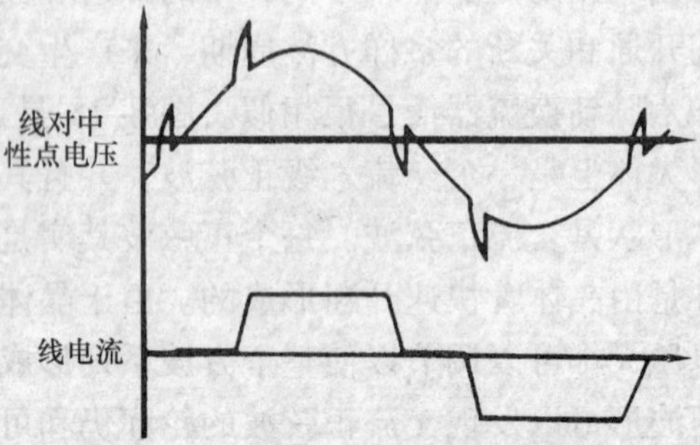

图 8-19　电流源型换流器的电压和电流波形

8.6.7 直流 - 直流变换（换流器和斩波器）

本部分提供的信息只会出现在某些太阳能设备更为复杂的控制系统中。在某些系统中可能需要将直流电压转化为另一种大小的直流电压，完成这种转变的一种方法是利用斩波电路。斩波电路原本是把固定的电压变为可变的电压以控制直流电动机的速度。在工业中，由于直流电压不可直接获得，因此需要依赖整流电路把交流电变为直流电。在本部分关注的是整流电路的输入是直流电压，因此，它们被归类为直流 - 直流换流器。虽然这些电路中不包括交流 - 直流整流，但当这些电路出现问题时，也必须检查整流电路以保证直流电的可靠供给。现在，也可能存在把直流电压水平变化为另一水平的情况。有时也需要交流电和直流电不间断供应。

8.7 直流 - 直流换流器概述

直流 - 直流换流器在电能供应电路中有广泛应用，因为每个设备里面都有一个需要多种电压供应的电子板。在这些电路中，直流电通过换流器转化为交流电，交流电再被转化为直流电。完成这种变化的过程看似奇怪，但是在大型供电系统中，如果电流形式是交流电，那么更容易改变电压和电流的水平。当辅助设备用在太阳能设备中时，每个电路都需要有它们自己的电源电压供应。这意味着计算机、PLC 和其他的设备需要独立的直流电源来供电才能正确工作。现在，旧的斩波电路被改为具有更新型电路的新型供电技术，它们被统称为换流器。现在通常会在开关模式供电（SMPS）中看到换流电路。

8.7.1 线性供电

线性供电的操作非常简单，但是它的效率非常低，通常在 30% ~40% 范围内。图 8-20 是典型线性供电的电路图。这种供电的第一部分和之前章节的整流部分极为相似。这种供电利用一台变压器和一个 4 个二极管的全桥整流器来产生直流输出。电容器作为滤波器使得输出的直流电平滑。电路的剩余部分是调节器和负荷，这个调节器是使直流供电区别于新型开关模式供电（SMPS）电路的一部分。

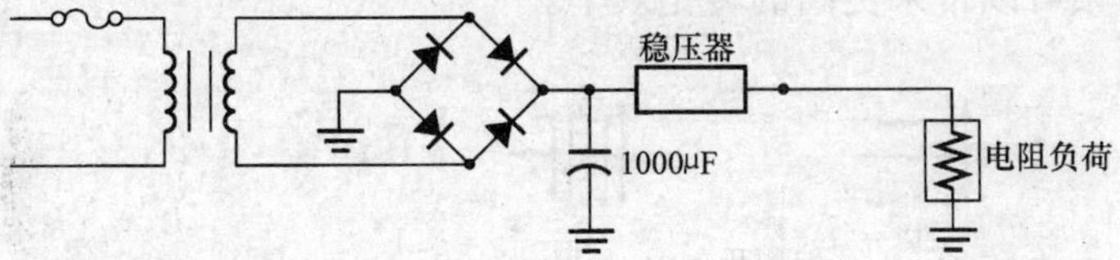

图 8-20　简单线性电源实例（来自恩智浦半导体公司）

这个电路中的调节器在调节器和负荷之间扮演分压器的角色。要理解这一点就需要把负荷当做固定电阻，把调节器看做可变电阻。众所周知，当两个电阻串联在一起时，加在它们两端的电压是它们各自两端电压之和，各自电压的大小与它们电阻的比值有关。例如，如果调节器和负荷的阻值之比为 2∶1，那么调节器两端的电压将是负荷的 2 倍。如果总电压是 30V，那么调节器的电压是 20V，而负荷的电压是 10V。

如果改变调节器的电阻大小使调节器和负荷电阻比值为 1∶1，调节器两端的电压将为 15V，同理负荷的电压将升为 15V，这说明负荷终端的电压随时随着调节器电阻的改变而改变。这种类型的电路操作简单，使线性供电易于生产和故障排除。这种供电方式的问题在于调节器上的压降浪费了电能。如果调节器的压降为 10%，负荷获得 90% 的电压，供电在某种程度上可以被认为是高效的。但是当调节器的压降为 90%，而负荷获得 10% 的电压时，这极大地浪费了能量。线性供电还存在另一缺点，由于调节器必须消耗一部分电压，所以调节器的组件必须足够大才能承受它产生的多余热量，这使得线性供电比开关模式供电大（重）两倍。

8.7.2 开关模式供电

开关模式供电（SMPS），也被称为开关供电，由于它调整电压比线性供电高效，而且不像线性供电那样需要大型的变压器和滤波设备，所以在过去的 10 年里，开关模式供电比线性供电应用更广泛。例如，通常线性供电的平均效率是 30%，而 SMPS 的效率高达 80%。所以可以减小所占机柜的空间和占用的电路板空间，这一特点令其适用于现代电路。设计者不断尝试减小电气设备的体积和重量，一种简单的方法就是使用 SMPS。

图 8-21 是开关模式供电的电路拓扑图。它有助于理解 SMPS 是怎么将输入的直流电压转化成另一种大小的直流电压的，并且新电压是如何进行滤波和调整的。供电的第一块是整流和滤波部分，在图中表示为二极管和电容器，显示了交流电先整流成直流，然后经过滤波减小谐波数量。图中第二块是 MOSFET 和双极型晶体管，这部分是高频开关部分，它通过 MOSFET 或者双极型晶体管把直流电转化为高频的交流方波。高频交流方波可以达到 20 ~ 100kHz。引入的交流电整流成直流，然后高频开关部分再分几部分把它变回交流。首先，引入电压总是波动的而且含有可以损坏固态组件的闪变电压。这种两步式的转变有助于隔离那些波动和闪变，第二个原因是高频可以带来更高的转化效率。

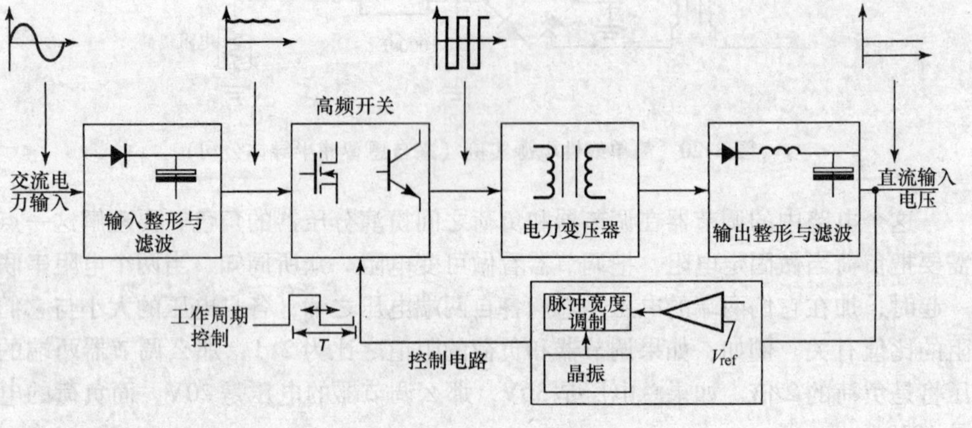

图 8-21　一个开关电源（来自恩智浦半导体公司）

SMPS 的下一部分是电力变压器部分。电力变压器可以隔离电路并通过升高或降低电压来得到需要的电压等级。变压器的输出被送到第二个整流部分。由于第一个整流部分是处理输入电流，因此被称为“输入整流器”，由于第二个整流器用来提供输出电压，因此被称为“输出整流器”部分。输出整流部分不同于输入整流部分，它的频率高达 20 ~ 100kHz。这说明高频电压输出的谐波由于单个输出脉冲的重叠而被自然地过滤掉。由于谐波很小，所以滤波部分实际的电容器也是相当小的。

SMPS 的最后一部分是控制和反馈模块，包含提供脉宽调制输出信号的电路。脉宽调制提供一个执行序列，得到一个个变化的脉冲以提供正确的直流输出电压。供电的这个模块使用放大器来比较输出电压和参考电压，并不断地调整适应输出电压。该电路的振荡器为执行序列提供频率。

后面三个模块（电力变压器、输出整流、控制/反馈）有着不同的电路结构，这样的电路图我们可以称之为拓扑结构，可以比给出的范例电路更简单或者复杂。每个拓扑都有自己的优点和缺点。更多共同的拓扑将在下一部分介绍。

8.7.3　Buck 换流器

Buck 换流器是几种相似的被统称为正激换流器（Forward Converter）中基本的一种。Buck 换流器是一种直流－直流降压换流器，它是开关模式供电的一部分，使用晶体管、电容器、电感和二极管来将电压调节到供给电压水平以下。Buck 换流器的优点是它比使用电阻来产生压降的供电方式效率高。当用电阻来降压时，电能在电阻上被转化成热量。在 Buck 换流器中，电压调节是通过对电路中的电容和电感充电放电完成的，它是放电然后再充电来储存电能，而不是转化成热量，热量是电能损失。Buck 换流器的效率可以达到95%。

Buck 换流器的电路和它的输入和输出电压在图 8-22 中给出。这个电路可以直接接在变压器的后面。这个电路非常简单，包括晶体管、电感、二极管和电容。当晶体管开通的时候，电能会直接输送到输出端。电压也必须经过电感，电感使电流在它里面建立电场储能。当晶体管关断的时候，电感中储存的电能使二极管导通，从而使电流传送到与输出终端相连的负荷。

图 8-22 底部的波形中的第一行是输入电压的方波。最后一行的波形显示了使用电感储存电能的影响。电流如虚线所示，发生在周期中方波关断的时候。这种类

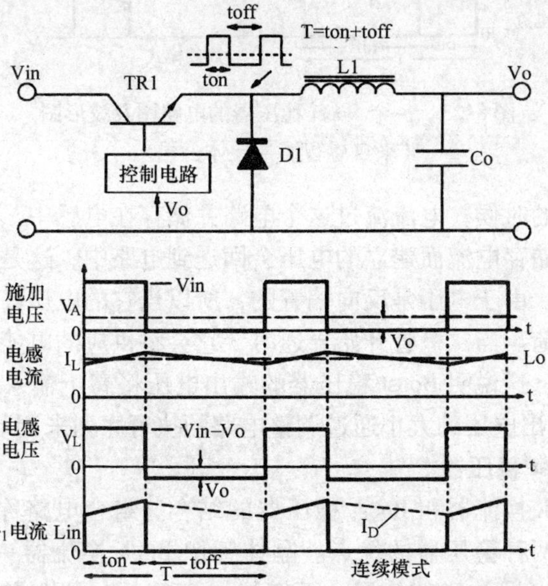

图 8-22　一个 Buck 换流器电源的电路图及波形

（来自恩智浦半导体公司）

型的电路是降压 Buck 换流器，因为输出电压总是比输入电压小。这种电路的电压调节是由执行序列控制的。如果执行序列的关断时间延长了，输出的平均电压就会减少，如果关断时间减小，平均电压就会变大。

8.7.4 Boost 稳压器

Boost 稳压器是开关模式供电的基本调节电路中的第二种。这种类型稳压器的电路图和波形图在图 8-23 中给出。晶体管被移动到电感后面，并且现在直接和输出的正负极相连。续流二极管串联在电路中。电容器仍然和输出电压两端并联来提供滤波。这个电路和 Buck 换流器一样，也是直接和电力变压器的二次绕组直接相连的。

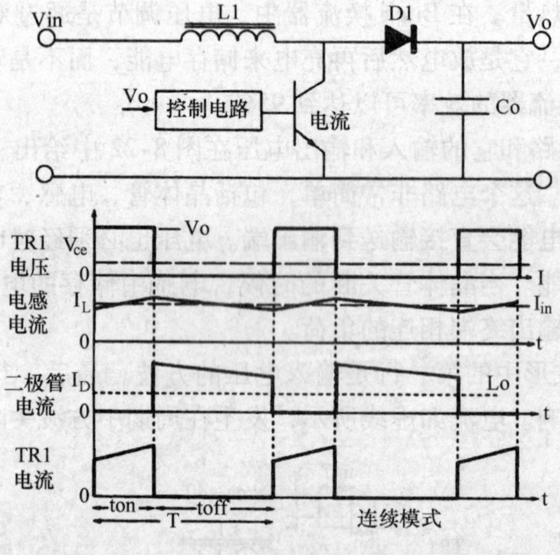

图 8-23 一个 Boost 稳压器的电路图及波形图
（来自恩智浦半导体公司）

当晶体管开通的时候，电流流过这个电路并储存在电感中。当晶体管关断的时候，在电感中由于储存电流而建立的电压会回送到电路中，这是因为它相对于施加电压是反向偏置的。由于电压是反向偏置的，所以当它的电压高于施加电压时，会通过二极管流向负荷。当二极管开始导通时，它会将供应的电能和储存在电感中的电能一并传导出去。这说明 Boost 稳压器的输出电压将高于输入电压，因此，称为 Boost 稳压电路。输出电压的大小通过调整电路的执行序列来调节。

8.7.5 Buck – Boost 稳压器

图 8-24 是 Buck 换流器和 Boost 稳压器的结合。组合电路称为 Buck – Boost 稳压器，它利用了这两种稳压器的优点。晶体管像 Buck 换流器一样串联在电路中，电感被移动到与输出端并联的位置，而续流二极管的位置与其在 Boost 稳压器中一样。

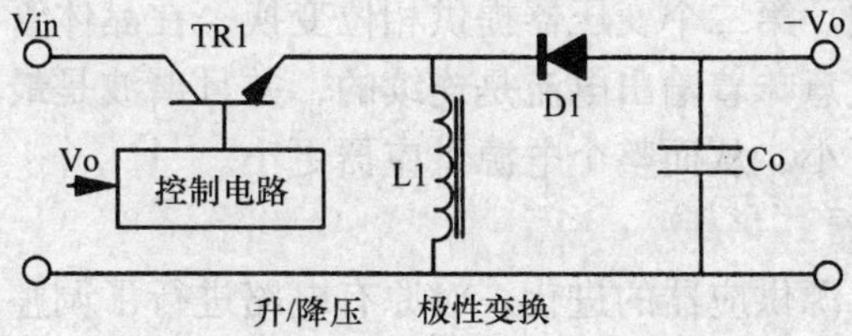

图 8-24 Buck - Boost 稳压器的电路图
（来自恩智浦半导体公司）

在这个电路中，晶体管控制输出电压的大小。当它开通的时候，电感储存电能，当它关断的时候，所储存的能量足够使二极管偏置并流动到输出端。由于该电路既有 Buck 电路的性质又有 Boost 电路的性质，因此输出电压既可高于输入电压也可低于输入电压。由于这个原因，Buck - Boost 稳压器的应用越来越广泛。这种类型电路的波形与 Boost 稳压器的波形相似。

8.7.6 正激换流器

正激换流器是一个带有变压器并且在晶体管开通时能直接向输出端传送电能的第二个二极管的 Buck 换流器。图 8-25 是正激换流器的电路图和波形图。晶体管串

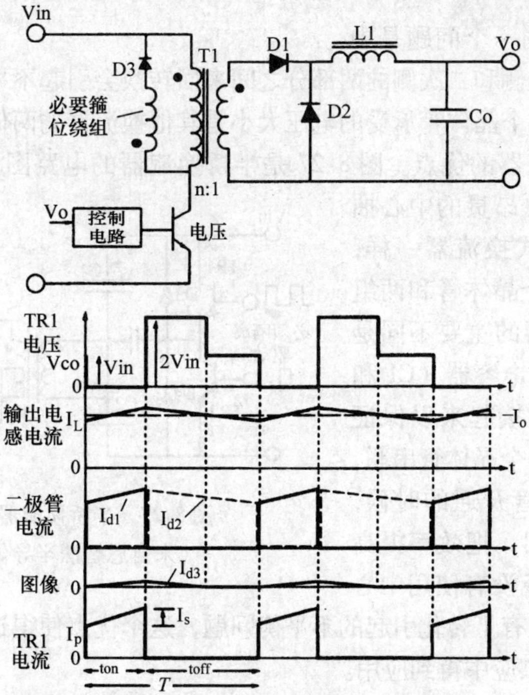

图 8-25 正激换流器的电路图及波形图
（来自恩智浦半导体公司）

联在变压器的一次侧。第二个变压器提供相位变换，在晶体管导通时，电压极性能够传递到输出端。这意味着输出电流是连续的，并且谐波是最小化的。这同样意味着滤波电容器可以更小，从而整个电源供应器更小。

8.7.7　推挽式换流器

随着开关模式电源供应器的进化，对原有电路进行了调整，使用更小的组件来获得更多的电能。这说明系统的效率必将提高，达到这个目的的一种简单方法是使用顶部和底部半周期的中心抽头变压器。图 8-26 是采用一次绕组和二次绕组利用中心抽头的变压器的推挽式换流器。一次绕组由两个晶体管控制，每半个周期有一个晶体管导通，所以在任何时刻都可以从它们中的一个获得输出电压。这种配置的效率可以接近 90%。这种电源供应器的整体规模也比效率在 75% ~80% 的电源供应器小。

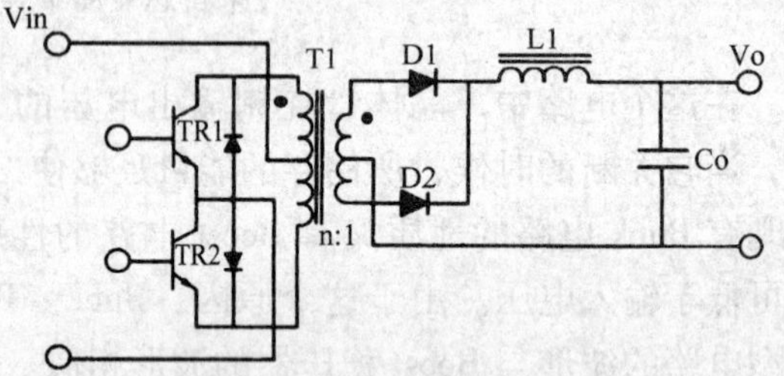

图 8-26　推挽式换流器的电路图

（来自恩智浦半导体公司）

8.7.8　半桥换流器

推挽式换流器的一个问题是中心抽头变压器的一次侧和二次侧的两部分之间来回转换会引起不平衡，并引起发热问题。另一个问题是每个晶体管承受的电压大小是其他换流器的两倍。半桥换流器也有一些胜过推挽式换流器的优点。图 8-27 是半桥换流器的电路图。在半桥换流器中，传统变压器替代了更昂贵的中心抽头变压器。和推挽式换流器一样，这个电路仍使用两个晶体管和两组二极管。半桥换流器的主要不同是使用了两个大体积的电容器（C1 和 C2），这些电容器连接起来以保证每一个电容器都和一个晶体管串联，这说明在每个晶体管开通的时候，电能可以转移到输出，把效率提高到了 90% 左右。由于没有使用中心抽头变压器，也就没有了转化引起的不平衡问题，这个优点使得这种类型的转化器在高达 1000W 的电力供应中得到应用。

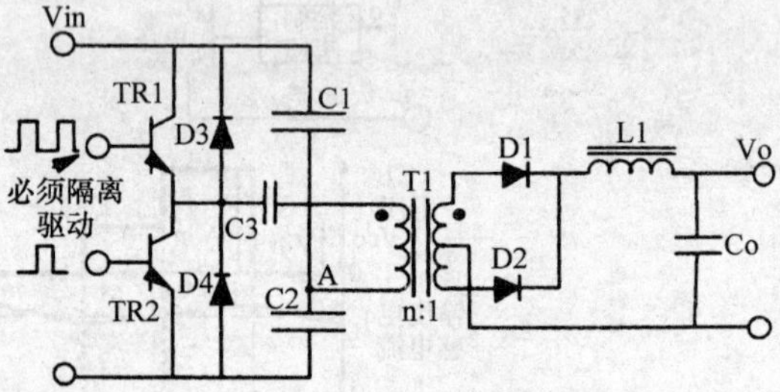

图 8-27　半桥换流器的电路图

（来自恩智浦半导体公司）

8.7.9　全桥换流器

全桥换流器比半桥换流器增加了两个晶体管，有四个可用的晶体管来给输出部分提供电能，所以这种类型的换流器可用在超过 1000W 的电力供应中。图 8-28 是

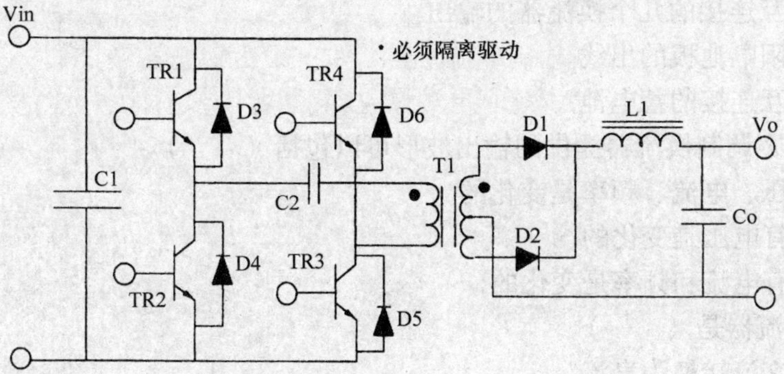

图 8-28 全桥换流器的电路图（来自恩智浦半导体公司）

全桥换流器的电路图。每个晶体管都有一个反并联二极管并在集电极 - 发射极两端，它们成对交替导通。晶体管 T1 和 T3 在半个周期内同时导通，T2 和 T4 在剩下半个周期内同时导通。全桥换流器的一个优点是它只需要一个电容器来使输出电压平滑，而半桥换流器需要两个。全桥换流器通常用在超过 1000W 的大型电力供应中。由于这种类型的换流器更复杂，它通常用在最大的电力供应器中。

课后习题

1. 简答题

1）解释简单的直流 - 交流换流器的基本原理，并画出它的输入输出波形图。

2）识别图 8-5 中太阳能控制系统的主要组件，并说出它们的功能。

3）识别图 8-6 中用于工业的太阳能控制系统的主要组件，并解释它们的功能。

4）解释太阳能控制器中电容和电阻的作用。

5）解释汇流箱的功能，为什么要使用汇流箱。

6）解释在电网发生故障或者形成孤岛时可能出现的情况。

7）解释换流器的工作原理。

8）识别换流器的主要部分，解释其功能。

9）列出三种类型的换流器电路，说出每种的输入输出波形。

10）解释线性电源和开关模式电源的区别。

2. 多项选择题

1）从光伏板到已知交流电压节点的功率流方向是（　　）。

A. 直流电压从光伏板到汇流箱，然后到产生直流电压的换流器

B. 直流电压从光伏板到汇流箱，然后到产生交流电压的换流器

C. 交流电压从光伏板到汇流箱，然后到产生交流电压的换流器

2）汇流箱是（　　）。

A. 相互连接的几个换流器的输出
B. 太阳电池板的出线
C. 相互连接的蓄电池
3）脉宽调制换流器提供的输出波形可以包括（　　）。
A. 电压、电流、频率是变化的
B. 只有电压是变化的
C. 只有电流和频率是变化的
4）换流器是（　　）。
A. 把交流转换为直流
B. 把直流转换为直流
C. 把直流转换为交流
5）开关模式供电包含以下哪些电路（　　）。
A. 输入逆变电路、高频开关、变压器、输出换流电路
B. 输入整流电路、高频开关、变压器、输出整流电路
C. 输入整流电路、输入电压调节器、高频开关、输出整流电路、输出电压调节器

第 9 章　电能储存和蓄电池

本章学习目标

读完本章你将能够：

- 解释原始类型的电池和第二种类型的电池之间的区别。
- 解释什么是深度放电电池。
- 解释阀控式蓄电池的优点和缺点。
- 解释铅酸蓄电池的优点和缺点。
- 解释电池中的电解质是什么。
- 解释电解质的比重是如何决定电池充电的条件的。
- 阐述蓄电池是如何串联和并联的。

本章关键词

阀控式蓄电池
实际容量
安培小时
电池循环
冷启动电流
常电流充电
常电压充电
生命周期
深度循环蓄电池
放电深度
放电
干电池
电解质
浮充
淹没电池
原电池
胶体电池
比重计
铅酸蓄电池
锂离子电池
镍镉蓄电池
镍氢蓄电池
开路电压水平
原始蓄电池
备用容量
密封铅酸蓄电池
第二种蓄电池
浅放电/浅循环蓄电池
比重
SLI（启动、照明、点火）蓄电池
充电状态
小电流充电
阀控铅酸蓄电池
湿电池

本章概述

把太阳能转化成电能利用的一个问题是太阳能发电受日照时间的限制，而居民用户和商业用户可能24h都需要消费电能。解决这个问题的一个办法是用蓄电池来储存光伏电池板产生的电能。在光伏发电的许多应用中，太阳电池板在任何时候产生的电能都多于需要使用的电能，剩余的电能可以储存在蓄电池中供以后使用。

本章将解释一个基本的蓄电池是如何利用化学反应来产生直流电的。同时会解释在多余电能需要使用前，蓄电池是如何将其储存的。在太阳能应用中，有几种类型的蓄电池，包括湿电池和胶体蓄电池。本章也会说明这些类型的蓄电池的优点和缺点。本章提供的信息会帮助你决定选择哪种蓄电池来储存光伏电池板发出的电能。

这章也会解释一些术语，例如：电压、电流、电能、安培·小时、千瓦·小时和其他一些蓄电池会用到的术语，这样可以方便你理解有关蓄电池运行和寿命的基本术语。通过本章你也会了解到蓄电池不同的充电和放电方式。不同类型的蓄电池，如深度循环铅酸蓄电池、浅循环蓄电池、锂离子电池、镍镉蓄电池和镍氢蓄电池，它们都将会被详细讲述到，并讨论它们每个的优缺点。

本章的最后一部分将介绍被叫做蓄电池串的多个蓄电池是如何在居民、商业和工业应用中相互连接组成更大的蓄电池储能系统的。有相关图表来展示蓄电池是如何连接组成更大的储能单元的，以及它们在使用时如何向原有的电网提供电压连接的。本章提供的信息会帮你简单并准确地选择蓄电池，并知道如何安装蓄电池和在寿命周期内如何维护它们。由于蓄电池最终都会耗尽，所以需要安全地回收。本章也会解释现在蓄电池的一些材料在回收方面存在的问题。

9.1 蓄电池是什么以及它是如何储存电能的

蓄电池是通过化学反应来产生直流电的设备。蓄电池被称为储能设备，这是由于它里面的化学元素可以长时间储存，可以达到几年时间，这些元素会引起产生直流电的化学反应。蓄电池已有一百多年的历史。一个典型的蓄电池包含一个或更多产生电的原电池，然后以化学状态储存电能。为了尽可能简单地阐述，在这里我们只讨论单个的原电池的情况。在实际中，蓄电池是由多个原电池组成的，形式最简单的原电池由两种类型的金属组成，可以使电池中的离子从一种金属上移动到另一种金属上，这将会释放电子形成电流。根据定义，离子是由于增加或减少一个或多个电子导致电荷改变的原子。在第7章中曾提到过，电子相当于一个负电荷，当电子自由流动时，就会形成电流。

形式最简单的蓄电池包括三个主要部分：互不相连的一个正电极和一个负电极，和一种称为电解质的固态或气态的化学物质。图9-1是最简单的蓄电池之一，利用锌和铜。这种类型的蓄电池由一个铜金属电极和一个锌金属电极组成。锌金属电极在一个由多孔材料制成的容器内，而且它还包含锌金属溶液。锌金属电极装在多孔材料容器内是为了和铜金属溶液有些隔离。锌金属电极装在多孔材料容器中，然后和铜金属电极一起装在玻璃烧杯内。包含铜离子的溶液用来填充玻璃烧杯，引起化学反应的发生。在化学反应发生时，离子从铜电极通过溶液移动到锌电极，并开始在锌电极表面覆盖薄薄的一层。在较短的时间内，锌电极表面会覆盖一层薄薄的铜。当电池开始有电子流动时，锌电极和铜电极必须在同一容器（烧杯）内，并且淹没在包含铜离子的溶液中。由于溶液完全包围了铜电极和锌电极，铜离子可以穿过电解质溶液均匀地覆盖在锌电极上。液体电解质就变成了导电介质。

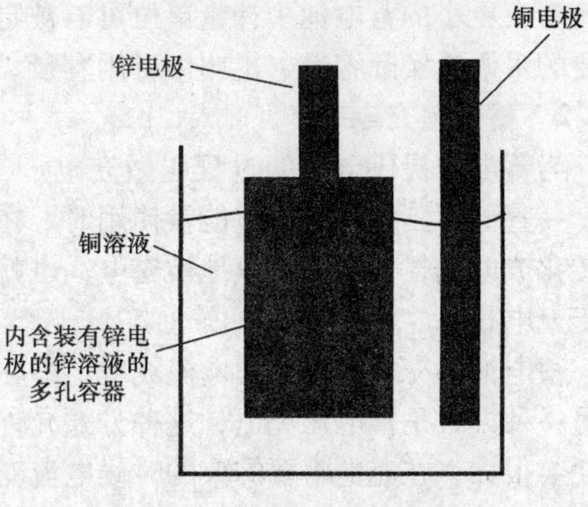

图 9-1　一个简单的锌铜电池

在锌电极上，金属锌和氧原子相结合，当金属锌进入酸性溶液时被氧化（失去电子）。酸性溶液中的氢离子减少，这说明它们中和了电子。蓄电池的负极，也就是铜阴极，开始产生多余的电子。当负荷（如电灯）连接在正极（锌级）与负极（铜级）之间时，电子将从负极经过负荷然后流回蓄电池的正极。如果有足够多的电子流动，它们将会产生一个足够点亮电灯的可用电流。电动势是叫做电压的势能，它存在于正极和负极之间，并驱动电子从负极移动到正极。

直流电压表可以用来测量蓄电池正极和负极之间的电势差。铜锌电池的电势差是 1.1V。不同类型的金属产生的电压大小不同，这些材料将在后面讨论。为了使蓄电池能够使用，需要把一些单个的原电池串联起来得到想要的电压，如 6V、12V、24V 或者 48V，而在需要得到一定大小的电流时，则需要把这些原电池并联起来。

一些蓄电池被设计成可以反复充电的，所以它们可以一次又一次地储存能量。其他小的蓄电池被设计成一次性的，使用后处理掉。当蓄电池中的酸性溶液被分解并开始移动电子时，酸性会减弱，并且到一定程度后可能不足以使足够的电子流动，这时我们就认为该蓄电池的电已经完全放尽了。

9.2　与蓄电池相关的术语

在我们完全了解蓄电池的工作原理之前，我们需要定义一些与它们工作过程相关的术语。这部分我们将讨论许多有关蓄电池的术语，并解释它们的含义。

9.2.1　安培·小时和实际容量

蓄电池蓄电容量的计量单位叫做安培·小时或安·时。这个计量单位也可以用来定义蓄电池在单次充电中的总容量。1 安培·小时等于在 1h 内有 1A 的电流流过负荷。在更小的蓄电池中计量单位可以被定义为毫安，是安培的千分之一。另一个重要的术语是实际容量，也叫做可用容量，是用安培·小时表征的蓄电池总容量。

9.2.2 蓄电池充电

为蓄电池提供电能的过程叫做充电。当电被送到蓄电池时，它被转化成化学能，一直储存到它将作为电能被使用时。在太阳能系统中，太阳能在太阳电池板上被转化成电能，蓄电池持续地被充电，也就是说在每天有日照的时间内，蓄电池都处于充电状态。

蓄电池的充电可以是常电流充电，即在充电时使电流速率为常数。蓄电池充电的另一种方式是常电压充电，这种方式允许电流波动。通常在充电的开始阶段电流消耗会很大，在充电将要结束的时候电流变小。若充电是常电流充电，则允许电压升高直到充电过程结束。在太阳能光伏电池中，有时由于光照条件的变化会引起电压和电流的同时改变。

当蓄电池在充电的时候，电能被转化为化学能储存在蓄电池中。这个过程一般会引起蓄电池中的电解质吸收热量并且在充电过程中变热。对正在充电的蓄电池进行定期检查非常重要，这样可以保证它没有过度充电。过度充电会导致蓄电池过热，超过一定程度就会损坏蓄电池。

9.2.3 蓄电池放电

放电是将电能（电压和电流）从蓄电池中移出。放电也可以被描述成蓄电池把化学能转化回电能的过程。蓄电池通常是通过将电灯、电热器或其他电阻性负荷与其正负极相连接来进行的。在太阳能发电系统中，任何时候室内或者商业场所的负荷通电时，蓄电池都能够放电。当电灯打开或其他电力设备使用时，它们从蓄电池中吸收电能，使蓄电池放电。

蓄电池可以持续放电直至它达到最低电压水平，也即“截止电压”。截止电压是蓄电池被认为放完电时的电压。当电压达到这个程度或者更低，蓄电池将不能工作，被认为在可用范围内已完全放电。

蓄电池可能会有微小的电压和最小的电流残留，但是已不足以为它的应用对象提供电能。

截止电压通常是一个在规范里已经确定的值，这样使为产品使用确定电压等级的人可以用电池匹配他们的产品。

由于蓄电池是为特定的目的和应用专门设计的，并且它们由不同的材料制成，所以不同的蓄电池截止电压也不同。我们也必须知道在一些应用中，蓄电池在一开始会迅速地工作，如果在应用中选择了错误型号的蓄电池，它的使用寿命会变得很短，并且电压可能会达到其他蓄电池能达到的截止电压以下。

9.2.4 放电深度

另一个相关的术语是放电深度，也称荷电状态。放电深度基本是指在任意给定的时间蓄电池放出的电能。放电深度通常用放出电能与蓄电池总容量的比值来衡量。例如，如果放电深度是40%，意思就是蓄电池40%的能量被利用，剩下的60%仍储存在蓄电池中。如果放电深度是75%，就意味着有75%的能量被利用，剩余25%仍储存在蓄电池中。

与蓄电池放电相关的一些其他术语有：放电率，用高或低来衡量，还有深度放电。高比率放电，是指高比率的使用蓄电池的电能，使其在1h之内达到截止电压以下。如果放电率能在1h或更长时间内使蓄电池电压维持在截止电压以上，则被认为是低比率放电。我们必须意识到放电率与蓄电池所带负荷的数量直接相关。例如，如果蓄电池用在民用光伏系统中，并且在白天只有一个电灯在工作，那么放电率是相当低的。而同一个蓄电池在晚上工作时，并且房间内使用多个电灯，那么放电率就高。描述放电的另一个术语是消耗，是指电能从蓄电池中转移出来，并且可用的电能在减少。在某些情况下，当蓄电池完全放完电时，我们说它已经完全被消耗了。

9.2.5 电池的循环和深循环充电

需要理解的另一个重要术语是电池的“循环”，它是指从电池被充满电的时候到电池被完全放电的时候。该术语的一个延伸是深循环放电，是指蓄电池被设计成当放电超过80%时仍然可以使用。这些类型的蓄电池是经过特别设计的，当它们放电的时候，它们的电压水平和电流水平变低，但仍可以向它们的负荷供电。像镍镉电池这样的蓄电池就是这样设计的，如果每次被充满电后都允许它们深度放电，它们会持续很长时间。

典型的深度循环蓄电池比车用蓄电池的极板厚，并且它们可以比起动型汽车电池承受更多的放电循环。这就是为什么深度循环蓄电池更适合太阳能发电系统。它通常有更多的长时间能量传送。汽车或其他交通工具上使用的蓄电池的极板被设计得比较薄是为了尽可能的轻便一些。

与深度放电相对立的情况是浅放电，或者叫做浅循环。浅循环蓄电池中，一旦有任何的电压或者电流被取用，蓄电池就开始持续地重新充电。汽车上的蓄电池都有发电机与它们相连，这样就可以保证一旦使用蓄电池中的电，就能对它重新充电。这种充电方式又叫做浮充或浮动充电，这是因为蓄电池中被使用掉的电能又被发电机充满。还有一种充电方式是减流充电，这种充电方式发生在蓄电池将要完成放电而充电尚未开始之前；当重新充电时，电压和电流的大小在充电循环的开始阶段比较大，并在充电循环过程中慢慢减小，直到它在充电循环结束时变成小电流。当在重新充电过程中只允许一个小电流流过时，它指的就是小电流充电。深度循环蓄电池比浅放电蓄电池更适合光伏发电系统。

对所有的可重复利用的蓄电池来说，重新充电的过程是不一样的。例如，汽车上或者太阳能系统中使用的铅酸蓄电池一旦被使用就开始重新充电。而镍镉蓄电池是存储的电能全部放完之后才开始充电，它能一直产生可用电压直到放电完成。如果镍镉蓄电池采用浅充电方式，一旦有少量的电能被利用就开始重新充电的话，它将快速地适应记忆性，在几次浅充电之后，它就不能在进行深度放电。这就为镍镉蓄电池的应用带来了问题，它一旦有了浅放电的记忆之后，它就不再能用于原本需要深度放电的应用场合。所以使镍镉蓄电池完全放完电是非常重要的，这样可以保证在下回充电之前蓄电池能接近或低于截止电压。如果镍镉蓄电池有了仅为10%或20%的放电率，在某些情况下可以通过令镍镉蓄电池接上负荷并完全放电至1V以下来改变它的记忆。通过持续的充电然后完全放电，可以保留镍镉蓄电池的记忆过程，并且使蓄电池回到原来的状态。

为了在太阳能系统中有效工作，深度循环蓄电池需要在深度放电达80%甚至更高的情况下维持循环几千次的寿命周期。对比几种类型的深度循环蓄电池可以发现，它们在循环性能和循环寿命方面表现出很大的不同。

9.2.6 循环寿命

术语“循环寿命”用于可重复充电的蓄电池，指的是在整个使用寿命内蓄电池可以充放电的总次数。在可重复充电的蓄电池不断地充放电的过程中，它的原电池慢慢的恶化。当蓄电池充电程度最多只能达到接近80%时，就可以认为它将结束寿命周期。根据可重复充电蓄电池的规范，你可以确定在使用寿命内可以维持蓄电池充电放电的时间。在蓄电池用于光伏发电时，这是一个重要的规范，一旦蓄电池超过其循环寿命，为了维持系统的效率我们就必须把它替换掉。在很多情况下，更换全套蓄电池的花费很高，所以必须对工程的寿命期内做多次预算。最新的研究继续致力于延长蓄电池的循环寿命，以使在太阳能项目周期内蓄电池的更换次数最少。

9.2.7 开路电压水平

“开路电压”指的是当蓄电池没有接负荷时正极和负极之间测量的电压大小。一些蓄电池的开路电压比它接入负荷时要高出很多。如果开路电压与有负荷电压的差别特别大，就意味着这个蓄电池将要放完电。对于刚充满电的蓄电池来说，开路电压和有负荷电压差别不大。随着蓄电池使用时间的增加，以及原电池的逐步磨损，开路电压和有负荷电压的差别也会慢慢地变大。

9.2.8 冷启动电流

下面的三个术语主要用于介绍汽车和卡车上使用的蓄电池，但是为这些术语分级会帮助读者在为太阳能发电系统选择蓄电池时比较两个不同的蓄电池的型号和能力。“冷启动电流”是指蓄电池在很低的温度下起动汽车或卡车的发动机的能力。分级是在0℉~18℉的温度条件下，它是指一个刚充满电的蓄电池在30s内可以不间断地传送电流的安培数。一个12V的蓄电池在冷启动时，必须达到在30s内可以持续最小提供7.2V的电压。规定的冷启动时的电流安培数越大，电池的体积就越大。虽然有的蓄电池是用于太阳能发电系统能量储存的，但它也有冷启动能力，这样这些蓄电池就可以和其他蓄电池作比较，来决定它的大小和充电及储存能量，还有把它转化成电能并以电压和电流形式传输的能力。

9.2.9　启动电流

“启动电流”描述的是一个蓄电池在温度为32℉时可以提供的电流大小。也可以叫做船舶发动电流，可以用来表示在为大型发动机供电时的电流大小。热启动电流是一个已经很少使用的术语，它是指蓄电池在温度为80℉时可以提供的电流大小。启动电流的分类可以帮助你确定蓄电池的容量，在用于太阳能发电系统时，也可以方便你拿它与其他小的蓄电池比较。

9.2.10　电池的能量率或能量密度

能量率也叫做能量密度，是指与蓄电池的重量和大小相比它可以产生的电能多少。一些非常小的蓄电池具有很高的能量率或能量密度，使它们可以在小体积下产生大量的电能。在安装或使用时，如果把体积作为考虑因素，那么容量就显得非常重要。在某些情况下，体积限制意味着蓄电池必须足够小但是能产生大量的电能。

9.2.11　备用容量

与蓄电池相关的最后一个术语是“备用容量”，这个术语有助于确定蓄电池在连续的情况下可以发出电流的多少。备用容量是一个充满电的蓄电池在80℉时可以连续以25A放电的分钟数，直到它的电压达到一个特定水平以下。对12V的蓄电池来说这个电压水平低于10.5V。

9.3　原始类型的蓄电池和第二种蓄电池

所有的电池（包括干电池和湿电池）都可以进一步被分成两大类：不可重复充电的原始类型蓄电池和可重复充电的第二种蓄电池。湿电池的电解质是液体，而干电池的电解质是金属板或者非液体的化学物质混合。原始类型蓄电池中产生电能的化学反应是不可逆的，所以这种电池不能重复充电。这种蓄电池只能使用一次，然后需要安全的处置，因为它们含有多种化学物质。由于只能使用一次，原始类型的电池也被叫做一次性电池。

第二种类型蓄电池中的化学反应是多次可逆的，所以这种蓄电池可以重复充电。到某些程度后，第二种类型蓄电池中的化学物质就开始分解，或者蓄电池中的金属板开始腐蚀，直到蓄电池不能够再充电。

9.4　湿电池和干电池

湿电池使用液体电解质，而干电池使用金属板或干电解质。湿电池的电解质一般是混有一定比例水的酸性溶液，例如硫酸，并且电解质几乎充满蓄电池，这样易于把电子转移到蓄电池的负极。湿电池也叫做淹没电池，当湿电池充电的时候，会把一些电解质转化成汽或气体，其中最多的是极易爆炸的氢气。必须小心地使氢气安全的释放出来，否则电池内的压力会慢慢增加并容易引发爆炸。在充电过程中，通常使用一个经过特别设计的叫做氢帽的盖子来使氢气与氧气混合，这样会消除氢气的爆炸危险。

湿电池还存在另外一个问题，当重复的充电和放电时，这种再充电的过程如果充电过度，会使一些液体电解质蒸发成气体 。电解质的蒸发会使湿电池的液体慢慢减少。当液体水平开始降低时，金属板的上部将不再浸没在电解质中被电解质覆盖，而开始暴露在空气中。当发生这种情况时，金属板可以产生电能的部分就减少了，电池产生的电能就会越来越少直到不再能接受充电。这种情况通常表现为蓄电池的电压比以前降低了，出现这种情况时，低电压会慢慢变得明显，检查蓄电池时能够发现电解质水平偏低。由此可见，需要对湿电池进行周期性的检查。如果发现液体水平偏低，可以往电池中加蒸馏水直到液体回到正常水平。使用蒸馏水的原因是它没有任何可以污染金属板的杂质。蓄电池中的液体不能接触到人的眼睛或皮肤，否则会引起严重的烧伤。当它接触到衣服时，会使面料变质。

干电池通常有金属板或与电解质类似的物质。这些类型的蓄电池通常是密封的。一般只用于小型应用，如1.5V 和9V 这种型号。蓄电池的型号被分为 AAA、AA、B、C 和 D，都是1.5V 和9V 的蓄电池。图9-2 给出了一些这种类型蓄电池的实物图。

图9-2　典型的1.5V 和9V 太阳能干电池（AAA、AA、B、C 和 D 型号的电池示例）

常见的干电池类型包括：碱电池，由锌锰制成，通常是通用电池；氧化汞电池，由锌氧化汞制成，常用于助听器和手表之类的小型设备；镍镉蓄电池，用在所有重复充电的场合；锂离子电池，目前主要用于计算机和其他电子设备。其他不常见的蓄电池有：锌氧化银蓄电池，也用于助听器和手表之类的小型设备；二氧化硫锂蓄电池，用在空间探头和安全系统；还有用于心脏起搏器的锂碘蓄电池。

9.5　密封蓄电池

密封蓄电池中的每个原电池都是密封的，这样电解质就不会泄露或者溢出，这保证了蓄电池中的电解质不会蒸发使金属板暴露，金属板暴露会使其受到损害。密封蓄电池也保证了酸性电解质不会溢出及对周围的环境带来影响。密封蓄电池可以分解成带有特殊的阻止电解质泄露的盖子的蓄电池，或者电解质形式为胶体的蓄电池。一些密封蓄电池如果反向放置很长一段时间，也许会有少量胶体泄露，泄露会发生在盖子中的通风口处。一般来说，这些类型的蓄电池是免维护的，因为它们不需要经常的检查电解质水平。

9.5.1　阀控式密封铅酸蓄电池

具有专门防止电解质泄露的盖子的蓄电池叫做阀控式密封铅酸蓄电池。这种类型的蓄电池被认为是免维护蓄电池，因为蓄电池有专门的防止电解质挥发的盖子，所以不需要对其电解质水平进行检查。这种类型的蓄电池也被叫做密封铅酸蓄电池，因为盖子用来密封每个原电池，并且只允许少量的气体溢出。

这种电池的工作方式是：在蓄电池的充电过程中，其内部产生氢气和氧气，蓄电池的设计会使这两种气体混合和化合。当氢气和氧气化合时，它们会形成水滴，水滴会重新混合到电解质溶液中。没有重组的任何剩余气体都可以从盖子中溢出。

9.5.2　胶体型电池和密封铅酸蓄电池

胶体型电池是电解质形式为胶体的阀控式密封铅酸蓄电池。这些电池在设计时通风孔没有被特意删除掉，胶体由硫酸混合硅胶组成。当这两种物质混合时，得到的胶体与果冻的成分相似，当把它放在蓄电池的原电池中时，它是不动的。由于胶体不会在蓄电池中流动，所以胶体电池可以放置到任何位置。

胶体电池和传统的湿电池一样，都限制电解质的挥发和溢出。由于胶体电池是密封的，所以通常叫做密封铅酸蓄电池。从理论上讲，这种电池是完全密封的，但是实际上是允许一小部分的气体通过阀控调节系统溢出的。铅酸蓄电池和胶体电池的另一个不同点是胶体电池的金属板包括铅钙板，所以有时候这个蓄电池指的是铅钙蓄电池。

胶体电池的充电速率必须比典型的铅酸蓄电池和阀控式蓄电池慢，这是为了防止出现过热情况。在用于太阳能光伏系统时一般不会出现这种情况，因为太阳能充电可以通过调节允许流向原电池的电流大小来控制。

如果胶体电池充电过度，可能导致胶体永远失效，甚至导致蓄电池失去容量。在更温暖的气候条件下，胶体会慢慢的通过放出氢气和氧气而失去水，这样几年之后胶体会遭到永久损坏，蓄电池也会失去充电能力。由于这个原因以及一些其他原因，胶体电池已不再出售，由于新的阀控式蓄电池具有很多优点，并且没有胶体电池的缺点，所以逐步取代了胶体电池的位置。

9.5.3　阀控式蓄电池

阀控式蓄电池设计于19世纪70年代，它比胶体电池具有优越性。阀控式蓄电池与胶体电池的主要不同在于阀控式蓄电池使用仿玻璃作为分隔器，这个分隔器是一个小的硅酸盐硼玻璃垫，它利用盖子上的阀来调节氢气和氧气，使它们化合成水。这个过程叫做再化合。在再充电的过程中，正极的极板产生的氧气直接与氢气结合成水。隔离板材料吸收蓄电池中的酸，这种材料实际是一种多孔材料，它吸收的酸的重量最多可达它本身重量的7～8倍。当这种吸收材料上充满酸时，它有助于减小每个原电池内部的电阻的大小。更低的内阻可以使蓄电池具有更高的性能，这是因为内阻上的任何能量损耗都会使蓄电池的效率降低。

由于所有的酸性电解质都包含在吸附式玻璃棉内，因此即使塑料外壳破损了，它也不会泄露或溢出。因为没有了酸性液体，所以这也意味着蓄电池不会冻结和扩大。当这种类型的蓄电池应用于北方地区的太阳能光伏系统时，这就成为一个很重要的特性，因为北方冬天的气温时常达到零点。

由于这些蓄电池不易于失去电解质，并且允许蓄电池极板在没有电解质覆盖的情况下工作，所以这些蓄电池的寿命更长。对传统电池来说，极板上不覆盖电解质会使它们迅速损坏。

蓄电池中的阀控式材料使它可以深度循环，这使得它可以在太阳能光伏系统中得到有效利用。这种电池在太阳能系统中得到有效利用的另一个原因是，它需要的维护是最少的，它不像湿电池那样需要定期地检查电解质水平。阀控式蓄电池现在存在的一个问题是必须提供特定的电路来控制它的充电电压，使其略低于湿电池的充电电压。由于它的设计方式，阀控式蓄电池可以是阀控调节蓄电池、阀控调节铅酸蓄电池或者密封蓄电池。

9.5.4　启动、照明、点火蓄电池

车用的铅酸蓄电池一般是用来启动、照明和点火的。由于这个原因，这些类型的蓄电池被叫做 SLI 蓄电池，并且在启动时它们可以提供很大的电流，然后可以立即给汽车上的交流发电机充电。如果需要，SLI 蓄电池可以 1h 内启动多次，并从交流发电机接受充电电流。在太阳能光伏系统中，SLI 蓄电池就不能很好的工作，这是因为深度充电会极大地减少它的寿命。但在小型居民太阳能储存应用中，它可以在限定条件下良好地工作。

9.6　铅酸蓄电池是如何制造的

在小型居民太阳能储能应用中，一种常见的蓄电池是铅酸蓄电池，铅酸蓄电池也叫做累加器、淹没蓄电池或者湿电池。它是由几个通过相互连接的为蓄电池提供终端电压的原电池组成的。蓄电池中的每个原电池都有若干极板，有些极板是由二氧化铅做成的正电极，还有一些极板是多孔的海绵铅制成的，与负极相连。铅酸蓄电池中的极板被由硫酸和水混合成的酸性溶液覆盖着。图 9-3 是一个装入原电池之前的蓄电池空箱子，顶部有一些洞，从这些洞中可以检查电解质水平或者加水。图 9-4 是每个室都装入原电池的基本蓄电池的剖面图。可以看出铅酸蓄电池装在塑料外壳内，这个塑料外壳叫做保护壳。这个外壳是由绝缘材料制成的，

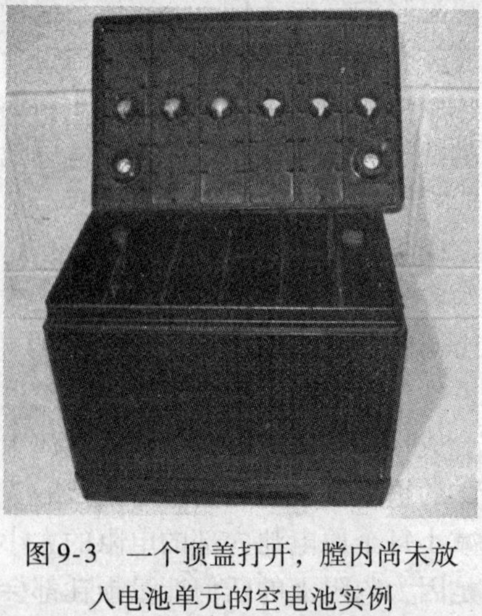

图 9-3　一个顶盖打开，膛内尚未放入电池单元的空电池实例

绝缘材料通常选择聚丙烯塑料，它保护内部的原电池免受一切外在损坏。每个原电池都有不同类型铅制成的正极板和负极板。可以看出蓄电池中的每套极板都是通过塑料板间隔开的，这样它们可以独立工作。液体电解质溶液倒入每个原电池，由于原电池是彼此隔开的，原电池的电解液水平可以互不相同。也可以看到每套原电池都有对应正极和负极的连接点，它们终止于蓄电池上部的正极和负极，上述正极和负极各突出于蓄电池的两边。

12V 的蓄电池由 6 个独立的串联的原电池组成。铅酸蓄电池中每单个原电池大概产生 2. 14V 电压；当 6 个原电池串联起来时，它们总共产生 12. 6 ~ 12. 8V 电压作为 12V 的蓄电池。每个档的原电池在物理上是隔开的，并且独立地产生电压，但是它们在蓄电池内部串联起来，所以它们足够产生 12V 电压。所有这 6 个原电池都装在塑料外壳内，但是它们被分在独立隔间内的原电池隔离器分开。蓄电池外壳通常由聚丙烯塑料制成，聚丙烯塑料不会受硫酸的影响。图 9-5 展示了原电池在铅酸蓄电池内部是如何连接的。

在极板被组装成蓄电池之后，可以通过蓄电池顶部的接孔对每个单个的原电池加电解质溶液。蓄电池顶部有 6 个孔（一个原电池一个），所以 6 个原电池的电解质水平可以不同。这就是为什么必须检查每个原电池的电解质水平，以防止某个电池的电解质溶液多于另一个。排气盖可以是独立的盖子，也可以是三个分为一组。排气盖位于蓄电池的顶部，并且与每个原电池的接孔匹配。排气盖十分匹配所以没有气体或液体可以泄露，除非通过盖子的排泄口。

图 9-4　铅酸蓄电池的剖面图

图 9-5　铅酸蓄电池并示出内部电池的正、负极连接情况

每个原电池有若干个与负极相连的二氧化铅板和若干个与正极相连的海绵铅板。海绵铅板仅由铅制成。图 9-5 是铅酸蓄电池的剖面图，可以看到每个原电池的极板是如何排列使二氧化铅板和海绵铅板交替放置的，并且在两个极板间刚好有足够的空间可以使电解质溶液完全覆盖每个极板。当由硫酸与水混合成的电解质溶液与极板接触时，化学反应就开始了。当电解质中的硫酸完全覆盖二氧化铅板时，化

学反应发生。这个反应放出电子并生成硫酸铅，当二氧化铅放出电子时，它的正极性更强。

二氧化铅的电子转移到纯铅成分的海绵铅板上，正是这些电子的移动形成蓄电池发出的电流。由于每个原电池的所有铅板都和另一个相连，而且和蓄电池的负极相连，所以电子就有了在蓄电池内和向蓄电池的负极的流动通道。

当蓄电池充电的时候，电流流回蓄电池，引起硫酸铅的分解，使得在正极重新形成二氧化铅，在负极重新形成铅。

在蓄电池的生命周期内，充电和放电的过程可以一遍遍的持续进行。当蓄电池在太阳能光伏系统中被用作存储介质时，白天光线照在太阳能光伏电池板上产生电能，蓄电池被充电；在没有光照的晚上，它们放电。放电率是由系统的电力负荷通过打开电灯或其他使用电能的方式决定的。

蓄电池充电的多少可以通过测量电解质的比重得到。铅酸蓄电池的电解质溶液是由硫酸和蒸馏水混合成的。硫酸和水的精确百分比可以通过一种叫做比重计的仪器测得。比重计是安装在玻璃管末端的橡胶挤压球，管子的玻璃尖放到蓄电池的溶液中，当球倒塌并释放掉的时候，液体样本被吸收到管子中。当管子快满的时候，玻璃管的漂浮水平会显示液体的比重。这个液体的比重显示的是硫酸和蒸馏水混合的百分比。水的比重是 1.000，纯硫酸的比重是 1.850。这说明电解质由 35% 的硫酸和 65% 的蒸馏水混合而成。已充满电的蓄电池的电解质的比重应该是 1.265；当蓄电池放电，比重应该接近 1.155。在本章的最后将进一步讲述比重和蓄电池的维护。

9.7 阀控式蓄电池是如何制造的

图 9-6 是阀控式蓄电池的剖面图。阀控式蓄电池由六个独立的原电池组成。每个原电池由两个长极板组成，上述极板是由非常薄的铅皮紧密盘旋组成的。每个极板都有一个吸附式玻璃棉，它是一个分布在极板每一断的类海绵体材料，所以当极板被螺旋裹住时，垫子完全包住极板的表面。由于吸附式玻璃棉嵌套在极板中间，所以它可以在极板中间的空间内支撑住电解质，吸附式玻璃棉在这个空间是连续的并且与每个极板的表面完全接触的。采用薄铅板的另一个好处是可以提

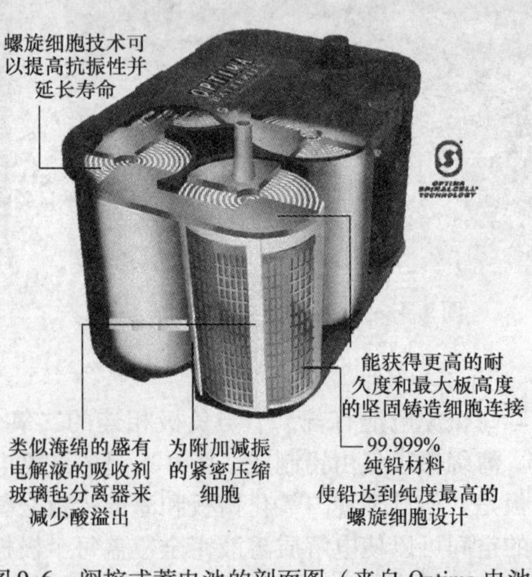

图 9-6 阀控式蓄电池的剖面图（来自 Optima 电池）

供更多的表面空间。一般来说，如果薄铅板以板的形式放在蓄电池中，那么它就需要很强的支撑，而一旦吸附式玻璃棉用于铅板的每一侧，铅板就被紧紧的螺旋包围着，这样就增加了其结构稳定性。这种把铅板放在吸附式玻璃棉材料的每一侧的设计消除了板对板之间移动的可能性。

这类蓄电池可以像汽车上的铅酸蓄电池一样被设计成短期大电流蓄电池，也可以设计成用于太阳能光伏系统的深度循环蓄电池，这样它就可以在白天长时间地充电，而在夜间长时间地放电。

9.8　不同类型蓄电池的工作原理及优缺点

本章的这部分将介绍目前用于太阳能储能系统和太阳能光伏系统检测设备的主要类型的蓄电池，将对每种蓄电池的工作原理和它们的优缺点进行讨论。铅酸蓄电池和阀控式蓄电池已经在本章的前面部分讨论过了，所以在这部分只对其进行简单的回顾，并简要讨论这两种类型蓄电池的优缺点。

9.8.1　铅酸蓄电池

铅酸蓄电池包括两种极板，一种极板是纯锌；另一种极板由二氧化锌制成。在极板上增加很多其他元素可以改变它的密度、硬度和极板的多孔性，这样可以使它们更容易放出或吸收电子，并使蓄电池维持更长的寿命。铅酸蓄电池的电解质包含35%的硫酸和65%的水。这种溶液发生的化学反应在正极板产生电子，随后电子转移到负极板，电子在向蓄电池负极移动时形成蓄电池电流。水和硫酸的百分比可以利用比重计对电解质溶液比重进行测试来间接确定。当蓄电池放完电，电解质溶液的成分几乎全是水；当蓄电池充满电时，溶液酸性增强。在蓄电池充电过程中，电流输送到蓄电池，电子重新回到储存它们的极板上，并准备下次放电时使用。

铅酸蓄电池的一个优点是它是制造和维护成本最低的蓄电池之一，并且能够提供较高的功率且可靠性高。铅酸蓄电池以多种电压、电流、型号批量生产。与其他类型的蓄电池相比，单位重量的铅酸蓄电池产生的电能最多。对铅酸蓄电池的研究一直进行着，新的铅酸蓄电池技术提高了蓄电池的寿命。合理设置回收设施和对蓄电池中的铅及其他材料处理方面相关的法律制定都是非常重要的。铅酸蓄电池是所有类型的蓄电池中回收率最高的。

铅酸蓄电池的缺点之一是在寒冷天气下输出能量很低。铅酸蓄电池中的酸是具有腐蚀性的，可能会引起皮肤烧伤，也会腐蚀与其接触的材料。铅酸蓄电池充电时会产生硫和氢气，如果人体吸入这些气体，会对肺组织产生影响。过度充电产生的气体会对蓄电池箱内或附近的所有金属带来损害。

9.8.2　阀控式蓄电池

阀控式蓄电池在由薄铅板材料制成的极板的两侧都放置吸附式玻璃棉。薄铅材料夹在两个吸附式玻璃棉层中间，并把它们包在紧密的螺旋内以达到结构的完整性。一个12V的阀控式蓄电池由6个螺旋原电池串联起来得到总电压。阀控式蓄电池的每个原电池产生2.4~2.5V的电压，当它们串联起来之后，产生总共大约12.8V的电压。电解质溶液倒在每个原电池中，然后被吸附式玻璃棉吸收，就像婴儿的一次性纸尿裤吸收水分那样。由于电解质都悬浮在吸附式玻璃棉材料中，所以电解质很少从原电池中溢出。如果每个原电池采用允许氢气和氧气重新化合成水并返回到吸附式玻璃棉材料上的特殊盖子进行密封，那么这种蓄电池就是防泄漏的。

由于阀控式蓄电池充电时不会损失电解质溶液，所以它们基本上是免维护的，这也是阀控式蓄电池的优点之一。由于这种蓄电池是完全密封的并且不产生任何气体，所以它可以用飞机运输，也就是说它可以跨国甚至在世界范围内运输。下面是优缺点一览表：

优点：

- 免维护
- 防溢出/防泄漏
- 低排气（除非充电过度）
- 充电90%只需约4h（6h充满电），用于太阳能光伏系统时在日照时间之内

- 缺点：

- 允许完全放电时会缩短蓄电池的总寿命
- 充电电路需要控制温度补偿和电压调节
- 完全密封，所以在持续过度充电时不能更换电解质
- 充电电压必须限于14.4~14.7V，否则会出现充电过度情况

9.8.3 碱电池

碱电池是一次性的，一般用于太阳能光伏系统的测试系统，例如仪表。碱电池由糊状的二氧化锰制成，有大量的分子转化成氧化锰和氢氧基离子。然后氢氧基离子和锌发生反应形成氧化锌和水，并放出电子。碱电池有一个连接原电池材料和蓄电池外部接头的碳棒。蓄电池中的自由电子向碳棒移动，经过蓄电池接头，流向接有蓄电池负荷的电路。当所有的二氧化锌用完时，碱电池就不再产生电能。碱电池可以制成多种型号。碱电池的使用时间比碳锌电池长，但是成本也更高。

9.8.4 锂离子电池

锂是一种很容易形成离子的轻金属，所以它是一种制作蓄电池的很好的材料。新型的锂离子电池可以储存的电能是镍镉蓄电池的两倍。可以把很多锂离子电池串联起来组成一个供应更大电流的蓄电池。

当锂离子电池开始被电源或者太阳能光伏板充电的时候，蓄电池就开始了它的化学反应。充电的化学反应是通过锂离子（锂原子失去一个电子带上正电）从蓄电池的一部分流到另一部分进行的。当你拔掉电源使用笔记本电脑或者手机时，蓄电池运行方式发生逆转：离子与充电时的移动方向相反，蓄电池慢慢放电。

大多数锂离子电池内部有一个可以中断它们的充电和放电的电路。这个电路可以把电池与电源隔离开，以防止出现充电过度或者过热的情况，这个电路还可以防止负荷的电全部用完。如果允许锂离子电池的电全部放完，那么它们就很难再次充电了。

优点：

- 给定重量下的锂离子电池可以工作更长的时间
- 这种电池在移动应用方面是非常成功的，如用于手机和笔记本电脑

缺点：

- 作为蓄电池的原料，锂比铅贵得多
- 锂比其他材料花费多
- 目前还没有为锂离子电池建立像铅电池那样的全面回收系统

9.8.5　镍镉蓄电池

镍镉蓄电池已经使用了很多年了，它是可以重复充电的。镍镉蓄电池目前的主要应用是为便携式电动工具供电。镍镉蓄电池有比铅酸蓄电池更高的能量效率和更长的寿命周期。镍镉蓄电池原来被认为不适合用于太阳能光伏系统和电动自行车，因为它们不能长时间地提供足够的能量，但是新的研究使镍镉蓄电池在这方面的应用成为可能。

一个镍镉蓄电池包含一个由氢氧化亚镍制成的正极板和有镉制成的负极板组成。镍镉蓄电池的电解质是氢氧化钾，它集中在电池的分隔器中。镍镉蓄电池的外壳一般是金属的，外壳上有一个带有自密封安全阀的密封板设备。正极板和负极板在制造时被一个隔离板隔离开了，这个隔离板在正极的上面和负极的下面，即在两个极板中间。这种结构保证了两个极板的相互独立，并且夹在它们中间的分隔板上有饱和的电解质。在放置分隔板后，分隔板中的极板被围成螺旋形状，并放在外壳内。这种设计使隔离板与正极板、负极板最后组装看起来像果冻卷。由于板非常薄并且占的区域非常大，所以镍镉蓄电池能比同体积的锂离子电池输出更大的最大电流。目前的对镍镉蓄电池的研究和发展致力于提高其性能，已经减少用于提高寿命周期中的花费。最近，蓄电池的一项新技术是用例如镍金属氢化物这样的金属来代替镍镉，这些金属有更好的能量特性，并且不包含有毒的镉。

优点：

- 镍镉蓄电池比铅酸蓄电池的能量密度高
- 镍镉蓄电池可以承受长期的深度放电，并且深度放电时工作效果最好
- 镍镉蓄电池可以在很大的温度范围内工作
- 镍镉蓄电池可以比其他充电电池承受更多的充放电周期

缺点：

- 镉金属是重金属并且有毒，必须对它的回收进行控制
- 同样型号的电池，镍镉蓄电池会比铅酸蓄电池贵 3 ~ 5 倍

• 如果每次都不完全的深度放电，镍镉蓄电池也会产生记忆性。这意味着电池不能把它的电能完全放出

9.8.6 镍氢蓄电池和镍锌蓄电池

其他使用锌的蓄电池类型有镍氢蓄电池和镍锌蓄电池。镍氢蓄电池目前用于计算机和医疗设备，它具有为这些设备供电的能力。由于这类蓄电池不含有镉，所以回收比较容易。镍氢蓄电池的寿命要比铅酸蓄电池长很多。

镍氢蓄电池的工作原理与镍镉蓄电池相似，可以充放电很多次，但是它可以不受记忆性的影响。这说明镍氢蓄电池可以部分放电和再充电，并且在下一次放电时，它可以顺利地完成深度放电。

镍锌蓄电池与镍镉蓄电池相似，但是它一般用于更大一些的用电设备如电动自行车。由于镍锌蓄电池具有储存更多电能的能力，所以目前正处于研究它在太阳能光伏系统中应用的初级阶段。影响镍锌蓄电池在太阳能光伏系统中广泛应用的最主要原因是它的使用寿命较短，寿命短的原因在于锌电极。最新的技术是采用镍泡沫材料而不是金属陶瓷材料，这会慢慢地降低蓄电池的制造成本，并可能延长蓄电池的寿命。

第一个镍锌蓄电池是托马斯爱迪生在1900年左右发明的，最新的版本使用了纳米技术。目前正在不断地研究如何提高其使用寿命，并使它能够承受多样的充放电周期。

优点：

• 镍氢蓄电池和镍锌蓄电池可靠而轻便

• 新型的镍锌蓄电池有较长的寿命周期，相当于使汽车行驶100km，或用于太阳能光伏系统服役好几年

缺点：

• 蓄电池中使用的镍和锌比铅贵25倍以上

• 一些镍锌蓄电池在充电时产生大量热量，并且存在自放电问题

• 一些形式的镍被确认为是致癌物质

• 在电动自行车和太阳能储能系统中的应用相对较新，缺少具体的历史数据

• 目前对锌和镍的回收能力并不强

9.9 用于太阳能储存的蓄电池

近些年来，随着需要用蓄电池进行储能的太阳能光伏系统的增加，蓄电池制造商也开始设计专门用于太阳能系统的蓄电池和蓄电池系统。对这些类型的应用的要求变得更为严格。为了迎合需求，制造商也开始制造能够使用更长时间并且可以多次充放电的系统。目前，很多用于太阳能光伏系统的储能系统以及这些系统的电子

控制系统的成本都已接近光伏电池板。对这些蓄电池系统寿命的期望值比对光伏电池板的寿命期望值小得多。在光伏系统的运行周期内，用于电能储存的蓄电池基本上要进行一次或两次的彻底更换，这使得运行的平均成本几乎抵消了使用免费光照来产生电能的优点。当居民用户或商业用户评估太阳能光伏系统的总费用时，它们必须把工程寿命内更换蓄电池和太阳能光伏板的费用计算在内。目前正在研究如何提高蓄电池的寿命周期，使它们不会损坏和频繁更换。

在小型独立居民光伏系统中，既可使用深度循环的铅酸蓄电池，也可以使用浅循环免维护蓄电池。深度循环的铅酸蓄电池不是免维护的，必须对它们进行频繁的检查，以确保电解质没有完全消耗尽，使极板暴露出来。阀控式蓄电池，也叫做圈养电解质电池，不需要进行频繁的检查，被认为是免维护的。还有一些阀控式蓄电池专门设计成浅循环免维护蓄电池，这些蓄电池是用于放电频率低的场合，如路边标志和其他在无光照时不需要完全放电的场合。一般用于光伏发电的许多电池存储能力都足够大，且蓄电池组的放电深度不会超过 25%。这个设计是通过使用比实际需要大 2~3 倍的蓄电池来实现的，这就保证了蓄电池的放电粗略上不会超过大约 25%。这种设计的优点在于提高了蓄电池系统的寿命。光伏系统中得到正常维护的蓄电池的寿命能达到 15 年，相比之下，光伏发电中没经过特别设计的蓄电池系统使用不到几年就过早的报废了。

这部分将介绍专门用于太阳能光伏发电的集中蓄电池。我们必须清楚，在大型商业用户和大型居民用户的大型光伏系统中是没有蓄电池储能系统的，这是因为这种花费是巨大的，而且安放蓄电池需要的空间很大，并可能需要多个位置。正是由于这个原因，所以大型商业和居民太阳能光伏系统一般都并网发电，不需要蓄电池储能组件。

胶体电池是一种专门用于太阳能光伏电池板电能储存的先进蓄电池。图 9-7 是一个典型的胶体电池。由于它的电解质是胶体形式，当用于太阳能光伏电池板的时候，这种类型的蓄电池的优点是免维护并且不需要长期检查，这个蓄电池是密封的，所以不会像铅酸蓄电池那样出现电解质溢出的情况。这种类型蓄电池的缺点是价格昂贵。先进的胶体电池有 6V、12V 和 24V，所以使用时需要对多个电池进行并联或串联。一般蓄电池串联是为了提高电压，而并联是为了提高电流。

图 9-7　高级凝胶电池（来自能量电池）

9.10 太阳能高功率淹没电池

另一种专门用于太阳能光伏储能的蓄电池系统是太阳能高功率淹没电池。这种蓄电池用于深度放电场合(尤其是太阳能光伏电池板)。图 9-8 是太阳能高功率淹没电池的一个例子。这种蓄电池包含一个最薄的极板，并且它的寿命一般可以达到 10 年以上。除非出现充电过度情况，否则这种电池可以 2 ~6 个月不用加水。在 77℉充满电时，这种电池的电解质比重是 1.270。

图 9-8 太阳能高功率淹没电池（来自能量电池）

9.11 先进的密封胶体电池

先进的密封胶体电池的顶部和前部的电极是可用的。先进密封胶体电池在用于太阳能光伏系统时有很长的寿命。新型电池中的先进胶体技术在设计时结合了吸附式玻璃棉和胶体的良好特性。另外，一种先进的高密度深度循环的糊状物作为电解质为蓄电池提供了大范围的容量，可以在高温时比传统阀控式蓄电池和胶体电池更为严格地进行循环。不管是离网型太阳能光伏系统还是并网型太阳能光伏系统，深度循环电池都是理想的选择。

9.12 太阳能蓄电池的模块架

为太阳能光伏系统建立蓄电池储存区域的一个问题是如何存放大量的蓄电池以使它们能够安全地充电，并且易于维护和检查。图 9-9 是一个典型的蓄电池架，可以看到所有的蓄电池有序放置，这样它们能够连在一起来产生合适电压和电流。蓄电池这样放置也为周期性的检查提供了方便。铅酸蓄电池需要频繁的检查电解质水

图 9-9 太阳能系统储存电池的电池架实例（来自 NREL 和美国能源部）

平。由于阀控式蓄电池是密封的，所以不需要检查蓄电池水平，但仍然需要接近它来连接蓄电池的电极。

9.13　串联或并联太阳能蓄电池组

当蓄电池用于太阳能光伏系统电能储存时，需要把单个的蓄电池串联起来提高系统的总电压，把蓄电池并联起来提高系统的电流能力。表 9-1 是把 12V 的蓄电池串联起来组成的 48V 系统的数据。从第一行中可以看出，由于每个蓄电池提供 12V 电压，所以它们必须串联起来组成 48V 电力系统。首行的第一列说明了这 4 个蓄电池可以提供 105 安培·小时和 5.116kW·h 的容量。

表 9-1　组成 48V4 个电池串联组合的电池数量（并联附加电池串以增加电流）

型号	System Cap. @ 100hr rate		尺寸				重量	电池型号	电池数量	串联数量	EZ1 机架数	EZ2 机架数	汇流排封装
	A·H	kW·h	W	D	H1*	H2*	lbs						
EZS-48105	105	5.116	20.3	23.7	12		348	PSG-12105FT	4	1		1	可选
EZS-48210	210	10.231	20.3	23.7	22.5		693	PSG-12105FT	8	2	1		可选
EZS-48255	255	12.424	20.3	23.7	22.5		709	PSG-12255FT	4	1	1		可选
EZS-48315	315	15.347	20.3	23.7	34.5	42.5	1041	PSG-12105FT	12	3	1	1	包含
EZS-48420	420	20.463	20.3	23.7	45	53	1386	PSG-12105FT	16	4	2		包含
EZS-48510	510	24.847	20.3		45	53	1418	PSG-12255FT	8	2	2		包含
EZS-48765	765	37.271	20.3	23.7	67.5	75.5	2127	PSG-12255FT	12	3	3		包含
EZS-481020	1020	49.694	2×20.3	23.7	45	53	2836	PSG-12255FT	16	4	4		包含
EZS-481275	1275	62.118	2×20.3	23.7	67.5	67.5	3545	PSG-12255FT	20	5	5		包含
EZS-481530	1530	74.542	2×20.3	23.7	67.5	75.5	4254	PSG-12255FT	24	6	6		包含
EZS-482040	2040	99.389	2×20.3	23.7	67.5	67.5	5672	PSG-12255FT	32	8	8		包含
EZS-482550	2550	124.336	2×20.3	23.7	67.5	67.5	7090	PSG-12255FT	40	10	10		包含
EZS-483060	3060	149.083	2×20.3	23.7	67.5	75.5	8508	PSG-12255FT	48	12	12		包含

如果需要更大的电流容量，可以选择 8 个蓄电池并把它们 4 个一组的串联成两串。然后可以把这两个由 4 个蓄电池串联成的串再并联起来来提高电流容量。图 9-10 是 4 个蓄电池串联起来构成 48V 的蓄电池串。图 9-11 是 2 个蓄电池串并联起来使蓄电池的电流大小翻倍。从表中第二行的数据可以看出，这种配置总共用了 8 个蓄电池，安培·小时可以达到 210A·h 并可以产生 10.231kW·h 电能。

可以看出，串联然后并联的蓄电池可以继续增加到 48 个，得到 48V 的电压和总共 3060 安培·小时，共产生 149083kW·h 电能。这些蓄电池放置在蓄电池架上，金属导电母线可以很容易的通过蓄电池的电极把它们穿成 4 个一组的串，然后把这些电池串并联起来提供更大的电流。

图 9-12 是一组更昂贵的胶体或阀控式蓄电池。由于这些蓄电池不需要添加电

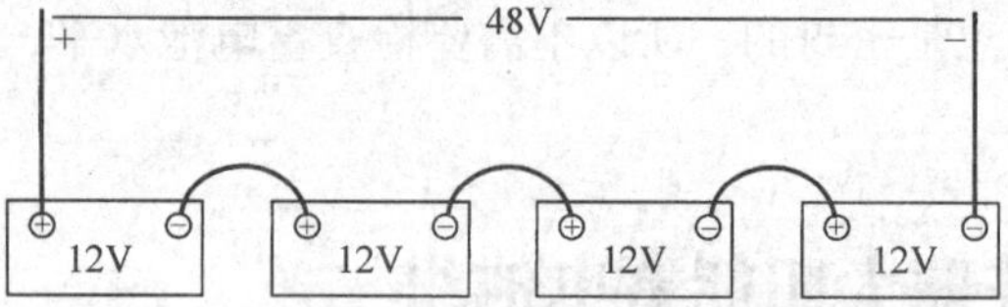

图 9-10 4 个 12V 电池串联提供 48V 电压

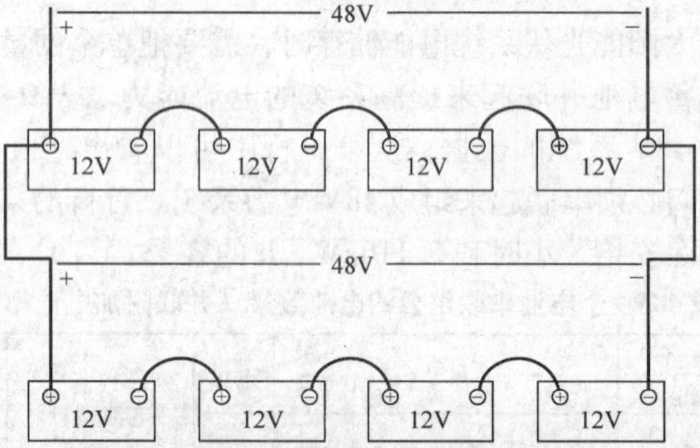

图 9-11 4 个 12V 电池串联提供 48V 电压

解质也不会放出有毒气体，所以它们可以放置在更紧密的蓄电池架上。这种垂直钢铁架可以安装大量紧密相邻的蓄电池。由于使用的是阀控式蓄电池，不会有任何的气体溢出，所以不需要使用防蒸汽外壳和排气管。

图 9-13 是太阳能系统中一个相对便宜些的蓄电池架。这个架子可以使各种蓄电池紧密放置，这样它们就可以和母线连接器连接。这种架子可以为蓄电池提供安全的支撑，使它们离开地面，且紧密放置。

图 9-12 一个使阀控式蓄电池紧密放置的电池架（来自 NREL 和美国能源部）

图 9-13 太阳能蓄电池的电池架（来自 NREL 和美国能源部）

9.14　太阳能光伏蓄电池的周期性维护

太阳能系统储能蓄电池的维护可以分为几个部分，包括检查电解质水平、电极连接的紧密性以及防腐蚀和维修。当检查腐蚀情况时，每个相连的电极和暴露的金属部分都需要检查以确保酸性气体没有腐蚀它们。如果检测到腐蚀，就需要用小苏打水溶液对蓄电池的被腐蚀部分进行清洗，苏打水是将两勺苏打加入一品脱的水中。小苏打会中和酸以及由酸性气体引起的损害。腐蚀一般主要发生在蓄电池连接处的暴露金属上或者附近任何暴露的金属上。

当蓄电池的电极被清理后，需要检查一下它们的连接是否紧密。蓄电池的许多问题都是由于连接处变脏或松懈引起的。湿电池还要进行电解质溶液水平的检查。如果检查发现电解质水平低，可以通过加入蒸馏水使电解质水平恢复正常，由于水中可能含有一些矿物质，所以应该先去除水中的杂质以避免污染蓄电池。当为蓄电池添加电解质的时候需要注意不能加入过多，这是因为在蓄电池充电的时候电解质液体会慢慢地膨胀，并且会慢慢地变热。如果加入过量的电解质溶液，过量的电解质溶液会从排气盖中溢出，这些液体是具有高度腐蚀性的，因为它们几乎是纯酸。

裸露金属部分和电极上的腐蚀可以通过覆盖上油脂来消除。还有一种控制腐蚀的方法是使用一种专门用来防止电极腐蚀的电池毛毡垫圈。在电极和裸露金属部分涂上油脂可以使能引起腐蚀的酸性液体和酸性气体接触不到它们。

9.15　排除太阳能光伏系统中的蓄电池故障

有时太阳能光伏系统的电能储存系统中的蓄电池会出现问题。当问题出现时，需要确定问题出现在哪里并找到合适的处理方法。本部分将介绍太阳能光伏系统中的蓄电池和充电系统有可能会遇到的一些基本问题。

9.15.1　蓄电池不能充电

蓄电池出现的一种故障是不能充电。当这种情况出现时，应该检查蓄电池的电缆和连接处是否出现了故障；为充电提供电压的电源是不是电压不足（在蓄电池电压的当前水平以下），或者是否是蓄电池的故障。

一种确定问题原因的方法是使用电压表来检查蓄电池的电压水平，并与蓄电池的额定电压做比较。如果蓄电池的实际电压水平比它的额定电压低，就需要对蓄电池进行充电。例如，如果一个12V的蓄电池，而测得的实际电压是11.2V，这个蓄电池就需要进行充电。如果12V的蓄电池实际电压达到12.4V，则这个蓄电池就接近充满电了，不能再继续充电。

确定蓄电池的电缆和连接是否存在问题可以通过视觉观察，或者必要时可以清理和加固它们。随着时间的推移，蓄电池电极连接处被腐蚀，电阻也随之升高，当电能流过时会产生损耗。电极被清理和加固后，可以检查蓄电池现在是不是可以正常充电了。

如果蓄电池仍然不能充电，就可以进行下一步检查，看电源（光伏电池板）是否能提供足够的电压。要清楚光伏电池板的电压必须高于蓄电池电压，否则电流将不能流向蓄电池。可以用电压表来测量光伏电池板电路的开路电压，确定这个电压是不是足够高。如果光伏电池板的电压高于蓄电池电压，那么蓄电池将接受光伏电池板的电流开始充电。

最后一个可能引起蓄电池无法正常充电的原因是一个或多个蓄电池损坏。导致蓄电池损坏的原因有多种，包括重复的充电过度、电解质水平低、原电池的破裂或损坏。可以通过如图 9-14 所示的电子式电池测试仪来检查电解质水平和电解液的比重，或者通过如图 9-15 所示的比重计。图 9-16 是蓄电池验光仪，可以测量电解质的比重。这类测试仪是通过把蓄电池的一小滴电解质溶液放在传感镜头上工作的。这种测试仪可以把电解质分解并且通过光谱来显示电解质的比重，所以可以看出电解质的数量。表 9-2 显示了所有条件下铅酸蓄电池的电解质比重。比重指的是一个单位体积的物质的密度和给定的参考物质（如水）的密度的比值。比重可以被理解成是相对密度。一般情况下，对铅酸蓄电池来说，用作电解质的酸的比重在 1.120 ~1.265 范围内。

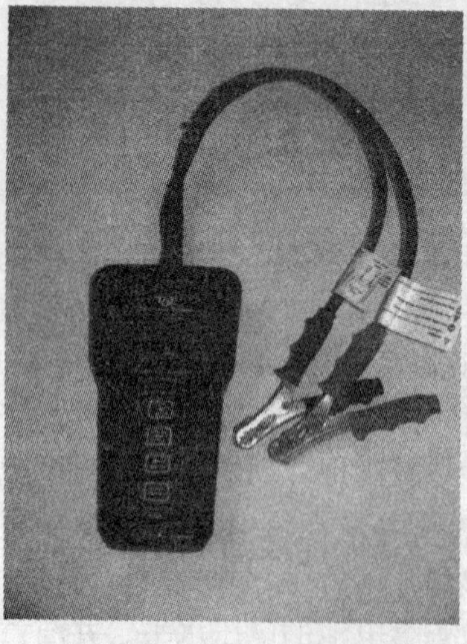

图 9-14　电子式电池测试仪

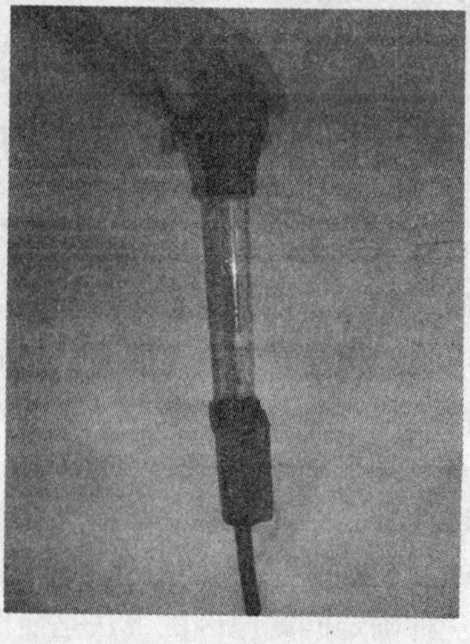

图 9-15　玻璃管和球液体湿度计

如果电解质水平偏低，则必须添加蒸馏水使其回到正常水平。如果电解质水平显示蓄电池处于放电状态，则需要对蓄电池充电。

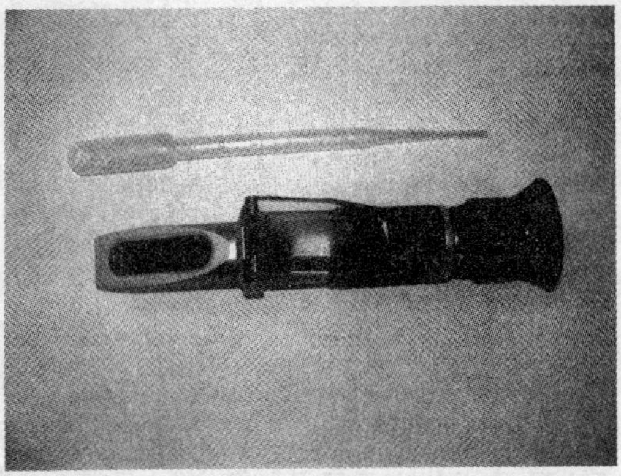

图 9-16　电池折射计显示了电池电解液的比重

也可以利用车载蓄电池的充电器为蓄电池做检查。可以把蓄电池从太阳能发电系统中断开，然后用车载蓄电池充电器对它进行检查。车载蓄电池充电器通过对流入蓄电池的电流大小进行测量来确定它是不是可以正常地充电。如果在完成其他测试后蓄电池仍不能充电，那么就可以怀疑它的极板已经损坏了或者是其他不可维修的内部问题，这时蓄电池就需要进行更换了。

表 9-2　指示充电状态的铅酸蓄电池的比重

充电状态	比重	电　压	
		12V	6V
100%	1.265	12.7	6.3
75%	1.225	12.4	6.2
50%	1.190	12.2	6.1
25%	1.155	12.0	6.0
放电	1.120	11.9	6.0

9.15.2　蓄电池不能保持充电

蓄电池另一个经常出现的问题是，在它们充满电后不能保持满电状态。这个问题通常是由以下原因引起的：首先，检查与蓄电池相连的负荷电路是不是消耗了过度的电流，或者是不是由于短路或负荷离开负荷电路而常出现最大电流。检查问题是由蓄电池本身引起的，还是负荷被短路引起的。一种简单方法是把蓄电池从负荷电路断开，然后观察几天内蓄电池是不是可以保持充电状态。蓄电池慢慢地自放电是一种正常现象，但是这种放电程度是非常低的（小于 0.1V/周）。如果蓄电池与负荷隔离开时可以保持充电状态，而接上负荷后快速地失去电能，则怀疑问题是由负荷引起的。当断开负荷电路的某些部分或某些段时，必须使用电流表或欧姆表测试电路。如果使用的是欧姆表，需要关掉电路的电压，并观察当问题负荷被移走时电阻是否增加。这类引起蓄电池放电的问题是由于有低电阻的负荷接在电路中，当断开出现问题的部分电路时，电阻会升高。

如果是使用电流表测试电路，当故障部分被断开时，从蓄电池流出的总电流应减小。当找到引起问题的电路部分时，需要检查这段电路中的每个负荷，并更换引起问题的部分。

如果是蓄电池本身出现问题，当断开电路时，它也不能保持充电，这时问题可能是极板上的硫酸盐累积引起的。这可能是由蓄电池持续的过度充电或者在一段时间内电解质水平一直偏低引起的。当铅酸蓄电池的极板由于电解质水平低而不被覆盖时，它们就开始产生一层硫酸盐。有时可以通过向电解质溶液中添加化学物质来消除硫酸盐，但是一般情况下蓄电池已经开始失效了并需要更换。

当蓄电池电解质的比重降到 1.225 以下，或者 12V 电池的电压在 12.4V 以下，或者 6V 的蓄电池电压在 6.2V 以下时，蓄电池就会开始在极板上产生硫酸盐或者极板开始硬化。如果极板是由于硫酸盐而开始硬化，那么它保持充电的能力就会降低，并可能完全使蓄电池失去输出电能的能力。

9.15.3 测试蓄电池的方法

对蓄电池的测试可以通过测试比重或者使用蓄电池负荷测试器来完成。一种确定蓄电池状况的方法是测量比重或蓄电池电压。比重是通过温度补偿比重计（管子的或电子的）测量的，电压是通过电子电压表测量的。可以将比重计的读数与表 9-2 中的读数比较。密封蓄电池不能使用比重计，所以可以使用负荷测试器，负荷测试器可以在短时间内测出电压和电流。

蓄电池负荷测试包括：小负荷下从蓄电池流出的电流，然后测量电压损失和测试期间流过的电流。如果蓄电池损坏或者存在问题，它就不能在没有损失大量电压的情况下维持 15s 的额定电流。蓄电池负荷测试的电流一般是额定冷启动电流的一半。当对蓄电池进行负荷测试时，要保证它是充满电的。蓄电池充满电后，你需要用一个消耗 1～2A 电流的外部负荷对蓄电池进行 2～3min 的放电以去掉表面电荷。去掉表面负荷以后，可以断开外部负荷，然后开始负荷测试。

在负荷测试期间，蓄电池连接负荷使其以冷启动电流一半运行 15s。如果电池没有故障，那么在负荷测试期间电压不会下降很多。如果蓄电池出现问题，电压会严重下降，12V 的蓄电池的电压通常会低于 10.5V。负荷测试时另一个测试蓄电池的方法是测量它的比重，每个原电池的比重差别应不超过 0.05.

如果时间充裕的话，还有另一种测试蓄电池的方法，就是把一个固定的负荷接在蓄电池 2h 以上，并且在这 2h 的时间里让蓄电池以额定电流的 10% 对负荷放电，然后测量蓄电池的电压。可以通过欧姆定律和估计电阻的大小来确定负荷的大小，或者可以使用安培表来测量电阻。测试的最后可以测量每个原电池的比重，每个原电池的比重差别应不超过 0.05。这个测试的目的是为了确定每个电池是否都是一样的，或者有没有哪个电池是故障的。一般情况下如果原电池有一个或多个原电池故障的话，在负荷测试中就会有所显示。结果非常简单，一个蓄电池如果出现不能正常充电或者不能维持充电状态的情况，最终结果就是需要更换电池。最主要的目的就是为了确定是蓄电池引起的问题，而不是充电设备或者污染了的电极，这些问题不是更换电池就能解决的。

9.15.4 周期性维护中的蓄电池测试

在周期性的维护期间，可以用电子电压表来测试蓄电池，12V 的充满电的铅酸蓄电池测试时电压应高于 12V。密封阀控式蓄电池和胶体蓄电池充满电时电压大概是 12.8V ~12.9V。对于任何充满电的12V 蓄电池来说，如果电压读数低于10.5V，就意味着蓄电池中一个或多个原电池已经损坏，需要对蓄电池进行更换。

9.16 温度对蓄电池的影响

当温度降至零点附近时，蓄电池可以发出的电流容量也将降低。这就给在冬季温度会降到零点的地区的太阳能发电系统的蓄电池储能系统带来了问题。如果温度达到零点附近，蓄电池的储能能力将减少 20%。这个问题的重点在于，如果蓄电池在寒冷环境下，就需要增加 20% 的储能容量，否则在冬天系统就不能正常工作，即不能储存和产生足够的电能。

解决这个问题的一种方法是使用在最冷的月份可以维持温度在 40℉ 以上的可加热的建筑。这种方法的唯一缺点是加热建筑的成本要远高于产生太阳能的费用。

当夏季温度升高时，会出现相反的情况，蓄电池产生的电流会高于额定值。这种情况在太阳能发电系统中不会出现问题，因为在夏天光照时间更长，而且太阳的位置更容易使电池板产生最大功率，所以太阳能光伏电池板会产生更多的电能。

9.16.1 为太阳能系统选择蓄电池

当为太阳能系统选择蓄电池时，需要牢记太阳能发电系统要求蓄电池可以深度充放电，蓄电池在白天持续充电，而在夜间持续放电。需要蓄电池的数量由系统电压决定，系统的电流大小为额定电流。串联的蓄电池的数目由系统需要的电压大小决定。可以选择 6V、12V 或 24V 的蓄电池串联起来。可以继续为它们并联电池来提高系统需要的电流容量。

选择完蓄电池的下一步是选择可以承受所有蓄电池并可以露出蓄电池电极的蓄电池架。如果有湿电池的话，还需保证它们的盖子可以露出来以进行周期性的检查。露出蓄电池的电极连接部分也非常重要，这样可以周期性地加固和清理它们。如果蓄电池系统安装在关闭的房间内，就需要有一个排气系统使蓄电池排出的气体可以排到大气中。

当为系统选择蓄电池型号时，必须参照型号表，以保证选择的电池有合适的容量，并且储能能力满足需要。

课后习题

1. 简答题

1）解释原电池和蓄电池有什么不同。

2）解释深度放电电池的含义。

3）说出阀控式电池的优点和缺点。

4）解释铅酸蓄电池的优点和缺点。

5）解释蓄电池的电解质是什么。

2. 多项选择题

1）当蓄电池中的电解质比重较高时，说明（　　）。

A. 蓄电池的充电偏低

B. 蓄电池的充电偏高

C. 电解质的比重不能说明充电情况

2）当蓄电池串联连接时，（　　）。

A. 蓄电池组的电压升高

B. 蓄电池组的电流升高

C. 蓄电池的电压和电流都升高

3）当蓄电池并联连接时，（　　）。

A. 蓄电池组的电压升高

B. 蓄电池组的电流升高

C. 蓄电池的电压和电流都升高

4）铅酸蓄电池（　　）。

A. 含有胶体电解质

B. 有紧密螺旋的可吸收电解质的多孔材料

C. 使用液体电解质

5）胶体吸收电池（　　）。

A. 含有胶体电解质

B. 有紧密螺旋的可吸收电解质的多孔材料

C. 使用液体电解质

6）温度通过影响（　　）来影响蓄电池。

A. 提高电压使蓄电池可以在低温环境储存能量

B. 提高电压使蓄电池可以在高温环境储存能量

C. 无影响

第 10 章　电网和太阳能发电并入电网的整合

本章学习目标

读完本章后你将能够：

- 识别电网的三个主要部分。
- 解释什么是电网以及给用户分配电能时它是如何工作的。
- 解释什么是智能电网以及它与普通电网的区别。
- 解释变压器是如何工作的。
- 识别双绕组变压器。
- 解释什么是变电站以及为什么它对电网非常重要。
- 认识 IEEE1547 - 2003 中对并入电网的电能的三项技术要求。
- 解释什么是双向法。
- 解释什么是电能质量问题。

本章关键词

视在功率	公用事业管制政策法
电压过低	无功功率
容性负荷	阻性负载
闪烁的电源	二次绕组
电网	架空引入线
电网公司	智能电网
感应电流	降压变压器
感应	升压变压器
美国电气和电子工程师协会	变电站
千伏安	变压器
低电压穿越	变电公司
国家电气规范	真实功率
双向法	变比
电能质量	伏安
一次绕组	

本章概述

本章重点讨论光伏系统是如何与电网连接的。工作于太阳能光伏系统的电气部分或者电网的电气部分的工作人员必须有全面的与电相关的知识，并且要经过专门的培训才能工作在 200V 以上的电压等级。本章提供的信息将帮助你在理解什么是电网以及光伏系统是如何与之相连的方面建立牢固的背景知识。

本章首先介绍在现有条件下电网的规模和增长潜力，同时还会介绍新的智能电网及其特征。另外还会解释国家电气规范以及其他相关的规定和法规。

本章的另一部分将讨论太阳能光伏系统发出的直流电是如何通过整流器向商业用户和居民用户提供交流电的，同时讲述关于基本电表和双向的信息也会讲述到。这部分还会讲到并网系统的配电部分的开关和连接，还有光伏系统发出的电能是如何通过换流器和电网的电压及频率匹配的。可以通过电力电子整流器完成对光伏系统直流电的转换，使它和电网的频率相同。本章还会提供一些关于电压控制与无功功率控制的资料。另外还会讨论光伏系统对电网的并网电压问题也会被讨论到，包括光伏系统中的电能质量问题和安全回路。

本章会对光伏系统是如何接地的做出解释，包括太阳电池板的电线会如何与变电站及电网内原有的电源相连的。这个问题包括为什么电缆安装时采用地下方式或者架空方式，还有变压器的使用。如果这个太阳能系统是太阳能发电场的一部分，它将会与变电站连接，这在本章的最后会讲到。

10.1 理解电网

为了理解电网相关知识，第一部分会提供它的基本信息。电网这个名词用于美国和北美洲其他地区所有的电力配电系统中 。如果太阳能光伏系统是用于并网的，它必须和电网的一个现有部分相连，而且它发出的电能必须满足电网这部分的规范。电网是用于供电的，它实际上是由很多英里的电线组成的，这些电线把电能从发出的地方输送到消费的地方。如果是用光伏电池板发电，那么产生的电能一般是600V 或者 1000V 的直流电，它可以先经过整流器整流，然后经过变压器的升压变为 15kV 或者 35kV 的交流电。

用于电网的长距离输电时，这个电压必须经过变压器的升压达到更高的电压等级，如 545 ~765kV；如果是用于短距离输电，可以升压到 345 ~545kV。当电能被输送到需要使用的地方时，需要在城市附近的变电站或者工业现场降压到 12.47kV 电压等级，然后再输送到用电终端。居民户外电线杆上的变压器或者用于工业的小型变电站会把 12.47kV 的电压降为 120V 送给居民用户或降为 240V 送给工业用户。如图 10-1 所示为从发电现场通过传输线到居民用户的配电系统。

电网的子部分包括：发电厂、输电系统、子输电系统、变电站、馈线、服务系统和用户。发电厂包括燃煤蒸汽发电厂、核电站、水电厂、风电场和光伏发电场。输电线和子输电线包括全国各地的长距离输电的高压输电线和超高压输电线。变电站是位于城市郊区或者工业现场附近的一大套变压器，用来对发电厂发出的高压电进行降压。馈电线提供贯穿城市和居民区的电压。服务系统部分包括工业用户、商业用户、居民用户提供架空进户线的变压器。电网的用户部分包括用户附近的任何

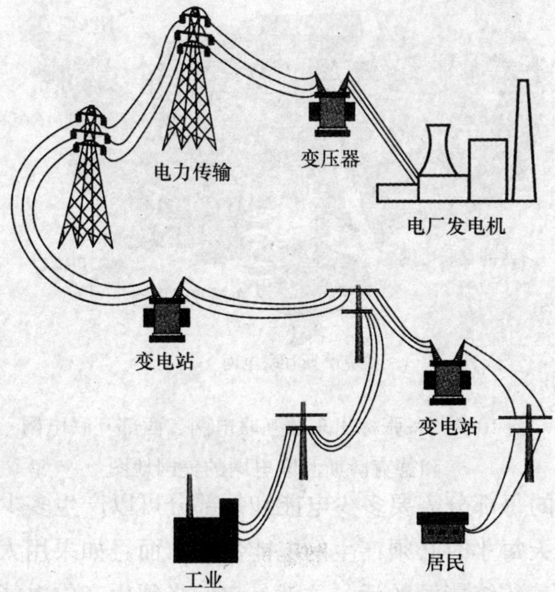

图 10-1　从发电厂到用户的电力传输与配电过程

电线，例如大型工业用户。

图 10-2 的地图说明了美国电网在各州之间是如何连接的。美国电网可以分为三个主要部分：东部电网、西部电网和德州电网。东部电网又进一步分为几个子部分：东北电力协调委员会，包括缅因州、佛蒙特州、新罕布夏州、纽约、马萨诸塞州和罗德岛州；中大西洋地区委员会，包括马里兰州、特拉华州、新泽西州和宾夕法尼亚州的部分地区；东中部地区可靠性委员会，包括密歇根州、印第安纳州、俄亥俄州、西弗吉尼亚州和肯塔基州；东南电力可靠性委员会，包括东南地区所有的州（除了佛罗里达州）；佛罗里达协调委员会，包括佛罗里达州；中美互联网络，包括威斯康辛州、伊利诺斯州；中部大陆地区联合电网，包括达科他州、内布拉斯加州、明尼苏达州和爱荷华州；还有西南联合电网，包括堪萨斯州和俄克拉荷马州。德州互联包括德州电力可靠性委员会，包括德克萨斯的全部地区；西部互联包括西部系统协调委员会，包括西部所有的州，新墨西哥州、科罗拉多州、怀俄明州和蒙大拿州西部。

表 10-1 显示了 2009 年美国电力的需求、供应和边际容量。边际容量是指发出的电能多少与消耗的电能多少的比值。可用电能多于被消耗电能对满足工业和居民要求是非常重要的。当时，东部互联电网的边际容量是 19.3%，德克萨斯互联电网的边际容量是 13.6%，西部互联电网的边际容量是 22%。全美国的边际容量是

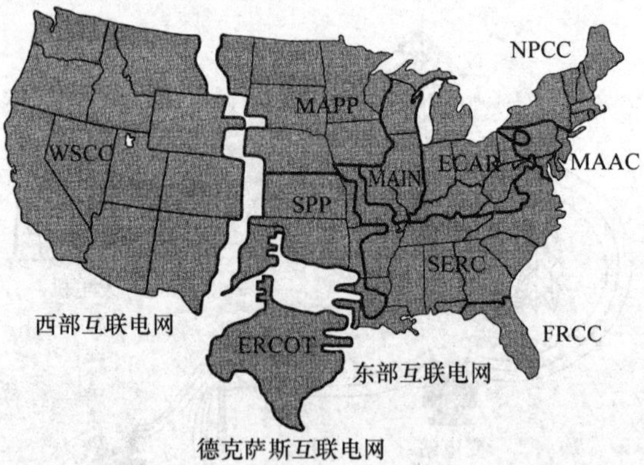

图 10-2　一张标出东部互联电网、西部互联电网和德克萨斯互联电网的美国地图

19.4%。理解电网的每部分需要多少电能和每部分可以产生多少电能供给是非常重要的，因为这是每天每小时必须产生的电能数量，而且如果用太阳能发电系统或其他可替代能源来代替传统能源的话，这就是它们必须生产的电能数量。太阳能发电系统和其他替代能源产生的电能只能满足需求的一小部分。

表 10-1　美国发电容量盈余，2009

	东部电网	德克萨斯电网	西部电网	美国电网总量
需求/MW	544，412	63，376	26，441	754，229
供给/MW	688，783	72，204	174，978	935，965
发电容量盈余（%）	19.3	13.6	22	19.4

图 10-2 的地图中显示了电网为每个区域提供的电能，如果通过太阳能发电系统为电网供电，必须清楚把它连接到系统的哪部分并熟悉电网这部分的规范。当太阳能工程并网时，必须提供有效的许可证才能开始项目。

把太阳能光伏系统并入电网，是指并入系统的电压传输部分。通常是光伏电池板上电压产生的地方并至电网中电压通过电能传输系统传输的地方，电能被传输到它的终端，如工业、商业和居民区域。实际的电力传输线、杆塔、变压器和开关柜等这些硬件的管理工作是归独立的输电公司所有的。电网公司是一些管理电网运行的公司，它通过硬件电缆线相互连接和传送电能使那些地区的电力需求得到满足。电网的某些硬件设施和电网管理可能是由一些当地的电力公司或者国家电力公司来控制的。

流经这些硬件的电能作为商品进行交易，可以通过短期合同或长期合同进行买卖。电力设备的所有者和流经这些电线的电能的交易由设备所在的州和电能被消费的州进行管理。在系统中电能在一个或多个州间流动的部分，是归州际公司管理的。这就是为什么知道太阳能光伏系统将并在电网的哪一部分非常重要，并且要知道哪部分法律适用于哪个州。例如，一些州的法律要求发电的电力公司和输电的公司来消费太阳能光伏系统发出的电能，而一些其他的州就没有这种法律来要求太阳能光伏系统所有者和电力公司合作。你会发现大多数的州都要求填写申请表并将你的系统并入电网，并且太阳能光伏系统发出的电能可以得到报销。

远距离传输时，电网的电压可以分为四个不同的电压等级。在美国电网中，用于输电的最高电压等级是 765kV。一些更高的传输线是用来传输大型水电站发出的电能的。其他线路传输的电压等级是 500kV、345kV 和 230kV。一般情况下电压等级越高，传输的距离就越远。

电网被分成三个不同的部分：西部电网、东部电网和德克萨斯电网。这三个主要的部分相对于外界是独立的，一个电网部分出现问题不会影响到其他两个。每个子部分都有大型控制中心来持续的监控电网，以确保有充足的可用电能，如果出现停电情况，要把它们限制在非常小的范围内。本章的后面内容将会讲到现有电力系统的利弊。

10.1.1　太阳能光伏系统并网

理解了什么是电网以及它是如何工作的之后，下一个重要的问题就是理解如何把太阳能光伏系统并入电网。现在大约 42 个州出台了相关法律，允许和要求电网公司允许太阳能光伏系统和其他的发电技术并入电网，并对其发出和输入电网的电能做几种类型的补偿。一些州要求电网公司对电能进行一小部分的补偿，这使得太阳能光伏系统产生的能量具有很小的价值，而其他州要求电网公司对太阳能发电系统发出的电能进行全部或大部分的补偿。一部叫做公共事业管制政策法的联邦法律于 1978 年通过，它是国家能源法案的一部分。这部法律要求电力公司购买独立供电商的电能，但是法律没有规定需要支付的电能的比例。

一种连接太阳能光伏系统和电网的办法是使用双向电表，这种电表既可以计量输入电网的电能也可以计量从电网吸取的电能。由于这种电表可以测量太阳能光伏系统产生的电压，或者居民使用的电压，所以被叫做双向法。有些类型的双向电表可以使过多的电能储存起来，或者计入消费者的账户，也就是说光伏电池板发出的电和被用掉的电是一样多的。双向法使电表可以双向计量，这就简化了对电网产生和消耗电能的计量过程。

10.2　智能电网

智能电网是对现有电网的提升。电网中的实时信息和能量是单向流动的，即从产生的地方流动到消耗的地方。生产电能的电力公司和生产电能的太阳能光伏系统一般向电网提供电能，和其他电流一起流动到消费者使用的地方。目前任何可以帮助电能生产商的数据和信息都是从电能生产者到使用者和消费者单向流动的。

智能电网是基于信息在电网中能够实现双向流动的思想。例如，如果居民区和商业区的电表能够把每天任何时刻使用了多少电这些细节及时反馈给发电公司和输电公司，这将是很有意义的。对这些数据进行记录和分析可以对未来实时消费的电能作出预测。这种电表还可以向消费者提供附加的信息使他们知道在任何时刻他们消费电能的价格，在一天的不同时间里，电能是可以变动的。例如，在夜间电网有富裕的电能，即波谷时间或高峰时间。在这些时间里，电力生产公司可以通过降低电能的价格来引导消费者使用电能。例如，在高峰时间里可以烧水或者在炉存储空间烧砖，这样节省了消费者很可观的一笔开支。

智能电网会为输电过程的每一步和每一个终端用电者都标示一个计算机地址，使得所有的设备可以发送和接收关于电能使用量、时间和其他诸如温度及环境条件的数据。由于电网中每个点都有它独一无二的地址，所以它可以像一个大型计算机网络那样工作，信息可以从网络中每个节点流入或流出。由于这种信息和计算机网络中的相似，所以可以显示在家用或商业建筑里的小显示器或者计算机上。信息的显示可以帮助消费者知道在某一时刻他们消费了多少电能，并知道在电价便宜些的时刻是否有可用的电能。例如，如果你的电动自行车需要充电，智能电网可以显示在这一天的什么时段或者在一周的哪一天可以花费最少的钱来完成这次充电。

因为可以对电表和任何终端用户的开关柜进行监测，所以也可以对它们进行控制。例如，可以为家中的单个负荷连上控制器以对它进行单独监控，可以在负荷高峰时把它关闭一小段时间以节省电能。控制器可以向空调系统、电热水器、电干衣机和电灶等用电设备发出和接收控制信息。智能电网可以监控这些设备，并决定它们使用多长时间和在什么时间使用。然后电力公司就可以根据用电的高峰时段和非高峰时段提供几个阶梯电价。电力公司可以把高峰时段的电能价格定在最高，把波谷时刻的电价定在最低。电价在用电波谷时刻比较低的原因是这段时间发电能力大于需要消耗的电能。这通常发生在深夜，因为消费者已经休息，并且作为用电大户的工厂和商业建筑在这时用电量也最小。这时居民可以使用一些电力负荷，如使用电热水器、给电动汽车充电或者加热电炉，这样可以保证在电价最低时使用电能。这种方式使电力消费者能在合适的时间使用电力负荷，在电价最低时使用它们。

现在，发电公司尝试预测在任何时段负荷的数量，然后使火电厂或核电站发出接下来几个小时需要的电。由于消耗电能的过程和发电的过程是同步的，所以会有一部分电能被浪费掉，例如，燃煤产生蒸汽来发电，但是在接下来的 2h 内没有被用掉。可以看出，如果系统没有对于由用电方式和天气及其他外在条件引起的系统变化的监控，就不能及时做出反应，这样系统效率是非常低的。

带有控制器的智能电网可以使终端用户和电能生产商达成协议，用户同意在电网过负荷时或出现电压过低情况时暂时关掉它们的某些大型负荷。电压过低指的是在某段时间里，电网消耗的电能比发出的电能多，电压出现了下降 10% ~20% 的情况。如果电压过低情况持续更长的时间，带有电动机的大型负荷如空调压缩机和泵等可能会被损坏或者过热。一种矫正电压过低的方法是令电网甩掉大型负荷和重度用户直到电压开始恢复正常。智能电网可以使大型工业用户与电力生产商达成协议，同意他们的大部分用电设备可以短时间的与电网断开连接，他们会得到比他们因停电造成的损失更多的补偿。这个系统对于大工业用户已经有十多年的历史了，但是在智能电网条件下，住宅用户也可以得知电价实时的变化情况。居民用户可以同意在负荷高峰时和电压过低时暂时关闭空调器，电力公司需要对用户的减负荷行为作出补偿。

智能电网也能使控制器锁定特定的负荷，根据负荷的需求只在一天或一周中低峰时段对它们进行供电。

由于智能电网需要向计算机网络那样发出和接收信息，所以它需要现有的计算机网络和家庭相连，信号可以在高压线路中传输。计算机通信和网络设备需要具有过滤单相或三相高压线路中信号的功能，这样计算机数据就可以通过高压线路发送和接收。

在输电侧，智能电网可以确定国家的哪些区域和电网的哪些区域需要的电能最多。这会帮助配电公司在任何时刻更快速地确定如何对最需要电能的地区对电能进行重新分配。它也能使联网系统识别故障，并快速地断开和隔离故障，保证故障不会影响到整个电网。在 2003 年 8 月，闪电袭击了俄亥俄州克利夫兰市的一条电力线，接下来的一系列事件引起了俄亥俄州、宾夕法尼亚州、纽约、密歇根州和加拿大的安大略州的大面积停电。大面积停电的发生是由于电网不能快速地断开中间部分来阻止停电在几个州的范围内传播。智能电网采用的新型设备可以把停电区域限制在很小的范围内，可能是被闪电袭击的几个街区内，而不再是传播至几个州。

现有电网的另一个问题是输电容量效率低。一些专家相信由于老旧线路和落后的设备及连接方式引起的热损失等会使电网的电能损失达 30%。智能电网可以确定从发电的地方到用电的地方间最高效的输电方式。

一些现代化的大型太阳能光伏系统可能有可编程的逻辑控制器或者专门的计算机控制，所以它们可以很容易的和智能电网整合。太阳能光伏系统产生的电压和电流大小在任何时候都可以监测到，而且可以送到电网部分的电能多少也可以随时测量到。

在美国一些最大的能源公司，如通用电气、IBM 和西门子电气，目前都致力于推动智能电网的发展并使其尽快的完整化。推进智能电网的一个问题在于为住宅用户及商业用户更换设备的成本很高，同时更换输电设备和开关站的成本也很高。目前智能电网正在建立和协调，这个过程将会持续几年的时间。很多专家把智能电网的建立和完整比作电能最初引入到美国的所有地区，当时把电送到所有需要它的地方花了很多年的时间。

10.3 变压器、输电和配电基础设施

在理解输电和配电的基础设施之前，理解有关变压器的概念和理论是非常重要的。变压器是把电压从某种等级升到另一更高等级以供输电需要的电力设备，如把900V的交流电升高到12.470kV。变压器的金属外壳内包含两个彼此相距很近的绕组，但是这两个绕组不与对方连接。这两个绕组分别被叫做一次绕组和二次绕组。交流电压加在一次绕组上，并在二次绕组上产生感应电压。由于加在一次侧上的电压是交流的，所以它具有正弦波的特点，从零开始，先达到正波峰，然后回到零，又达到负波峰，最后又回到零。每当电压从零增加到正波峰时，会有饱和电流流过一次绕组，这会在绕组周围建立很强的磁场。当电压从波峰减小回零时，磁场和磁力线也会慢慢衰退，并且磁场的磁通线会切割二次绕组。一旦磁通线切割任何线圈，就会在该线圈中产生感应电流。这意味着当一次绕组加上交流电压，电压增加到正波峰，回到零，又减小到负波峰，再回到零的过程中，在变压器的二次侧上会感应出交流波形。二次绕组的波形和一次绕组有180°的相位差。由于一次绕组和二次绕组不相连，当一次绕组产生的磁场的磁力线切割二次绕组的时候，就会在二次侧产生感应电压。

二次绕组产生的感应电压的大小是由一次绕组线圈匝数与二次绕组线圈匝数之比决定的。如果二次绕组的线圈匝数是一次绕组的两倍，则二次电压的大小将是一次电压大小的两倍。流过变压器的电能大小通常用量程为数千伏安的伏安表来测量。如果你知道了10kV·A变压器的电压大小，则可以通过电压大小来确定电流大小。

如果变压器的二次电压大于一次电压，那么这个变压器叫做升压变压器；如果变压器的二次电压小于一次电压，则这个变压器叫做降压变压器。在社区的边缘，几个变压器一起组成一个变电站。

10.3.1 变压器综述

变压器是用来升高或降低电压等级的。当电压产生时，需要把它升高到数千伏，有些情况下需要升至数十万伏，以使电能传输时电流较小。当电流降低时，用来传输电能的电力线路的型号就可以减小。电线越小，重量就越轻，就可以使用更小的输电杆塔。电压以几千伏的电压等级在电网中传输数百里后，被送到需要使用的城市。到达城市周围时，需要把高电压降到大约12.470kV，这样会减小危险性。这个电压等级已足够在一个城市传输电能。当电被输送到工厂附近时，必须进一步降到480V、240V或者208V和120V来供给工厂所有的电路，包括办公区。当电被输送到居民区附近时，两线间电压将被降到240V，中性线的电压为120V。使用变压器进行升压或者降压。

10.3.2　变压器的工作和基本磁性理论

变压器包括两个缠绕在强化钢心上的绕组（线圈）。为变压器提供电压的绕组叫做一次绕组，电压从变压器出来的绕组叫做二次绕组。图 10-3 是一个有一次绕组和二次绕组的典型变压器。

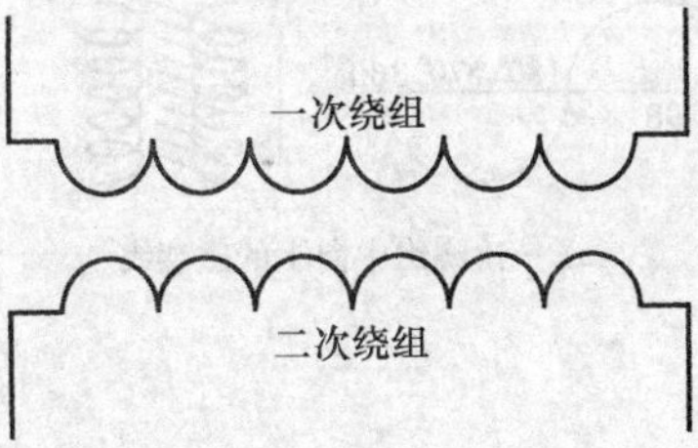

图 10-3　变压器一次绕组与二次绕组的模型

变压器的工作原理叫做感应。当电流流过一次绕组并产生磁场时，会产生感应。磁场产生磁力线，当电流流过线圈时从线圈发出。当电流中断时，磁力线也消失，磁力线消失的过程使它们穿过与一次绕组紧密相连的二次绕组。正弦波是周期性的从 0 增加到峰值然后回到 0，并在负方向重复这个过程。当电流流过线圈时，电压增加到峰值再回到 0 的过程提供了在线圈上产生磁力线的途径并在电压回 0 时使磁力线消失。由于交流电压每秒钟重复这种方式 60 次，它为变压器的工作提供了完美的电压。

当交流电压在每半个周期回零时，一次绕组产生的磁力线开始衰退并开始穿过变压器二次绕组的线圈。当一次绕组产生的磁力线开始衰退并开始穿过变压器绕组时，二次绕组的电子就开始移动，从而形成电流。由于二次绕组与一次绕组没有任何的物理连接，所以二次绕组的电流被叫做感应电流。

下面这部分会对交流电压和变压器的绕组之间的关系进行更为详细的解释。当变压器的一次绕组的交流电压在前半周期（0°~180°）时，一次绕组建立磁场。当正弦电压在 90°达到峰值时，电压达到了正向的峰值并在 90°~180°过程中慢慢减少至 0。当到了 180°时，电压减小到 0，电流中断。当正弦电压是 0 时，一次侧上产生的磁力线衰退并穿过二次绕组，在二次绕组产生电流。

正弦波继续从 180°~360°，变压器绕组在正弦波的负半周工作。当正弦波在 180°~360°之间时，磁力线重新建立；当正弦波 360°时，电压重新回到 0，电流再次中断且磁力线穿过二次绕组。这说明变压器一次侧建立一个磁场并衰退的过程一次发生在正弦波的正方向一次发生在负方向。由于一次绕组的电压从 0°~180°之后才会在二次绕组产生正弦波，所以二次侧的正弦波与产生它的一次正弦波有 180°的相位差。二次电压叫做感应电压，因为它是由感应产生的。

尽管变压器的一次和二次绕组是完全独立的，但是依然产生感应电压。图 10-4 说明了变压器电压建立的四个过程，以及正弦波在线圈中流动时每个点上磁力线的建立和衰退。

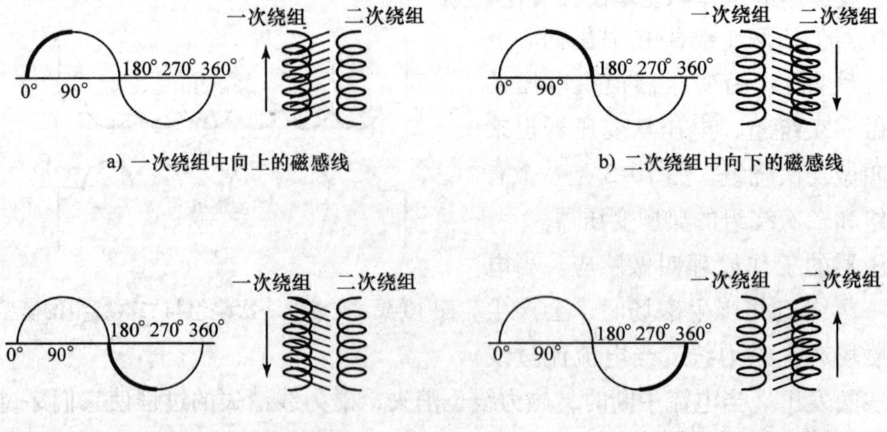

a) 一次绕组中向上的磁感线　b) 二次绕组中向下的磁感线

c) 一次绕组中向下的磁感线　d) 一次绕组中向上的磁感线

图 10-4　变压器电压建立的四个过程

10.3.3　变压器的电压、电流和变比

当供给变压器一次绕组的电压大小给定时，二次绕组产生的电压大小就由一次绕组的匝数与二次绕组的匝数之比决定，这个比值叫做变比。变压器一次和二次电流的大小也是由变比决定的。

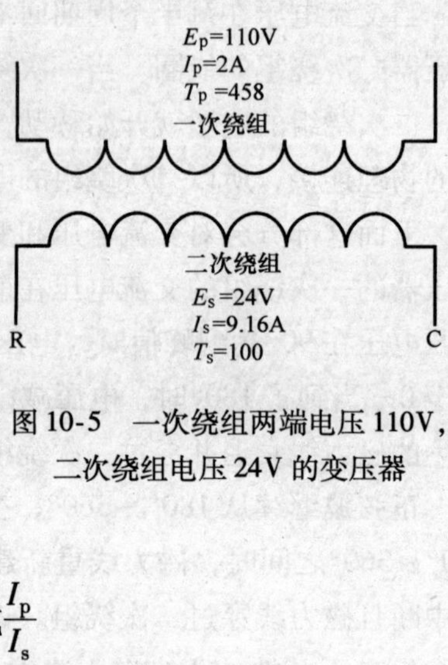

图 10-5　一次绕组两端电压 110V，二次绕组电压 24V 的变压器

图 10-5 是一次电压（E_p）、一次电流（I_p）、一次绕组匝数（T_p）、二次电压（E_s）、二次电流（I_s）和二次绕组匝数（T_s）。

一次和二次电压、一次和二次电流，还有变比，都可以通过公式进行计算。变压器的变比可以通过如下公式进行计算：

$$变化 = \frac{T_s}{T_p} 或 \frac{V_s}{V_p} 或 \frac{I_p}{I_s}$$

一次电压和二次电压的比等于一次匝数和二次匝数之比：

$$\frac{E_p}{E_s} = \frac{T_p}{T_s}$$

根据变比，可以通过公式算出二次电压：

$$E_s = \frac{E_p \times T_s}{T_p}$$

一次电压、二次电压、一次电流、二次电流之间的关系是：

$$\frac{E_p}{E_s} = \frac{I_p}{I_s}$$

通过变比还可以计算二次电流：

$$I_s = \frac{E_p * I_p}{E_s}$$

如果知道一次电压是 240V，一次电流是 2A，一次绕组匝数是 458，二次绕组匝数是 229，就可以用下面的公式计算出二次电压和二次电流：

$$E_s = \frac{E_p \times T_s}{T_p}$$

$$\frac{240\text{V} \times 229\text{ 匝}}{458\text{ 匝}} = 120\text{V}$$

$$I_s = \frac{E_p \times I_p}{E_s}$$

$$\frac{240\text{V} \times 2\text{A}}{120\text{V}} = 4\text{A}$$

10.3.4　升压和降压变压器

如果二次电压比一次电压大，这个变压器就是升压变压器。如果二次电压比一次电压小，这个变压器就是降压变压器。一般情况下，中型和大型的太阳能光伏系统产生的电压大约是 900V，利用升压变压器把它升至 12.47kV，这样就可以和电网兼容。通过升压变压器来提升电压的原因是：当电压升高后，二次电流减小，所以可以用更小型号的电线传送更多的电能，而且电线重量更轻就不需要很大的杆塔。当 12.47kV 的电压输送到社区附近的变电站时，通过降压变压器把电压降到 480V 供给工厂，降至 240V 供给住宅区。

10.3.5　变压器的额定功率

变压器的额定功率是通过一次和二次共同计算出来的。可以把一次电压和一次电流相乘来计算额定电压，也可以把二次电压和二次电流相乘来计算功率。如果一次电压是 240V，一次电流是 4A，变压器的额定功率就是 960V · A。通过额定功率可以看出变压器可以转换多少电能。作为技术人员，你可以说一次功率等于二次功率，而不考虑损失。但是如果你是设计工程师，必须做到更精确，你会发现由于变压器损耗而使得二次功率略小于一次功率。使用变压器时必须保证它的额定功率可以满足使用。如果额定功率过小，过大的电流会使变压器过热从而损坏和过早的报废。当更换变压器时，需要保证替换变压器的额定电压和额定功率均大于或者等于原来的变压器。

用在传输太阳能光伏系统发出的大量电能的大型升压变压器的二次电压可以达到 12.47kV，电流可以达到 140A，所以用于这种场合的变压器额定功率需要大约 1800kV · A。

10.3.6 变压器检修

工作于200V以上电压的变压器时必须经过专门的培训，并有专门的个人保护设备。更高的电压可能会引起叫做电弧放电的电气事故，当电弧发生于对电流进行开关或其他时候时，可能会引起人身伤害甚至死亡。这部分内容为不与电路相连的小型变压器的检修，这些信息可以作为你理解变压器运行的背景知识。如果你测试的变压器没有与电网相连，你可以连续的用欧姆表测试每个绕组。如果测量结果是电阻无穷大，那么绕组是开路的；如果测量结果是0Ω，那么有一个绕组被短路了。

另一个测试小型变压器的方法是给一次绕组加上电。在加电之前必须首先完成对所有线路的短路检测。如果变压器存在短路，就不能给它加电。带电工作时必须完全理解安全规程，并按照安全规程工作。如果变压器绕组不存在短路，你可以给其加上等于或小于一次侧额定电压的任意电压。如果变压器可以正常工作，变压器的二次侧就会产生电压。如果在二次侧没有产生电压，就需要对所有的连接处进行检查，看是否连接正确。如果检查改正后二次侧仍没有电压，说明变压器存在缺陷需要进行更换。要知道变压器的一次绕组和二次绕组是紧密挨着的，当给一侧的绕组加上交流电压时，感应会使另一个绕组上也产生电压。

10.3.7 城市配电系统常用电压等级

一些城市和郊区的配电系统用变压器产生一系列的电压等级，如7200/12470、7620/13200、14400/24940和19920/34500V。当在城市周围和城市内供电时，需要更高的电压等级使输电线规格尽可能的小。城市内的输电线可以混合使用架空线、传统电线杆和电线。在一些新安装的地点，可能会有地下电缆和室内或柜内变电站。然而，地下配电的成本要比架空线的安装贵得多。一般架空电力线和电线杆用于农村地区的配电。

10.3.8 城市周围的变电站和配电

变电站是一组位于城市附近的大型变压器。电网的高电压通过架空线在全国输电，这些架空线由钢塔支撑。图10-6是一组高压塔，电能跨越整个国家传输，最后在变电站连接。注意杆塔的尺寸以及它们是如何直线分布以使从电能产生的地方到变电站之间距离最短。

高压线路的电能供给城郊的第一个变电站中的大量变压器。图10-7是大量安装在地面上的变压器，大型钢架用来为所有连接变压器的电缆提供支撑，这是为了保证连接变压器的线路彼此分开。可以注意到每个杆塔顶部都有避雷保护装置。这个变电站的作用是把大量的高电压和电流分为子部分供给城市地区的工业用户、商业用户和居民用户。

当大电压和电流被引入大型变电站以后，它们被分开并送到城市中有大型工业用户、商场和大型商店这样的商业用户和居民用户的地区。图10-8和图10-9是城市附近靠近工业用户、商业用户和居民用户的小型变电站。图10-9中显示了一个安装有几个可移动变压器的拖车，它在变电站内和电网相连，注意到在图片右侧的

图 10-6　将电压从发电厂引至城外变电站的高压电力线路

图 10-7　城市边缘的一个大型变电站

拖车上的便携式变压器，当变压器故障或者负荷增加时，可移动变压器可以很快的被安装好。图 10-10 是一组三个变压器，它为小型商业用户提供三相电压，例如属于同一物业的几个商店。在居民区域，一个电线杆可能有一个为 8 ~ 10 户居民供电的变压器。在某些居民区，电力线被隐藏，变压器安装在某一户的后院但是给很多户居民供电。

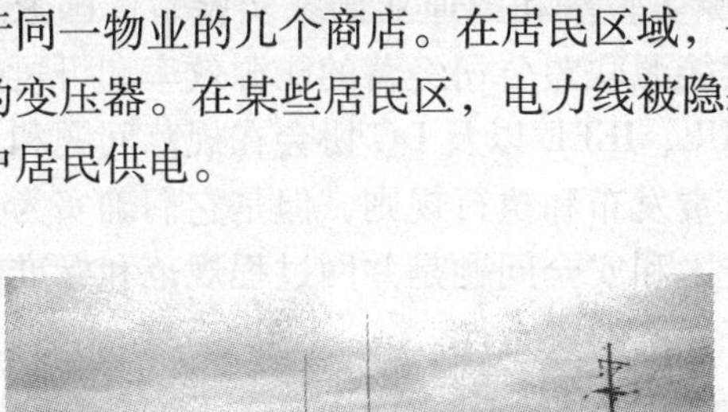

图 10-8　小型民用或商用变电站

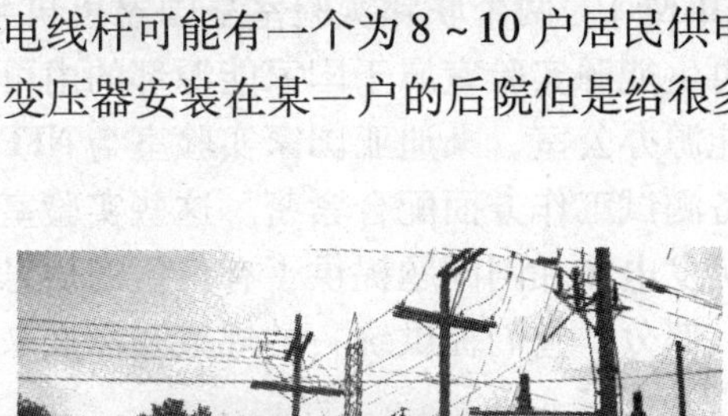

图 10-9　民用的更小的变电站

图 10-10 三个变压器为小型商业用途提供三相电压

10.4 电网规范和条例

一系列的规范和条例规定了如太阳能光伏系统之类的电能生产者和电网之间的连接。这些规范和条例包括非技术性问题和技术性问题，非技术性问题包括了太阳能光伏系统的所有者和它所在区域电网运营商之间的交易价格和购买合同，技术性问题是关于安全性和电能质量，以及其他与太阳能光伏系统和电网之间的电气连接和隔离的有关问题。

这些规范和条例规定了电力安全和电能质量问题。这些条例和规范可能属于重要的条例和发布互联条例和标准的安全组织，包括颁布了国家电气规程（NEC）的美国消防协会（NFPA）、保险商实验室（UL）、美国电气和电子工程师协会（IEEE）。两个联邦实验室是国家可再生能源实验室和桑迪亚国家实验室，国家可再生能源实验室属于国家能源部的由可持续能源联盟公司经营的能源效率和可再生能源办公室，桑迪亚国家实验室与 NFPA、UL、IEEE 以及 DG 协会在规范问题和设备测试工作方面配合紧密。这些实验室不负责发布和执行规则，但是它们确实为光伏发电和并网问题提供了有价值的信息。技术和安全问题是并网过程规范和标准的一部分，它们提供统一的规范和标准来保证并网的安全性。

10.5 国家电气规范和电网的其他要求

美国消防协会（NFPA）颁布了国家电气规范。最近的一部规范手册出版于 2008 年，每三年出版一次。国家电气规范规定了对电力线路的要求，来保证它不会引起火灾和电击危险，它同时还规定了流过导体的电流的大小，还有对接地的要求及其他安全问题。由于太阳能光伏系统发出电能，所以所有线路的连接、互联、安装和选型都必须根据国家电气规范来完成。其他重要的问题，如接地还有太阳电池板上及其周围线路的接地和实际安装也必须遵守规范。可以购买一份国家电气规范，保证你是按照规范来执行的。

10.5.1 美国电气和电子工程师协会（IEEE）

IEEE起草了关于所有并网的分布式电源的标准，包括可再生能源系统。IEE1547－2003标准提供了不管何种电源发出电能的并网的技术要求和测试方法。这个标准是和NREL合作起草的，NREL属于能源部。这个标准包括与电网连接的分布式电源的互联系统标准和互联测试要求。这保证了太阳能发电系统并入电网时，它是符合标准和条例的。起草和实施的这些规范和条例使所有与电网相连的部分都更接近智能电网的新标准。这个标准用于所有的分布式能源，分布式能源被定义为与分布式发电系统相连的小规模电源，包括太阳能光伏系统。这包括直接与电网相连的太阳能光伏发电场和不与电网相连但直接与居民及小型商业建筑相连的光伏系统。

互联技术规范和要求包括：

- 电压规范
- 区域电力系统接地的整合
- 同步性（保证相位与电网现有电压的相位相同）
- 区域电力系统的意外断电
- 检测规定
- 隔离设备（互联开关站）
- 互联的完整性

互联技术规范规定和要求还包括：

- 区域电力系统故障
- 区域电力系统重合协调
- 电压等级
- 频率
- 失步
- 与区域电力系统的重连

10.6 为建筑或居民供电

当太阳能光伏系统用来直接向建筑或居民供电时，它需要遵守一些与并网时相同的标准和规定。但是由于向建筑供的电不用和电网电压整合，所以它可以接受略有不同的电压和频率，而不用担心引起建筑内设备的损坏。如果太阳能光伏系统发出的电主要用于加热和照明之类的阻性负荷，那么电压水平和频率的问题就不那么重要了。如果太阳能光伏系统为建筑提供一部分的电能，而剩下的部分由电网提供，这时也必须像与电网相连时那样确保所有的连接、设备、电能本身都遵守标准。

在一些小型应用中，这些问题可以通过一个带有换流器和安全开关的单台设备来解决。换流器可以解决交流电压和频率的问题，而保护开关可以解决连接和断开的问题。

10.7 用于配电的开关和连接

太阳能光伏系统要有一个可以和电网连接的点。图 10-11 是两个太阳能光伏系统并入电网的连接点，我们可以看到电线杆顶部的连接点和开关。太阳能光伏系统发出的电通过保护电线的导管馈到地下，导线延伸到电线杆的顶部。

图 10-11 光伏设备与电网间的电气连接，连接的开关设备靠近杆顶

当太阳能光伏系统并网时，必须使用保护设备来保护太阳能光伏系统的设备不被来自电网的电损坏。一个重要的设备是安全断开开关，安全断开开关可以在电网电能激增或其他设备故障时自动的或手动的把太阳能光伏系统的设备从电网断开和隔离，来保护光伏系统的线路和设备。在电网维护和检修时，安全断开开关还可以使太阳能光伏系统从电网中隔离开。在电网需要隔离时，安全断开开关可以保证太阳能光伏系统与电网隔离，从而使其不能向电网倒送任何电能。当电网经历过大风、暴风雪或者飓风而需要隔离进行维护时，确保光伏电池板发出的电能不进入电网是非常重要的。

保护设备必须包括接地设备。接地包括使用接地杆直接插入地面以下大约 8ft 深。接地杆为发电设备到接地点之间提供低电阻的通道，保护系统不受由闪电袭击或设备故障引起的电流过大的影响。接地系统保护太阳能光伏系统周围的金属设备，当工作人员在金属表面工作或接触时不会遭受电击危险。如果金属表面连接了接地系统，一旦相线接触到金属，接地电路将会引起相线中的电流快速增大到能使电路中的熔丝或者断路器断开的程度，这样就切断了电路的电压。通过这种方法，任何意外的或者不安全电压引起电路短路时，接地电路都能使熔丝或断路器断开。

另一种保护设备是电泳保护器。这种类型的设备阻止电泳影响发电设备。当太阳能光伏系统发出的电与电网中的电发生失步或者遭受闪电袭击时，会出现电泳。电泳保护器可以断开并清除电泳，或者它可以把过剩的电能直接转移到地下。

太阳能光伏系统必须有一个使它的电路与电网连接或断开的开关。当太阳能系统需要停止工作进行维护时，或者其他任何需要与电网断开的时候，开关置于打开位置，这就把所有的电网电压与太阳能光伏系统断开了。当太阳能光伏系统产生正确的电压和频率时，开关将会闭合并将太阳能光伏系统的输出送入电网。当光照强度太低而不能产生频率正确的电压时，太阳能光伏系统就从电网断开，或者在有些情况下，太阳能光伏系统的这些低电压就为蓄电池充电。

当不能产生正常的输出电压时，如果允许太阳能光伏系统继续和电网相连，电网产生的电压就会倒送到电池板上。当这种情况发生时，电子控制装置会把太阳能光伏系统从电网中断开，直到它能产生适当的电压和频率时再把系统重新并入电网。最后一个需要被检测的重要因素是电压相位，这样能保证在太阳能光伏系统的电压相位与电网的电压相位基本相同时并网。如果将太阳能光伏系统并网，而系统的电压相位与电网电压的相位不同，就会引起很大的电涌电流流向太阳能电池板，这会给电池板带来严重的损害。

用来连接太阳能光伏系统电路和电网的开关与电力公司用来断开和连接它们的发电机所使用的开关是相似的，这种开关已使用了很多年。这说明这种开关所存在的大部分问题都已解决，而且经过这么多年的改进，它们已经能够实现无缝的开关过程。太阳能光伏系统产生电压的唯一问题在于这种电压大小是不规则的，频率也是变化的，而大型发电机如核电机组和火电机组发出的电压大小和频率就不会出现这种情况。

另一种需要用到断开开关的时候是，电网的某些部分需要断电并隔离使线路工人可以工作。例如，在严重的暴风雪和飓风过后，一些区域的电网的配电线路的某些部分可能被摧毁。这种类型的开断叫做电气隔离，诸如太阳能光伏系统之类的任何发电设备都必须与电网断开，这样可以阻止电能流入电网，从而保证线路工人不被伤害。

还有一种安全设备是一个保护系统，可以使太阳能光伏系统在出现低电压等情况时穿越而不引起附加电压。另外还有一种安全设备可以检测到低于或者超过标准的频率为 60Hz 的电压。

10.8 公用电网双向法

双向法指的是在太阳能光伏系统与住宅或者商业建筑相连时的一种测量电能使用量的方法。如果使用双向法来计量电能，当太阳能光伏系统没有工作并且所有的电能均来自于电网时，它将会记录住宅和商业用户使用了多少电力公司提供的电能。这和一般的没有太阳能光伏系统而只使用电网电能的居民用户和商业用户类似。电能表以 kW 为单位计量使用电能的多少，用户需要为这部分电能付费。当太阳能光伏系统开始产生电能时，居民用户和商业用户只使用光伏系统发出的电能，这时电能表不计量这些电能，用户不需要付费。如果居民用户和商业用户需要使用的电能比太阳能光伏系统发出的电能少，过剩的电能会送到电网，双向电表会改变方向来计量光伏系统送往电网的电能多少。

一些电力公司只为光伏系统送往电网的电能支付一小部分的钱。有些电力公司在太阳能光伏系统产生电能时让双向电表改变方向，并以零售价向用户提供太阳能光伏系统发出的所有电能。

如果一个州或地区不使用双向电表，根据现有的联邦法律，用户可以根据自己的需要来使用太阳能光伏系统发出的电能。这样它们就不需要以零售价向电网买电。如果太阳能光伏系统发出超过用户需要的过剩电能，双向电表不转回方向，电力公司以批发价或者成本价来购买这部分过剩的电能，这往往比零售价格低很多。这部分过剩的电能由独立的电表来计量，而不使用双向电表。目前，有将近三十个州要求在它们的管辖区域内为小型太阳能系统提供一些类型的双向电表。要清楚州与州之间的要求是有许多不同的。光伏系统产生的过剩电能也可以用一组蓄电池储存起来，在晚些时候进行使用。

在大多数州，由州的公共事业管理机构来制定双向的规则，这些规则只应用于由州管理的设备。但在大多数具有双向法法令的州，虽然很多州限制小型系统的资格，都要求对所有的太阳能光伏系统使用双向电表。当使用了双向电表或者辅助电表时，安装费用必须由用户来支付。双向电表允许用户使用任何的过剩电量，所以安装电表的费用就被使用电力公司的电能的费用抵消了。换句话说，用户只需要支付净电量部分的费用。图 10-12 是一个双向电表。

图 10-12 潮流监控器将测量电力设备取用的电能或者回馈到电力设备的电能

10.9 电能质量问题综述

电能质量指的是与太阳能光伏系统中换流器产生的电压和电流的频率有关的问题，还包括一些影响系统的噪声、直流偏磁、谐波等问题。噪声和谐波可以由其他一些与电网连接并使用电能的设备产生，然后注入电网。理想的电能质量是电压和电流都是精确的频率为60Hz 的标准的正弦波。理想电能的电压不受太阳能光伏系统的条件影响，而在电网中能保持相对稳定。通过电力电子器件和其他控制类型来保证电能的质量是最好的方法，这样可以获得理想电能。在光伏电池板产生的电压并入电网之前，电压的大小和频率问题必须能被检测到并得到纠正。

10.10　频率和电压控制

电网的电压和频率是由为电网提供大量电能的独立发电机组控制的。电网从大型发电机组接收电压，如核电机组、火电机组、水电机组还有太阳能光伏系统及其他的可再生能源发电系统。大型机组比太阳能光伏系统容易控制电压和频率，这是因为它们使用的能源可以稳定的产生蒸汽推动机组运转，而太阳能光伏系统发出电能所依靠光照在阴天时是变化无常的，而且不同的季节光照条件也不同，这也会影响到产生电压的大小。

由于电网大部分的电能来自大型机组，这部分电能的电压大小和频率稳定，所以电网可以承受太阳能光伏系统的电能的电压大小和频率的小变化。太阳能光伏系统有很多种控制它们产生电压频率的方法。大型太阳能光伏发电可以用不同类型的换流器来控制频率。换流器可以把频率控制在准确的60Hz，并调整电压大小，使电压的大小和频率与电网电压的大小和频率匹配。

在小型和中型的太阳能光伏系统中，电力电子换流器可以把输出电压的频率调整为60Hz，并把电压大小调整为符合并网要求的额定电压。在这些应用中，换流器的容量必须足够大才能处理光伏电池板产生的所有电压和电流。在换流器中，光伏电池板产生纯粹的直流电压经过传导来控制门极可关断晶闸管等，晶闸管的开通和关断使得它们的输出波形和交流正弦波相似。电压输出的频率和大小是由电力电子换流器中用来控制 IGBT 的控制电路来控制的。电力电子换流器在产生60Hz交流电和得到电网要求的电压方面是非常出色的，但是容量必须足够大才能处理太阳能光伏系统产生的供给用户或者电网消费的所有电压和电流。这意味着用在太阳能发电系统中的换流器的型号必须尽可能的大。

10.11　电压、有功功率和无功功率

众所周知，电压是引起电子移动的动力。电压也叫做电动势，电压越大，电流流过电路的动力就越大。当把系统中直流电压的大小和直流电流的大小相乘时，得到的就是电功率，单位是瓦特。在交流电路中，计算功率时阻抗和感抗必须考虑在内。交流电路的电流可以供给不同类型的负荷。纯电阻负荷包括诸如电热水器元件、电阻炉加热元件、白炽灯泡之类的器件。还有一种负荷叫做感性负荷，包括消耗电流的电动机、电磁线圈及其他的电感等。第三种类型的负荷叫做容性负荷，如电流流过电容器，可以用来矫正功率因数，也可用于为计算机供电的开关电源。

有功功率（TP）也叫做有效功率，它的电压和电流只流过阻性负荷。在这些负荷中，电压和电流的波形是同相位的，没有电能的浪费。当电压和电流流入容性负荷或者感性负荷时，电压和电流相位不同。在感性电路中，电流相位滞后于电

压。在容性电路中，电压的相位滞后与电流。感性负荷或容性负荷上消耗的功率叫做视在功率（AP）。有功功率和视在功率的比值叫做功率因数。计算功率因数的公式是 TP/AP，由于有功功率总是小于视在功率，所以功率因数总是小于1。功率因数越接近于1，电路的效率就越高，损失的电能越少。

一旦电压与电流相位不同，就会产生电能的损失。如果电网与有很多大型电动机的工厂相连接，那么电路就会由于这些感性负荷的存在而产生损失。通过增加一些容性负荷可以使容抗抵消感抗，从而矫正电路的能量损失。当电路中通过增加电容来抵消感性损失时，这个电容就叫做功率因数矫正器。电容用来矫正功率因数时，可以加在使用了大型感性负荷的终端用户。当功率因数被矫正时，工业终端用户的效率会得到提高。也可以在产生电能的地方矫正功率因数。如果感性负荷分散在电网中的各处，如住宅区域的大量空调压缩机，电容不能安装在每家每户，所以可以把它安装在电能产生的地方。这说明产生电能的太阳能光伏系统必须能够在电路中安装电容，来矫正它所连接的电网区域的功率因数。这叫做功率因数矫正，每个太阳能光伏系统都必须符合电网要求的标准，矫正它输入电网的电能的功率因数。

10.12 低电压穿越

电网的低电压问题可能发生在几个交流电压周期内，或者可能持续几个小时。它可能出现在三相系统的某一相或者在三相同时发生。低电压是指电网电压下降了额定电压水平的10%或者更多。

当低电压问题出现在连接着太阳能光伏系统的电网系统中时，太阳能光伏系统必须具有穿越低电压的能力。如果太阳能光伏系统引起了过电压或者太阳能光伏系统所连接的电网存在低电压情况，这些是没有关系的。针对这个问题的安全解决方案叫做低电压穿越。当电网出现低电压时，电子仪表会测量它的严重程度和持续时间。太阳能光伏系统必须有一个保护系统，这个保护系统使得太阳能光伏系统穿过低电压情况而不跳开。

如果是太阳能光伏系统引起了低电压情况，比如在多云天气，它必须能够快速的矫正低电压情况或者把电池板从电网断开。太阳能光伏系统在低电压情况时可以选择的方法有：完全与电网断开连接并在低电压情况消失后自动的与电网重新连接；或者一直与电网保持连接，持续的工作，并穿过低电压情况；第三种选择是与电网保持连接，并且通过从它的电容器组来增加无功功率的方式解决低电压的问题。太阳能光伏系统具体采取哪种方式取决于它所连接的电网出现的问题的类型。

10.13 闪变和电能质量

闪变被定义为电网中短时间的电压变化，它可以引起负荷白炽灯的闪烁。当太阳能光伏系统直接连接居民用户和商业用户单独作为电源时，闪变问题会比使用了蓄电池储能系统的太阳能光伏系统或者与电网共同为用户供电的系统更加突出。如果光照在短时间内变强，光伏电池板产生的电压会略有升高，这会使得这段时间内白炽灯变亮。太阳能光伏系统的控制系统会察觉到电压随着光照的变强而升高了，这时换流器内部的控制电路就会控制电压使它回到正常水平。从发现过电压情况到对其采取控制需要几秒钟的时间，这期间光照的增加会很明显。这个问题可以通过以下方式解决，居民用户把光伏电池板产生的电压直接送到蓄电池然后从蓄电池中输出电压送到换流器，来直接控制电压和频率。如果使用了蓄电池，就必须有蓄电池充电控制电路来保证蓄电池没有充电过度或者充电不足。如果太阳能光伏系统使用了换流器并直接与电网相连，就必须通过控制系统来保证电压问题在时间上和程度上都控制在最小范围内。

10.13.1 电能质量

电能生产过程中的几个因素会影响电能质量，这些因素包括电压的大小和频率、相移和功率因数校正。太阳能光伏系统必须能够修正这些因素的不足。例如，电力电子电压调节器电路可以用在换流器中使换流器产生的电压与电网电压匹配。在换流器并网时，换流器产生的电压与电网电压的相角略微不同时就会出现相移情况。这说明一个电压的正弦波早于另一个电压的正弦波几微秒，且两个正弦波没有精确的在同一时间经过零点。复杂的电力电子电路持续监控电网有功电压的相位，来确保在并网连接开关闭合使太阳能光伏系统换流器产生的电压流入电网以前，太阳能光伏系统发出的电压的相位与电网电压的相位相同。如果太阳能光伏系统换流器产生的电压与电网电压的相位差太大，就需要对太阳能光伏系统换流器产生的电压做相位调整，使它接近电网电压，这样换流器电压的正弦波和电网电压的正弦波会很精确的同时经过零点。当确保了太阳能光伏系统电压与电网电压相位相同后，并网开关将闭合，允许太阳能光伏系统换流器的电压并入电网。

在太阳能光伏系统与电网的连接处，电力电子电路用来测量太阳能光伏系统电压和电网电压的功率因数。任何时候一旦功率因数测量器显示电路的感性负荷过高，电容器组中的电容器就会开始并入电路，这就使得功率因数得以矫正。当需要矫正变化的功率因数时，电容器组可以不断地从电网中连接或断开。要知道工厂中的感性电动机使用电网中的电压会使电路中出现容性电抗，并且这些电动机在一天中会开关数次，这会引起电路中电抗的持续变化。持续监控功率因数的电力电子电路会观察到电路中感性电抗的变化，并立即调节电容器组电容的大小，这样可以保证电网这部分的功率因数是正常的。

10.13.2 孤岛

如果电网的一小部分和电网断开连接，这种情况被称为孤岛。在电网中某个区域遭受闪电袭击或者出现短路情况时，电路中的断路器断开使电网中一部分或几部分隔离开，这就出现了孤岛情况。孤岛情况也可能出现在汽车撞上电线杆时，或者其他可能引起电路断路器跳开的情况出现时。在某些情况下，太阳能光伏系统可能连接着孤立的区域并继续产生足够的电压来支撑与电网断开的孤岛区域内的消费者和负荷。孤岛期间会引起的问题是太阳能光伏系统电压的相位与电网电压的相位出现不同步。如果引起孤岛效应的原因被解决，电网孤立出来的这一部分可以重新并回主网，尽管电压已经失步。相位不同的问题可以在太阳能光伏系统的换流器引起强大的电流冲击，并几乎损坏换流器。由于这个原因，所以用电力电子监测系统来持续的检测主电路的电压并保证在重新并网前它与太阳能光伏系统电压的相位差最小是非常重要的。相位监测电路持续的监测太阳能光伏系统与主网之间电压相位的不同。如果相位差太大，太阳能光伏系统换流器的电压就通过断开开关与电网断开。当太阳能光伏系统换流器产生的电压经过了调整从而使光伏系统换流器的电压与电网电压的相位差重新变得很小以后，太阳能光伏系统换流器产生的电压就重新并回电网。

10.14 系统接地

太阳能光伏系统的接地系统包括一个或者更多的铜接地杆，这种接地杆插入地面 8ft 深。重铜导体用来连接太阳能电池板的金属框和接地杆。当金属框连接上接地的接地杆后，太阳能光伏系统的金属就和大地有了相同的电势。系统中所有的金属都与金属框粘接，这说明它可以机械的通过螺母和螺栓连接，或者可以通过导体电线与金属框连接。粘接为与金属框相连的所有金属部分和安装的硬件的接地提供了低电阻通路。如果使用了不止一个金属杆，铜导体会把每个铜接地杆连接起来。

接地系统的应用是基于两个原因的。首先，接地系统为太阳能光伏系统金属框中的任何金属和接地杆之间提供了低电阻通路。如果带有电压的电线发生了摩擦并使电压进入了太阳能光伏系统中的电池板框的金属或者其他部分，电压就会立即进入大地，这会引起很高的电流出现。然后高电流会引起高压线路的断路器或者熔丝跳开，并中断电流。如果系统没有接地，断路器就不会跳开，任何人一旦接触任何金属部位就会遭受强大的电击或触电致死。一旦遇到断路器断开的情况，就需要检查是不是出现了短路情况。如果合上断路器之后它马上又跳开了，要检查系统的哪里出现了短路，并且需要隔离开电线直到发现是系统的哪根电线或者哪部分出现了问题。

系统接地的第二个原因是保护系统不受闪电袭击。如果太阳能光伏电池板或者太阳能光伏系统的其他金属部分如系统所安装的电线杆遭受了闪电的袭击，闪电产生的大量电能必须快速的消散在大地中，因为这不会对大地造成损害。如果太阳能光伏系统或者电线杆没有合理的接地，遭受闪电袭击的地方的设备会受到严重的损坏，这是因为闪电带来的电能不能流入大地。所以必须对接地系统进行周期性的检查，确保它们连接正确且所有的连接都为大地提供了低电阻的通路。在一些太阳能电池板的安装中，需要用一些额外的避雷器来保护系统免受闪电袭击。

10.15　地下馈线

在大型的太阳能光伏发电场中，太阳能光伏阵列的电压线路在地下通过管道通向与汇流箱、换流器以及电网连接的地方，这些电线埋入地下是为了保护它们不受大气环境影响，也使太阳能光伏系统的分布更为美观。如果把电线放在地上，电线杆还有一些其他需要用到的硬件在大风天气或者暴风雪天气时会受到影响，可能会被刮倒。

图 10-13　光伏设备与电网间的电气连接

地下管道通常插入安装电力杆塔的混凝土中，另外还有管道是架设在太阳能光伏电池板和它们在电力杆塔或者变压器上与电网的电压接入点之间。从图 10-13 可以看到三个不同的管道，它们用来把电能从地下输送到电线杆的顶部与电网连接的地方，连接的开关设备靠近杆顶。太阳电池板与电力杆塔之间的电线埋于地下。当电线在杆塔基部从地面引出，和从杆塔底部引至顶部过程中会有管道进行保护。现在，越过表面障碍在深大约 3ft 或者更深的地方，通过一种设备可以在隧道里安装长达几千 ft 的地下管道。这种设备叫做水平定向钻，它通过液压系统在水平方向给钻头动力。水平定向钻使用 10ft 部分的管子来朝着目标方向逐步深入地向里钻。这种技术需要每隔 10ft 检查钻头的位置方向和深度，这时再增加另一部分的管子。操作员通过使用一个小的控制杆来调整钻头上下左右的移动，从而保证钻头和管子准确的继续向正确的方向深入并且有合适的深度。在目标位置有一个直径大约为 18in、深度大约是 3ft 或更深一些的小洞，管子和钻头被推入地下直到它们出现在这个洞里。一旦钻头出现在目标洞里，一个大的塑料管的线轴就会连接在钻头上，并把它从钻头钻出的隧道中拉回去。水平定向钻的管子被拉回，每次拉回都会有 10ft 部分变空，它从这长部分中退出，被按回定向钻的弹匣供下一部分使用。当管子的最后一部分从管子中拉出，塑料管一点一点地被填入，等待最后的连接。在制造时塑料管有一个拉绳在里面，这个绳子是用来拉动电线通过管子完成地下安装的。定向钻可以在车道、树木或者其他物体中打通隧道来布管子或者地下电线。地下安装电线比地上安装成本高，但是它们可以避免受暴风雪和龙卷风之类的可以导致电线杆倒下的问题。

10.16 电缆安装

连接太阳能光伏系统和电网的电缆可以是地下的，也可以是架空的。如果这些电缆是地下的，连接处就分布在管子沿线的检修测试点处，这样以后出现问题时可以将它们打开和检查。如果线路是架空的，连接点就在电线杆上或者变压器上。电力公司和提供安装高压线路服务的公司已经经营了很多年，他们在这方面经验丰富。如果他们来连接架空线，他们会使用带有液压电梯和桶的卡车以及专业技术人员来进行安装。他们还有使地下安装更为简单的专业服务设备。很多时候这种电缆安装工作都是承包给具有专业设备和拥有经过专门训练的技术人员的公司来完成。

10.17 架空馈线

木质电线杆和钢输电塔用来支撑高压电力线进出变电站。图 10-14 是这种电线杆和输电塔结合的例子。架空馈线必须距地面足够高，要能允许服务车辆在它下面自由行驶。这些架空线路也必须用杆和塔来支撑，确保在大风时不会接触到彼此。采用线路架空的另一个原因是电线周围的空气可以使它们保持冷却，使它们能够最大程度的接入负荷。

图 10-14　木质电线杆和金属电力传输杆塔过去常常用来将电力从变电站引入或引出

架空馈线由被电线杆支撑的电线组成。这些电线杆通常在街道旁和高速公路旁，电力公司拥有这小块土地的使用权。在这块区域中，电线杆下面的任何树木都必须经过修剪和维护，确保在暴风或者大雪天气时它们不会刮倒电线。图 10-15 是用电线杆做支撑的电力线路。可以看到在高速公路旁电线杆之间的距离。每个需要用电的居民用户和商业用户都会有一个从主电线到建筑内的连接线。连接建筑和主电线的线路叫做架空进户线，可以看到架空进户线的连接点在电线杆上三个变压器的正下方。以前这些杆子叫做电话杆，因为电话线与它们连接。现在，电力线路、架空进户线、电话线、电视电缆都安装在同一杆子的不同高度。馈线从变电站引出后穿过整个城市和地区使每个居民、商业建筑和工厂都能连入电网。

图 10-15　街道或高速公路上头顶的电力线（属于公共事业公司的狭长的条状公共事业用地）

10.18　太阳能发电场系统变电站和主要组件

当大量的太阳能光伏系统坐落于一个大型太阳能发电场时，必须有具有几个升压变压器的变电站，通过它来提高电压等级为远距离输电做准备。变电站坐落于太阳能光伏系统产生电能的位置附近。图 10-16 是一个太阳能发电场中的变电站。太阳能光伏系统和变电站之间的所有电线连接都是在地下管道中进行的。从变电站出来的高压线路在地上与电网进行架空连接。高压线路用现有的高压输电塔和线路为需要电能的城市和工业区分配电能。太阳能发电场的变电站可能包含所有的电气断开开关、安全熔丝和与电网连接相兼容的电路。

图 10-16　太阳能电厂的变电站

10.19　连接居民或商业的单电源电力系统

直接与居民用户或者商业用户相连的太阳能光伏系统是一个单电源电力系统。图 10-17 展示了一个单电源电力系统的硬件，太阳电池板的能量从地下进入系统，电网的电力从头顶接入。太阳能光伏系统引出的电力线安装于地下管道，然后延伸到底部的开关和测量箱。如果电网提供了备用电源，它会是架空的，就和在普通居民和商业用户那里一样。在图 10-17 中，可以看到开关柜、测量箱，还有架空入户线。太阳能光伏系统安装后，必须有配套的开关柜和双向电表，而且它们要算在系统的安装成本里。当太阳能光伏系统为电网供电时，双向电表单向工作，当用户使用电网提供的电能而不使用太阳能光伏系统的电能时，双向电表工作于反方向。

图 10-17 商业用途的电气隔离开关和测量部件

课后习题

1. 简答题

1）解释什么是电网，它是如何把电能输送给用户的。

2）解释什么是智能电网，它和电网有什么不同。

3）解释什么是电网的三个主要部分。

4）哪部法律要求电力公司必须购买太阳能光伏系统发出的电，说出这部法律是哪年出版的。

5）解释变压器是怎么工作的。

6）识别变压器的两个绕组。

7）解释什么是变电站，解释为什么它对电网来说很重要。

8）解释什么是双向电表。

9）说出影响电能质量的两个因素。

2. 多项选择题

1）电网是（　　）。

A. 美国和北美的所有的配电系统

B. 太阳能光伏系统发电机和太阳能光伏系统塔之间的连接

C. 太阳能发电场中光伏板之间的连接

2）智能电网是（　　）。

A. 和常规电网一样，且只能传输电能

B. 具有发出和接受信号的能力

C. 传输时可以滤波和净化电压

3）变压器绕组包括（　　）。

A. 一次和二次绕组

B. 输入和输出绕组

C. 一次和二次绕组

4）变压器的变比影响（　　）。

A. 一次和二次绕组的匝数

B. 一次和二次的电压比

C. 一次和二次绕组的电流比

D. 以上所有

5）什么是升压和降压变压器（　　）。

A. 升压变压器一次电压高于二次电压

B. 降压变压器二次电压比一次电压低

C. 降压变压器二次比一次电压高

6）功率因数、有功功率和视在功率之间的关系是（　　）。

A. 功率因数是有功功率

B. 功率因数是有功功率除以视在功率

C. 以上都对

7）低电压穿越是（　　）。

A. 在电网电压过低时，太阳能光伏系统不发生故障

B. 当太阳能系统与电网断开时，一个专门的电路保证太阳能系统的电压稳定

C. 太阳能光伏系统一个专门的电路在电压过高时跳开

D. 以上都对

8）闪变在（　　）情况下出现。

A. 太阳能光伏系统电压升高或降低

B. 电网电压引起光伏板产生更多的电压

C. 连接光伏系统和电网的电力开关频繁的开端

D. 以上都对

9）接地指的是（　　）。

A. 铜接地杆插入地面 8ft 深

B. 光伏系统的所有金属部分与铜导体进行电气连接，铜导体接入地面

C. 保护太阳能光伏系统的安全保护电路遭受闪电袭击并短路

D. 以上都对

10）太阳能光伏系统的断开开关（　　）。

A. 将太阳能光伏系统并入电网或断开

B. 对光伏板进行遮盖，阻止产生电压

C. 光伏板维修时安装新的光伏板

第 11 章 太阳能系统的安装、检修与维护

本章学习目标

读完本章你将能够：

- 说明住宅太阳能光伏系统的安装步骤。
- 说明商业太阳能光伏板在屋顶的安装步骤。
- 说明商业太阳能光伏板在陆地上的安装步骤。
- 识别太阳能光伏板装置上的电气元件。
- 解释一个闭环控制系统所包含的元件。
- 解释单轴和双轴太阳能光伏板追踪系统的元件。
- 识别太阳能光伏板的问题检测实验。

本章关键词

备用发电机	过程变量（PV）
滚珠螺杆	旋转机构
支路二极管	伺服系统
闭环控制系统	设定值
汇流箱	单轴太阳能跟踪系统
误差	步进电动机
单反馈	求和节点
换流器	双轴太阳能跟踪系统
线状驱动器	不间断电源（UPS）
开环控制	电压衰减

本章概述

本章将会讲述商业住宅和工业系统的太阳能光伏板，即输电网系统，该输电网系统带有备用发电机，以及用一次性电池作为备用的较小的太阳能光伏板装置的安装步骤。解释了在单层以及两层的房屋上如何设计安装本工程。本章的第二部分将会讲述在一个大型商业建筑的屋顶上规划和安装太阳能光伏板的步骤。本章还会介绍硬件和支架是如何安装的，以及电力控制是如何和太阳能光伏板安装连接的。

本章不包括嵌入在屋顶的瓦片中的太阳能产品及其他屋顶用的太阳能产品的安装，只介绍更复杂的安装类型，使读者学习更多这一领域的知识。由于要把这些太阳能光伏板聚集在一起并用螺栓固定在直接安装于屋顶的金属构件上，所以本章将提供足够详细的说明，使读者了解安装太阳能光伏板所需要的机械技术，同时使读者学习识读电气连接图、管道连接图的知识和在电气主系统中安装转换器及接线盒

的知识。

本章的最后一节将解释说明如何对已安装的太阳能光伏系统进行检查和正确的维修。读者也将学习到故障诊断与识别问题的基本步骤，以及如何检测从太阳能光伏板到接线和交换器的关于这一系统的任何可疑部分。一些更复杂的电气故障将在第 12 章讲述。

11.1 住宅区太阳能光伏板的安装

在住宅区安装太阳能光伏板包含以下几个步骤。第一步，和户主开一个计划会议，在这一步对本工程进行讨论来决定住户所要安装的系统的形式。同样重要的是讨论房主可能得到的任何联邦或州政府所提供的拨款，一定要记住对于户主来说是有资格用这一资金的，本工程的安装工人必须是由北美能源执业者认证委员会许可的太阳能装置的电气承包商所认可。只要有需要，就一定要仔细检查两方面，要确保进行安装的人是被认可的，另外检查这个工程是否有资格获得联邦和州政府的资金。

可以安装的太阳能光伏系统的类型包括在屋顶安装太阳能光伏板、在后院安装太阳能光伏板和将太阳能光伏板与房屋的电力系统相连。如果房子是与输电网相连的，并且太阳能光伏板用于产生额外的能量，就需要确定能量是否储存在蓄电池中以及如果没有蓄电池，系统能否运行。图 11-1 是不带蓄电池的与住宅电力系统相连的太阳能光伏板的电气图。由于住宅与电网相连，所以该系统是并网太阳能发电系统。这种类型的系统需要一个换流器将由太阳能光伏板所发的直流电转变为 60Hz 的交流电。因为一些能量要反馈到电网，所以需要一块电表来计量电网消耗能量多少以及反馈到输电网的总能量。这类系统的一个优点是由于蓄电池并不用于储存能量，所以不需要电池充电控制器。而它的缺点是如果太阳能光伏系统产生的电能多于用来运行或特定时间的家庭需要，额外的能量将反馈到输电网。在美国的一些地方，电力公共设施会购买这一电能，但是它的价格要比卖给居民的电能价格低。

太阳能发电系统的第二种类型如图 11-2 所示。它与第一种系统相似，不同的是它用蓄电池储存太阳能光伏板产生的过量电能。由于该住宅与输电网相连，可以让电力控制装置在任何时候都使太阳能光伏板产生的没有被住宅用掉的过量电能储存在电池中。这种类型的系统需要一个换流器和一个充电控制器用于确保进入到电池中的电能是可调节和可控制的，因此电池不会过度充电。电池充电控制器也保证当电池放电的时候不完全放光。如果系统有足够太阳能光伏板来产生比居民所能用的更多的电能，并且有足够的能量给电池充电，其余的能量可以送回输电网或者卖给发电厂。重要的是，要知道卖给输电网的电能的价格比住户购买由输电网供给的电能的价格低。使用这种类型的系统的住户在白天能够用太阳能光伏板发电并按需

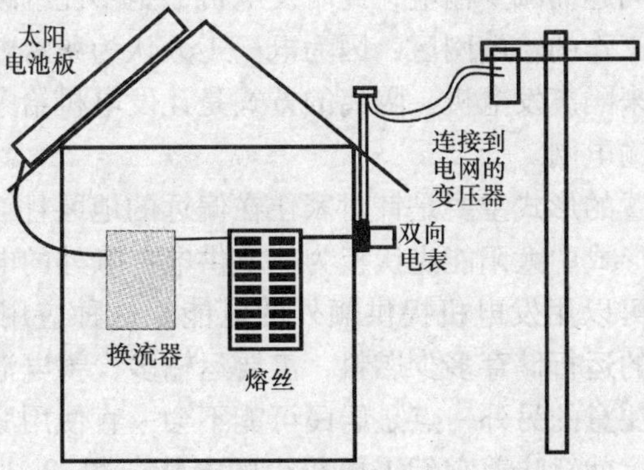

图 11-1　不带蓄电池的住宅太阳能并网系统

用电，给电池充电，然后在夜晚或太阳能光伏板不能发电的时候使用电池中储存的额外的电能。

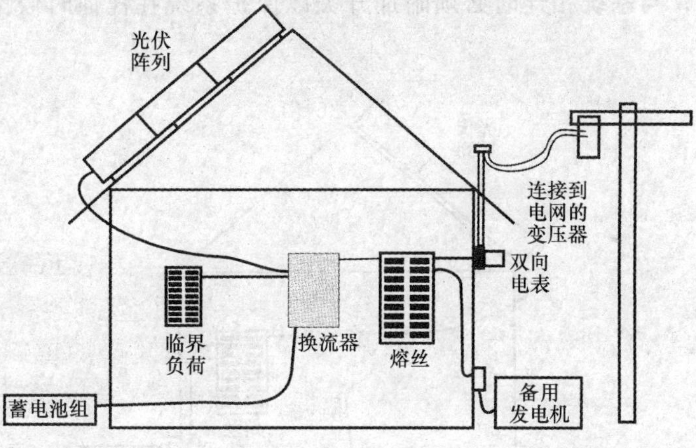

图 11-2　带有蓄电池和备用发电机的住宅并网系统

这类系统的主要问题是，电池是一种额外的消费，且必须对它们进行定期维护，保证电池的电解质水平足够，必须定期的检查、绷紧、清扫接线端子。这意味着户主必须有能力履行这些责任并承担雇佣培训技术员所带来的额外的费用。在图 11-2 中可以看出这种类型的系统也可以用一台小型发电机进行补给。发电机可以在任何输电网中断供电的时候使用，或者在这个地区的输电线被飓风或冰雹损坏的时候提供电能。在这种类型的系统中，如果输电网不能提供电能发电机可以增发额外的能量，所以任何时候居民都可以使用比电池所能提供的更多的电能。一定要记住，发电机必须与开关并用，这一特殊设计的开关是用来在发电机应用的任何时候把发电机与电网能量隔离。如果发电机和输电网在同一时刻都在运行，但是输电网由于如输电线击落的问题而减少输电，此时发电机一定不能继续发电和把电能倒送到电厂工人可能正在工作的输电网区，因为电厂工人认为所有电力已被切断。这一特殊设计的开关是用来隔离发电机，隔离的方式是让发电机给家庭或住宅提供能量但不允许电力倒送回输电网。

第三种太阳能装置的形式主要是针对家住在偏远的地区且输电网不能供电的住宅应用。在这种应用形式中太阳能光伏板为住宅供电，额外的电能就储存在蓄电池中。这种应用类型也可以用发电机提供额外的电能。这种应用类型必须考虑一些事，如需要为发电机的运行储存多少燃料，需要运输多少蓄电池到偏远的地区用来储存后备电量。需要注意的另外一点是居民可能不会一直使用房屋，相反只是在假期的一段时间使用，这就意味着它们需要较少的电能。图 11-3 是这类系统的电气图。太阳能光伏板通过换流器与房子的主要电力相连。换流器将直流电转换为交流电以供给像电冰箱、照明装置等负荷。这些应用类型也可能购买在直流电下运行的设备装置，这样就不需要换流器了。由于太阳能光伏板用以给蓄电池系统充电，所以必须用一个充电控制器来保证电池不会过量充电或者防止在放电环节将电耗尽。如果用发电机，与系统相连时必须附加开关以保护系统在任何时候都是由发电机供电。

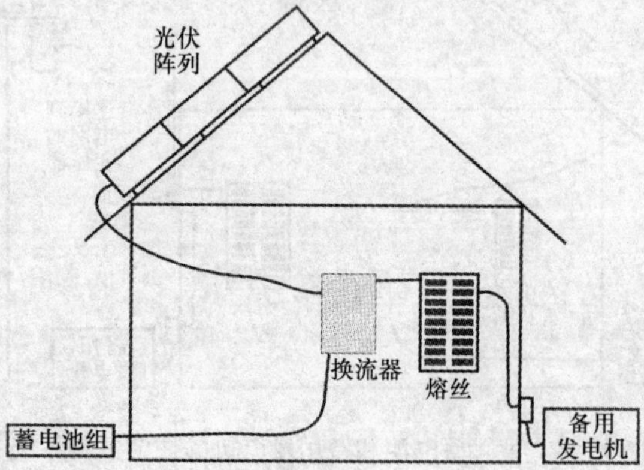

图 11-3　仅由光伏电池、蓄电池和备用发电机构成的并网住宅光伏系统示意图

11.1.1　系统设计与许可执照申请

安装过程的下一步是完成设计图，并与户主签订雇佣合同。这一过程的第二步是申请任何必须的州政府和地方的许可证。在一些州，这一过程必须由户主完成，而在其他州由这些执照安装工来负责申请。如果户主想要从地方、州或联邦政府得到税务折扣或拨款，必须递交申请表且审核通过。对于确保户主有资格且能够在最大程度上地获得补助金，这一步是至关重要的。如果补助金的说明或税务报销申请不能紧随其后，户主很可能得不到这个工程的税务折扣或拨款。许可证的最后事项需要检查完整的工程，而且在电源通电之前必须通过检查。当这个系统应用于并网

系统时，必须包含电厂，工程、设备、装置也必须通过检查。

11.1.2 确定安装工程所需设备

安装过程的下一步是确定怎样把太阳能光伏板安装在屋顶上或陆地上。为此工程所选的光伏板类型将决定安装金属器件的类型。在工程的这一阶段会选择光伏板安装的位置和在哪固定光伏板的金属构件。举例说明，如果太阳能光伏板安装在平地、铁路或电线杆顶，我们必须做好浇筑混凝土板和掩埋或安装连接太阳能光伏板和电力系统的导线管的准备。在太阳能光伏板和电箱的任何点，导线管使系统线路与外部的金属元件隔离。工程必须得到电气规范的批准，并严格遵守规范，所以雇佣通过认证的安装工人和请了解州和地方规范的电气公司是非常重要的。

在确认完工程设备，并且住户已签署合同后，就可以购买电气设备，包括太阳能光伏板、换流器、仪表等，并将它们运到安装地点。如果太阳能光伏板是安装在闲置的新房，在它被永久性地安装在房屋的某个位置之前，一定不要把材料运过去且放着不管，因为很容易被偷。这就意味着材料必须当天用当天送，或者在安装前锁起这些设备并进行特殊管理。

11.1.3 安装固定太阳能光伏板的金属架

在把工程的材料和设备送到之后，就可以开始安装了。一般的太阳能光伏板需要几种类型的金属构架来固定。若是铁路或带支架的电线杆，太阳能光伏板可以直接安装在顶部或电线杆上。太阳能光伏板会安装在那里很多年，为了不让它们被风或其他的天气情况所移动或损毁，必须把它们牢固的固定在那里。当把金属构架安装在住所的顶部时，一定要保持屋顶完好无损。这意味着屋顶的材料，如瓦片和涂层，不可以将其损毁，否则下雨或下雪的时候屋顶会漏。已经设计出了特殊的金属元件，对于这种应用形式它只造成极少的损坏且能牢固的固定太阳能光伏板。在一些情况下，如果太阳能光伏板是安装在当前的屋子上，当太阳能装置扩展的时候，修理屋顶甚至是换一个全新的屋顶会很重要。一定要记住，即使太阳能装置运行良好，如果出现一些渗漏，户主将不会喜欢这些装置。

针对所用的太阳能光伏板选择合适的安装架，并且安装架要与屋顶条件相匹配。举例说明，屋顶可能是接近平坦的或是有轻微的倾斜，或者是陡峭倾斜的屋顶，每一种类型都需要不同类型的安装架。如果光伏板是平坦的或者是升起一定的角度，也需要不同的构架。如果是金属或瓦片的屋顶，在特殊的步骤就必须用特殊的支架和构件将构架紧固在屋顶上。

如果太阳能光伏板是安装在平地上，正确的准备好混凝土的底座是很重要的，并且要留有足够的空间使混凝土底座在未来的发展中能够修改。同样重要的是，当铺设混凝土的时候，混凝土底座的连接处的任何电气导管必须优先固定。如果太阳能光伏板是安装在屋顶的，可能在安装完光伏板后再添加电气导管。

11.1.4 太阳能光伏板工程的电气构架

当安装完太阳能光伏板时，确认电气硬件并安装好是一件非常重要的事。必须确定一个地方用来安装换流器和太阳能光伏板的其他电气开关。一般的，这个地方选择在住宅的入口配电盘附近。这个入口配电盘有时称作配电面板，整个电力系统的所有电路断路器都安装在这里。电路断路器具有电气保护功能，防止房子的任何一条电路出现过电流现象。入口配电盘一般放在住宅公用设施房或洗衣房里，这种地方屋内可以接近电路断路器。一般的，电厂（输电网）发出的电能要先通过安装在室外的包括仪表板的电气检修入口再送入室内。电气导管将仪表线路引入到断路器盒子内。太阳能光伏板的任何电气开关和换流器都必须安装在电气检修入口附近。如果在系统中加入太阳能电表，可能安装在电表附近。如果设计这一用途是为了把电能卖给输电网，一定要购买双向电表。双向电表是一种特殊的电气仪表，它能测量房子出入电量的多少。这样，随着电流进房子就可以测量电力公司卖给居民多少电量，也能测量太阳能光伏板发出并输送到输电网的所有电量。

11.1.5 在屋顶安装太阳能光伏板

工程的下一步是将太阳能光伏板安装在之前安装在屋顶的安装架上。通常太阳能光伏板用螺旋栓安装在地上排列在一起形成光伏阵列的，这样能产生大量期望的电压。如图 11-4 所示，两个工人正在挪动原本放在一起的太阳能光伏板，把它们固定在之前在屋顶安装好的安装架上。在这一过程中，工人们一定要小心，在搬动的过程中不要让太阳能光伏板掉落或损坏。同时，他们要注意太阳能光伏板的电

图 11-4　工人们正在往屋顶搬运需要安装的太阳能板，
这些太阳能电池板将被安装在安装架上
（来自于再生能源实验室和美国能源部）

线，确保不会弄坏它们，而且一旦光伏板固定在安装架上就能轻松的连接。还要注意工人使用过的用来将光伏板搬到屋顶的梯子和脚手架。脚手架能够使工人在空中安全作业。在图 11-4 中可以注意到，工人在空中作业的任何时候都要绑上安全绳。绳索是与安全系统相连的，用以防止工作人员从房顶坠落受伤。在所有光伏板都固定在安装架上，且电源也已连接到屋顶之后，工人可以继续安装电力系统和陆地控制器。一定要记住，太阳能光伏板在光下的任何时候，他们就会开始发电，此时可能产生电击。光伏板的安装遮盖物能保证在安装过程中不产生电压。

如图 11-5 所示，技术员正在稍微有一点倾斜的屋顶上安装太阳能光伏板。这种类型的屋顶的优点是它接近于平坦，使工作人员比在高度倾斜的屋顶上移动更加安全。通常梯子是用来爬上屋顶和把太阳能光伏板从地上搬到屋顶的。如图 11-6 所示，两个工人正在安装屋顶上的光伏阵列。因为房子是单层带檐的结构，光伏阵列必须抬起一段不太高的距离。同样重要的是，要明白不同类型的太阳能光伏板和光伏阵列重量不同，可能需要额外的帮手把太阳能光伏板移动到屋顶或在屋顶上把光伏板安全的移动到安装架上。如图 11-7 所示，起重机操作员正在用一个小型起重

图 11-5　技术员正在稍微有一点倾斜的屋顶上安装太阳能光伏板
（来自可再生能源实验室和美国能源部）

图 11-6　技术员正在往屋顶上搬运需要安装的太阳能电池板
（来自可再生能源实验室和美国能源部）

图 11-7　一个小型的起重机正在把很大的光伏板抬到二层楼的屋顶
（来自可再生能源实验室和美国能源部）

机把更大的太阳能光伏板抬到住宅的二楼。对于个别的工人来说太阳能光伏板太重而用手搬不动，可以随时使用起重机，当房子的高度超过伸展梯能够安全到达的高度时也可以随时使用它。起重机的花费要超过把过大的光伏板抬到二楼屋顶所引起的花销问题。在工程的规划阶段，这些问题必须处理并计入预算。如果必须使用起重机，租用它的花费和为起重机操作员安排适当的日期是需要在最初考虑的重要细节。如果正在使用起重机，一定要确保起重机公司为安装工人和户主购买了保险。

11.1.6 太阳能光伏板联机与安装检测

在安装完太阳能光伏板，并且完成所有的电气连接之后，必须对整个系统进行联机和测试。如果是并网系统，电力公司必须监督这一测试。这时还要完成最后的检查，并有地方政府签署相关文件。在开始运行的期间，充电系统和换流器必须通过检查并且按照设计要求运行。测试可能在晚上进行，这时可以进行充电系统的检测，然后当太阳能光伏板不能产生电能的时候测试电池系统是否供电。

在这段时间，电力公司将保证这一安装满足业务公司政策中声明的有关安全与运行的所有要求。由于太阳能光伏板发出的电能要流经换流器，所以保证它与电网电能同步是很重要的。整个系统必须适当的接地以满足所有电气规范。在整个系统通过检测之后，签收工程同时可以给客户开账单。

批准工程的时候，必须告知客户他所具有的责任和任何需要的维修，例如蓄电池的维修或开关装置和换流器的维修。如果户主不会维修，必须提醒他雇人进行定期维修。

如果太阳能光伏板或开关装置在起动阶段有少许的问题，必须立即识别问题并进行维修。这类问题可能包括线路松动、导线没有连接到适当的终端。如果线路连接不完全正确，换流器将会运行不正常，并且不能给房屋电力系统和输电网供电或不能给电池充电。系统的每一部分必须核对无误确保其工作正常。当工程完工，并且经过电力公司和客户签字，这个工程就完成了。

11.2 太阳能光伏板的商业安装

在商业和工业应用中的大量太阳能光伏板的安装要比在住宅上安装 3~4 块太阳能光伏板要复杂得多。它们之间主要的区别有安装光伏板的数量和从太阳能发电系统到为商业或工业基地提供电能的输电网输出的三相电的电能的集成。当太阳能光伏板安装在工业建筑物的顶部，它们必须和大量的暖气设备、通风设备、空调设备以及屋顶上所有的通风孔共存。在工业建筑物顶部安装太阳能设备的公司必须花费时间进行车间维修设施的管理以确保所有的细节得到实施。当太阳能设备正在安装时，可能给建筑物日常的运作带来麻烦，所以工人必须靠近屋顶并把他们的设备紧密地堆在建筑物旁。当太阳能设备安装完成，它与建筑物的现有电能和输电网相连，当进行这些连接的时候建筑物会暂停供电一段时间。本章的这一节将会描述怎样在大型公司建筑物的顶部计划和安装光伏板。本节会给出安装过程从开始到结束的图片。

11.2.1 计划、规范、设计太阳能光伏安装设备

在一个巨大的工程中，在工业建筑上安装太阳能光伏板的第一步包括一个计划性会议，会议成员包括将会安装光伏板的公司和将要安装光伏板的建筑商以及负责设备维修和管理的公司。在这个会议中，安装太阳能光伏板的公司将会描述工程范围并提供一个详细的包括投资预测的汇报计划，还会给出工程开始的安装日程表。此时，工程仍然是试验性的，必须拟定经费明细与合同，各方面必须达成协议以得到一个适当的批准使工程继续下去。一旦拥有这一建筑的公司同意的经费合同和安装日程表，双方签署协议，工程将进行下一步。

在安装太阳能光伏板的公司提出建议之前，应至少参观一次公司，确认在屋顶上光伏板数目的可用空间，这样它们能够与现有空调器和其他屋顶设备相配合。在确认空间需求之后，可以确认安装到屋顶空间的太阳能光伏板的数量和类型，决定这些光伏板的输出。太阳能光伏板安装公司可能会提出几种不同的太阳能光伏板的方案，这些方案将提供各种各样的成本和投资回报的细节。由于有各种各样的建议，太阳能光伏板安装工人会给建筑物所有者提供关于投资金额的几种选择，需要对可接受的投资进行利润计算。

在选址视察中必须完成的另一细节是屋顶条件的完整评估，以此来决定它能支撑的安装在上面的太阳能光伏板的重量。有一些情况，例如建筑的屋顶将超过 20 年并且需要维修。许多太阳能设备公司在安装太阳能光伏板的同时也有能力进行屋顶修理和补洞。如果屋顶修理是这一过程的一部分，必须在提案中指出，所以提案常指那些可能由其他太阳能光伏板安装工人提出的建议。

11.2.2 准备屋顶和安装太阳能光伏板支架构件

如图 11-8 所示的是一个正准备安装大量太阳能光伏板的大型建筑物的屋顶。可以看到现有的空调设备以及屋顶修理和补洞过程已经在建筑物的右侧开始。在这一过程中，旧的屋顶已被拆除。拆除和补屋顶的过程按计划进行是很重要的，而同样重要的是听天气预报以保证修补屋顶的这一两天不是有雨雪的天气。一般不会让屋顶漏洞超过 24h。

当屋顶材料拆除之后，可以进行修补以确保屋顶能够支撑太阳能光伏板硬件，并且技术员能安全地走在屋顶上。这可能包括移走所有腐朽的材料、对屋顶进行修补以及在空调设备和通风口附近增加防水板。如图 11-9 所示的是用在空调设备周围的防水板，可以看到赤裸屋顶的修补已经完成。

如图 11-10 所示的是用以安装太阳能光伏板围栏的矮桩固定在了屋顶的露天平台。在先前补洞的过程中，用于安装太阳能光伏板的位置已经在屋顶露天平台做了标记，在精确的位置插入矮桩。当矮桩固定在屋顶之后，在每一根桩周围喷泡沫塑料直到形成不透水的密封。可以看到大量的支撑物已经固定在屋顶，用来以正确的角度支撑空调系统排水管，这样空调装置的冷凝水会从穿过屋顶的铜管流到普通管

图 11-8　安装太阳能光伏板前的建筑屋顶俯视图
（来自 Ron Swenson，www. SolarSchools. com）

图 11-9　清除掉原来的屋顶材料，这样就可以维修屋顶，并可以做防水
（来自 Ron Swenson，www. SolarSchools. com）

道。太阳能光伏板的支撑架将在这些铜管的上方穿过。

11.2.3　在桩上安装太阳能光伏板的框架

在所有的桩杆拧入屋顶露天平台之后，使用泡沫塑料以保证整个屋顶有几层泡沫塑料制造的防水层。必须让泡沫塑料晾干，然后技术员可以开始在要安装光伏板的桩杆上安装横杆。用螺栓将金属框固定在直接拧入屋顶的矮桩上。当横杆固定在桩杆上的时候，可以用螺栓把太阳能光伏板固定在横杆上并安全的支撑在屋顶上，这样它们就不会因大风或其他天气损坏。

如图 11-11 所示的是已经用螺栓固定在桩杆上的金属横杆。应该注意到，栏杆使金属框架安全的支撑太阳能光伏板。当横杆固定在桩杆上之后，技术员可以把太

图 11-10 图中有许多精确安装好的矮桩，用螺栓拧在屋顶的天台上，这些矮桩是用来固定太阳能光伏电池板的围栏的。在每个矮桩周围喷涂泡沫塑料，确保屋顶具有密水性。（来自 Ron Swenson，www. SolarSchools. com）

阳能光伏板传送到屋顶。注意，光伏板是平直堆放的，并且交叉的放在横杆上保持小木箱腾空放在屋顶上。当太阳能光伏板以这种方式堆叠的时候，可以保护新屋顶不被穿透或损坏。当堆叠的太阳能光伏板完全以这种方式横放在屋顶，它们会接近安装的地点。

图 11-11 把在装运箱中的太阳能板抬到屋顶，横着堆放在金属围栏上，这样就不会损坏新修的屋顶涂层

（来自 Ron Swenson，www. SolarSchools. com）

在屋顶安装太阳能光伏板的期间，技术员和其他工人会时常在屋顶走动。他们需要注意不要损坏空调设备或之前安装的电气和排水管线路。如图 11-12 所示，将胶合板片被小心地放在电力和管件线路之上，这样工人在穿行的时候就不会损坏它们。这些胶合板坡道可以让装有一块或更多的太阳能光伏板的小型手推车从一端到另一端的在屋顶穿行。当建设完成和安装完光伏板以后，将挪走这些胶合板片。

图 11-12　利用胶合板片小心的放置在屋顶上形成坡道和行走通道。坡道允许两轮车通过，把太阳能板从屋顶的一端运到另一端（来自 Ron Swenson，www. SolarSchools. com）

11. 2. 4　从计划到定位和给太阳能光伏板装电线的工作

在工程的设计部分，测量出太阳能光伏板的安装构件的准确位置并且在设计图中可以识别。另一套设计图是说明怎样在太阳能光伏板阵列中进行电气连接和怎样给光伏阵列与连接盒和接点盒连接电线。光伏板电气连接的线路图决定连续平行连接的光伏板的精确数量，这样光伏板产生的电压保持在一个恰当的水平。

设计图展示了要用的所有的元件，连接部件的金属构件和安装设备的精确尺寸。设计员用设计图决定尺寸，然后测量横杆安装的精确位置。电气设计图展示了电气导管安装在哪儿，和连接箱和接点盒应该安装的地方。如图 11-13 所示是一张安装设备设计图。图 11-14 展示了技术员测量的用于固定太阳能光伏板金属横杆的安装地点和方位。可以看出，太阳能光伏板的金属横杆是架空安装在空调系统的铜管冷凝线路之上。很难确保光伏板和横杆安装在精确的位置，所以它们不与屋顶上的设备和管件相抵触。

11. 2. 5　用螺栓将太阳能光伏板并联在一起形成阵列

在金属构架和安装横杆固定之后，技术员将开始把太阳能光伏板从集装箱中拿出来。技术员在从集装箱中搬出移动的时候必须注意不要擦伤或损坏光伏板上的玻璃。小心地把太阳能光伏板平放在屋顶上，这样可以把两块或更多的太阳能光伏板用螺栓机械的连接在一起形成阵列。在这一工作上，技术员将把三块光伏板用螺栓固定在一起形成阵列。如图 11-15 所示的是正在放置和用螺母和螺栓连接光伏板的技术员。技术员用牙槽扳手拧紧螺母和螺栓并将三块光伏电池板安全地固定，形成

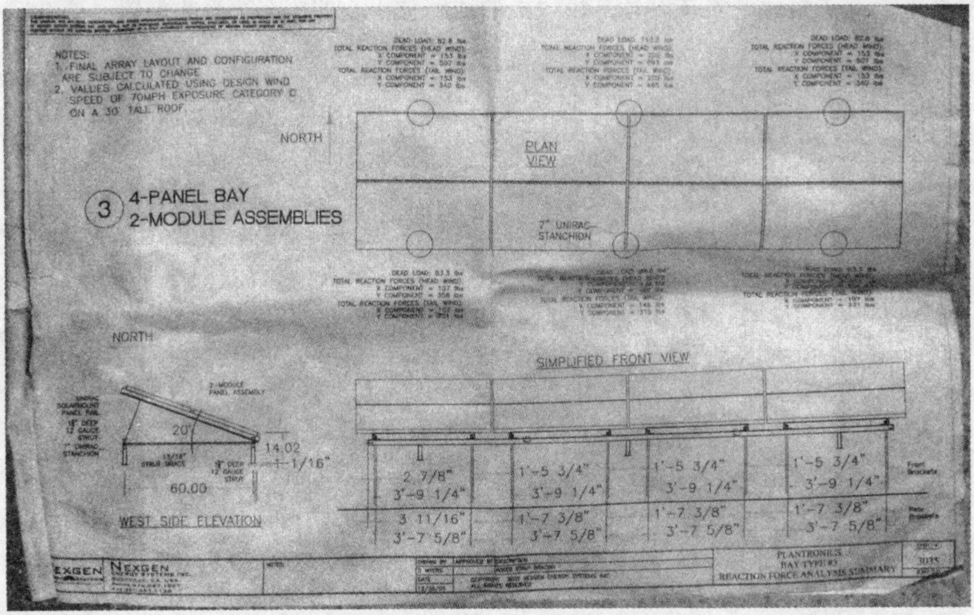

图 11-13　此图展示了安装太阳能电池板所用的金属支撑横杆的精确位置和精确尺寸（来自 Ron Swenson，www. SolarSchools. com）

图 11-14　测量安装太阳能电池板围栏的位置和地点

阵列。两组三块光伏板用螺栓连在一起形成六块板的阵列。在背景中六块和在一起安装好的光伏板。用螺栓把六块板连在一起，然后用螺栓固定在之前安装好的安装横杆上。对于最后的安装设备，每块板的线路被小心的放在适当的位置。

图 11-15 三块太阳能光伏板用螺栓拧在一起形成阵列
（来自 Ron Swenson，www. SolarSchools. com）

图 11-16 所示是技术员正在从背面完成光伏板的最后装配。需要注意的是，在太阳电池板背面，每一块太阳能电池板的电线的一端连接在一起。在这一过程中，小心地把光伏板放在适当的位置，这样技术员可以在从前到后面工作时确保螺母和螺栓真正的拧紧。可以看到每一块板的线路终端都在背面。这些电线连在一起，然后连接到通过太阳能光伏板的线路。

图 11-16 技术员从太阳能光伏板的背面拧紧螺栓和螺母
（来自 Ron Swenson，www. SolarSchools. com）

11.2.6　用螺栓将太阳能光伏板拧在横杆上

安装过程下一步是把太阳能光伏板放在横杆上并把它们拴在里面。图 11-17 是一个把太阳能光伏板牢固的连接在安装横杆的金属构件的特写镜头。在这个照片中可以看出是怎样把光伏板用螺栓连接在横栏上，还有横栏是怎样的用螺栓连接在主横杆上，而主横杆是固定在矮桩的顶端的（左下）。矮桩用螺栓和泡沫塑料安全地固定在屋顶天台。安装杆用螺栓固定在屋顶平台，然后用泡沫塑料形成一个防水密封。把太阳能光伏板安全的固定在那的螺栓螺母必须拧紧，这样当刮风的时候光伏板就不会被刮起。可以看出这一安装系统允许在横杆上和每一个固定装置上有微量的移动，保证每一块太阳能光伏板都与它的安装横杆恰当的匹配。

图 11-17　这是一个金属构件连接的特写镜头
（来自 Ron Swenson，www. SolarSchools. com）

11.2.7　将光伏板抬起适当的倾斜角度

当太阳能光伏板首次安装到横杆上时，它们是平放的，所以最后的硬件连接很容易完成。图 11-8 展示的是一组已经安装完并连接到平放的构件上的阵列。一开始

图 11-18　一组已经安装完并连接到平放的构上的阵列
（来自 Ron Swenson，www. SolarSchools. com）

安装光伏阵列时，要将其安装在水平放置的金属框架上。下一步，从背面抬起阵列光伏板，使它们倾斜到适当的角度以便最大限度的接收太阳光。在图 11-8 中可以看到在平放的光伏板前面的光伏板是倾斜的，并且锁在位置上。倾斜的幅度是可调节的，当光伏板倾斜到一个适当的角度的时候，螺母和螺栓锁在下面保证光伏板安全。上升到这一点允许光伏板倾斜的构件并没有彻底地锁在下面，这样光伏板可以从上到下移动到倾斜角度。一旦光伏板已经移动到适当的角度，剩下的螺母和螺栓全部拧紧。垂直的支柱用在光伏板的背面来更好的保护光伏板并且使其保持精确地倾斜角度和正确的角度来接收极大量的阳光。

11.2.8 连接太阳能阵列间的电线

这一过程的下一步是将屋顶上在同一排的各光伏阵列连接起来。如图 11-19 所示的是锁在一个适当倾斜位置的太阳能光伏板的一组阵列，光伏板的电线垂下到底部。光伏板的电线相互连接，所以最后只剩下两根电线进行连接。在阵列中，相邻的光伏板是相互连接的，所以每组阵列只剩两条线与其他阵列相连。

图 11-19 电线从阵列中每个光伏板的背后悬垂下来

（来自 Ron Swenson，www. SolarSchools. com）

在阵列中每一个光伏板的电线是相互连接的，所以在阵列和连接盒之间只有两条导线进行最后的电气连接。汇流箱是一个特殊的接点盒，它为太阳能光伏板的导线的连接提供空间并保持它们的极性连续。

图 11-19 展示出阵列中每一块太阳能光伏板的相互连接的导线从每一块太阳能光伏板的底部垂下。每一块光伏板的导线包括一个正极性和一个负极性，并且它们连接到相邻光伏板的正负极性线。工程的设计阶段已经决定了光伏板的准确连接方式，为了便于技术员参照而设计的设计图保证了光伏板连续平行的正确连接。在线

路连接之后，它们是被保护且看不见的，因为它们装在金属横杆内。当线路通过金属横杆按指定线路连接，防止它们在风中吹散也使它们远离雨淋或其他引起线路绷紧或损坏的自然环境。

图 11-20 是一幅在金属横杆中的线路的特写画面。这张照片也显示出导线按指定路径从金属横杆进入到电气金属导管，导管将把导线传送回太阳能光伏板背面的汇流箱或接点盒。由于几组阵列的导线被拉入同一汇流箱，可以把汇流箱隔开，这样每一个盒子都安装在它所对应的阵列背面。

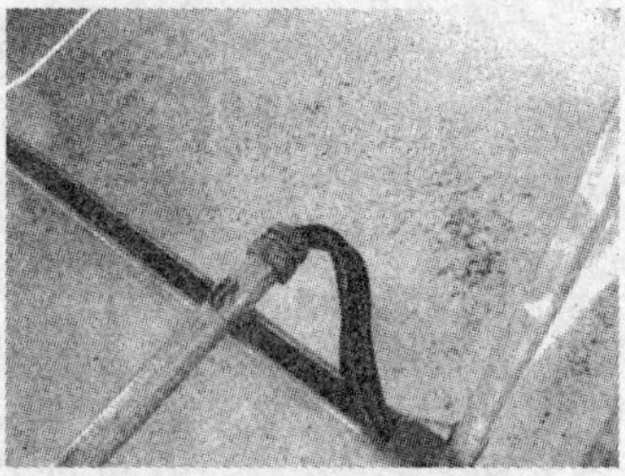

图 11-20　每一个阵列的正负极电线沿着安装架走线，从每排的末端引入金属导管（来自 Ron Swenson，www. SolarSchools. com）

11. 2. 9　汇流箱与接点盒中线路的连接

如图 11-21 太阳能光伏板阵列的导线已经引入汇流箱进行最后的连接。汇流箱安装在光伏板阵列的背面。当导线开始引入接线盒的时候，少量多余的线就会伸出盒子的前端。最后，太阳能技术员或电工将进行适当的终端连接并在每条线路末尾放接线片终端。在图 11-21 中注意到，导线已被引入接线盒和接点盒并随着与太阳能光伏板阵列的距离加大而加粗。导线变粗的原因是随着越来越多的阵列连接到这些线中，导线所携带的电流加大。

图 11-21　汇流箱是一种特殊功能的箱体，它通常安装在一系列光伏阵列的背面。光伏阵列在汇流箱中进行电气连接。再用电气导管将汇流箱连接到换流器（来自 Ron Swenson，www. SolarSchools. com）

如图 11-22 所示是在左边的箱柜里进行最后的连接导线和正准备在右边箱柜里进行连接的导线。根据正负极将导线连接到端子上。注意，导线是通过金属导管连接到汇流箱的。这些接点盒安装在屋顶的右侧，换流器安装在它下面的地上。这一安装设备有两套盒子的原因是，由于获得足够的同一类型的光伏板来安置完成此工程存在一些问题，所以在这一工程中采用了两种不同类型的光伏板。这个工程需用800多块光伏板；不得不用165W和175W的光伏板以便在工程计划内获得所有光伏板。由于用两种类型的光伏板，每种类型线路中的电压有轻微的不同并且在汇流箱和接点盒中和到达换流器的所有路径中彼此相互隔离。175W的光伏板用Xantrex 225kW的换流器，165W的光伏板用两个小型Xantrex 30kW的换流器。在大型工程中，板材、换流器以及开关装置的获得难易程度将决定工程安装过程中设备的类型、数量以及大小，对此必须要有深刻的理解。

图11-22　在左侧的汇流箱中可以看到导线连接的终端
（来自Ron Swenson，www.SolarSchools.com）

一个大的电气导管从箱柜后面延伸出来，并沿着墙向下到安装有换流器的箱柜所在的地面上。可以看到所有的正极性线在柜顶连接在一起，所有的负极性线在柜底连在一起。每一个汇流箱与接点盒都在箱内配备了相应数量的终端连接器。箱内所有的正极端是电气连接在一起的，它们同连在一起的负极性端相隔离。每一个终端都有一个穿孔螺栓成为柱螺栓，每一条导线的末端都有一个终端连接器接线片。每一个接线片都有一个洞可以让它从上面穿过柱螺栓，并用螺母和垫圈向下拧紧以保证良好的电气连接。重要的是，终端连接器要与接线片紧密相连，这样电流容易流过。如果连接片中任意一个连接不紧或松动，将产生高电阻并且当电流流过松动连接处时将开始发热，同样温度也会升得很高以至于导线绝缘和导线本身的损坏。正因如此，确保在终端接线片上的端子和金属构件拧紧是很重要的。

图11-23是在另一个汇流箱中的内部连接的特写镜头。太阳能光伏板的较细的正极性导线与在箱体左面的主区的个别端子相连，然后一条较粗的线将正功率引出汇流箱。在右侧，太阳能电池板的负极线分别连接到主体模块，然后一条较粗的线将负功率引出汇流箱。所有太阳能光伏板的较细的负极性导线与在汇流箱右面的主要区域的电气端子单独相连，一条粗电线与正极性端相连，一条粗电线与负极性端相连；这两条较粗的电线通过导管从汇流箱底出来最终到换流器结束。这些电线较

粗的原因是它们必须承载由个别太阳能光伏板发出的导入这一箱体的所有电流。

图 11-23　汇流箱内部的连接的特写镜头（来自 Ron Swenson，www.SolarSchools.com）

11.2.10　汇流箱与换流器、仪表和隔离开关之间导线的连接

屋顶上最后的接点盒依靠外墙正好安装在地面护具上安装的换流器和开关的上面。如图 11-24 所示的画面是安装在混凝土护垫上的几个换流器、开关和汇流箱。这些金属元器件太重了不能安装在屋顶上，所以将他们都固定在水泥台上。可以看到导管沿墙向上穿过外墙在屋顶连接入接点盒。这些导管为屋顶上的汇流箱和接点盒与地上的换流器相连的线路提供了通道。这些导管确保电线避免雨淋和其他可以损坏它的因素。电工或太阳能技术员必须通过导管拉线，然后在每一个末尾进行最后的连接。换流器和它们的开关安装在混凝土护垫上的主要原因是它们的重量。如果把换流器放在屋顶，需要加固屋顶才能承受设备的重量。

图 11-24　换流器、变压器、断路器、仪表和功能柜直接安装在屋顶下面的平台上（来自 Ron Swenson，www.SolarSchools.com）

额外的电气设备是安装在这一太阳能装置的护具上的。这种设备包括变压器、隔离开关、太阳能电表以及各种各样的接点盒和一些换流器。图 11-25 将详细展示这种设备。图 11-25 是设备的正面，这一设备在只可以看到光伏板背面的图 11-24 中画在最外面一排。在正面可以看到在最左面的主隔离开关。来自屋顶上的汇流箱

的所有电能从箱底的导管进入隔离开关。当混凝土倒下的时候导管被埋在衬垫中。主隔离开关直接安装在导管的上面。主隔离开关由一个很大的开关组成，以便于维修，这一开关可以通过开和关隔离来自屋顶太阳能光伏板的所有电能。与隔离开关右侧相邻的柜子安装着电能仪表，它可以计量太阳能光伏板产生的所有电能。两个小型隔离开关并排安装在仪表盘的右侧，这些隔离开关中每一个都可以控制一个 30kW 的 Xantrex 换流器和隔离变压器的电能。换流器是图 11-25 中白色的柜子，变压器是换流器间的浅灰色元件。

图 11-25　额外的电气设备

（来自 Ron Swenson，www. SolarSchools. com）

a）太阳能电力系统隔离开关　b）太阳能电表

c）两台小型换流器的隔离开关

d）太阳能电力系统电缆分线箱　e）两台隔离变压器

f）两台小型换流器

换流器将太阳能光伏板产生的直流电转换成三相交流电，变压器将三相交流电的电压升到三相交流电电网的电压，电能通过电力公司供给大厦。在这一安装设备中为 165W 太阳能光伏板提供两个较小的 Xantrex 30kW 换流器，而较大的 Xantrex 225kW 的换流器用于 175W 的太阳能光伏板。为较小的换流器提供两台较小的隔离变压器，为较大的 225kW 换流器提供一台较大的隔离变压器。在这一应用中，变压器将来自换流器的三相交流电升压，由于变压器的一次和二次绕组不相连，所以它也可以为系统提供电气隔离。

如图 11-26 所示的是直接背靠建筑物安装在护具上的电气装置的正面。直流电源是由屋顶的连接盒再通过直接安装在墙上的一个大型导管供给的。导管供给直流电到电柜的顶部叫做汇流。这个汇流箱有一个前门，打开时允许进入到箱内进行电气连接。当门关闭的时候，箱柜是密封的，这样雨水就进不来。紧挨着直流汇流箱的左面的箱柜就是直流隔离开关，在柜子前面有开关把手能够控制直流电源开关。左面直流隔离开关直接与 225kW 的 Xantrex 三相换流器相连。较大的换流器承载系统大多数的电源负载，它将太阳能光伏板产生的直流电转换成三相交流电。

从换流器输出的交流电供给直接安装在换流器左面的隔离变压器。变压器将交流电升压到符合供给建筑物由电力公司提供的输电网电源的三相交流电。

如图 11-27 所示的是三相隔离开关的内部。可以看到电线通过右下角的导线管进到柜子里。其中一组线向开关里引入电能，另一组是从开关输出电能。完成所有的电气连接之后，柜门关闭，柜子右侧的手柄可在柜门关闭的时候打开或关闭开关。隔离开关有一个特征就是开关锁在关闭状态，它是用于在维修中保持电能

图 11-26 背靠建筑物安装在护具上的电气装置的正面
（来自 Ron Swenson，www. SolarSchools. com）
a）直流隔离开关 b）直流外壳 c）直流隔离开关 d）三相换流器 e）系统的三相隔离变压器

断开。

如图 11-28 所示，较大的 225kW 的换流器柜门敞开，技术员可以进行最后的电气连接。可以连接直流电缆和交流电缆。注意看换流器顶端的大型冷却风扇和散热片。在右侧，导线从直流隔离开关出来进入大型换流器，在左侧输送三相交流电。在换流器的顶部可以看到大型热水槽和冷却风扇。因为换流器运行的时候会产生大量的热量，所以需要冷却系统。尽管换流器中的电线看起来很复杂，太阳能电

图 11-27 进出隔离开关的导线准备连接到隔离开关内部的端子上
（来自 Ron Swenson，www. SolarSchools. com）

图 11-28 未关门的大型换流器
（来自 Ron Swenson，www. SolarSchools. com）

力系统的导线只需要连接直流侧的正负极性线和三相交流电源的三根线。换流器里面的电流剩余是预先设置好的，在安装过程中并不需要任何连接。在两条直流电线和三条交流电线连接之后，换流器柜门关闭构成一个密闭的外壳，只允许保持换流器冷却所需的气流流通。

11.2.11 从换流器连接三相交流电到建筑物主电气入口配电盘

安装过程的下一步是，从换流器和变压器连接电能进入到电网的配电系统。在这一过程中必须断开电力公司产生的电能，这样才能确保在进行连接的时候电工和技术员不会暴露在高压下。连接过程的第一步是移走主电气开关面板前盖。如图11-29所示，技术员正在向面板移动前盖，他们在连接从换流器和变压器发出的三相电能的主面板上添加开关。这一开关将为来自太阳能发电系统的换流器和变压器的电线提供终端连接。在之后的任何太阳能光伏板产生的电能需要切断的时候，这一开关提供一个简单的路径来隔离太阳能光伏板产生的电能和电力公司提供的主要电能。开关的输出端与主入口面板背面的电力母线相连。连接在母线的电力也为电网主线路提供连接的终端。电气导线管安装在变压器和主入口开关之间，其中变压器与换流器同时安装在建筑物外护具上的，而入口开关安装在建筑物内的主电气入口盘内。连接换流器、变压器到主入口面板内的开关的三相电线通过连接两个面板的导线管。电缆是通过导线管走线并且连接到需要拉入导线管的电线的一个末端。当拉力电缆或绳索连接之后，电线拉入导线管并在每一端进行最后的连接。重要的是，三相电线必须能够被清楚地识别出来，这样可以提供正确相线的方位并且太阳能光伏板的A、B、C相电线与电力公司的A、B、C相电线相吻合。在开关打开并且太阳能光伏板换流器的电能与电力公司的电能连接之前，一定要保证电力公司的电能与太阳能发电系统提供的电能相序一致。

图 11-29 技术员正在安装隔离断路器

（来自 Ron Swenson，www. SolarSchools. com）

11.2.12　采用柴油发电机作为太阳能光伏电能的备用电源

如果电力公司的电能被切断，许多较大的公司都需要后备能源来供电。举例说明，如果在闪电的暴风雨天气或其他电力公司的电能不能用的情况，一般所有供给公司大厦的能量可能短期内被切断。如果公司有大量的计算机或至关重要的火炉和安全设备需要不间断供电，则备用电源系统必须与电力公司的能量一体化。很多时候这种系统用蓄电池或一个备用发电机来提供不间断电源。在太阳能安装的过程中我们学习到，随着建筑物的建设而安装不间断电源并使之运行。随着公司增加越来越多的计算机，不间断电源扩展了好几次。当太阳能发电系统安装在屋顶上，必须安装特殊的开关来保证当电力公司电能衰减而太阳能光伏板正产生电能时，太阳能光伏板产生的电能不会令系统紊乱并把能量回馈会输电网。因为太阳能光伏板产生的能量就像电力公司产生的能量一样进入到电力入口面板，当太阳能隔离开关闭合，它将与三相交流电相汇流。任何时候电网出现故障不能满足负荷需求，公司可以继续用太阳能光伏板产生的能量，但是必须将其与电网隔离。

当电力公司的电能因某一原因而断掉，建筑的电力控制检测到故障并且电力系统进入到一种模式，即关闭所有的高压交流负荷和一些照明负荷来减少建筑物负荷。计算机负荷将连接到由蓄电池库提供电能的不间断电源。100kW 的备用柴油发电机立刻开始运行并提供额外的能量使安全电路、火灾控制系统和安全门运行。如果光照充足并且太阳能光伏板正在发电，太阳能发电系统可以用来补偿大厦需要的电能。传感器将决定太阳能光伏板产生的能量有多少可以使用，并调整建筑物内相应的负荷。如果电能中断发生在晚上，应立刻关闭所有较大负荷并且只有大多数重要的负荷保持运行。

如图 11-30 所示，正是这一系统的备用发电机，该备用发电机属于建筑的电气系统。备用发电机能够为建筑物的安全电路提供足够的电能。这一系统的最重要的部分是一系列的开关，这些开关能够隔离太阳能光伏板产生的电能和每一台备用发电机发出的电能以及输电网的电能。

建筑物主要的电表是双向电表，它可以计量建筑物所用的电网能量。在周末和白天，太阳能光伏板能产生足够的能量卖回给输电网。双向电表能够计量太阳能光伏板产生的并送回输电网的能量，并且可以计量公司所用的输电网的电能。公司所有卖回给电力公司的电能的价格是已定的。

11.2.13　完结的工程

在主要的开关安装在检修面板里之后，完成太阳能光伏板和电网主要电气隔离开关之间的连接。当开关闭合，并且光照充足，860 块太阳能光伏板可以产生最多 267kW 的电能。这些光伏板覆盖 61960ft^2 的屋顶。图 11-31 和 11-32 展示了应用在这一工程的两种类型的太阳能光伏板。如图 11-31 所示的是肖特基 SAPC－175 高效 175W 中型光伏模块。这些模块使用具有 16.4% 的压缩电池功效和 13.45% 的模块功效的 125mm 单晶硅太阳能单元，太阳能阵列每 ft^2 有最多的可用能量。

图 11-30 该图为一台 100kW 的备用发电机

（来自 Ron Swenson，www. SolarSchools. com）

图 11-31 肖特基 SAPC－175 高效 175W 中型光伏模块

（来自 Ron Swenson，www. SolarSchools. com）

这一模块具有 24V 直流输出，每一个模块用一个支路二极管使由阴影引起的能量损耗最小化，对于输电网系统形成阵列是最好的。模块具有极好的坚固性，经得起严酷的运行条件，对连接输电网和独立应用是很理想的。它具有绒面细胞外表来减少阳光反射并用回火玻璃、EVA 松香、耐风雨薄膜和扩展户外应用的受过阳极化处理的铝框架。

图 11-32 展示的是肖特基 SAPC－165 光伏板。这种光伏板是高性能 165W 的光

图 11-32　肖特基 SAPC - 165 光伏板，能产生 165W 的电能
（来自 Ron Swenson，www. SolarSchools. com）

伏板，它用 $125mm^2$ 多晶硅太阳能单元。此太阳能光伏板具有 12. 7% 的转换效率。这种光伏板具有绒面细胞外表来减少阳光反射并具有将电池转化效率提高到 14. 6% 的背面表层纹底结构。这种光伏板同样具有回火玻璃、EVA 松香、耐风雨薄膜和受过阳极化处理的铝框架。这种光伏板可以保证 20 年的能量输出。Schott 太阳能光伏电板是由加利福尼亚，洛克林的 Schott 应用动力公司制造的。

图 11-33 展示了完成工程的空中角度。屋顶用塑料泡沫防水并且太阳能光伏板在已有的空调设备和其他屋顶上的通风孔周围形成一体。整个工程由 860 块光伏板和屋顶组成，覆盖面为 $6884ft^2$。光伏板可最多产生 267kW 的直流电能。本工程在 2005 年完成并提供将近建筑物需要电能的 20%，且是在一年中持续不断的基础上的。

图 11-33　完成工程的空中俯视图
（来自 Ron Swenson，www. SolarSchools. com）

11.3 一个大型太阳能发电场上的地面光伏板的安装

在太阳能发电场上安装太阳能光伏板或在位于陆地上而不是屋顶上的金属构架上安装光伏板的太阳能装置，其过程与在屋顶安装光伏板相似。这一节将解释在陆地上安装太阳能光伏板的过程。图 11-34 展示了在坚固的安装在地上的金属构架上安装太阳能光伏板的技术员。该光伏电场位于（美国）新泽西州哈克特斯镇。

图 11-34 技术员正在公共服务企业集团（PSEG）的太阳能电场安装太阳能板（来自 PSEG）

当太阳能光伏板是安装在陆地上时，这一过程以选择可以容纳应用需要的相当数量的光伏板的地点开始。如果这一地点不接近通路，必须设计一条通路并且优先开始光伏板的安装。通路允许各种各样的设备到达水平陆地区域；在地下安装电气导线管；倾倒混凝土底座；传送电气开关装置、换流器、变压器和其他连接输电网需要的电气设备。与此同时，一定要确认最近的电缆线的位置，通过这一电缆线，太阳能光伏板可以连接到输电网。

在提供了一个通路之后，本工程的下一步是为安装连接在光伏板之间的地下电气导线管准备地方并且设置支撑安装光伏板的金属构架的混凝土底座的轮廓。在一些装置中，较大的混凝土底座用于安装太阳能光伏板金属构架，在其他装置中，像图 11-34 中所示的这种，较小尺寸的框架直接安装在陆地上。在地下安装导线管的过程类似于在建筑物地基里安装导线管的过程。一旦确定每一个光伏板安装的位置并标记出，安装导线管的过程便可以开始。通过光伏板数量和它们的设计产生电能来确定在光伏板位置到开关装置和换流器的导线管的型号。一旦确定了导线管的型号，可以在沟渠安装导线管或者不用沟渠用机械系统在地上钻孔并把导线管直接拉到地下。导线管的末端将铺设在之后要倾倒混凝土的框中。

在导线管安装之后，建造完保持安装光伏板金属构架的底座的混凝土的框架，就可以计划倾倒混凝土了。在倾倒混凝土之前，必须先将用来安装太阳能光伏板的所有支柱精确地安装在特定位置。一旦倾倒了混凝土，浇筑在框中的金属构架必须定位，这样太阳能光伏板框架能安装在它们上面并且用像螺母和螺栓之类的扣拴物固定。一般的混凝土都是按块倾倒，因为浇筑的框架的数量可能很多，所有的框架不可能在同一天浇筑完成。

在框架浇筑和定型几天之后，可以开始安装太阳能光伏板框架的过程。这一过程从传送太阳能光伏板金属构架开始。装配构架之一为太阳能光伏板制造框架，每一部分都安装于放在混凝土框架里的螺栓上。在完全装配好框架并牢固的安装在地上之后，像图11-34中一样，技术员可以开始在框架上安装太阳能光伏板。太阳能光伏板用金属构件固定在框架上以确保它们经得起狂风或其他干扰而维持在原地不损坏。

在所有的太阳能光伏板安装在框架里并固定之后，可以进行光伏板间的电气连接。陆地安装光伏板的电气连接与讨论过的在屋顶安装的光伏板的电气连接相似。这表示，汇流箱和接点盒战略性的安装在太阳能光伏板的行列之间。根据本工程的电气设计图，每一太阳能光伏板的电线是相互连接的。然后导线进入到导线管，在导线管中它们可以继续连接汇流箱并最终结束在安装在换流器和变压器附近的直流隔离开关里。在大型太阳能发电场，可能需要并联的换流器和变压器来进行所有光伏板的电气连接。

在地上安装的光伏板的换流器与汇流箱安装在屋顶上的光伏板的换流器相似，提供一个混凝土底座来安全的安装所有电气设备，包括隔离开关、仪表、换流器和变压器。光伏阵列中最后的太阳能光伏板的电气导线管穿行在地下，并终止在支撑所有电气设备的混凝土底座里。用这种方式，连到电气设备的太阳能光伏板的电线是埋在地下的，并且防止损坏和侵蚀。

在所有的电线穿行于导线管之后，可以进行到达直流隔离开关的最后连接，并且所有连接都在汇流箱和接点盒中进行。电线从直流隔离开关穿过一个导线管到达一个或更多的换流器。换流器中出来的相线通过允许它们连接到相变压器的导线管发送。在一些应用中，升压变压器用以提升换流器输出的交流电压，这样可以与它们所连接的电网电压相匹配。在其他应用中，可能用并联小型变压器，它们的输出连接到一个终端设备，这一终端是连接到电网的点。

11.4 在杆顶安装太阳能光伏板

光伏发电在过去数年的创新之一，就是为需要持续照明的公路标牌和其他标牌供电。这些标牌的电能是由蓄电池提供的，而蓄电池在白天通过太阳能光伏板不断充电。图11-35展示了一块安装在杆顶用来给电池充电的太阳能光伏板，这一电池是给用来照亮标牌的电灯提供电能的。本章的这一节将讨论在标杆上安装光伏板的步骤。

图 11-35 用于给路灯供电的电池充电的太阳能光伏板

11.4.1 安装电线杆

在杆上安装光伏板的过程的第一步是购买适当高度的电线杆。第一步确认电线杆安装的位置，必须挖一个 3 ~ 4ft 深的大坑且有足够空间在杆下建造一个混凝土底座。深坑和混凝土护具的结合物为保持光伏板一旦装在杆上就不再移动提供足够的平衡力。必须计算坑底需要的混凝土的数量以保证当光伏板安装在杆上时能够应付风吹光伏板产生的张力。

在挖完坑之后，把杆放到坑里并支撑住，这样当倾倒混凝土的时候杆不会移动。所有可以倾倒在杆下的混凝土，或除了倒在坑里的大量混凝土外一些混凝土可以用来在表面形成底座。有几种方法可以为杆建造结实的基础，确保一旦混凝土变硬杆部移动。在倾倒混凝土并加工处理之后，可以移走保持杆不动的支撑物。

11.4.2 选择合适的光伏板和蓄电池

这一过程的下一步是选择光伏板。第一步是确定在晚间完全照亮标牌所需要的电灯的数量。在这一应用中电灯必须由直流供电，蓄电池将用以储存足够的能量为灯连续供电数天。蓄电池大到可以给灯连续数天供电的原因是可能会遇到多云或其他因素彻底的阻止光伏板给电池充电。通过设计带有大型蓄电池的系统，蓄电池可在阳光充足的日子充电并且在无法充电的状态下连续几天为灯供电。蓄电池安装在杆上，在太阳能光伏板的下面。蓄电池包裹在防水盒子里，所以不会暴露在有害的天气条件下。盒子开了通风孔，许多由过量充电产生的气体可以安全的从蓄电池和电池盒中释放出去。

下一步选择足够大的可以在一天内给蓄电池充电的太阳能光伏板，一天有 8 ~

10h 的日光。在这一应用中选择两块太阳能光伏板安装在杆上给蓄电池充电。

11.4.3　在杆上安装太阳能光伏板

在处理了混凝土并且把杆固定在地上之后，可以在杆上安装太阳能光伏板。图 11-36 展示了用来把光伏板固定在金属横杆上的金属构件，和用以在杆上安装横杆和光伏板的金属构件，它可以让光伏板倾斜在适当的位置来接受尽可能大量的日光。

太阳能光伏板底下的支架首先是安装在杆上的，并且它固定的足够紧，直到可以对光伏板进行最后的调节。使光伏板倾斜的角度是由杆上顶端支架调整的高度决定的。顶端支架安置得越低，光伏板放置越平，顶端支架越高，光伏板安置得越垂直。图 11-37 展示了太阳能光伏板的背面。在那可以看到每一块板的电气连接和在两板之间的走线以及放在电气箱中蓄电池。

图 11-36　太阳能电池板的侧面
（展示如何安装在金属架上）

图 11-37　太阳能电池板的背面
（可以看出光伏电池板是如何与蓄电池连接的）

11.5　太阳能光伏板跟踪系统

由于地球围绕太阳旋转而形成季节变换，在 24h 周期内地球围绕地轴旋转，所以照射到太阳能光伏板的太阳光线的方向是一直在变的。仅当日光以一个最适当的角度照射太阳能光伏板的时候会产生极大量的电能。确保太阳能光伏板接收极大量的太阳能的一个方法是用跟踪系统移动光伏板，这样太阳能光伏板的正面接收极大量的日光并产生极大量的电能。太阳能光伏板使用的跟踪系统有几种类型，这些跟踪系统可以手动或自动。设计了手动跟踪系统，这样可以手动移动光伏板大约一个或两个坐标轴。这表明必须有人定期的去太阳能光伏板安装的地方拧松跟踪构件并且将光伏板移动一个精确的距离到一个新的位置。方向、倾斜方位和光伏板需要移动的时间日期必须根据安装位置的数据进行精确地计算。可以用计算机软件确认信息让太阳能光伏板从太阳那捕获极大量的能量。计算机软件确认太阳能光伏板在历年的每一天必须移动的最适当的位置和角度。为了操作此软件，光伏板安装的位置坐标必须输入软件，并且软件必须与时钟和日历同步，为每天提供精确的数据。

自动跟踪系统更复杂成本更高。它利用一个闭环伺服系统，此系统带有传感器，传感器可以决定最强日光方位，并能驱动电动机改变太阳能光伏板的方位，这样它们可以接收最大量的太阳能。一般地，像步进电动机或永磁电动机的高转矩电动机是用来驱动太阳能光伏板的位置执行机构。

11.5.1　单轴太阳能光伏板定位控制

太阳能光伏板具有单轴或双轴性能。简单类型的临近控制是单轴太阳能跟踪系统。美国的一些地方安装好的太阳能光伏板是一直面朝南的，而这一跟踪系统将调整光伏板的水平位置来让它随着太阳从东到西的移动来跟踪太阳。在美国的其他部分，例如北极，太阳从在夏天一个北面的方位变换到在夏天南面的方位。对于这些应用可能需要紧要的位置调整来继续的得到极大量的太阳能。

许多种太阳能光伏板跟踪系统是可用的。当跟踪系统是手动调整时，垂直安装的光伏板的单轴太阳能光伏板跟踪系统安放在同样垂直的角度，但是围绕标杆旋转从日出到日落跟踪太阳，取决于光伏板安装在赤道的多南或多北的纬度的精确角度调整水平安装的光伏板，以便设置垂直角度来适应每一个季节的太阳角度，这意味着在夏季将调整太阳能光伏板到一个接近水平的位置，在冬季则调整到陡峭的角度。如果没有计算机化的系统，调整光伏板的一个普通方法是看地图或用 GPS 找到光伏板安装的纬度。然后在夏天设置光伏板在一个纬度数减 15°的角度，在冬天设在纬度加 15°的角度。随着光伏板面向一个南面的方向，这种方法在整个夏天应该使光伏板位置接近水平而在冬天接近垂直。

11.5.2　太阳能光伏板水平轴控制

太阳能光伏板控制的一种类型是变换太阳能光伏板的水平轴，以便光伏板正面移动大约一个弧度。图 11-38 展示了几块以向上倾斜朝向太阳的方式安装在水平位置的光伏板。一直移动太阳能光伏板的金属构件是光伏板安装系统的零件，这样的执行机构是唯一需要调整的部件并且自动调节安装在组件上的所有光伏板的位置。最后可以围绕轴心旋转光伏板位置，以便光伏板的正面接收更多的阳光。图 11-38 展示了可以怎样旋

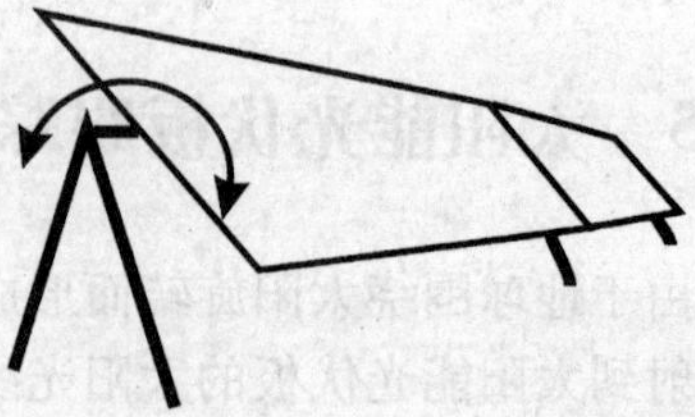

图 11-38　太阳能电池板的单水平轴控制

转光伏板面，以便让它获得更多的阳光。单轴调整的这种类型可以经过几天的手动调整来提升太阳能光伏板获得太阳能的能力。

11.5.3 太阳能光伏板垂直轴线控制

太阳能光伏板轴线控制的另外一种类型是垂直轴线控制。在一些应用中太阳能光伏板安装在底部或以太阳能光伏板安置在垂直或竖直的位置的方式牵引。垂直轴线控制系统允许太阳能光伏板在底部旋转改变太阳能光伏板正面位置，以便它能收集更多的太阳能。图 11-39 展示了三个垂直安装的太阳能光伏板。图 11-39a 所示的太阳能光伏板直接面向前方；图 11-39b 所示的太阳能光伏板的正面逆时针方向旋转了 10°；图 11-39c 所示的太阳能光伏板的正面在逆时针方向又转了 10°。此时板面可以接收最大量的太阳光。在这三幅图中太阳能光伏板安装在它的底部，以便它在狂风或其他可以损坏它的环境中保持安全，但是改变具有垂直控制系统，允许光伏板的正面在顺时针或逆时针方向旋转一个角度以便板面接收最大量的太阳光。

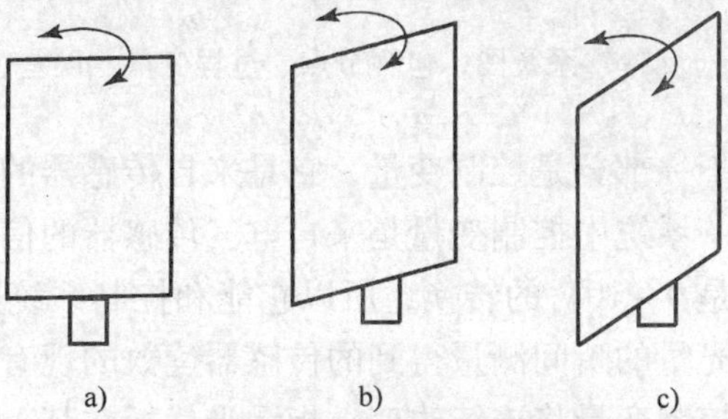

图 11-39 三个垂直安装的太阳能光伏板

a）垂直轴控制的太阳能电池板 b）光伏电池板逆时针旋转 10° c）光伏电池板逆时针旋转 20°

11.6 伺服系统和开环或闭环反馈系统的原理

用于改变太阳能光伏板位置的轴线控制系统可以用发电机或其他类型的执行机构。这些执行机构可以用开环控制系统或闭环控制系统。开环控制系统无需传感器或其他反馈信号。在计算或用于决定光伏板合适位置的表格的建立的基础上，这种系统可以在各种时间略微改变执行机构。

闭环控制系统有测量某一方向和角度的光强度的传感器。传感器改变测量条件反馈控制器的电气信号，此控制器控制发动机来移动轴线定位构件。当系统用传感器，它就成为闭环系统，经常认为是伺服系统。

这节是开环和闭环系统的一个简单描述，其目的是提供一个大概综述，包括术语和基本操作以便学生可以开始控制环的学习。在这一节只包括少量控制系统的细节，学生需要查阅其他资料或学习额外的课程来了解更多的细节。图 11-40 展示了一个带有所有确认部件的基本闭环系统。如果控制系统的这些基本部分是用于特殊太阳能光伏板轴线定位应用，就容易理解它们了。从这图 11-40 中可以看出，系统是由设定值信号开始。在这一应用中设定值可以是 0～100% 之间的任何值，并且表示了光伏板产生电能的最大数量，设定值也叫期望值。针对这一例子，我们将给最大的电信号赋值为 100%，即指定值为 100%，因为我们希望移动光伏板，所以它将产生最大数量的电压。

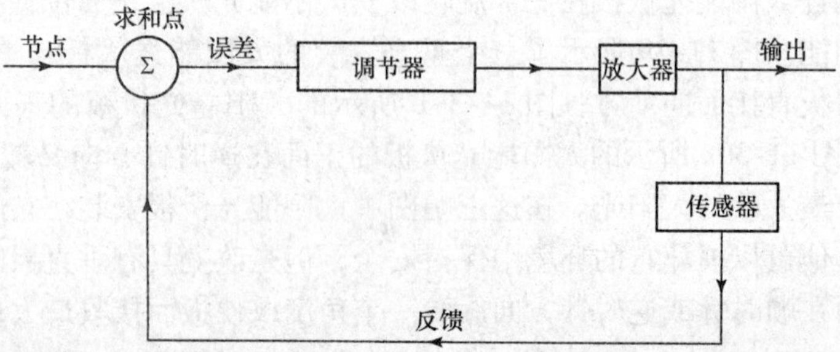

图 11-40　闭环（反馈）系统图，包含节点、过程变量、误差、调节器和输出

检测控制系统的下一部分是控制变量，它是来自传感器的信号，代表阳光产生的电能的数量。在这一系统中控制变量是来自电气传感器的信号，该信号代表接收的阳光的数量，信号是 0～10V 的转换，所以它能和控制系统兼容。控制变量也叫反馈信号，它是对阳光量的瞬间测量得到的传感器读数的现有值或实际值。因为传感器读数是连续的，控制变量将连续改变，指示光伏板在某一位置接收的阳光数量的改变。

在控制系统中求和点是指定值（SP）和传感器控制变量信号（PV）的比较点。在数学上这种方法是 SP－PV，并且产生的结果叫误差。举例说明，如果 SP 是 100% 而 PV 信号指示接收的阳光量是 90%，误差是 10%。求和节点是由希腊字母 Σ 标记的。

在这一应用中的太阳能光伏板轴线控制系统应用绕轴旋转的步进电动机使执行机构移动太阳能光伏板的位置。将在 11.7 节讨论步进电动机。当这一回路规划入控制器，如果太阳能光伏板在适当的位置，SP 使其获得的阳光为最大值。由于在日间随着太阳改变其方向，所以传感器接收的太阳能的量将不断改变。闭环控制系统相对太阳能光伏板轴线控制做少量的调整来轻微的移动太阳能光伏板，以便能继续接收最大数量的阳光。不断调整太阳能光伏板的位置以便它能接收大量的日光的过程叫做跟踪。新位置可以由指示最好位置的计算来决定。这个系统的传感器是一个测量由接受的阳光转化成的电能数量的传感器，它的信号也叫控制变量。在控制器中的求和点，将 SP 信号与 PV 信号比较。当回路控制开始工作的时候，计算机在求和点进行数学计算以决定 SP 与 PV 的差，并将其反馈到四通控制器部分，这被称作误差信号。

控制器发送一个可以控制步进电动机的输出信号到放大器。在这一应用中步进电动机中的控制器直接控制放大器。

步进电动机控制器能让步进电动机轴改变一定的角度，这将引起太阳能光伏板轴线控制太阳能光伏板面移动。控制器向步进电动机控制器发送输出信号，这会改变步进电动机轴的位置。根据跟踪日光的条件需要，控制电动机的轴可以顺时针或逆时针旋转。

当步进电动机改变太阳能光伏板轴线控制构件，太阳能光伏板会轻微的移动，并且它接收日光的数量也将改变。如果数量增加，控制系统就知道它移动光伏板的方向和大小都是正确的。控制器将继续增加微量的改变并继续测试日光数量是增是减。如果日光量减少，控制器会把光伏板轻微的挪回来直到接收日光的数量达到顶峰。用这种方法继续轻微的调整太阳能光伏板面以确保它接收最大数量的太阳光。重要的是要明白日光的最大的顶峰数量整天都在更换，并且从这周到下周发生周期性的变换。

这是控制系统的基本原理。实际上这些闭环系统是复杂的并且需要大量技术进行适当的操作。在这一领域当系统操作错误，技术员需要确保传感器干净并且畅通无阻的接收阳光。同样重要的是确保轴线运行系统的润滑程度并且用尽可能少的能量调整光伏板。

11.6.1　典型开环系统

图11-40展示的控制系统的框图叫做“环”，因为传感器是用来对日光量进行采样的并把来自传感器的PV信号送回与SP信号进行比较的求和点。传感器信号也叫反馈信号，因为它反馈给求和点。当发生反馈，关闭环路，此时系统称为闭环系统。

在开环系统中不用反馈信号。在这种类型的太阳能光伏板轴线控制中，首先计算出位置变化的数量，变化量是建立在计算日和当天的时间的基础上的。建立一个表格，它决定在日历中某一天的某一时间太阳能光伏板的位置。这一表格必须用光伏板安装位置的精确信息，以便知道太阳在头顶的位置并用于计算中。一旦建立基于时间的表格，信息作为增值的变化反馈给控制器。这表明在时间周期的设定数期间，轴线控制系统可以使太阳能光伏板调整少量的增量值。举例说明，时间周期可以是10min、每小时或每天，并且在不考虑任何反馈信号的条件下把信号送给电动机来改变位置。开环系统不贵也不复杂，但是可能需要对其进行定期检查以确保发动机没有把光伏板移动到不能优化接收太阳能的位置。

11.7　用于驱动太阳能光伏板轴线控制装置的步进电动机

对于许多其他类型的旋转式和线性太阳能光伏板轴线控制装置来说，步进电动机常作为驱动机械装置。步进电动机为精确定位和不用反馈传感器的速度控制提供一种方法。步进电动机的基本操作在每一次电脉冲从步进电动机控制器送到电动机的时候允许轴移动一个精确的角度。因为电动机的轴仅移动在每一脉冲发送时候设计好的角度，所以可以控制发送的脉冲、定位和步进电动机控制器轴的速度。电动机转子从定子中的磁场和转子中的磁场相互作用中产生转矩。磁场强度与输入定子的电流和线圈匝数成比例。步进电动机可用于各种各样的移动控制应用中，例如太阳能光伏板轴线控制系统的单轴和多轴控制。步进电动机需要特殊的步进电动机控制器，这种控制器给电动机发送作为脉冲的电信号使它改变光伏板位置。电脉冲的极性决定电动机的轴旋转的方向，脉冲数决定轴旋转的距离。

11.7.1 各种类型的步进电动机

有三种类型的步进电动机：永磁电动机、变磁阻式电动机、混合式电动机，第三种是前两种步进电动机的结合。永磁电动机的转子是能堆转子。永磁电动机有许多转子线圈，那表明随着定子每接收到一个电流脉冲，旋转轴可以控制转子的移动较小的角度。举例说明，如果转子有 50 个齿，并且 8 个定子每个带有 5 个齿的电极（共 40 个齿），步进电动机可以移动 200 步来完成一个完整的旋转。这表明，电动机转轴每步走 1.8°。永磁电动机的主要特点是转子用永久磁铁，那表明它不需要电刷。这种类型的电动机有相当低的转矩，并且用于像太阳能光伏板轴线驱动器这样的低速应用中。

变磁阻式电动机不用永久磁铁，所以磁场强度可变。这种类型电动机的转矩更小，所以它普遍用于小型定位表格和其他小型定位负荷。由于这种电动机没有永久磁铁，它不能与其他类型步进电动机用同一类型的步进控制器。混合型步进电动机应用最广并且联合了永磁电动机和变磁阻式电动机的原理。

11.7.2 步进电动机的工作原理

步进电动机的工作原理是当提供一个电脉冲的时候磁铁电动机转轴转动精确的距离。之前学过磁铁同极相斥和不同极相吸。定子有四极，转子有六极。电动机需要 12 个电脉冲来移动 12 步旋转一周。另外一种说法是电动机每接收一个电脉冲就移动 30°。当一个电脉冲发送给电动机，转子转动的角度可以通过在轴的一个旋转中通过转子极数划分角度来计算。在这种电动机中，把 360°划分成 12 份，每份 30°。转子随每个电脉冲转动的度数越小，当它用于安置太阳能光伏板时越精确。

当没有能量供给电动机时，转子磁铁中剩余的磁性将引起转子止动或随着定子的一个磁铁的磁极排列它的磁极。这表明转子将有 12 种可能的止动位置。当转子在一个止动位置的时候，它将有足够的磁力去阻止转轴向下一个位置移动。就是上面那种现象使转子当它不通电时随着你用手转动转子，感觉像是它从一个位置点击到下一个位置。这也表明，步进电动机很擅长保持它的负荷（太阳能光伏板）在一个精确的位置，直到再一次向电动机发送电脉冲才改变它的位置。当步进电动机接收到电脉冲的时候，它将移动太阳能光伏板，当没有收到电脉冲的时候，步进电动机的磁场足够强大，可以保持转轴在原来位置上，所以太阳能光伏板不会从它的位置漂移。

当通电的时候，它直接指定到唯一的一对定子线圈，这使线圈对变成磁铁。线圈的一端变成北极，另一端变成南极。当上述情况发生，北极定子线圈将吸引最近的相反极性的转子齿。当电流流过这些磁极，转子对于定子线圈有更强的吸引力，而增加的转矩叫做“支持转矩”。

通过改变流向下一个线圈的电流大小，磁场将改变 90°。在转子磁场再一次与定子磁场的改变相匹配之前，它将仅仅移动 30°。随着转子移动 12 步共 360°，定子磁场继续改变。

11.7.3 太阳能光伏板轴线控制器的线性旋转执行机构

太阳能光伏板位置控制器可以由旋转执行机构或带有滚珠螺杆和滑动装置的线性执行机构移动。图 11-41 展示了一个滚珠螺杆线性执行机构。这一部分系统需要具有线性作用，因为它安装在滑动装置上。随着滚珠螺杆的旋转，滑动装置靠近电动机或远离电动机。滚珠螺杆有一个通过电动机转动的线状杆。滑动装置是这个机械装置的一部分，贯穿安置在线性杆上，并且当杆顺时针转动时，滑动装置向电动机移动；当杆逆时针转动时，滑动装置远离电动机移动。应用在太阳能光伏板轴线控制器系统中需要有线性动作的零件是安装在滑动装置上的。随着滚珠螺杆的旋转，滑动装置接近或远离电动机，并且提供移动太阳能光伏板面的线性动作，这样它可以捕获更多的阳光。

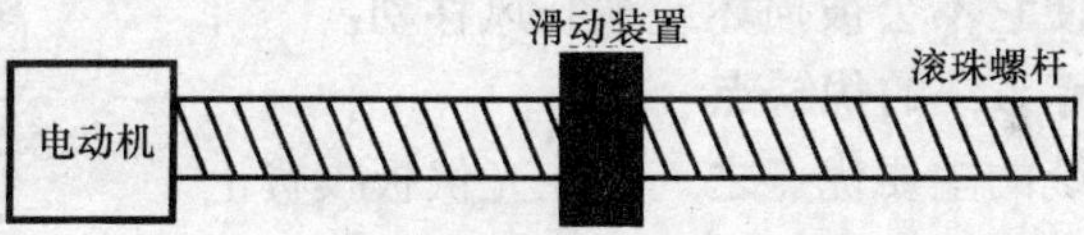

图 11-41 滚珠螺杆的螺纹杆由电动机驱动

一般情况下，连接到滚珠螺杆机械装置的电动机是步进电动机，可以精确控制它的轴旋转，表明在滚珠螺杆上的滑动装置也可以被精确地控制。如果一个滚珠螺杆用一台步进电动机，必须用步进电动机控制器驱动步进电动机。

这种类型的定位系统可以作为开环系统来操作，通过在特殊的时间发送事先决定好的脉冲数到步进电动机来改变太阳能光伏板的位置，或者可以把它设置成闭环系统，通过安装传感器在光伏板上或其附近来探测日光量。传感器可以为步进电动机提供反馈。如果使用传感器，它将决定光伏板应该安装的可以获得最多日光量的方向。一般地，计算机控制装置是用作闭环控制装置。滚珠螺杆机械装置的一些类型在杆的末端包括一个限制开关，以探测什么时候滑动装置完全滑到这一端或另一端的尾部。限制开关用来使步进电动机颠倒其旋转的方向，这使滑动装置以相反的方向开始转动。

在一些应用中，例如垂直安装的太阳能光伏板的控制，都需要电动机移动光伏板。在电动机的轴上安装了一个齿轮，轴与齿轮相啮合来移动光伏板。设计齿轮比例以便具有高转矩的小型电动机可以转动太阳能光伏板。在一些应用中，步进电动机可以用作驱动电动机，因为它有足够大的转矩来转动旋转轴，并且可以精确控制它的位置。根据系统型号和可以用于控制装置的资金多少，来确定垂直轴线的太阳能光伏板的动作控制装置采用闭环或开环系统。

11.7.4　多轴（双轴）太阳能光伏板跟踪系统

在一些较大的太阳能发电厂应用中，连续不断地调整太阳能光伏板的位置以确保捕获最多的太阳能，连续调整光伏板保证投资上的收益保持较高。如果光伏板放在固定的位置，它们可能生产较少的能量并且最后带来较少的收入。通过调整太阳能光伏板而获得的额外的收益超过抵消太阳能光伏板跟踪系统的成本。一般地，大型的在陆地上安装的光伏板会使用跟踪技术，鉴于跟踪构件额外的重量使系统太重而不能用于在屋顶安装的太阳能光伏板。

为了获得最多的可用日光，一些跟踪系统同时调节光伏板的水平和垂直位置。图 11-42 展示了怎样调整太阳能光伏板的 X 轴和 Y 轴。在光伏板上 X 轴是水平轴，Y 轴是垂直轴。两轴太阳能跟踪系统更加复杂而且需要两台单独改变 X 和 Y 轴位置的电动机。一般地，可以调整 X 轴和 Y 轴的光伏板是安装在基架或杆上。尽管构件能够通过各种定位移动光伏板，它停止的每一位置都被安全地锁住以便它不会被损坏或被狂风移动。

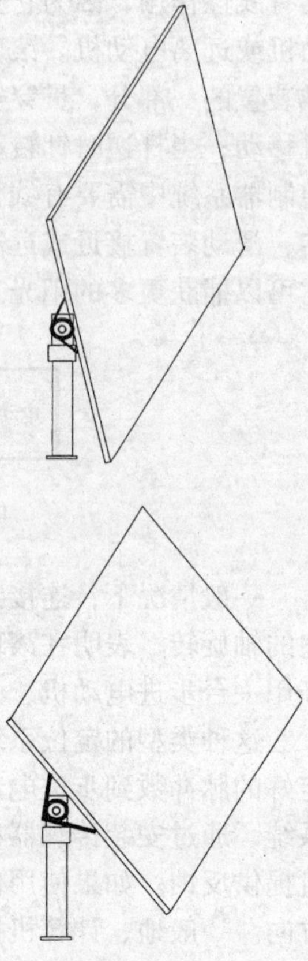

图　11-42

11.7.5　太阳能跟踪系统的优缺点

太阳能跟踪系统的主要优点之一是在光伏板投资上得到较大的回报。如果使用大量的光伏板，来自太阳能光伏板的额外收入将超过运行自动跟踪系统的成本。如果是住宅使用的一两块光伏板，手动跟踪系统可以提高光伏板输出，这样系统就不需要额外的光伏板了。在某些情况下，一两年内在投资上的回报较低的地方，跟踪系统可以提高获得的能量。

具有跟踪构件的太阳能发电系统的缺点是它有额外的花费并且有额外的需要维修的元件必须时时检查。如果跟踪构件磨损，可能引起系统输出变得越来越低，而更换磨损或坏掉的部件需要额外的花费。在一些情况下，跟踪构件并没有结实到在可能使光伏板损坏的狂风中保持光伏板在正确的位置。使用跟踪设备的另一个缺点是增加额外的购买设备的花销、在安装和测试系统上的开支和时间。在某些情况下，可以购买额外的光伏板代替跟踪硬件和软件的花费，额外的光伏板的输出将等价于跟踪系统提高的效率。

11.8　太阳能光伏板的检修

太阳能光伏板是非常可靠的，但是有问题发生的时候必须寻找故障并维修。太阳能光伏板的一些问题可能是由于从冰点以下到 90℉ 的温度极端条件产生的。问题也可能是由进入光伏板内或光伏板的电气连接的水分和刮风所带来的压力引起的。在一些情况下，光伏板安装在屋顶或其他位置，它们可能受到闪电的电击或静电问题的影响，最后上述问题引起终端连接和光伏板自身的损坏。光伏板的玻璃或外部遮盖物也可能被冰雹或其他有可能令其破裂或折断的情况所损坏。在一些情况下，太阳能光伏板的电气输出可能被外部玻璃上覆盖的灰尘所减弱。在这种情况下，如果不经常下雨，就需要定期的清扫光伏板除去过多的灰尘。

太阳能光伏板遭遇的典型问题之一是连接太阳能光伏板 PV 电池的导线损坏。一般地，这些连接是焊接的，并且防水避免侵蚀，而这些正是使它们难以测试和维修的原因。

伏特 - 欧姆表（VOM）是检测太阳能光伏板电气故障最常用的仪表。关于用 VOM 测量电压、电流和电阻将在第 12 章讲述。VOM 可以检测光伏板直流电压并且确定哪条导线是正极，哪条是负极。这一测试叫做光伏板导线极性测定。VOM 也能检测来自换流器的交流电压。

VOM 还能检测导线和它们的连接的连续性。连续性检测实际上是电阻检测。电阻检测是在导线上进行，电阻值非常小或接近于 0Ω。如果检测指示导线具有低电阻，则导线是连续的。如果连续性的测试指示电阻很高，则导线将不能良好的导电，它将引起比正常更高的电流和温度值，而且必须更换。如果导线损坏或开路，它的电阻将是无穷大，将不得不更换导线。连续性的测试也用于熔丝的测试。正常的熔丝具有低电阻而断开的熔丝的电阻无穷大。

如果外部玻璃或太阳能光伏板的外部遮盖物破裂或折断，将使水分进入光伏板。当在外部玻璃或外部遮盖物下面看见冷凝物时，应当意识到这种情况的发生。当水分进入光伏板，它将阻止一些阳光进入，而且也会在太阳能电池内和任何有电气连接的地方引起水损和腐蚀。在一些情况下，一些损坏可以修理，但是在大多数情况下需要更换太阳能光伏板，因为防水层不能修复，水或潮气最终将进入并损坏光伏板。

可以通过电气测试来确定太阳能光伏板的焊接是否松动，因为电压将被间断。可以在光伏板上附加电压表，测量输出。当连接了仪表，可以撞击光伏板或在各种地方对它施加压力看问题是否再出现。这与当刮风时光伏板承受的光压力相似。当施加压力时如果电压改变，它可能指示终端连接损坏。也可以在电气连接上施加压力，看电压输出是否下降。如果有问题，可能需要清洁连接、重新焊接和更换用于密封的硅。一些产品与胶或在它里面焊接的导电环氧基树脂相似，胶是用于保持导线连接的，而焊接屋提供电气连接以便电流可以通过连接导电。对于产生温度的材料一定会产生热量，因此终端必须干净，这种材料必须紧贴导线。一些技术员成功地用这种材料进行了电气维修，鉴于其他需要，这种维修类型不能长时间进行，因为光伏板一定处于生产状态。如果光伏板不能维修，就需要对它进行更换。

如果被怀疑运行不正常的太阳能光伏板是连成一行或一列的，可以测试观察一行光伏板产生的电流是多少以及每块光伏板产生的电流是多少。可以在光伏板的导线上连接直流电流计。一些 VOM 可以测量从 1μA ~ 10A 电流。其他直流电流计可以测量 100A 的电流。在第 12 章可以看到怎样放置仪表来测量直流电流。当这个地方有仪表，应该可以测量光伏板产生的直流电流和电压。当有了测量结果，可以在怀疑故障位置放一张硬纸板，测量的电压和电流值应该下降。如果电压和电流下降，说明被硬纸板遮盖的光伏板正在生产电能。当遮盖光伏板的时候，如果电线的测量结果不变，那块光伏板不产生任何能量并且必须从光伏板行中移走更换。这种测试称作阴影测试法，通过移动硬纸板单独的覆盖每一块光伏板可以测量每块光伏板相对的输出，并观察电压表或电流表的读数。

如果怀疑发生故障的光伏板是一块单独的光伏板，可以把它隔离开并做同样的测试，即用一块硬纸板覆盖光伏板。当充足的阳光照耀在光伏板上时，如果它只生产少量的电能，应该怀疑它可能发生故障并且需要检查导线连接，确保它们清洁。如果把光伏板隔离，并且当它的表面暴露在日光下时不产生任何电能，应当怀疑它的正极线或负极线的连接出了问题。因为单独的光伏板只有两根线，要保证两根线都能够正常工作，因为两条线都需要允许电流良好流通和让电压正常的呈现在导线的末端。可以从外表上检查连接的损坏，可以用欧姆表检查每根导线的连续性。如果测试指示任何一个导线开路，可以在光伏板上进行新连接更换掉它。如果两条导线测试结果均正常，问题就是在光伏板内部，而且一般地都需要更换光伏板。还要确保核对每种类型的光伏板的回收利用步骤。

11.8.1 支路二极管故障

在太阳能光伏板中，支路二极管横连在太阳能光伏板两条导线正负极终端之间。一般地，二极管安装在连接盒横穿正负极终端线的终端。二极管反向偏置连接，意思是二极管的负极端与光伏板的正极线连接，二极管的正极端与光伏板的负极线连接。在正常运行中，即在光照充足且太阳能光伏板正在生产相当数量的电能时候，二极管在电路中不起任何作用。当在一行中一个或更多的太阳能光伏板被阴影覆盖，并且它产生的电压量比行中其他光伏板产生的电压量少，如果那块光伏板与其他光伏板形成一系列的连接，它可以固定一行产生的电流量。如果上述现象发生，整行光伏板的输出一直减少到光伏板无效的时候。如果太阳能光伏板具有支路二极管，当光伏板之一处于阴影下，支路二极管会允许电流在那块光伏板周围通过，直到这种情况消失并且光伏板接收更多的阳光并开始像行中的其他光伏板一样产生同样数量电压。

当支路二极管短路时，会发生问题并引起那一光伏板不产生电能。当二极管短路的时候，在光伏板终端的正极和负极端之间不能产生电压差而且那块光伏板不能产生任何电能。如果支路二极管短路，将注意到光伏板行的能量输出下降。这表明，如果一行产生的能量少于额定值，将需要测试每一块光伏板的支路二极管。如果二极管短路，将在两终端测得零电压，因为在短路二极管的导线间没有电压差。如果在二极管两端测得任何电压，可以知道它没有短路。这种测试不能测定开路二极管，因为开路二极管和正常工作的二极管在它们的两端都有电压差。如果怀疑二极管开路，可以掩盖与之相连的光伏板，而如果二极管开路这一行光伏板的电流将极大地减少，因为这一遮盖的光伏板将耗尽在这一行中所有与之连成一系列的光伏板的电流。如果二极管工作正常，这行光伏板的电流将绕开遮盖光伏板流过。如果怀疑二极管开路，可以对其做进一步的测试，把它从电路中移走并在两个方向测试它的电阻。这叫做正反偏置测试二极管。当 VOM 用作欧姆表时，它具有内部电池。当表的两根导线接触二极管的两根线的时候，然后转换导线，其中一种方式是电池的正极端连接二极管的负极端，则二极管具有高电阻。当将表的导线反向，二极管应该有低电阻。在第 12 章将详细解释这一测试，这称作测试前后电阻率。因为转换有电池电压应用于它们的仪表导线，它也称作测试正向电阻和反向电阻，表明正电压加在二极管的阳极，然后让负表端接触二极管的阴极，在两端加反向电压。实际上，将发现很容易交换二极管方向，而且如果怀疑它是坏的用一个新的替换，因为二极管不贵并且在连接盒中它们容易接近终端。

11.8.2　腐蚀或烧焦的终端的问题

当电极松动或烧焦，太阳能光伏板可能发生其他的问题。一个松动或烧焦的终端将引起某点高电阻并且过量的电流将流过该点，将引起终端过热并烧毁。最后随着终端越来越热，问题变得越来越严重并开始恶化直到不再通过电流。当光伏板行的输出变为零，这一问题将会引起注意。独立太阳能光伏板的输出也将是零，将通知检测光伏板。当检测光伏板和连接盒中的连接的时候，用视觉检测应该就能找到烧焦或受腐蚀的终端。

11.8.3　在高温中电压衰减问题

一般地，在高温下太阳能光伏板将减弱产生电压的能力。如果电压损失过多，就必须更换光伏板。光伏板大多数的数据表将指示出在额定温度上每高出 1℃光伏板损失的电压数。

这些数据是电流/电压（伏安特性曲线），并指示在较高温度下的预测的损失。这一问题叫做电压衰减，当光伏板用于给蓄电池充电时这一问题常出现。当电池电压与太阳能光伏板的衰减电压不同时，太阳能光伏板流出的电流变小。重要的是，在光伏板产生的电压和电池电压间尽可能有一个大的电压差。当电压差小时，电流量更小。

确定太阳能光伏板电压损失的另一种方法是通过测量光伏板的温度来识别产生

多少电压。下一步用某些材料遮盖光伏板一小段时间或用风扇冷却光伏板。在一些情况下，可以用冷水流过板面来冷却光伏板。如果水太冷，光伏板前面的玻璃可能出现震动，所以可能需要用少量的水或在水与玻璃接触之前让它稍微升温。当光伏板冷却下来时，如果输出电压增加，已确定光伏板的气温或热度衰退。如果电压减少过多并且光伏板每年处于炎热状态的天数增多，可能需要换出光伏板并更换它，以便从光伏板行列获得的能量达到规定水平。

11.8.4 光伏板的定期维修

光伏板需要定期检测以确保它们能够正常运行。检测光伏系统时，必须检测整个系统，包括光伏板的终端连接、连接盒和接点盒的终端连接，然后是换流器和所有隔离开关的连接。在这些测试中，必须检测所有终端接线片和终端连接的紧固性，并检查可能发生的损坏。可能还需要测量电压和电流确保光伏板正常运行。

光伏板厂商提供一个光伏板和电气设备检测点的完整清单。这一检测表包括检测点和检测的间隔时间。检测结果应该输入到维修记录以便可以识别和跟踪所有问题。定期检查的主要观念是当问题还小的时候发现故障并维修以防止故障进一步扩大。

课后习题

1. 简答题

1）解释安装住宅太阳能光伏系统的步骤。

2）解释在屋顶安装商业太阳能光伏板的步骤。

3）什么是支路二极管，它有什么功能。

4）解释在陆地上安装商业太阳能光伏板的步骤。

5）识别商业光伏板装置中的电气元件。

6）解释为什么要进行阴影实验和它应该显示的问题。

7）解释闭环控制系统的各个部分。

8）什么是步进电动机和为什么它用于太阳能光伏板跟踪系统。

9）解释单轴和双轴太阳能光伏板跟踪系统的各个部分。

10）辨别寻找太阳能光伏板故障的测试。

2. 多项选择题

1）闭环系统________。

A. 有一个反馈传感器命令控制系统怎样闭合它到达设定值。

B. 没有一个反馈传感器命令控制系统怎样闭合它到达设定值。

C. 在表格的基础上而不是在反馈传感器的基础上改变它的输出。

2）一台步进电动机________。

A. 当接收到电气脉冲让转轴精确的转动十次。

B. 使用电容器增加它的转矩。

C. 当它接收到脉冲时设计成转动转轴一圈的一部分，这一设计使它有精确的定位能力。

3）一个太阳能光伏跟踪系统________。

A. 设计成保持太阳能光伏板的正面固定在一个位置。

B. 设计成移动太阳能光伏板的正面以确保它接收到最大数量的日光。

C. 仅可以手动改变。

4）支路二极管可以________来测试。

A. 用欧姆表通过测试正偏电阻和反偏电阻。

B. 当光伏板产生能量时通过检测端子间的电压。

C. 通过遮盖连接支路二极管的光伏板并观察光伏板走向排成一排的支路二极管模型。

D. 以上所有。

5）阴影实验是一个________测试。

A. 确定光伏板是否运行正确

B. 确定变流器是否成功将直流电转化为交流电

C. 帮助决定对于太阳能光伏板应用应该选择太阳能光伏板型号的。

第 12 章　太阳能发电系统的电力电子技术

本章学习目标

读完本章你将能够:

- 说明三相变压器的操作方法。
- 识别直流电动机的基本部分并解释它的操作。
- 说明怎样改变直流电动机的转速。
- 说明串联、并联及混合直流电动机之间的区别。
- 识别三相交流电动机的基本部分并解释它的操作。
- 说明如何改变交流电动机的转速。
- 说明如何改变一台交流三相电动机的旋度。
- 识别单相交流电动机的基本部分并说明它的操作。
- 说明哪两种材料化合可以形成 P 型和 N 型材料。
- 说明二极管结（PN 结）的活动并展示交流输入波形和直流输出波形。
- 认识四二极管和六二极管全桥整流器。
- 说明变频器的操作。

本章关键词

交流电动机
电枢
辅助触点刷
电路断路器
整流器
混合直流电动机
常规电流循环
△联结三相变压器
二极管
电子电流循环
前向偏置
自由电子
熔断器
熔断器隔离开关
高柱三角电压
空穴
梯形图
发光二极管
负荷中心
电动机起动器
N 型材料
过电流保护
过负荷
功率电路
整流器
反向偏置
转子
串联直流电动机
并联直流电动机
转差率
变压器
Y联结三相变压器

感应电动机　　　　　　　　　　　　绕线转子

换流器

本章概述

本章将继续讲述第 7 章提到的电气基本原理。本章将继续对在第 7 章开始提到的关于变压器操作包括的电气技术的相关讨论。本章将涉及深入的变压器的概念，包括三相变压器以及这种变压器怎样提供△和Y电压。

本章也将介绍直流电动机、交流电动机和原动机。你将学到直流电动机和交流电动机怎样用于各种各样的应用中，包括太阳能光伏板的跟踪电动机和太阳能热传输系统的风扇。本章也将介绍控制器，例如电动机起动器用于起动和制动这些电动机，也会讲解熔断器和过负荷等其他部分。

本章的最后部分涉及可以在电源和换流器及其他太阳能电气控制器中找到的所有电气元件。本章的这部分将阐述二极管整流器、硅控整流器（SCR）、晶体管和其他应用于电气控制中的元件。你可以学到这些元件的名称，它们的终端名称和它们的工作原理，以及怎样维修这些设施。

12.1　三相变压器

图 12-1 展示了在工作中将见到的三相变压器。变压器可能安装在太阳能装置附近，也可能把它放在变压器室内（安装变压器的特殊的屋子）。在一些情况下，变压器安装在公共电线杆上，不过仅在商业场所范围之外。图 12-2 展示了一台移走了盖的变压器，可以看到三个分开的变压器绕组。三相变压器像单相变压器一样运行精确，在变压器中交流电通入变压器一次侧，并在二次侧感应出电压。在三相变压器的例子中，通入一次侧的三相电压的 120°相位差将在变压器的二次侧保持。

图 12-1　带有盖的典型的三相变压器

（Les Loughead/pearson 教育/PH 大学）

图 12-2 移走了盖的典型的三相变压器（来自 Clay Carroll）

当工作于商业系统时，可能需要在变压器二次侧和隔离开关箱进行连接或者在变压器二次侧和负荷中心进行连接，也可能需要在变压器的终端进行电压测试。可以使用在变压器一次侧和二次侧给出用来确认正确终端的图表。在大多数情况下，在变压器的一次侧不需要进行任何电气连接，因为一次电压可能相当高（12470VAC 或更高）。电力公司的电气技术员或来自高压维修公司的技术员将对变压器一次电压进行连接。将期望你对太阳能设备和电压低于 480V 的各种电气开关设备进行连接。

12.1.1 丫联结三相变压器

图 12-3 是一张丫联结三相变压器的示意图。该变压器的 L1 – L2，L2 – L3 和 L3 – L1 的有效电压是 208V。变压器绕组像字母 Y 的物理形状，正是以这种结构类型命名的。图 12-3 仅仅展示了变压器的二次绕组。当讨论变压器能量分配系统时，传统上只展示一次侧连接或仅是二次侧连接，因为一次侧和二次侧连接都在同一张图中展示会造成混乱。

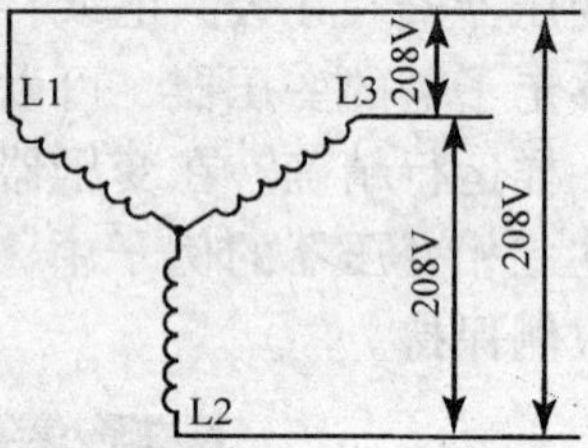

图 12-3 二次侧是丫联结的三相变压器

在二次绕组的 L1 – L2、L2 – L3 和 L3 – L1 端子之间测得电压值，若是丫联结变压器且匝数比例设置在低电压将是 208V。如果匝数比例为高压侧，在每两个端子之间的电压值为 480V。展示在图表中变压器绕组间指示的电压是 208V，表示变压器的匝数比例提供较低的电压。如果需要 480V 的电压，则需要具有较高匝数比的变压器。每个变压器的一次侧和二次侧电压都在金属铭牌中给出并且在购买和安装变压器的时候得到详细说明。

12.1.2 △联结三相变压器

图 12-4 展示了一台△联结三相变压器。该变压器的 L1 – L2，L2 – L3 和 L3 – L1 的有效电压是 240V。注意，在图 12-4 中展示的变压器绕组的形状看起来像△。

此形状是希腊字母 D，称作“delta”。图 12-4 也仅是展示了变压器的二次侧。

对于△联结变压器如果是接线较低的电压，在 L1 - L2、L2 - L3 和 L3 - L1 之间测量的电压是 240V。如果△联结变压器是接线在较高的电压侧，在 L1 - L2，L2 - L3 和 L3 - L1 之间的电压是 480V。如果△联结变压器接线在较低电压侧，容易与丫联结变压器区别。如果△联结变压器和丫联结变压器都接线在高压侧，就不能把它们识别开来，因为在它们的端子间的电压都是 480V。

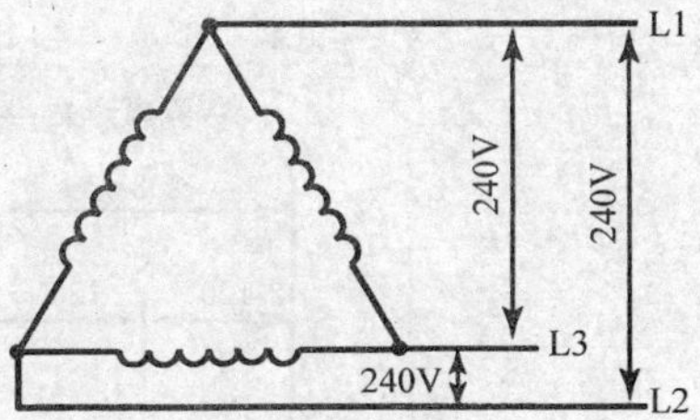

图 12-4 二次侧是△联结的三相变压器

如果需要知道变压器绕组是连接成△还是丫，可以检测物理连接或在每根线间进行额外的电压测试并且看它是否有中间端子。下一节将阐述这些测试。

12.1.3 带有中间端子的△和丫联结变压器

图 12-5 展示了一台丫联结变压器和一台△联结变压器，每一台都有中间节点。丫联结变压器的中间节点是三个独立绕组末端连在一起的点。这点称作丫节点。

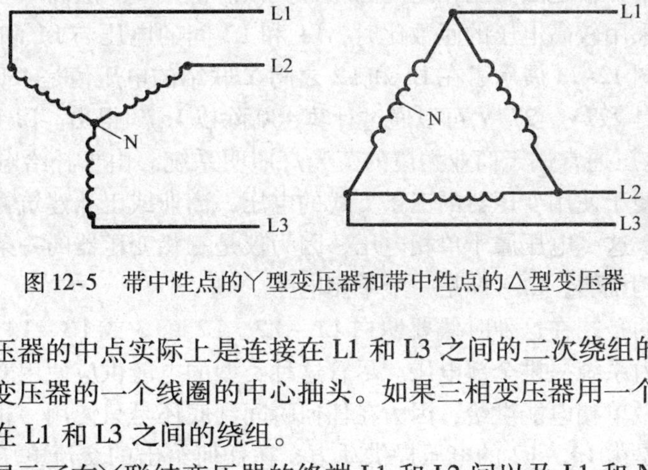

图 12-5 带中性点的丫型变压器和带中性点的△型变压器

△联结变压器的中点实际上是连接在 L1 和 L3 之间的二次绕组的中点。这丫个点在本质上是变压器的一个线圈的中心抽头。如果三相变压器用一个中间连接，习惯上它是连接在 L1 和 L3 之间的绕组。

图 12-6a 展示了在丫联结变压器的终端 L1 和 L2 间以及 L1 和 N 和 L2 和 N 间的测量电压值。注意到 L1 和 L2 间电压是 208V，所以变压器是接线在低压侧。在 L1 和 N 间的电压和 L2 和 N 间的电压是 120V。图 12-6b 展示了在△联结变压器中可能测得的终端 L1 和 L3 间的电压、终端 L1 和 N 之间的电压、L3 和 N 间的电压。L1 和 L3 间的电压是 240V，所以变压器接线在低电压侧。在 L1 和 N 间的电压和 L3 和 N 间的电压是 120V。注意到因为△联结变压器的中点精确的在变压器绕组的中间，所以 L1 和 N 间的电压及 L3 和 N 间的电压将恰好总是 L1 和 L3 间的电压的一半。

以上是丫联结变压器和△联结变压器之间的主要区别。任何△联结变压器中，

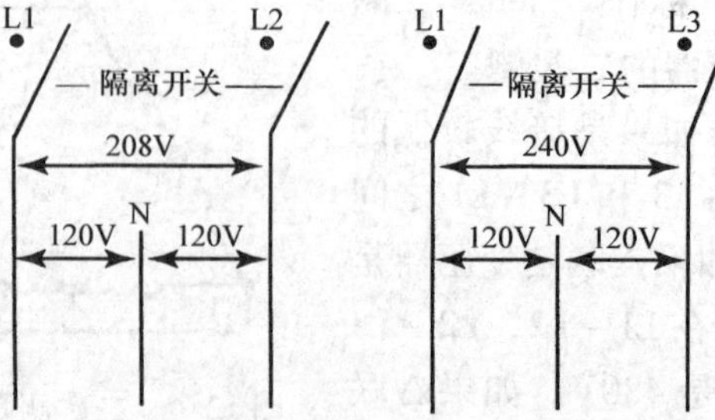

a) Y联结　　　　b) △联结

图 12-6

a）对于一个Y型变压器，L1－L2 间的电压是 208V，L1－N 或 L2－N 间的电压是 1120V
b）对于一个△型变压器 L1－L3 间的电压是 240V，L1－N 或 L3－N 间的电压是 120V

L1－N 间电压和 L3－N 间电压恰好总是 L1－L3 电压的一半，而对于Y联结变压器，L1－N 间和 L2－N 间的电压总是超过 L1－L2 电压的一半。在 L1 和 N 间的电压的精确数值可以通过 L1 和 L2 间的电压值除以 1.73 计算得出，1.73 是 3 的平方根值。用 3 的平方根是因为三相之间的相移关系。记下 208 除以 1.73 等于 120。

当变压器采用较高电压的匝数比时，L1 和 L2 间的电压与 L1 和 N 间的电压之间存在关系。图 12-7a 展示了在 L1 和 L2 之间 Y 联结的电压值是 480V，在 L1 和 N 之间的电压值是 277V。277V 可以通过计算 480 除以 1.73 得出。L1 和 N 或 L2 和 N 之间的 277V 电压通常用于商业大厦的荧光灯照明系统。由于补给电压产生于三相变压器，为了便于使用变压器的三条支线的电压，商业或工业建筑物的照明系统也将使用 L3－N。这一电压属于单相电压，因为仅是三相变压器的一条线路用在每一个电路中。举例说明，L1－N 是一个单相电路。

同样重要的是，在这种时候要明白 L1－L2、L2－L3 或 L3－L1 每一个都可以用于给一个电力系统提供全部电压。尽管这种类型的电能供应使用变压器的两根支线，它仍然叫做单相电能供给，因为在任何瞬间到底还是只使用一相电压。举例说明，如果系统是由 L1－L2 的电压提供动力，在任何给出的交流电压半循环，系统电压源将来自 L1，而在下一个半循环中电压来自 L2。电压的来源将继续在 L1 和 L2 之间摆动，但在任何瞬间都仅有一相在使用中。

图 12-7b 展示了△系统在 L1 和 L3 之间的较高电压是 480V，但此时在 L1 和 N 或 L2 和 N 间的电压是 240V。此外 L1－N 或 L3－N 电压是恰好是供给电压的一半，因为变压器的中点是其中一个变压器的中心抽头。通过测量 L1－L3 和 L1－N 的电压很容易区分Y联结电压源和△联结电压源。如果 L1－N 的电压是 L1－L3 电压的一半，则系统是△联结系统。如果 L1－N 的电压超过 L1－L3 电压的一半，则是Y联结系统。应该记住Y联结的 L1－N 电压总能通过计算 L1－L2 的电压值除以 1.73 得出。

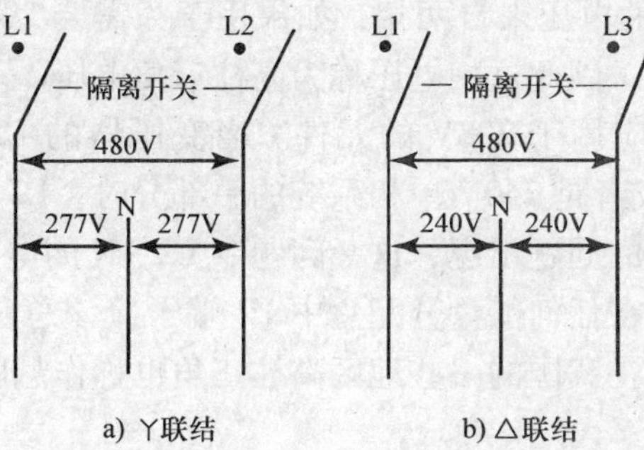

图 12-7

a) 对于一个Y型变压器，L1 - L2 间的电压是 480V，L1 - N 间的电压是 277V

b) 对于一个△型变压器 L1 - L3 间的电压是 480V，L1 - N 或 L3 - N 间的电压是 240V

12.1.4 高柱三角系统

当一个三相变压器系统用作一个电力系统的电源时，它可能有中心抽头或中性点。一个三相系统为了正确的操作不需要有一个中性点。仅当在系统的某些部分需要较低电压（120V）时，才增加中性点。设备厂商在三相系统中通常使它是高电压，或在光伏板设备内部安装一台小型变压器把高电压降到所需要的电压水平。举例说明，如果设备需要 208V 的三相电动机，在设备的能量光伏板中安装控制变压器把 L1 - L2 的 208V 降到 120V 或 24V。120V 或 24V 电压是用来给控制电路提供能量或给继电器线圈通电的。由于控制变压器的一次侧可以通过 L1 - L2（208V）供电，所以在这种系统中不需要中性点。如果控制变压器或电动机需要 120V 的电压，将需要中间抽头或中性点，并且这种元件是连接在 L1 和 N、L2 和 N 或 L3 和 N 之间。

如果变压器连成△型，一定要记住在 L2 和 N 之间一个不同的电压开始有效。图 12-8 表示出这一电压。此三相变压器的二次绕组连接成△型。L1 - N 和 L3 - N 的电压是 120V，所以在 L1 和 L2、L2 和 L3 或 L3 和 L1 之间的电压是 240V。

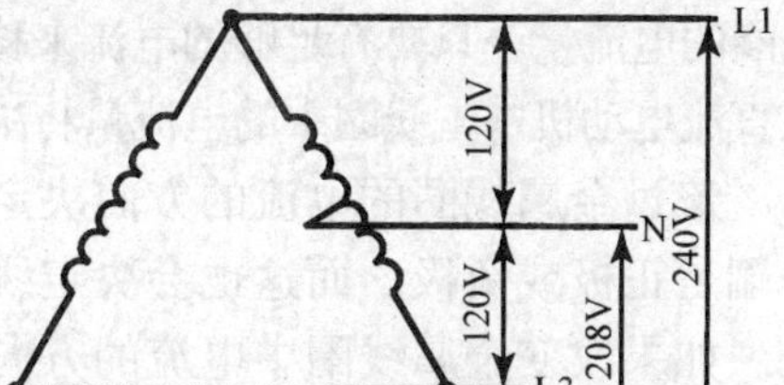

图 12-8 由于 L1 - L3 的中间抽头来做中性点而产生的高柱三角电压

这个异常电压产生于 L2 和 N 之间。L1 和 L3 之间的线圈具有中间抽头，这就是 L1 和 N 之间的电压或 L3 和 N 之间的电压恰好是 L1 - L3 之间电压的一半的原因。因为中间抽头不在 L1 和 L2 之间，L2 - N 的电压必定是完整相电压和半相电压之和。因为这一电压用到两相，输出 240V 相和 120V 相，它们的合成结果是 208V。

因为L2和N之间的电压来自两相，如果用于为需要208V电压的任何元件供电，将引起变压器过热。因此这一电压称为高柱三角电压，表明它来自△联结的变压器的L2－N，并且不应用于208V的元件。当变压器的L2支路用作L1－L2或L2－L3作为三相系统或者是240V单相系统的一部分时，L2起作用。当L2的端子与中性点连接时，唯一的问题出现，这一问题令L2－N的电压为208V。

对于△联结，系统在任何能量分配盒中L2端子应该总是用橙色线标记，以此来确认它是高柱三角。在我国的一些地区高柱三角也称作悬脚、红脚或钉子脚。

12.2 直流电动机

直流电动机普遍用于太阳能光伏板的跟踪系统或泵中。运行初期的机器需要速度控制和直流电动机，可以通过改变输入电压改变速度。直流电动机的早期速度控制只有电阻器，直流电动机要输入直流电压才能运行。这表明需要一个直流电压源或可以用太阳能光伏板产生直流电压。

正如在本章的这一节所读到的一样，将学习关于如何控制一台直流电动机的速度和转矩，以及如何改变它的旋转方向。你将会对直流电动机的基本组成部分有一个很好的了解，以便当需要维修直流电动机电路时，能够识别发生故障的元件并尽快地维修和更换。同时回顾磁场理论来帮你理解直流电动机的运行。

12.2.1 磁场理论

直流电动机的基础是基本磁学原理。当电流通过线圈时，它被磁化。当这一原理应用于继电器线圈时，电流的极性就不再重要。当电流流过线圈为电动机制造场线圈，电流极性将决定电动机旋转的方向。

流过线圈的电流极性决定金属线圈中南北磁极的位置。另外一个重要的参数是流过线圈的电流量。只要有足够的电流来移动继电器或螺线管的衔铁，电流量就不重要了。在直流电动机中，线圈中的电流量将决定电动机转轴的速度和产生的转矩大小。

流过金属线圈的电流的方向决定线圈磁场的极性。电流的方向决定金属线圈哪一端是正极或负极。而这也会决定线圈的哪一端是磁场的北极，哪一端是磁场的南极。如果改变金属线圈中电流的方向，线圈中的磁极反向。理解这一点很重要，因为电动机旋转的方向由变化的磁场决定。

应该记住的另一个关于磁场的基本概念是同极之间和异极之间的关系。如果两个不同磁场的北极放在一起，它们互相排斥。如果一个磁场的北极放在另一个磁场的南极附近，两极强烈的相互吸引。

关于金属线圈的一定要理解的第三条原理是可以通过改变流过导线的电流量来改变线圈中磁场的强度。如果流过少量的电流，将形成少量的电通量线，并且磁场也相对的弱小。如果电流量增加，磁场将变得更强。磁场强度可以一直增加到饱和点。当增加更多的电流而磁场强度不再增加，可以说磁场线圈饱和。

饱和类似于用水装满酒杯，不能得到比满杯更高的水平。当玻璃杯装满的时候任何倒进杯中的水都不会增加杯中的水量。额外的水将从杯子的边缘溢出而造成浪费。同样的原理可以应用于磁场线圈，当磁场强度处于最强点，额外的电流不会让磁场变得更强。

12.2.2 直流电动机的原理

直流电动机有两个基本部分，包括称作电枢的旋转部分和称为磁场线圈的金属线圈的固定部分，固定部分也叫定子。图 12-9 展示了一台典型的直流电动机，图 12-10 展示了直流电枢，图 12-11 展示了一个典型的定子。从图 12-10 中可以看出电枢是用金属线圈缠绕在磁心制成的，而磁心具有在轴承上旋转的延伸转轴。也应该注意到电枢上金属线圈的末端结束在电枢的一端。结束点叫换向器，电刷在上面形成电气连接从固定部分带出电流到机器的旋转部分。

图 12-9 直流电动机

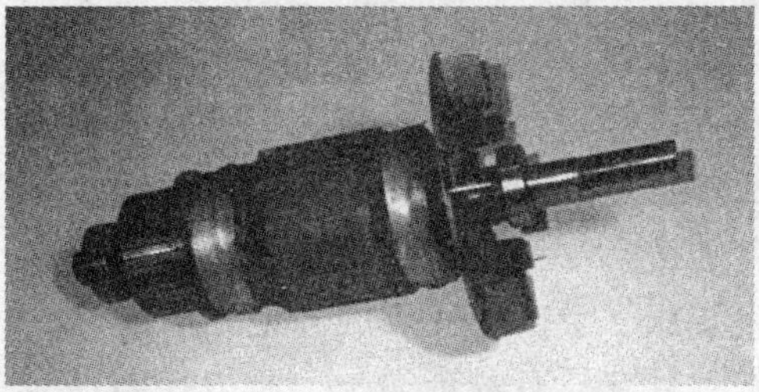

图 12-10 直流电动机的电枢

在图 12-11 中的定子图片展示了安装在它内部的线圈位置。在后面的讨论中这些线圈将作为磁场线圈被提到，并且它们可能串联或并联在电动机中形成转矩的改变。根据得到的效果，在这些线圈中找到导线的型号和线圈的匝数。

图 12-11 直流电动机的定子

通过旋转电枢和固定磁场线圈之间的磁场相互作用的示意图，可以理解直流电动机的运行。图 12-12 包括三张示意图，它们解释了在磁场相互作用的关系中直流电动机的运行。在图12-12a 中磁棒安装在转轴上以带动它旋转。场线圈是一条长的金属线圈，它被分为两部分。顶端的部分连接电池的正极，底下的部分连接电池的负极。对于线圈来说，电池代表电压源。在实际的工业电动机中，这一电压来自电动机的直流电压源。电流在这一方向流动，使顶部线圈是磁场的北极，底部线圈是磁场的南极。

磁棒代表电枢而金属线圈代表电场。箭头展示了电枢旋转的方向。电枢在顺时针方向开始旋转。磁场线圈的北极排斥电枢的北极，磁场线圈的南极排斥电枢的南极。随着电枢开始转动，电枢的北极逐渐接近磁场的南极，电枢的南极接近磁场的北极。随着两个不同极性相互接近，它们开始吸引。这种吸引力越来越强，直到电枢的北极与磁场南极直接在一条线，而它的南极移到直接与磁场南极在一条线上（图 12-12b）。

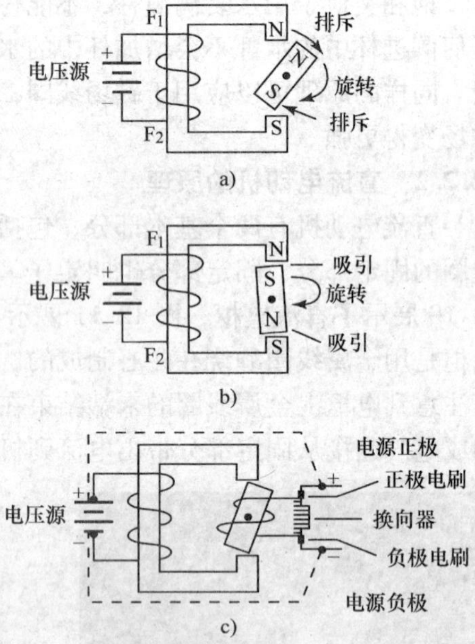

图 12-12 三张示意图
a）直流电动机运行的电磁原理图
旋转磁铁顺时针旋转由于同极相斥
b）由于异极相吸，旋转磁铁被吸引
c）旋转磁铁用电枢绕组表示，
极性由电刷和换向器决定

相反的极性在它们吸引力最强的时候，电枢被锁定并阻止继续旋转。因为电枢继续旋转，必须转换电枢的极性。因为图 12-12 中的电枢是永久磁铁，可以看出在第一次旋转中将被锁定而不工作。如果电枢是电磁铁，它的极性可以通过改变电流流过它的方向来改变。正因为如此，为在旋转构件和固定构件之间进行连接提供途径，电枢必须换成现钱（电磁铁），必须增加换向片的设置。在每一个磁场线圈的终端安一个换向片。因为电枢只有一个线圈，且它只有两个端子，所以换向器只有两片。

因为电枢是一个金属线圈，需要直流电流流过线圈使其磁化。出现的另外一个问题是：因为电枢转动，所以直流电压线不能直接连接到线圈上。电刷的固定设置是用来连接旋转电枢的。电刷跨接在换向器片上形成连接，以便电流流过电枢线圈。

图 12-12c 展示了应用于磁场和电刷的直流电压。因为直流电压负极连接在其中一个电刷上，因此安装阴极电刷的换向器片也是阴极的。电枢的磁场引起电枢旋转。电枢到达磁场锁定点，阴极电刷开始接触之前是阳极的电刷线圈的末端，阳极电刷开始接触之前是阴极的电枢线圈的末端。这个过程转换流过电枢的电流方向，仅在那一时刻也会改变电枢线圈的磁场极性，以便继续排斥和吸引过程。每旋转一周，电枢转换磁场极性两次，随着磁场极性继续吸引与排斥。

这是一种简单的两极电动机，首先应用于教学目的。因为电动机只有两极，其运行相当简单并且只提供较小的转矩。如果要用于工业，就必须增强磁场极性和电枢极性。

12.2.3 直流电动机元件

直流电动机的电枢和磁场可以连接成三种不同方式，提供不同大小的转矩及不同类型的速度控制。对于不同类型的直流电动机，电枢和磁场线圈的设计稍有差别。直流电动机的三种基本类型是串励电动机、并励电动机和混合型电动机。串励电动机设计成用来移动具有高起动转矩的大型负荷，应用于如吊车电动机或起重机。并励电动机设计的稍有区别，因为它是用于抽水等，在这一应用中恒速是非常重要的。复励电动机是结合串励电动机和并励电动机的特点设计的，复励电动机用于同时需要高起动转矩和控制运行速度的应用中。

重要的是直流电动机基本元件的功能和操作，因为电动机控制将有利于这些设计特点提供速度、转矩和旋转方向控制。图 12-13 展示了一台直流电动机的剖面图。基本元件包括电枢，它包括所有的旋转部分、框架（放置静止磁场线圈）、底盘，为电动机转轴提供轴承并为电刷装置提供安装点。对这些装置中的任何一个都进行深入解释，以便能理解用于电动机控制的设计理念。

图 12-13　直流电动机剖面图

12.2.4　电枢

电枢是直流电动机的一部分，它旋转并在转轴末端提供能量。它通常是一块电磁铁，因为它是经过特殊设计的在转轴上的磁心周围缠绕的金属线圈。电枢的磁心是用叠钢片制成的，并为压在上面的金属线圈提供插槽。图 12-14a 是一个典型直流电动机电枢的简略图。图 12-14b 展示了不带金属线圈的电枢的叠钢片磁心。可以清楚地看到磁心。电枢磁心是由叠钢片制成的，以防止磁场电流的流通。如果磁心是一整块固体，会产生在接近表面的磁心材料中流通的磁场电流，并引起磁心金属发热。

这些磁场电流叫做涡流。当叠钢片压在一起制成磁心，涡流不能从一个层压钢片流到另一个，所以可以有效地消除它们。层压的磁心也能阻止其他的叫做通量损耗的磁场损耗。这些损耗导致磁场变弱，这样需要更多的核心材料来获得同样的磁场强度。设计员把通量损耗和涡流损耗放在一起称其为核心损耗。因为层压技术阻止了核心损耗，层压的核心设计标准为允许电枢磁场尽可能强。注意到核心的一端有换向片，每个线圈的每端有一个换向片，这表明有四个线圈的电枢会有八个换向片。换向片用作静止电刷和旋转电枢之间的连接点。当每一个金属线圈都压在电枢上时，线圈的末端焊接特殊的换向片。这为从换向片上的电刷最终通过金属线圈流动的电流提供了电气终点。图 12-14c 展示了安装入电枢槽沟之前的金属线圈，而

图 12-14d 展示了安装入电枢槽沟的线圈并焊接到换向片。

设计旋转轴以便层叠的叠片铁心扇形片容易安装它上面。经过机械制造为压在每一端主轴承提供表层。轴承骑在底盘上，当电枢旋转的时候支撑电枢。旋转轴的一端也比另一端长，因为它为电动机负荷提供可以附属的安装轴。一些旋转轴用机械在它们上面制造关键点或扁平点以便负荷可安全地安装在上面。当操作电动机时，一定要小心不要损坏旋转轴，因为它必须光滑以承受机械连接。也有可能使轴弯曲或引起轴承损坏，这样当电动机高速运转的时候它会震动。换向器是铜的。在每两片换向片之间放薄薄的绝缘层，有效地使每一个换向片与其他换向片隔离。

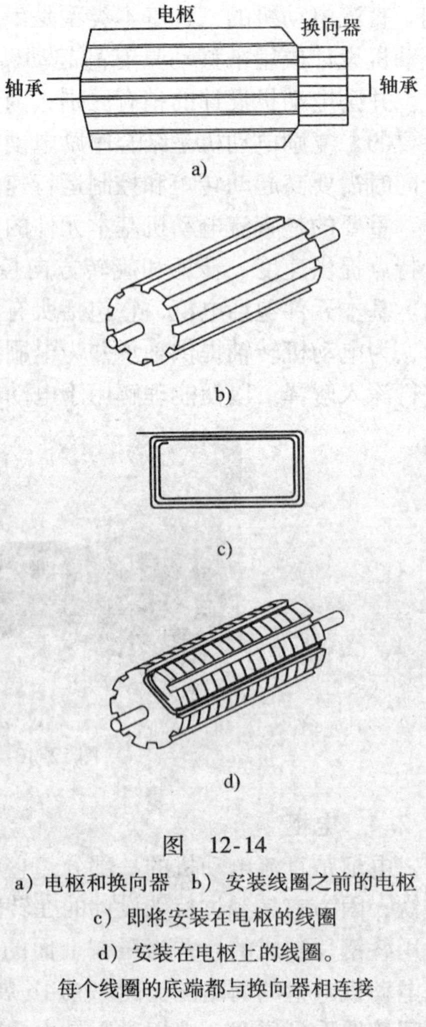

图 12-14
a）电枢和换向器 b）安装线圈之前的电枢
c）即将安装在电枢的线圈
d）安装在电枢上的线圈。
每个线圈的底端都与换向器相连接

12.2.5 电动机外壳

电枢放在安装磁场线圈的电动机外壳内。当磁场线圈和电枢线圈磁化时，电枢开始转动。磁场线圈是由一根长金属丝卷绕而成，金属丝安装在层叠的电极片上成为磁场电极。与电枢相似，这些电极是由层叠的钢片或铸铁制成的，以防止涡流和其他的通量损耗。图 12-15a 展示了在直流电动机外壳内的电极片的位置，而图12-15b 展示了直流电动机的层叠磁场核心。

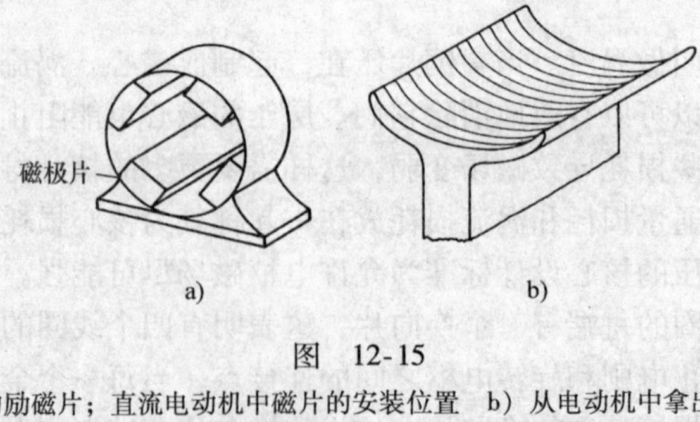

图 12-15
a）直流电动机上的励磁片；直流电动机中磁片的安装位置 b）从电动机中拿出的层叠磁场的核心；单独的电极片。可以看到它是由多层构成的，励磁线圈缠绕在磁极片上

用于制作磁场线圈的金属丝数量取决于制造的电动机的类型。串励电动机的磁场线圈使用高容量的金属丝，以便它能控制较大的磁场电流。由于金属丝容量大，所以线圈中金属丝的匝数就有限。如果磁场线圈是为并励电动机设计的，它将由小容量的金属丝制作而成，并且匝数很多。

在缠绕线圈之后，给它们上涂料，保护它们不受潮气和其他环境因素的影响。在把它们压在磁场电极上之后，必须用金属片或螺栓固定，以便它们牢牢地支撑在那里。当电流通过线圈时，它被强烈磁化并且吸引或排斥电枢磁极。如果磁极并非严格的牢固，当它们吸引电枢磁场时可能被拉松，当它们排斥的时候归位。这种行为会引起磁场振动，并引起短路或在线圈和电动机外壳之间的摩擦。

外壳的底部是机械制造的，以便底盘稳定地安装在那里。在外壳的一侧或底盘上有横穿的孔洞，以便磁场线可以带到电动机外连接直流电压。

外壳的底部有附加的安装支架，支架有孔洞设置或提供沟槽以便电动机用螺栓固定，并安全的安装在它驱动的机器上。安装孔是根据外壳型号说明设计的。外壳型号的尺寸在电动机制造商印制的铭牌上给出。由于这些孔洞和沟槽的设计有一定的标准，所以在电动机安装上之前要在机器上钻安装孔。当电动机用于直带传动或链传动应用中时，沟槽用于为安装校准提供较小的调整。同样重要的是，当电动机用于直接驱动中时可以进行少量的安装调整。非常重要的是安装电动机以便电枢转轴可以自由转动并不与负荷结合得过紧。

12.2.6　后盖

电动机的后盖安装在电动机外壳的端部。后盖由通过电动机外壳的四根螺栓固定。螺栓可从外壳完全移走以便维修时后盖容易被移走。后盖也为电枢转轴覆盖轴承。轴承可以为套筒轴承或球形轴承，如果轴承是球形轴承，它通常是永久润滑的；如果是套筒轴承，它需要一层油薄膜以恰当的运行。覆盖套筒轴承的后盖将有一个润滑管和毛细作用材料。几滴润滑油倒在润滑管里，并浸透毛细作用材料。蜡烛芯线放在轴承套筒中，以便它可以与电枢转轴连接并给它传送油层。其他类型的套筒轴承是用有气孔的金属制作的，以便吸收油在轴承和转轴之间形成油层。重要的是套筒轴承的后盖安装在电动机的外壳上以便润滑管向上指。这种姿势将确保重力把油拉入蜡烛芯线材料。如果安装了后盖，润滑管就会向下指，油会从蜡烛芯线中流失并使其逐渐变干。当蜡烛芯线完全干透，电枢转轴将直接摩擦套筒轴承内的金属，使它迅速发热，而且转轴将卡住轴承。正因如此，遵循润滑说明并且将电动机油量保持在规定的水平是非常重要的。

12.2.7　电刷与电刷绳索

电刷绳索是安全固定电刷在其位置上的一种装置，以便它们能骑在换向器上。它安装在后盖上以便通过移开后盖可以容易接近电刷。在电动机的外壳上有横穿孔，以便当电动机最初起动时电刷能够轻微的调整。电刷绳索在电刷上用一个弹簧提供适当的张力，以便它们与换向器进行适当的连接。如果张力太小，电枢将弹跳并产生电弧；如果张力太大，电刷将永久性的损坏。

图 12-16 展示了当电刷接触换向片时电刷的位置，图 12-17 展示了把电刷固定在直流电动机上的电刷绳索，注意到它安装在后面的后盖上。由于绳索是由金属制成的，所以当它安装在后盖时必须进行电气绝缘。用于给电枢提供能量的直流电压将通过电刷到换向片并进入电枢线圈。每一个电刷都连一根金属丝。金属丝将连接直流电源的正极或负极端子。电动机总是有相当数量的电刷。一半电刷连接正电压，另一半连接负电压。在大多数电动机中电刷装置数与磁场极数相等。要记住每一个电刷上的电压极性保持不变。这表明在每对电刷中，其中之一连接正极端子，另一个就固定地连接负极端子。

图 12-16 电刷接触换向器时的位置

图 12-17 绳索使得电刷固定在换向器上，顶端的弹簧是确保电刷可以抵抗换向器一定范围的压力

电刷将引起每一个电枢片的极性正负交替。当电枢正在旋转，每一个电枢片将立即与正极性电刷相连并在那期间被正极化。随着电枢轻微地旋转，电枢片将与连接负极性电压源的电刷相连并在那期间变成负极。随着电枢继续旋转，每一个电枢片将会正负电压交替。

电刷是由碳合成材料制成的。一般地，会在里面加铜来帮助传导，也会在里面加入其他的材料使它们的耐久性更长。骑在换向器上的电刷的末端是波状的外形以精确地配合换向器，以便电流容易传输。无论什么时候安装一个新的电刷装置，都应该固定配合换向器。电刷是直流电动机的主要部分，它会逐渐磨损。重要的是要严密地检查它们的磨损以便它们不会损坏换向片。大多数电刷在它们上面有小标记，称作磨损标记或磨损条。当电刷磨损到标记时，就应该更换它了。如果电刷过度磨损或不能适当地匹配换向器，它们将发热并且损坏电刷绳索和弹簧机械。如果电刷过热，它们可能会烧毁标记或在换向片上留下疤痕，甚至会歪曲弹簧机械以至于它不能再以适当的弹力支撑电刷。

如果弹簧机械过热，应该更换它并且应该检查电刷是否能正常运行。如果换向器有了凹痕，可以在车床上翻转。在翻转换向器之后，需要重新安装电刷。

在理解每一个零件或电动机装配的功能之后将能更好地理解基本直流电动机的运行。电动机的运行包括所有电动机零件的相互作用。对于特殊电动机，应用一些零件需要进行轻微的修改。当解释完电动机的基本运行后，这些改变会变得简单易懂。

12.2.8 直流电动机的运行

在现代工业应用中的直流电动机的运行类似于本章前面所介绍的简单直流电动机。图12-18展示了一个简单直流电动机的电气示意图。图中表示了励磁线圈与电枢之间的电气关系。注意到直接应用于磁场线圈和电刷的直流电压，电枢和磁场都以金属线圈的形式表示出。在后面的示意图中磁场变阻器将与磁场串联来控制电动机转速。

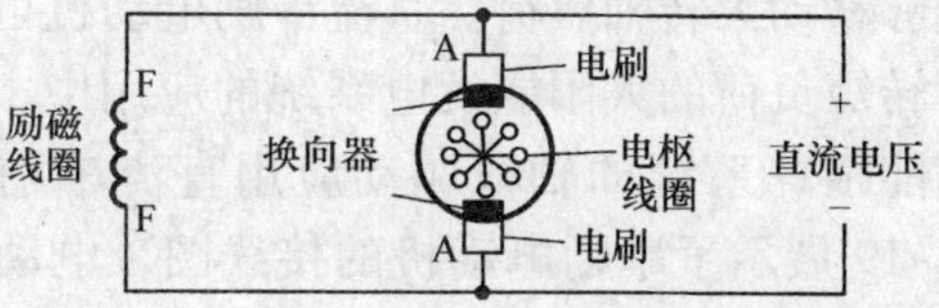

图12-18 直流并励电动机的电气图

当电压通入电动机，电流开始从正极端到负极端流入磁场线圈。在磁场线圈中设置强大的磁场。电流也开始流过电刷进入到换向片，然后通过电枢线圈。电流继续通过线圈流回连接在线圈另一端的电刷，并回到直流电源。电流在电枢线圈中流动，在电枢中形成强大的磁场。

电枢磁场和磁场线圈使电枢开始旋转。这是因为不同磁极相互吸引而相同磁极相互排斥才发生的。随着电枢开始旋转，换向片也将在电刷下面运动。随着单独的换向片移动在连接到正极电压的电刷下面，它也将变成正极；当它移动到连接负极电压的电刷的下面，它将变成负极。以这种方式，换向片继续从正极到负极改变极性。因为换向片连接在构成电枢磁场线圈的金属丝末端，它导致在电枢中的磁场继续从北极到南极改变极性。换向片以电枢极性的转换与电枢磁场和磁场线圈的磁场的位置一致方式和电刷连成一排。转换动作是定时进行的，以便电枢不会被有磁性的磁场锁住。反而互相建立磁场并提供额外的转矩来保持电动机转轴旋转。

当切断通入电动机的电压，电枢中的磁场和磁场线圈将迅速消失并且电枢转轴的速度开始下降为零。如果电压再次通入电动机，磁场将变强并且电枢再次开始旋转。

12.2.9 直流电动机的类型

如今用于太阳能发电系统的直流电动机的三种基本类型是：串励电动机、并励电动机和复励电动机。串励电动机能够带一个大型负荷起动，如太阳能光伏跟踪系统。并励电动机当其处在高转速时能够带有速度控制运行。

复励电动机，结合串励电动机和并励电动机，能够带相当大的负荷起动并且在高速时能够进行速度控制。在本节后面的部分展示了这些电动机的每一个示意图并讨论它们的运行特性。作为技术员应该理解控制速度的方式和改变旋转方向的方法，因为这是直流电动机的两种参数，这两种参数在控制太阳能光伏板定位的驱动电动机或一些水泵电动机中要求改变。同样重要的是理解这些电动机运行的基本原理，因为用固定的正式的电路来控制它们并且需要知道电动机的故障或固定正式电路的问题是否出现。

12.2.10 直流串励电动机

串励电动机提供高起动转矩，并且当供电的时候能够移动大转轴负荷。直流串励电动机可能用于需要大转矩负荷的太阳能发电系统的应用中。例如大型太阳能跟踪系统的轴线驱动应用直流串励电动机。图12-19展示了串励电动机的接线图，电动机中的磁场线圈与电枢线圈串联，这正是给串励电动机起名的缘由。

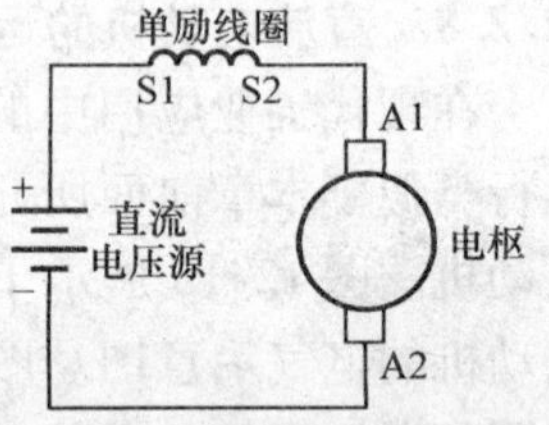

图12-19 串励电动机的电气图（串励线圈是S1和S2）

因为串联磁场线圈与电枢串联，它将带有同样数量的电流通过电枢。正因为如此，磁场是用能够携带负荷的高容量金属丝制造的。因为导线容量很大，线圈的匝数很少。在一些较大的直流电动机中，磁场线圈由铜条成分制成，而不是用于能量分配的常见的线圈。铜条的方形或矩形的形状使它更加容易配合在磁场极片的周围，它也能更容易地散发由于携带大量电流在线圈中产生的热量。

通过线圈的电流量决定电动机转轴产生的转矩大小。由于串联磁场是由大型导体制成的，所以它可以携带大量电流并产生较大转矩。举例说明，用来起动汽车引擎的起动机发动机是一台在寒冷的早晨当转动引擎的曲柄转轴可以携带100A电流的串励电动机。串励电动机用于给在运行中可以携带数千安培的电流的起重机或吊车提供能量。

串励电动机可以安全掌控大电流，因为电动机不是长期运行的。在大多数应用中，当出现大电流时电动机只运行几秒钟。考虑汽车上起动机电动机使引擎起动必须运行多长时间。

12.2.11 串励电动机的运行

串励电动机的运行相当容易理解。磁场线圈与电枢线圈并联，这表明能量从串联磁场线圈的一端通入并到达电枢线圈的另一端（与电刷连接的）。

当通入电压，电流从负电压提供端流出再通过串联线圈和电枢线圈最后回到正电压端。刚通电的时候电枢不转，所以电路中唯一的电阻器是由用在电枢和磁场线圈中的大型导体提供的。由于这些导体很大，它们只有少量电阻器，这引起电动机承受大量来自电源的电流。当大电流开始流过磁场和电枢线圈时，它引起强大磁场的建立。因为电流很大，线圈达到饱和，产生强大的磁场。

12.2.12　改变电动机旋转方向

串励电动机的旋转方向可以通过改变电枢或磁场线圈的极性来改变，一定要记住，如果仅是改变通入电压的极性，磁场和电枢线圈的极性都得改变，而电动机的旋转方向保持不变。

仅仅一个线圈需要改变，一般改变电枢线圈，因为它的端子容易接近电刷绳索。记住，电枢通过电刷得到电流，所以如果电刷的极性改变，电枢极性也会改变。逆转电动机起动器用于改变线路，线路改变引起电动机旋转方向的改变，这一旋转方向是通过改变电枢线圈极性改变的。图 12-20 展示了一台直流串励电动机，它与逆转电动机起动器相连。电枢的终端用 A_1 和 A_2 标记，磁场端子用 S_1 和 S_2 标记。

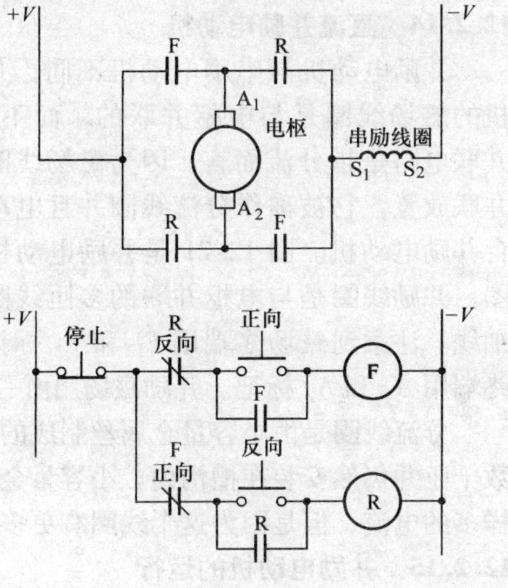

图 12-20　直流串励电动机与电动机起动器的正反向连接

当正向电动机起动器通电，顶部触点 F 闭合，所以 A_1 端连接到电源正极端，而底部 F 触点闭合，连接 A_2 端到 S_1，终端 S_2 连接到电源的负极端。当逆转电动机起动器通电，终端 A_1 和 A_2 反过来。A_2 现在连接在正极性端。注意到 S_2 保持连接在电源的负极性端。这保证仅改变电枢极性并且电动机开始反方向旋转。

同时注意到常闭触点 R，它与正向按钮串联，常闭触点 F 与反向按钮串联。这些触点能够阻止电动机在不停机的情况下从正转直接变为反转的互锁。电路可以解释如下：当按下正向按钮，电流从停止按钮流出，通过常闭互锁触点 R，通过正向按钮到正向电动机起动器线圈。当正向电动机起动器线圈通电，它将打开与反向按钮串联的常闭触点。这表明如果某人按下反向按钮，电流不能流过逆转电动机起动器线圈。如果有人按下按钮想要逆转电动机旋转方向，需要首先按下停止按钮切断正向电动机起动器线圈的电源，此时允许常闭触点 F 回到它的常闭位置。当给逆转电动机起动器线圈通电，它与正向按钮串联的常闭触点 R 将打开，并且如果正向按钮被按下可以阻止电流流过正向电动机起动器线圈。在后面的讨论中和电动机控制章节中，将看到许多其他控制电动机正反转起动器的方法。

12.2.13　用作普通电动机的直流串励电动机

串励电动机在能量工具中应用广泛，例如电钻、电锯和电能螺钉旋具。对于小型水泵或风扇，它也可以用于太阳能应用中。大多数情况下，电动机的电源是交流电压。直流串励电动机运行于交流电压下。如果电动机用于需要变速控制的电钻中，磁场变阻器或其他电流控制类型用于控制电动机的转速。在一些新型器械中，电流控制用固定形态的元件控制电动机速度。用于这三种类型的电能器械中的电动机具有电刷和换向器，并且是电动机磨损的主要部分。可以用与直流电动机同样的运行原理来维修这种类型的电动机。

12.2.14 直流并励电动机

并励电动机与串励电动机不同，并励电动机的磁场线圈是与电枢并联的，而不是串联。并联电路是指分流而言。因为磁场线圈与电枢并联放置，它被称作分流线圈并且电动机是一台并励电动机。图 12-21 是并励电动机的示意图。并励线圈是与电枢并联的多匝线圈的一组细线。注意到磁场终端用 F_1 和 F_2 标记，电枢终端用 A_1 和 A_2 标记。并励磁场用由一根细线绕成的多重线圈表示。

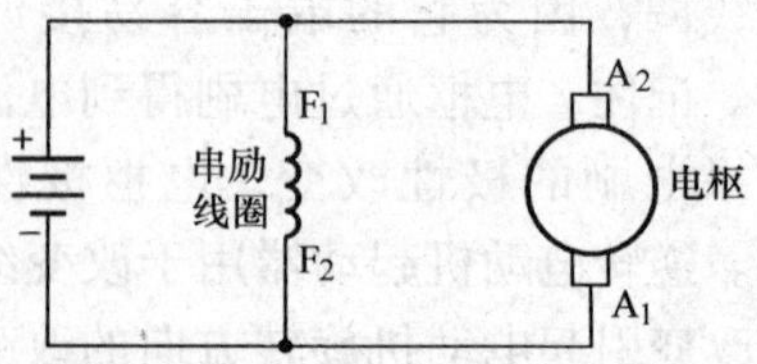

图 12-21　并励电动机的电气图

分流线圈是由小容量金属丝制成的，线圈匝数很多。因为金属丝很细，线圈有数千匝并仍然安装在槽沟内。小容量金属线不能容纳像在串联磁场中高容量导线一样多的电流，但是因为这个线圈有更多的匝数，它仍然可以产生强大的磁场。

12.2.15 并励电动机的运行

并励电动机用于太阳能发热系统的水泵中和太阳能光伏板轴线的驱动中。并励电动机和串励电动机相比，在运行特点上有轻微的差异。因为并联磁场线圈是由细小的金属丝制成的，所以它不能像串联磁场一样为起动产生大量的电流。这表明串励电动机有较低的起动转矩，这也要求转轴负荷相当小。

当把电压通入电动机，并联线圈的高电阻保持整体电流较低。并励电动机的电枢与串励电动机的电枢相似，它将携带足够的电流产生一个足够强大的磁场使电枢转轴和负荷开始转动。

就像串励电动机一样，当电枢开始旋转，它将产生反电动势。反电动势将引起电枢中的电流开始减小直到非常小。当电动机达到满速度时，电枢中的电流量直接关系着负荷的大小。因为负荷普遍很小，电枢电流将很小。当电动机达到满速度，它的速度将保持相当恒定。

12.2.16 电动机转速控制

当并励电动机达到满速度，它的速度相当恒定。速度保持恒定是因为电枢的负荷特性和分流线圈。应该记住串励电动机的速度不能控制，因为它完全依靠负荷大小和电动机型号的相对大小。如果电动机型号较负荷大，电枢的速度会很低。如果荷载与电动机相比较轻，电枢转速会非常快；如果转轴上无负荷，电动机会飞转。

并励电动机的速度可以控制。当负荷变化，在高速运转时电动机具有能够维持恒定的每分钟转数的能力，这是由并联磁场和电枢的特点决定的。因为一旦开始转动，电枢开始产生反电动势，它将用反电动势在高转速保持恒定转速。如果负荷少量增加并导致电枢转轴转速慢下来，产生少量的反电动势，这将使反电动势和应用电压之间的差异变得更大，导致更多的电流流动。当负荷轻微增加的时候，需要额外的电流通入带有额外转矩的电动机来恢复电枢转速。

并励电动机的速度可以有两种变化方法。包括改变提供给并联磁场的电流量和控制提供给电枢的电流量。当电动机满转速时，控制给并联磁场的电流允许转速在10% ~20%波动。

这种类型的速度控制规则是通过轻微的增加或减少供给磁场的电压完成的。电枢继续供给满电压，同时通入并联磁场的电流由与并联磁场串联的变阻器调节。当并联磁场电流减少，电动机转速稍微增加。当并联磁场电流减少，电枢必须更快地旋转来产生同样数量的反电动势以保持负荷转动。如果并联磁场电流稍微增加，电枢以一个较低的转速旋转并维持反电动势的量来产生电枢电流驱动负荷。磁场电流可以用一个磁场变阻器或硅控制整流器的电流控制来调整。

并励电动机的转速也可以通过调节供给电动机电枢的电压来控制。这表明如果电动机在比铭牌上写的电压更低的电压下运行，它的转速低于满速。当它运行在比额定电压低的电压下，并励电动机的效率将严重下降。当电动机运行在满电压以下，电动机将会产生大量热量，所以必须提供电动机通风设备。当电动机运行在满电压水平以下时，它的转矩减小。

因为电枢比并联磁场承受更多电流，所以控制电阻器比那些用于磁场的变阻器更大。晶闸管控制整流器用于这种类型的电流控制。晶闸管控制整流器能控制电枢电流，因为它能控制几百个安培。

12.2.17 电动机的反向旋转

直流并励电动机的旋转方向可以通过改变电枢线圈或磁场线圈的极性来改变。在这种应用中，通常改变电枢线圈，与串励电动机的情况一样。图12-22展示了连接了反向和正向起动器的直流并励电动机的示意图。应该注意到并联励磁线圈是跨接在电极两端的，当电枢反向时它不会逆转，并联磁场的 F_1 和 F_2 端子直接与电源相连，而电枢线圈的 A_1 和 A_2 端子连接在逆转电机起动器。

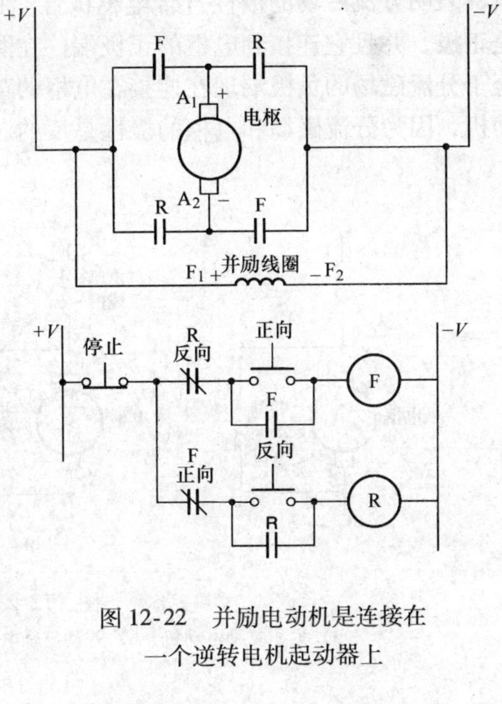

图12-22 并励电动机是连接在一个逆转电机起动器上

当正向起动器通电，它的触点连接 A_1 到正电源端而 A_2 连接到负电源端。F_1 电动机导线直接连接到电源的正极性端，F_2 导线连接到负极性端。当电动机以这种结构连接，它将开始正向旋转。图 12-22 的控制部分展示了当正向电机起动器线圈通电，逆转电机起动器被锁在外面。

当逆转电机起动器通电，它的触点逆转电枢导线，以便 A_1 导线连接电源负极端而 A_2 连接正电源端。磁场导线直接连到电源，所以它们的极性不变。因为磁场极性保持不变而电枢极性改变，电动机开始反向旋转。图 12-22 的控制部分展示了当逆转电机起动器线圈通电，正向电机起动器线圈被锁在外面。

12.2.18 直流复励电动机

直流复励电动机是串励电动机和并励电动机的一种结合。它具有与电枢串联的串联磁场线圈和与电枢并联的分流磁场。串联和分流线圈的结合允许电动机具有串励电动机的转矩特点和并励电动机的恒定转速特性。图 12-23 是复励电动机的示意图，在图 12-23 中展示了复励电动机的几种类型。

12.2.19 累积复励电动机

图 12-23a 展示了累积复励电动机的示意图。它称作累积是因为并联磁场是连续的，以便它的线圈能够帮助串联磁场和电枢磁场。分流线圈可以连接成长分流或短分流。图 12-23a 和图 12-23b 展示了分流磁场只与电枢并联，这表明电动机连接成短并励直流电动机。图 12-23c 展示了连接成长分流的电动机，分流磁场与串联磁场，内部磁极和电枢并联。图 12-23a 也展示了作为累积复励电动机的短分流电动机，表明分流磁场的极性符合电枢极性。在图 12-23a 中可以看出分流磁场的顶部是正极，并且它连接到电枢的正极端。在图 12-23b 中可以看到分流磁场被倒转，以至于分流磁场的负极端现在连接在电枢的正极端。这种类型的电动机是差动复励电动机，因为分流磁场和电枢的极性是反的。

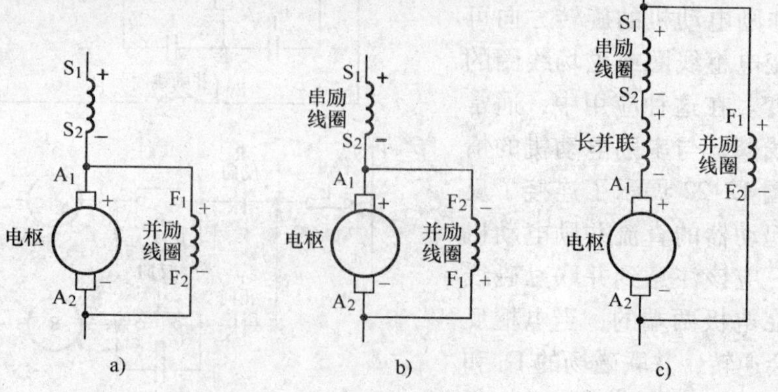

图 12-23
a）累积复励电动机 b）差动复励电动机 c）间极复励电动机

累积复励电动机是最普通的直流电动机之一，因为它有高转矩并在高速时有好的速度调节。它称为累积是因为分流磁场用相似的极性串联磁场和电枢磁场并联。当电动机以这种方式连接，它甚至可以带大负荷起动而且当负荷轻微变化时能够平稳运行。

应该记得并励电动机在满速时可以平稳地运行，但是不能带大负荷起动，而串励电动机可以带大负荷起动，但它的转速不能控制。累积复励电动机吸取了串励电动机和并励电动机的优点，这使它在大多数应用中得到认可。

12.2.20　差动复励电动机

差动复励电动机用于累积复励电动机同样的电动机和线圈，但是它们以不同的方式连接到电动机和线圈上以提供不同的运行速度和转矩特性。图 12-23b 展示了带有连续的分流磁场的差动复励电动机，所以它的极性与电枢极性相反。因为分流磁场仍然仅仅与电枢并联，它被认为是短分流。

在图 12-23b 中应该注意到 F_1 和 F_2 以相反的极性连接到电枢。在差动复励电动机中分流磁场是连续的，以至于它的磁场抵抗电枢和串联磁场的磁场。当分流磁场的极性如此倒转，它的磁场将抵抗其他磁场，并且并励电动机的特性不像在这种电动机宣称的一样。这表明当负荷像串励电动机一样减少时，电动机趋于超速。当在满速时增加负荷，它的速度将比累积复荷电动机下降得还多。这两种特性使差动电动机在大多数应用中不如累积复励电动机效果理想。

12.2.21　间极复励电动机

间极复励电动机与累积和差动复励电动机稍有区别。这种电动机有辅助极加入到串联磁场。辅助极串联在电枢和串联线圈之间。在定子中它放在串联线圈之后，它是由与串联线圈相同容量的金属丝制成，并且它是连续的，所以它的极性与安装在它前面的串联线圈相同。记住这些电动机可以有任何数量的电极以使得磁场更强。

辅助极可以防止电枢和电刷由于磁场增强形成电弧。这些势力由反电动势形成，并称作电枢反应。它们非常有效，以至于一般所有比 1/2 大功率还大的直流复励电动机将利用它们。因为电刷不形成电弧，它们会持续很长时间而且电枢不需要经常切断。辅助极同样允许电枢承担更大的电流，带来更大的转轴负荷。

当连接了辅助极，必须认真的测试以确定它们的极性，以便它能与串联线圈相配合。如果辅助极的极性与放在它前面的串联线圈不匹配，将会引起电动机过热并且可能损坏串联线圈。

12.2.22　直流复励电动机的反转

在图 12-23 中展示的每一个复励电动机都可以通过改变电枢线圈的极性得以改变。如果电动机有辅助极，当电枢的极性改变时，辅助极的极性必须改变。由于辅助极与电枢串联，所以当电枢反转时它也反转。为了保持示意图的简单化，辅助极并未在图 12-23 中展示出。电枢线圈总是用 A_1 和 A_2 标记，这些终端应该与逆转电动机起动器的触点相连。

12.2.23　电动机速度控制

复励电动机的转速可以通过调节通入电压大小轻松地改变。实际上，它可以追溯到19世纪70年代末期，任何需要具有恒定转速的电动机的工业应用将会由交流电动机掌控，并且任何需要以各种速度驱动负荷的电动机的应用将自动地由直流电动机控制。这些叙述是真实的，因为直流电动机的速度比交流电动机的速度更容易改变。因为固态电子元件和微处理器的出现，这一情况有所改变。现在，固态电子交流可变频率电动机起动器可以改变交流电动机的速度像改变直流电动机速度一样容易，现在必须理解控制交流电动机和直流电动机的速度的方法。

12.3　交流电动机

交流电动机与直流电动机相似，除了它们一般不用电刷或换向片，而是通过感应在旋转部分中形成可以建立磁场的电流，其他的与变压器相似。本节将帮你理解交流感应电动机工作原理的基本部分。使用电刷的唯一的交流电动机是缠绕旋转电动机，它使用滑环代替换向片。在本节将学到关于这些电动机的更多东西。

12.3.1　三相交流电压的特点

在学习三相交流感应电动机的基本原理时，重要的是理解交流电压的运行。交流感应电动机经过特殊的设计，成为有利于作为电源的三相电压。图12-24a展示了单相电压示意图，图12-24b展示了三相电压的示意图。在图12-24b中记录的三相电压示意图的每一个代表了像单相电压一样的分别生成的电压。三个分离电压每一相与另外一相差120°。电压的测量单位是电角度。正弦波有360°。正弦波是在

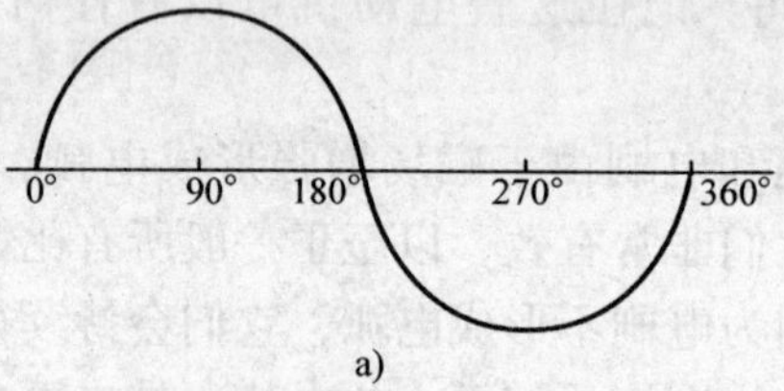

a)

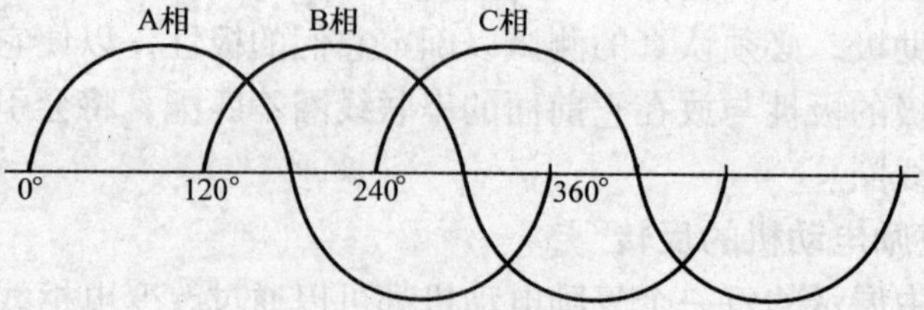

b)

图　12-24

a）单相电压图　b）三相电压图

每一次发电机转轴旋转 360°期间产生的。如果正弦波是由发电机转轴的一次旋转产生的，360 电角度等同于 360 机械角度。在本节的所有讨论都是建立在 360 电角度等同于 360 机械角度的基础上。

图 12-24 中的第一个电压叫做 A 相；它在 0°开始，并且正峰值在 90°。它在 180°时再次经过 0°，并且负峰值在 270°。在它达到负峰值之后，在 360°时回到 0°，360°点也是 0°点。第二个电压称为 B 相并且开始它的 0°电压点比 A 相滞后 120°。B 相到达正峰值、通过 0 电压和到达负峰值电压都如 A 相一样，除了它总是比 A 相滞后 120°。这表明当 A 相在 180°点通过它的 0 电压时，B 相处于正向增加阶段。

图 12-24 中的第三个电压是 C 相。它开始它的 0 电压点在 A 相开始它的 0 电压点后面 240°。这使 B 相与 A 相异相位 120°并且 C 相与 B 相异相位 120°。

交流电动机利用这一特点在定子和转子中产生很强的旋转磁场，因为三个分离磁场旋转互相异相位 120°。因为磁场是从通入电压感应而得，它们也将互相异相位 120°。感应旋转磁场与感应出它的电压相位差 180°，这一特性随着感应电压自然地发生。180°相差不像旋转磁场间 120°相位差那么重要，120°相位差为电动机转轴产生转矩。

因为磁场互相差 120°相位并且旋转，当其中两个中的一个在它的正弦波经过 0°电压点减小它的磁场强度时剩下的一个总是增加它的强度。这表明磁场是由其他永远不会 W 解的三相电压产生，它的平均值比单相电压产生的磁场强大很多。三相电压和变压器的详细讨论将在本章的后面讲述。

12.3.2　三相电动机的基本部分

交流电动机可以运行在单相或三相供电系统。大多数单相电动机小于 3 马力；尽管一些较大的电动机也可以用，但是不普遍。三相电动机直到几千马力都可用，尽管小于 50 马力的电动机更普遍。

交流感应电动机有三个基本部分：定子，电动机的静止部分；转子，电动机的旋转部分；后盖，遮盖允许转子轻松旋转的轴承。本节将提到关于交流电动机这三个部分的每一部分的知识。图 12-25 展示了三相电动机的分解视图，包括它的基本部分的放置。

图 12-25　三相感应电动机的分解视图。

（注意笼型电动机的转子的轴是安装在底盘上的轴承）

12.3.3 定子

定子是电动机的静止部分，由几个部分组成。图12-26展示了一台典型感应电动机的定子。定子内径上有许多安装（定子线圈的）槽。定子是电动机中用于放置电子线圈的框架。电动机的安装槽是根据电动机外壳型号的国际电气制造业协会标准来制作的。一些电动机在定子上有起重环，为提起大型电动机提供途径。起重环和安装槽铸造在框架内或定子外壳部分。

图12-26 交流电动机的定子

插入物设置在为定子线圈的安装提供插槽的定子内部。插入物是由层叠钢制成的，以防止线圈中的涡流和通量损耗。定子线圈是在之前制作的线圈形状的支架内包裹已决定长度的金属线。这些线圈用绝缘材料包裹并安装在定子插槽内。典型的四极三相电动机有三个线圈连续不断地安装在插槽内形成一组。这三个线圈是接有电线的，以便每一个能从三相电源的分离相接收电能。三组线圈连接在一起形成电动机四极中的一极。这种分组每三个插槽重复一次，为的是电动机总共有36个线圈形成完整四极定子。理解怎样缠绕线圈或怎样把它们放入定子插槽并不是十分重要的，相反应该理解这些线圈在定子中的连接，线圈连接中的3、6、9、12和15号金属丝将从外壳引出作为延伸连接线。延伸连接线可以连接成允许电动机通入208/230或480V电压，或者它们允许电动机连接成足以为负荷提供适当的转矩。这些连接也可以进行其他改变让电动机起动这样它使用较小上锁转子电流。

在线圈放在定子中后，它们的末端将用数字标识，这一数字用于在安装过程中进行连接。线圈用楔子锁入定子，保持线圈安全地安装在插槽中，并当线圈损坏或由于过热而出现缺陷时让它们容易移动和更换。

12.3.4 绕线转子

交流电动机的转子可以由金属线圈缠绕在层叠钢片上构造而成，或彻底的由不带任何线圈的层叠钢片制成。带有线圈的转子成为绕线转子并用于绕线转子电动机。绕线转子电动机比相似型号的感应电动机产生更大的转矩，因为它用电刷和滑环给转子传送电流。由于绕线转子电动机有电刷和滑环，它比感应电动机需要进行更多的维修。图12-27展示了绕线转子电动机的电枢上的两个滑环。

图12-27 绕线转子电动机的电枢有两个滑环

12.3.5　层压钢板转子

使用层压钢板的交流感应电动机称作感应电动机或笼型感应电动机。电动机核心使用压铸铝或铜制成笼型。笼型转子的示意图如图 12-28 所示。这种转子成为笼型转子，因为铝或铜条用尾环恰当地连在一起。笼型转子有时称作鼠笼转子，因为转子的整体形状与仓鼠或松鼠的训练轮同一形状。

当加工笼型转子时，层压片是压在核心上或把核心模塑成层压片。图 12-29 是一幅笼型转子的照片，可以看出层压钢片压在笼型核心的骨架上。层压钢板是一薄片钢板，它带有绝缘涂，层可以防止它与和它相邻的钢板产生电气连接。把薄钢板压在转子条上的原因不是转子条是一个固体铁块，而是单独的钢片容易磁化为一个极性，消磁，然后再磁化成相反的极性。当交流电流用于在转子中形成磁场时，变化磁场是很重要的。如果转子是用铁块或钢块制造的，它将容易磁化，但是它也很容易消磁，而这种特点会在当交流电流通入转子时成为问题。

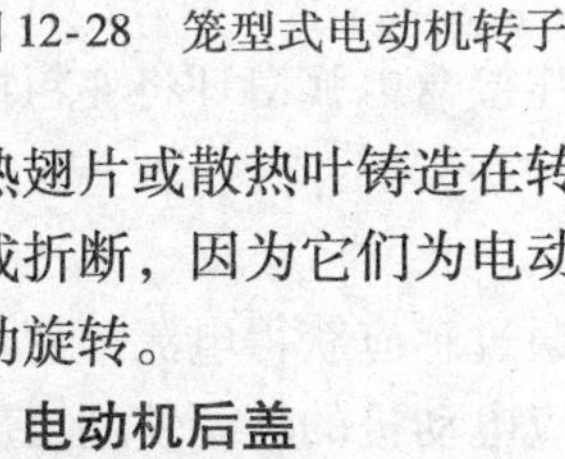

图 12-28　笼型式电动机转子图

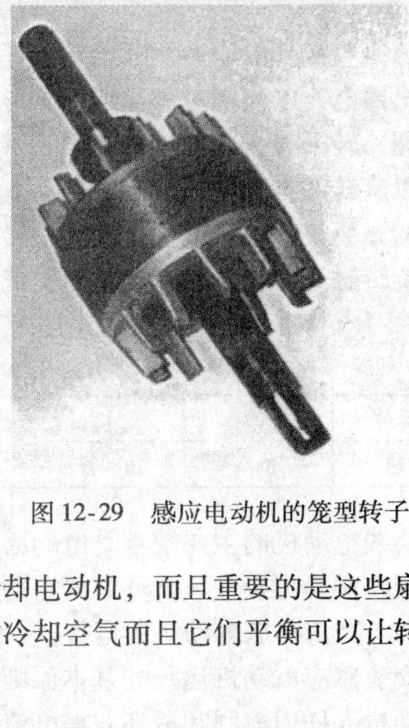

图 12-29　感应电动机的笼型转子

散热翅片或散热叶铸造在转子内部用来冷却电动机，而且重要的是这些扇叶不能损坏或折断，因为它们为电动机提供所有的冷却空气而且它们平衡可以让转子平衡不震动旋转。

12.3.6　电动机后盖

电动机转轴的轴承置于后盖上。如果电动机是小马力电动机，它一般使用套筒型转轴；如果电动机是一个较大马力类型的电动机，它将使用球形轴承。一些在小型电动机上的球形轴承将长期地润滑；较大电动机的轴承需要定期地润滑。所有套筒轴承只需要定期地滴几滴润滑油。

后盖安装在电动机的末端，并且用长螺栓嵌入定子框架固定。当螺母扣在螺栓上并拧紧，后盖就会恰当地固定在那。如果电动机是开放型，后盖上会有散热孔让冷空气在电动机内循环。如果定子框架上没有横穿金属板，在后面的后盖上会有一个板材让磁场走线。

如果电动机不是长期地润滑，后盖将提供一个油管或用于润滑的润滑油装置。重要的是后盖安装在电动机上以便注油器管或润滑装置在转轴上面，为的是让润滑油在重力作用下到达转轴。如果后盖被转动导致润滑点在转轴下面，重力作用会使润滑油流出转轴，并且轴承会过早地损坏。由于某种原因需要移动后盖时，应该标记它们，以便它们会被重新放在它们移走的精确的位置。这也将帮助后盖上的孔与定子上的孔相匹配，以便后盖容易再安装。

12.3.7 绕线转子交流电动机的运行

绕线电动机有一组安装在电动机静止部分的线圈成为定子。绕线电动机的转子是用线圈压入转子块制作成的。这些线圈的每一个终端都连接到滑环。使用碳刷和滑环的原因是通过连接到旋转部分上的线圈的电刷和滑环从电动机的静止部分得到电流。如果绕线电动机是单相的，它有两个滑环；如果是三相电动机，它有六个滑环。

因为直接从电刷和滑环给转子提供电流，所以转子中的磁场非常得强大。当给电动机通电，电流流过静止线圈并形成强大的磁场。来自电刷和滑环的电流流过转子线圈，转子将变成电磁铁。因为供给静止线圈的电流是交流电，所以它也会引起磁场以旋转的方式绕线圈装置运动。转子中线圈的极性与定子线圈中的相反，所以转子的磁场将吸引通过静止线圈旋转的磁场。这将引起转子开始旋转，或在定子中形成旋转磁场。转子的速度将由交流电压的频率和定子中磁场线圈的数量决定。表12-1展示了当通入60Hz交流电压时，从2极到12极电动机的速度。

表12-1 电动机运转在60Hz时各种极对数下的电动机转速

极对数	2	4	6	8	10	12
转速	3600	1800	1200	900	720	600

绕线电动机的主要缺点是电刷磨损，并且电气连接盒电弧滑环将变粗糙。这表明电刷将需要更换并且滑环需要定期的换新。

12.3.8 交流感应电动机的运行

交流感应电动机运行的基本原则是建立在转子通过感应获得电流，而不是像绕线电动机一样用电刷和滑环获得电流的基础上。感应电动机的转子使用层压钢板制成，并因为它靠近定子旋转，所以它可以通过感应电流轻易地磁化。当电流流过定子线圈时，形成强大的磁场。当转子的层压钢板片经过这一磁场，在层压钢板转子中感应出电流，使它磁化。就像绕线电动机一样，在层压钢板转子中的磁场与定子磁场极性相反。因为定子磁场是由于交流电流流过而形成的，它使磁场从线圈到线圈围绕定子旋转。在层压钢板转子中形成磁场的磁场电流与产生此电流的电流相差180°。这将引起转子磁场与通过定子旋转的磁场极性相反。由于转子磁场与通过定子旋转的磁场极性相反，所以它将引起转子磁场被定子磁场吸引，这将引起转子开始旋转。

因为感应电动机使用感应电流在转子中形成磁场，所以会有一些绕线电动机中没有的额外的损耗，所以感应电动机的效率比绕线电动机稍低。由于感应电动机不需要电刷和滑环，所以它不需要那么多的维修。

12.3.9　用转差率在感应电动机中形成转矩

当感应电动机中转子开始旋转，它将开始产生电压，这一电压与供给定子的电压相位相反。这一电压称作电动势（EMF），因为它与供电电压相位相反也称作反电动势（CEMF）。在供电电压与转子形成的反电动势之间的电势差将决定电动机承载的电流量。电动机承载的电流量决定电动机转轴提供的转矩大小。反电动势的大小由转子转差率的大小决定。转差率是额定速度和电动机实际速度之间的差，电动机的转差率越大，转轴上产生的转矩越大，所带负荷越多。

理论上，转子和感应电动机应该像绕线电动机一样旋转在相同的速度，并且速度应该由极数和供给电压频率决定。实际上，如果电动机转子以额定速度旋转，转子会产生与供给电压相等的反电动势，所以电动机承载的电流会为0。如果电动机携带的电流为0，电动机转轴不会有任何转矩并且无用。为了电动机在转轴上有转矩，在供给电压和转子产生的反电动势之间不允许有差值。这一差值仅在转子速度比额定速度低时产生。速度的差值越大，产生越多的转差率，而交流感应电动机将有更大的转矩。因为交流电动机的速度将比它的额定速度稍低，它的效率将低于绕线电动机。

12.3.10　交流同步电动机

交流电动机的另外一种类型是同步电动机，而且它结合了绕线交流电动机和感应交流电动机的优点。同步电动机具有绕线转子，这表明在转子上有金属线圈并且有电刷和滑环。它也有小型鼠笼嵌入在绕线转子内。当交流电压第一次通入同步电动机时，它像感应电动机一样起动，因为小型鼠笼得到在转子中引起的感应电流开始旋转并加速。当转子的速度大约为额定速度的95%时，少量直流电流通入绕线转子的线圈。这一小直流电流流过电刷和滑环，它们在转子线圈中形成强大的磁场。因为转子线圈中的磁场非常强大，转子速度与交流电压在定子线圈中产生的旋转磁场同步。这种同步使转子以额定速度旋转，这一额定速度以极数和交流电压频率为根据而不是转差率，这引起同步电动机的转轴产生大量转矩并使它更有效率。因为同步电动机有电刷和滑环，它需要像绕线电动机一样定期地维修。

12.4　为什么使用电动机起动器

电动机起动器是磁力控制装置，它经常用在较大型的商业应用中。电动机起动器是继电器或接触器的较大版本并用于控制较大的电动机。电动机起动器的内部同时还有电动机的过电流保护，而继电器和接触器没有。这一过电流保护称作过负荷保护，并且如果电动机所带的电流数量超过设定限度能够切断装置。

之前学过关于在电力系统中用于起动电动机的继电器和接触器。这些继电器和接触器设计成常闭触点并且在系统中为电动机提供电流。它们主要的功能是通过打开和关闭来为那些电动机提供电流。在这些应用中的电动机通过熔断器或线圈内部的过负荷来防止过电流。

这些电动机通过熔断器或短路保护隔离开关中的电路断路器得以保护，并通过电动机起动器中的过负荷保护防止阻碍过电流。如果开放式电动机有如缺少润滑或过负荷等问题，它将承载特大的电流，如果过负荷持续很长时间，这一特大电流将烧坏电动机。电动机起动器中的过负荷保护检测到过量的电流并切断电动机起动器以便触点断开并阻止流过电动机的所有电流直到技术员手动重置过负荷。

12.4.1 电动机起动器的基本部分

图 12-30 展示了一台典型电动机起动器，它的所有部分都可以从图 12-30 中看出。这是一个用于三相电路的三极起动器。输入电压连接在终端 L1、L2、L3 的顶部并且电动机导线连接到终端的底部，这些终端标识为 T1、T2、T3。触点的三个主要设置放在电动机起动器的顶部，而过负荷设置安装在电动机起动器的底部。线圈放在电动机起动器的中间，它有一个指示器，当线圈通电时指示 ON，当线圈断电是指示 OFF。

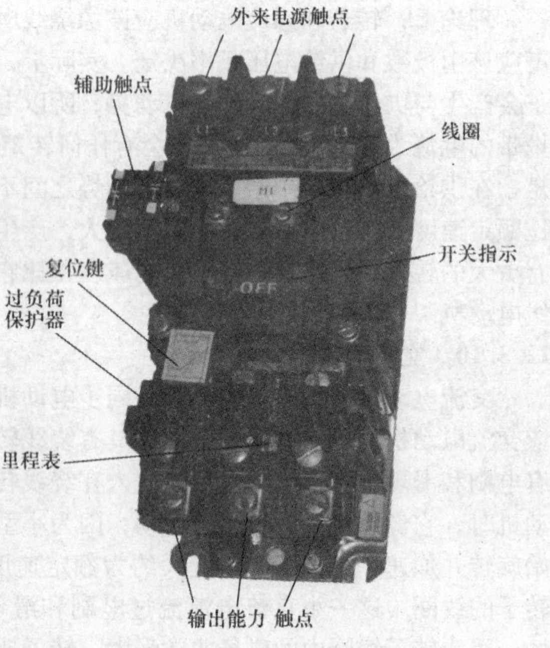

图 12-30 典型的电动机起动器

电动机起动器有三个与热继电器串联的触点装置。这保证了流过电动机的所有电流必须通过热继电器。如果流过电动机的电流是正常的，热继电器不能提供足够的热量引起过负荷断开。如果电动机携带大量的电流，电流流过热继电器将引起它产生大量的热量使长闭过负荷触点断开。因为常闭过负荷触点与电动机起动器线圈串联，当过负荷触点断开将切断流入电动机起动器线圈的电流。电动机起动器的重置按钮必须手动设置过负荷触点回到常闭位置。

当按下开始按钮，电动机起动器线圈是通电的。在本例中使用了手动按钮，因为它易于理解，但是应该注意到在电气应用中大多数电动机起动器是由手动开关或其他类型的控制器控制的。

电动机启动器中的一个或更多额外的常开触点装置称作辅助触点。辅助触点与起动按钮并联。在电动机起动器线圈通电之后，这些触点作为自锁电路。开始按钮是瞬时开关，这表明在常开位置装载了弹簧装置。当按下开始按钮，电流从 L1 流出通过常闭停止按钮触点，再通过开始按钮触点到达电动机起动器线圈。电流使线圈磁化以至于它吸引如三个主要的负荷触点和辅助触点。当辅助触点闭合，它们在开始按钮触点附近形成平行通路，以便当按钮复位时电流仍然能在开始按钮触点周围流过到达线圈。因为停止按钮是串联在电路中的，所以当停止按钮按下时，这线圈的电流被切断并且所有触点掉落。

12.4.2　过负荷保护运行

电动机起动器的过负荷保护由两部分组成。热继电器是串联在电动机中的元件，并且所有电动机的电流都流过它。热继电器实际上是把电流转换成热量的供热元件。过载保护装置的第二个部分是机械切断装置和过负荷触点。机械切断装置对热有高灵敏度。如果它检测到来自热继电器的过大的热量，它切断并使长闭触点断开。由于电动机起动器线圈与常闭过负荷触点串联，当过负荷保护触点断开到达它们的开路位置时所有通入线圈的电流被切断并且线圈消磁。当线圈消磁时，电动机起动器触点回到断开位置，并且所有通入电动机的电流被切断。当过负荷保护触点断开，它们保持断开直到过负荷保护被手动恢复。这保证了过负荷电动机停止运行并冷却下来，直到有人检查这一问题并重置过负荷保护。

图 12-31 展示了一个典型的电动机起动器过负荷保护装置的发热元件，称作热继电器。注意热继电器底部突出的棘轮。在图 12-31 中可以看到热继电器实际上是一个随着电流通过发热元件，把电流转变为热能的发热元件。你应该也注意到热继电器底部的球形突出，这一球形突出有一个安装在机械装置内的转轴。

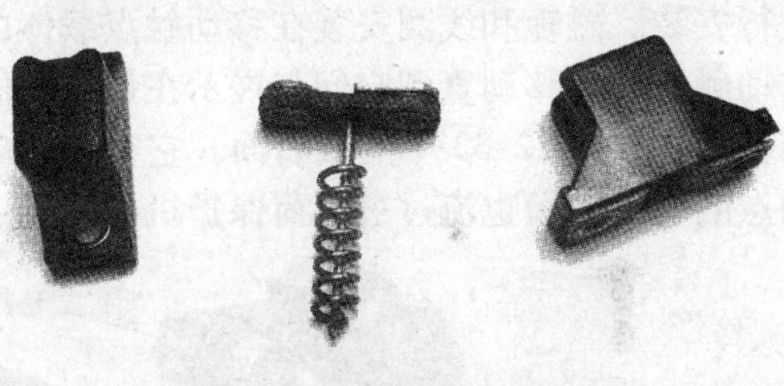

图 12-31　典型热继电器的组合

图 12-32 展示了过负荷保护装置的所有部分，包括恢复按钮，安装在发热元件上的转轴，棘轮和机械棘爪，过负荷保护触点，连接触点的终端。机械切断装置由热继电器的棘轮和棘爪组成。棘轮实际上是在热继电器底部突出的啮合旋钮。棘爪有弹簧压力，这一弹簧压力可以旋转棘轮。因为热继电器用焊接紧紧固定住棘轮转轴，所以棘爪不能移动。当热继电器过热时，它融化固定恰当棘轮的焊接并让

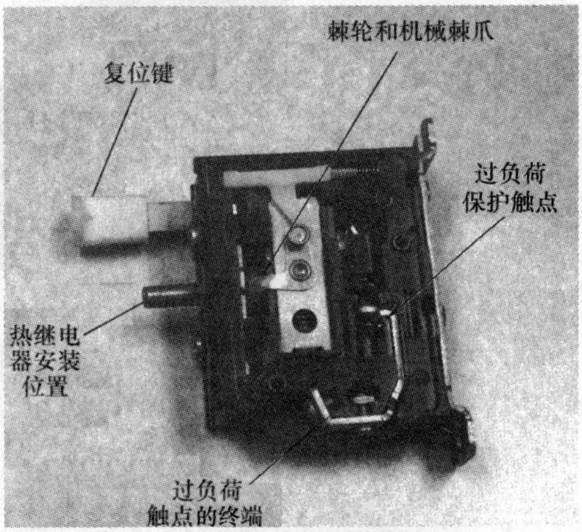

图 12-32　过载保护装置的部分示意图

它自由转动。当棘轮转动时，它让棘爪越过它移动，棘爪反过来让常闭触点移动到它们的断开位置。

在过负荷情况发生且过负荷保护触点断开时，电动机起动器断电并且电动机停止运行。当电动机停止运行时，发热元件会冷却下来。在发热元件冷却下来几秒之后，可以按恢复开关，恢复开关使棘爪回到原始位置，常闭过负荷保护触点回到常闭位置。如果当电动机恢复起动时它继续承载过大电流，过电流将引起热继电器再次切断过载保护机械装置。如果电动机电流在规定范围以内，热继电器不会产生使过负荷机械装置切断的热量。

因为过电流情况必须持续几分钟才会引起过负荷机械装置切断，所以过负荷保护允许电动机承载高堵转电流在电动机起动的几秒内而不切断。如果电动机在运行时有过电流情况，在电动机断电之前过负荷保护允许这种情况持续几分钟。如果问题持续，过负荷保护将检测到过电流并切断它以保护电动机。

12.4.3 电动机起动器的分解图

在分解图 12-33 中可以看到在电动机起动器的所有部分。静触头在最左边，动触头在静触头的右侧，线圈和磁轭在图的中间位置。过负荷保护机械装置在最右边。在最左面可以看到电动机起动器的主要触点，这些触点比那些在传统继电器中的大得多。线圈在图的中央。在线圈上有两个正方形洞允许有磁性的轭铁穿过方洞进行安装。磁轭和线圈安装在移动触点载体内。当线圈通电时，它拉升磁轭，引起移动触点向上移动直到它们与展示在最左面的静止触点接触为止。过负荷保护机械装置展示在图 12-33 中的最右面。它安装在电动机起动器中较低的部分，所有经过触点的电流必须也流过过负荷保护机械装置。

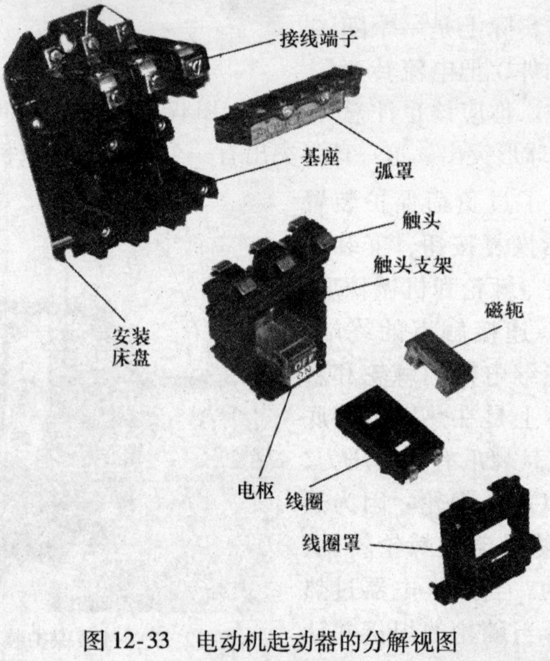

图 12-33 电动机起动器的分解视图

12.4.4　制定电动机起动器的标准

有时需要为应用选择适当型号的电动机起动器。电动机起动器的型号由美国电气制造商协会决定。电动机起动器触点可以安全掌握电流量的等级。在图 12-34 给出的表中展示了这些型号。可以看到最小型号的起动器是 00 号，标称电流为 9A 并且足够 2 马力的电动机连接到三相 480V 电压或 1 马力单相电动机连接到 240V 电压。可以看到型号为 1 的电动机起动器标称电流为 27A，这足以让一台 10 马力三相电动机连接到 480V 电压或一台 7.5 马力单相电动机连接到 240V 电压。一台型号为 00 的电动机起动器大约 4ft 高，而一台型号为 2 的电动机起动器接近 8ft 高。型号 4 的起动器将保护电动机到 100 马力。电动机起动器的过负荷保护热继电器也可以购买一个有着特殊电流等级的热继电器。这表明每一电动机起动器可以有一个电动机连接承载的标称为特殊电流等级的热继电器。

限制反向制动和点动负荷的单相全电压磁控制器的马力和堵转电流，50Hz或60Hz

控制器体积	连续电流的额定值(A)	115V		230V		服务极限电流*(A)
		马力	堵转电流	马力	堵转电流	
00	9	1/3	50	1	45	11
0	18	1	80	2	65	21
1	27	2	130	3	90	32
1P	36	3	140	5	135	42
2	45	3	250	7.5	250	42
3	90	7.5	500	15	500	104

* 见 4.1.2.

图 12-34　单相全电压磁控器的美国电气制造商协会型号。注意到最小的电动机起动器的体积是型号 00，最大的是型号 3。(美国电气制造商协会)

12.5　熔断器

熔断器的功能与过负荷保护相似，除了当过电流发生时熔断器使用一个损坏了的元件。熔断器提供短路保护，而过负荷保护并没有设计成当短路电流发生时保护电动机。熔断器提供了能携带电流的终端检测元件。当电流量过大，产生的热量被熔断器元件检测到，当温度足够高的时候熔断器熔化。熔断器在不同的应用中使用不同的型号。图 12-35 展示了各种各样套筒形熔断器。每一个熔断器制定了它所限制的电流量的标准。当电流过大，熔断器的熔丝熔断并断开熔断器。单元件熔断器只提供单程保护。这种类型的熔断器一般用于无感应负荷，如发热元件或照明应用。双元件熔断器提供双重保护。第一重保护叫做减缓电流保护，由焊接在触点上的并吸引线圈的易融的熔丝组成。当电动机起动，它携带堵转电流几秒钟。过大的电流使熔断器内部发热，而这一热量被减小电流的熔丝吸收。如果电动机起动并且电流降到满负荷电路水平，熔丝会冷却，并且熔断器的熔丝不断。如果堵转电流持续30s，产生的热量将引起固定减少电流熔丝的焊接熔断。当焊接熔断，弹簧把熔丝弹开并切断流过熔断器的所有电流。缓流熔丝允许熔断器短时间内忍受过电流情况，而如果过电流情况排除，熔断器不断。如果这一情况继续存在，熔断器将断开。

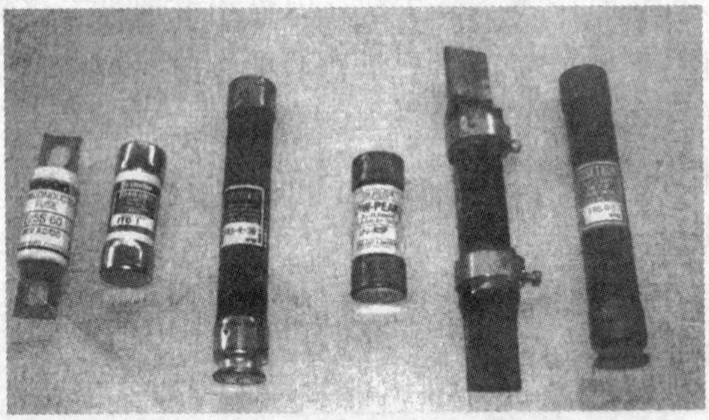

图 12-35 熔断器的不同类型

第二种类型的元件称作短路元件。当电流量超过熔丝设计承受的电流水平，这一元件立即断开。在双元件熔断器中，短路熔丝制定成接近5倍熔断器等级的标准。短路是被定义为有任何超过5倍满负荷电流等级的电流。（有些厂商用10倍等级）

单元件熔断器在它的内部只有一个短路元件。这种类型的熔断器一般不用于起动电动机电路，因为电动机承载堵转电流。如果一个单元件熔断器用于保护电动机电路，必须制定足够大的标准允许电动机起动，然而它一般太大而不能保护电动机抵抗20%的过电流情况，如果这种情况允许发生几小时最终将损毁电动机。

12.5.1 熔断隔离开关仪表盘

套筒形和球形熔断器一般安装在称作熔断隔离开关的仪表盘内。熔断隔离开关正常安装在它所保护的设备附近，它有两种用途。第一，它提供了安装熔断器的地方；第二，它提供了一种隔离电路供电电源的途径。一台三相隔离开关如图12-36所示。熔断隔离开关有一个用于隔离来自电路的主要电能的开关把手和熔断器，以便能够安全地移动、更换或测试熔断器。

图 12-36 熔断器的断路开关的熔断器与其余电路串联

建议一直使用塑料熔断器拉具把熔断器移出来并在隔离开关中更换它们，保护人不受电击，即使当熔断器隔离开关在断开的位置。即使开关把手断开，线路电压也会存在于隔离开关中终端接线片的尖端。不应该使用金属钳子或螺钉旋具移动熔断器。

12.5.2　断路器和负荷中心

电路断路器与过负荷保护相似，它是能够检测过电流和过热的电动机械装置。一些断路器也检测磁力。电路断路器安装在电表盘中称作负荷中心。负荷中心可以为三相电路或单相电路设计单相板提供 240V 交流电和 120V 交流电。图 12-37 展示了一个不带安装任何断路器的负荷中心。

断路器制造成三种基本结构，其中单相 120V 交流电应用需要一根供电线路，240V 交流单相应用需要两根供电线路，三相应用需要三根供电线路。三相断路器可以只安装在为三相断路器特殊制造的负荷中心内。两极和单极断路器可以安装在单相或三相负荷中心中。

断路器的运行与过负荷保护相似，它检测过量的电流并在一定时间后切断电路。断路器和过负荷保护之间主要的区别是：断路器是安装在负荷中心保护电路和负荷的。断路器为线路和所有连在电路中的负荷的总电流等级制定标准，在一些情况下断路器是为流过电动机的电流制定标准。在一些电路中必须使用断路器来保护整个电路，在每个电动机中使用过负荷保护单独放置过热。这表明断路器的主要工作是保护电路防止短路情况，并保护整个电路防止过电流情况而不是单独放置电动机过电流。这是许多电路连接断路器和过负荷保护装置的原因。图 12-38 展示了单相和三相断路器的例子。

图 12-37　用来安装熔断器的负荷中心（有时也称作线路断流板）

图 12-38　负荷中心的单相、双相、三相断路器

12.6　用于换流器和电路中的电气元件

电子工程应用于太阳能控制系统的各个领域，例如把直流电转换为交流电的换流器。其他电气元件用于控制盘中那些用于控制电动机和水泵速度的变频驱动器。电子工程使系统效率更高且更可靠。在本节中将发现这些电子元件提供的能量与我

们已经理解的那些电子元件相似，在本节中还将为所有的元件提供名称并解释像二极管这样的电子元件的运行，二极管在电气系统中作为电能供应、换流器、晶体管和晶闸管整流器的基本元件，因为它们提供的控制比电气机械装置更好并且成本更低。电子元件也被称为固体静态元件。通过本节你将加深对 P 材料和 N 材料的理解，它们是构成电子元件的基础。当对 P 材料和 N 材料有了一定的理解之后，就会介绍二极管、晶闸管、晶闸管整流器、触发三极管以及这些所有类型元件的每一个应用电路。也会介绍每一种类型的设备的运行原理和维修技术，以便对于决定装置或电路板运行是否正常有个更好的理解。首先，大多数太阳能技术员认为维修设备比较困难，因为看不见它们运行。在完全掌握每一个元件和基本电路的工作原理之后，你将会发现很容易判断它工作是否正常或它是否出错和是否需要更换。在本节你将会发现如果确定一个元件或电路有故障，你将更换整个装置或电路板，而不是试着去维修一个单独元件。本节将开始理解每一个元件有一个特殊的实验，这一个实验可以证明电子元件是好是坏。

12.6.1 导体、绝缘体和半导体

原子在它们的原子核内有质子和中子并且电子围绕原子核在称作壳层的空间区域内移动。每一种元素原子中的电子数不同，举例说明，铜有 29 个电子并且其中 3 个在最外面的壳层。最外面的壳层称作价壳层而在这一壳层的电子称为价电子。大多数稳定材料的原子有 8 个价电子，以四对形式发现。这表明一个原子可能有 5、6 或 7 个价电子并且它只需要用很少的能量去增加电子以达到满电子（8 个），或者它有 1、2 或 3 个电子，它只需用少量的能量就能释放电子以获得带有 8 个电子的壳层的稳定结构。

导体是一种可以让电子很容易流过它的材料，而绝缘体不允许电流流过。一个导体的例子是用作的电线的铜。绝缘体的一个例子是橡胶或塑料。一个导体的原子结构使电子流过它非常容易，而绝缘体的原子结构使电子流过它几乎不可能。

图 12-39 展示了一个简化了导体的原子结构。导体原子可能有 1 个、2 个或 3 个价电子。本例中的原子有 1 个价电子。因为所有的原子将增加或减少充足的电子以在它们的价壳层获得 8 个电子结构。对于导体只需释放少量的能量来释放这些电子以便价壳层变空。在这一点原子变得稳定，因为前面的壳层成为新的价壳层并且有 8 个电子。释放的电子作为电流自由的移动。

图 12-40 展示了绝缘体的简单原子结构。绝缘体有 5、6 或 7 个价电子。在这个例子中可以看到原子有 7 个价电子。这一结构对于绝缘体来说使它容易携带的额外的电子获得 8 电子稳定结构。捕获的用于填满价壳层的电子可能是作为电流正常移动的电子。

半导体是其原子具有标准 4 个价电子的材料。它们可以像绝缘体一样增加 4 个新的价电子，或者它们可以像导体一样释放 4 个价电子得到一个空的外壳层。然后前面有 8 个电子的壳层变成价壳层。图 12-41 展示了半导体材料的简单原子结构。

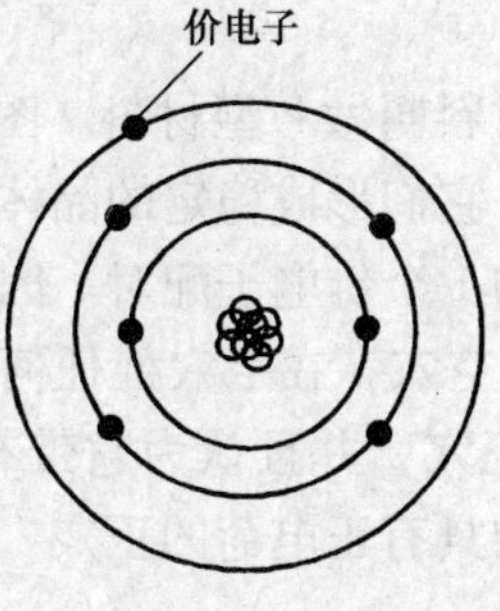

图 12-39　简化的导体原子结构

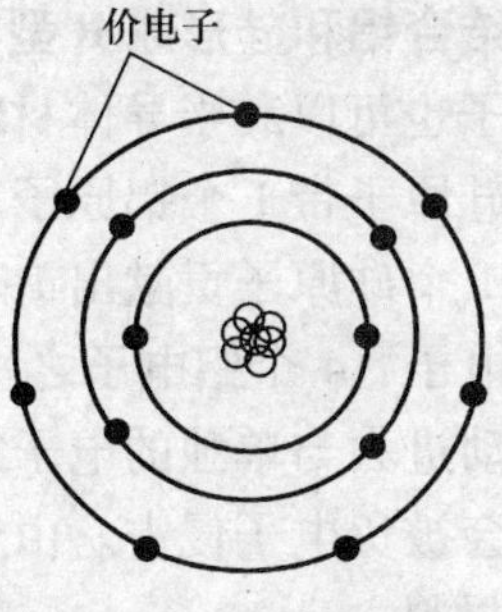

图 12-40　简化的绝缘体的结构

12.6.2　化合原子

在制造固态静止材料或其他材料时，把大量的原子结合在一起。在此刻变得更加稳定的结构称为晶体结构。图 12-42 展示了当原子发生结合的晶体结构。在图 12-42 中，硅是带有 4 个价电子的的半导体材料，结合在一起以便相邻原子之间的价电子可以共用，这样所有的原子看上去且表现得好像它们每一个都有 8 个价电子。

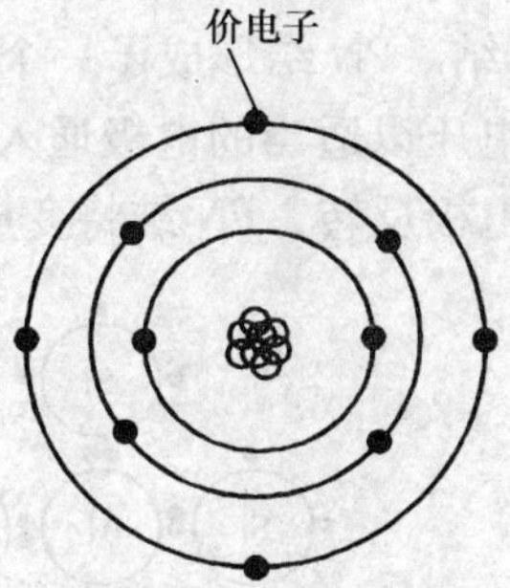

图 12-41　简化的半导体材料的原子结构

12.6.3　联合砷和硅形成 N 型材料

其他类型的原子可以结合半导体原子形成用于固体稳态晶体管和二极管的特殊的材料。图 12-43 展示了 4 个硅原子结合 1 个砷原子，砷原子有 5 个价电子，当硅原子与它结合，它们创造出稳定的晶体结构。可以看到每一个硅原子贡献出它的价电子中的 1 个与每 1 个砷原子的价电子配对。因为砷原子有 5 个价电子，1 个电子将不能配对并且将从这个原子中置换出来。这个电子叫做自由电子并且它能成为带有少量电能的导体。因为新材料有自由电子，所以它被称作 N 型材料。

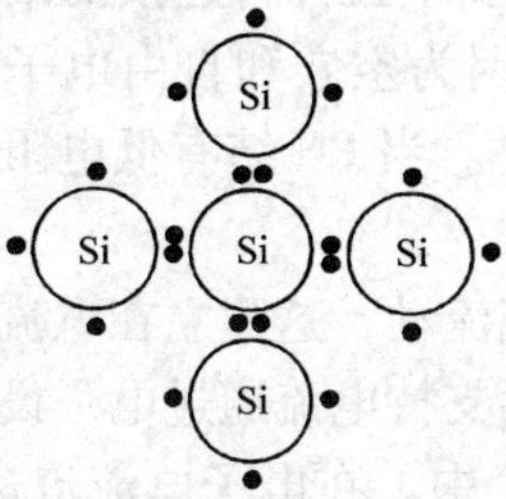

图 12-42　半导体硅材料组成的晶体结构

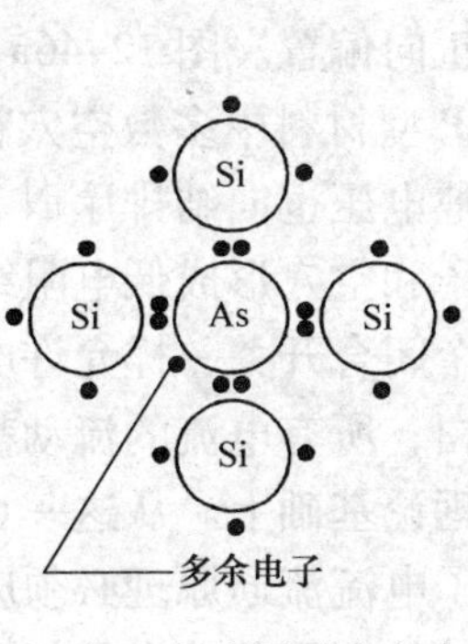

图 12-43　由 4 个硅原子和 1 个砷原子组成的 N 型材料

12.6.4 结合铝和硅形成P型材料

铝原子也可以和半导体材料原子结合形成特殊材料叫做P型材料。图12-44展示了4个硅原子带1个铝原子。当硅原子与它结合，它们形成稳定的晶体结构。可以看到每1个硅原子贡献出1个价电子来与铝原子的1个价电子配对。因为铝原子有3个价电子，4个铝电子之一不能配对并且它将有空穴，在空穴处任何自由电子都可以移动进去与单独的电子结合。自由空间称为正穴，并且认为它带有正电荷，因为它不会被负电子侵占。由于这种新材料有额外的具有正电荷的正穴，所以它被称为P型材料。

12.6.5 PN结

一块P型材料与一块N型材料连结形成PN结。图12-45展示了一个典型的PN结。PN结形成了一个电子元件称为二极管。二极管是最简单的电子设备。当直流电压以适当的电极通入二极管时，它使PN结变成良好的导体。相反地，如果电压电极反转，PN结将变成良好的绝缘体。

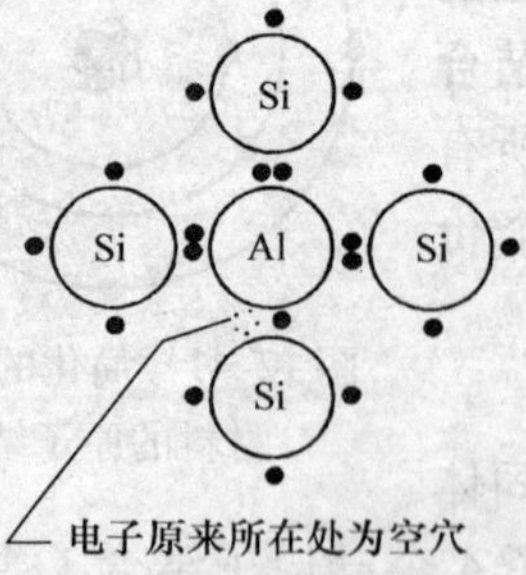

图12-44 由4个硅原子和1个铝原子组成的P型材料

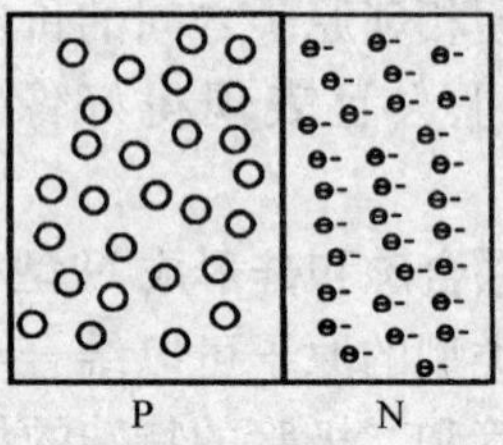

图12-45 1块P型材料和1块N型材料连接

12.6.6 正向偏置PN结

当直流电池电源通入PN结，正电压连接到P型材料而负电压连接到N型材料，此结正向偏置。图12-46a展示了连接到PN结的电池，它正向偏置。正电池电压引起P型材料中多数空穴被排斥，以便空穴向与N型材料连接的结移动。同时，负电池电压也向结排斥N型材料的自由电子。因为空穴和自由电子在接合处连接，电子和空穴形成低电阻结，允许电流自由通过。当PN结有低电阻结，它将仅仅像一个闭合开关一样允许电流通过。

要明白，所有电流的流动都被描述成传统的电流流动，这建立在电流从正到负的流动的理论基础上。从这一点可以看出这一理论不支持电流通过电子设备。正因如此，电子电流流通原理必须应用在电子设备的讨论中。在电子电流流通原理中，电流是流动的电子并且在任何电子电路中从负极流向正极。

12.6.7 反向偏置PN结

图12-46b展示了连接到PN结的电池，它反向偏置。正向电池电压连接到N

型材料，并且反向电池电压连接到 P 型材料。P 型材料上的反向电压吸引 P 型材料上多数空穴，所以它们远离结移动，因此它们不能与 N 型材料连接。同时，连接到 N 型材料的正电池电压吸引自由电子远离结。因为空穴和自由电子都被远离结吸引，所以没有电子与空穴重组。因此高电阻结形成，不允许任何电流通过。当 PN 结有高电阻，它将不会允许任何电流通过，仅仅把 PN 结当做断开的开关。

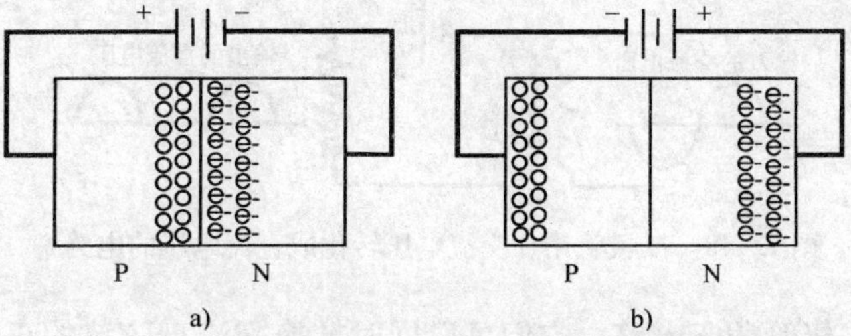

图　12-46
a）正向偏置 PN 结　b）反向偏置 PN 结

12.6.8　整流应用二极管

在电子电路中很难控制交流电压。随着电子的出现，可以改变直流电压或用电流控制电力系统中各种各样的元件例如换流器、比例液压阀门和其他频率控制系统。因为大多数设备用交流电，所以需要电子元件把电压改为直流电，1 个或更多二极管用于把交流电压改变成直流电压。1 个电子二极管是简单的 PN 结。图12-47a 展示了二极管的 PN 结，而图 12-47b 展示了二极管的符号。二极管的符号看起来像箭头紧贴着线削尖。箭头叫阳极，也是 PN 结的 P 型材料。二极管的另一端叫阴极，它是 N 型材料。因为阳极是由正 P 型材料制成，它用“+”号标记。阴极用“-”标记，因为它是由 N 型材料制成的。交流电源产生一个正弦波，正弦波有一个正半波跟着一个负半波。当交流电压使 PN 结正向偏置时允许电流通过，当交流电压提供反向偏置 PN 时阻断电流，通过以上的方法使二极管转变交流正弦波为半波直流电压。当交流电压正弦波给阳极提供正向电压给阴极提供负电压时正向偏置。在交流周期的这一部分期间，二极管正向偏置并有低电阻，所以电流流动。当在交流正弦波的其他部分时，随着负电压通入阳极、正电压通入阴极，二极管反向偏置。在二极管反向偏置期间，没有电流流过，形成高电压结。

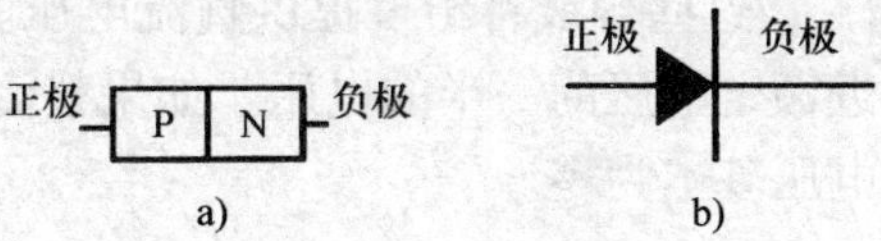

图　12-47
a）二极管 PN 结　b）二极管的电气符号
正极是箭头侧，负极是另一侧

整流是把交流电压转变为直流电压的过程。二极管的主要任务之一是转变交流电压为直流电压。大多数用于设备中的电子电路需要直流电压来运行。因为设备与交流电压相连，需要电源给固态静止电路提供直流电压，二极管是电源中将交流电变为直流电的部分。

12.6.9 半波和全波整流

当用于电路中的 1 个二极管转变交流电为直流电，因为只允许交流电压的正向部分通过二极管，而负向部分被阻断，所以称为半波整流。图 12-48 中的整流器是半波整流器。半波整流器效率不高，因为交流正弦波的一半浪费掉了。

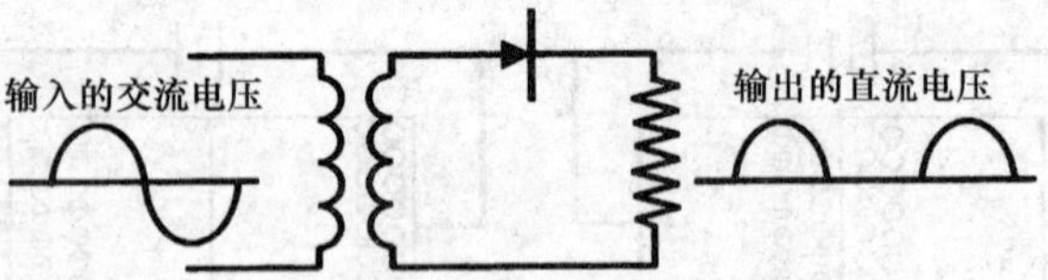

图 12-48 二极管用在交流电压转化成直流电压的电路中

如果 4 个二极管用于电路，它们可以同时转换交流正弦波的正半波和负半波。图 12-49 展示了一个有 4 个二极管用于转换交流电压为直流电压的电路。这种整流器通常叫做全桥整流器，因为二极管是由桥式电路连接的。因为 4 个二极管可以同时转换交流正弦波的正半部分和负半部分，这种类型的整流器称为全波整流器，有时也叫全波桥。全波桥电路由 4 个二极管组成。在一些电路板中它们是在板上的单独二极管，鉴于其他电路板把 4 个二极管打包成为有 4 根导线的集成电路。两根导线用 AC 标记，并在这里通入给桥通入交流电压。其他两条导线标记为 DC + 和 DC -，这些导线将给桥提供直流电压。如果桥中只有 1 个二极管坏了，桥只提供接近额定电压的一半的电压。如果整流桥中 2 个或 2 个以上的二极管坏了，直流输出电压基本为零。

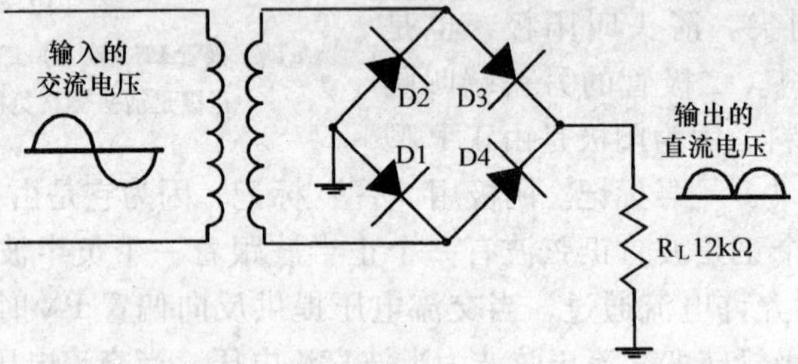

图 12-49 4 个二极管，全波整流

12.6.10 三相整流桥

三相交流电动机可以通过改变输入电压频率来改变它的速度。在这些应用中，用 6 个二极管将三相交流电压改变成直流电压，然后一个微处理器控制的电路转变直流电回到三相交流电。可以通过调整电压频率来改变电动机转速。图 12-50 展示了 6 个二极管三相整流器。注意到供给二极管的电压是三相交流电压，整流器中输出的电压是 6 个正半波电压。

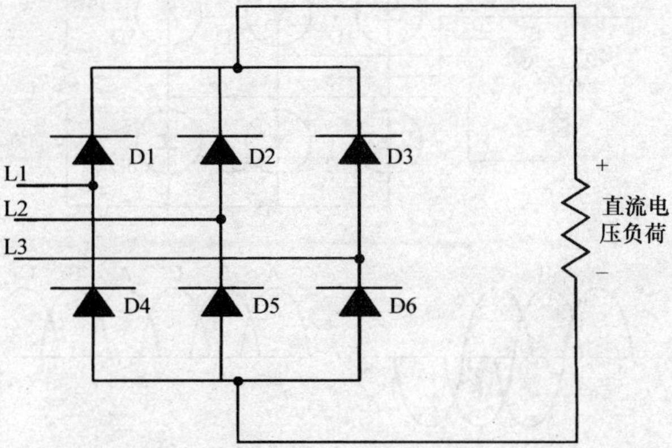

图 12-50　6 个二极管用来将三相交流电压整流为直流电压

大多数供给电池充电应用和电动机驱动的电压用三相交流电压而不是单相电压。这表明这些电路的换流器必须使用三相桥，它有 6 个二极管提供全波整流。图 12-51a 展示了三相整流桥的电气示意图。三相变压器的二次绕组与二极管整流器相连。变压器三相电压的 A 相连接到二极管 1D 的阴极和二极管 2D 阳极的连接处。B 相连接到二极管 3D 的阴极与二极管 4D 阳极的连接处，而 C 相连接到二极管 5D 的阴极和二极管 6D 的阳极。二极管 1D、3D、5D 的阳极连接到一起为输出直流负极端提供公共点。二极管 2D、4D、6D 的阴极连接在一起为输出电能的直流正极端提供公共点。

一个决定二极管整流器上的连接的经验法则是：交流输入电压将连接到任何 2 个二极管的阳极和阴极连接的点。因为这一情况发生在整流桥的两点之间，在一个四相整流桥中，两条交流线将不考虑极性连接，因为输入交流电压没有特殊极性。能量输入的正极端将连接到整流桥中两个二极管的阴极连接在一起的点，而负极端将连接到两个二极管阳极连接到一起的点。

图 12-51a 所示的示意图展示了输入整流桥中交流电压的三相交流正弦波的波形，而图 12-51c 展示了从桥式整流器出来到负荷的输出脉冲直流电压的六个半波。应该注意到因为六个半波重叠，直流电压没有机会为零；因此平均直流输出电压比二极管单相整流器四个二极管单相整流器高。

三相全波桥式整流器用于需要较高的直流电能数量和变压器效率很高的地方。因为半波重叠的输出波形，它们提供了较低的波纹比例。在这个电路中，输出波纹是 6 倍的输入频率。因为波纹比例很低，输出直流电压可以不用过滤就被使用。这种类型的整流器可以与丫型和△型变压器兼容。

12.6.11　测试二极管

作为技术员的任务之一是测试二极管并观察它们是否运行正确。做这一工作的

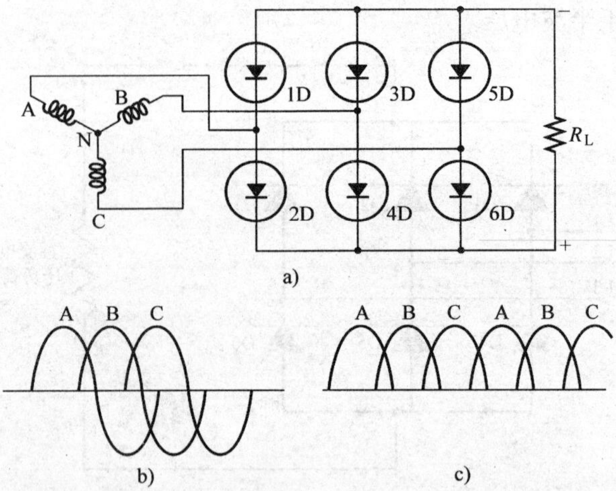

图 12-51

a）连接在变压器的二次侧的三相桥式整流器图 b）输入的三相正弦波 c）输出的六个半波直流电压

一种途径把交流电压通入二极管电路并测试二极管电路的输出直流电压。如果电能输入直流电压的数量是4个二极管整流桥电路的额定值的一半，可以猜测1个二极管对中有1个或2个二极管断开。如果这种情况发生，可以关闭所有通入二极管的电压并用欧姆表测试每个二极管，测定哪一个故障。

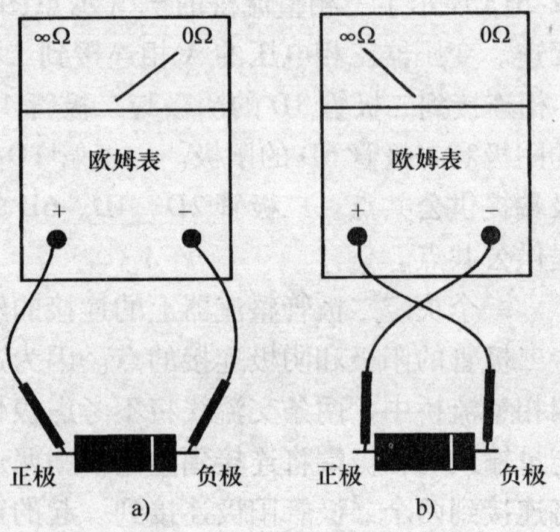

图 12-52

a）用欧姆表中的电池使二极管正向偏置。二极管在测试时应是低电阻 b）用欧姆表中的电池使二极管反向偏置。二极管在测试时应是高电阻

用欧姆表测试二极管时，重要的是保证所有通入二极管的能量都被切断。从之前的章节中可知欧姆表使用内电池作为直流电压源。因为知道二极管针对其正反偏可以用直流电源测试，可以用欧姆表作为直流电压源和仪表去测试通过PN结的高阻抗和低阻抗。图12-52a展示了安置正欧姆表端在二极管的阳极并安置在负欧姆表端在二极管的阴极，使二极管变成正向偏置。在这一测试中，二极管正向偏置并且欧姆表测得低电阻。当欧姆表负荷转变为图12-52b所示的那样，以便负表线连接到二极管的阳极而正表线连接二极管的阴极，二极管反向偏置。当二极管反向偏置，欧姆表应该测得无穷大的电阻。如果当二极管反向偏置时，二极管指示高电阻而当它正向偏置时有低电阻，则它是正常的。如果二极管在正向和反向偏置时都表示低电阻，则二极管短路。如二极管在此测试中都是高电阻，则它开路。

12.6.12 用欧姆表识别二极管终端

因为欧姆表可以用于确定二极管是否故障，同样的测试可以用于确定二极管的哪条线是阳极和哪条线是阴极。当用欧姆表测试二极管是正偏还是反偏时，应该注意到当二极管正偏时，欧姆表指示高电阻，而当二极管反偏时，欧姆表指示低电阻。当表指示低电阻，知道二极管正偏，所以正导线接触阳极，负导线接触阴极。测试任何二极管的时候，都可以采用这种方式。如果二极管被标记了，可以识别二极管的阴极端，因为有一条带围绕它。图 12-53 展示了带有阳极和阴极标示的两种类型的二极管。

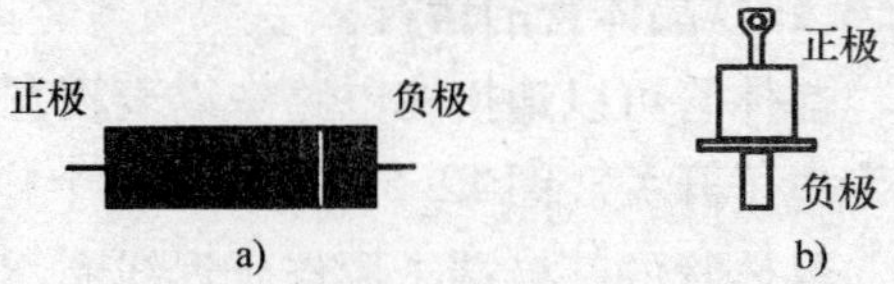

图 12-53

a）典型标示好正负极的二极管

b）已标示好正负极的电力二极管

12.6.13 发光二极管

发光二极管是一种特殊的二极管，它用作指示器，因为当电流流过时，它会发出光。图 12-54a 展示了一个典型的发光二极管，而图 12-54b 展示了它的符号。可以看出发光二极管看起来像小型指示灯。很可能遇到像恒温器的各种控制中使用到发光二极管。

发光二极管必须连接到前向偏置的电路中。因为典型发光二极管需要接近 20mA 才可以发光，它经常与 600 ~ 800Ω 的电阻串联而限制了电流。如果电压较高，整流器的型号将比较大。图 12-55 展示了一个由 7 个二极管连接在一起形成七段显示的设置。七段显示可以显示 0 ~9 所有数字。七段显示用于在电子显示中显示数字。

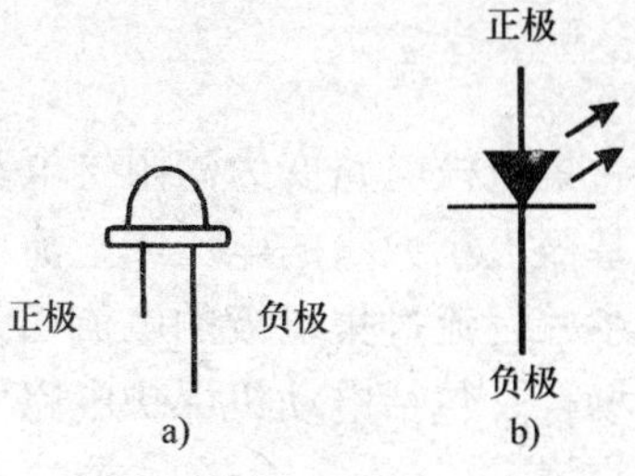

图 12-54

a）一个典型的发光二极管，LED 像一个晓得指示灯 b）LED 的符号

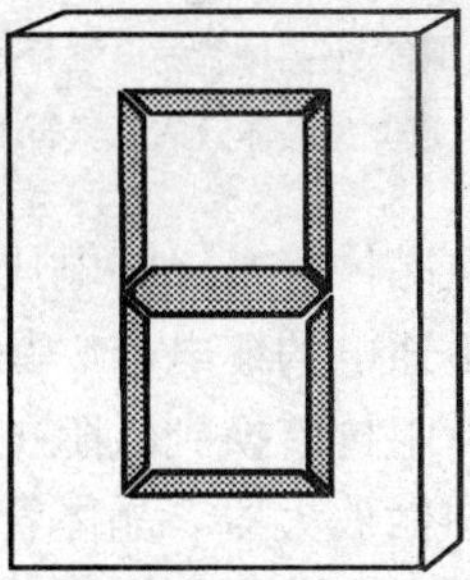

图 12-55 LED 用于七段显示

发光二极管用于较大磁场电压与小型计算机信号隔离的光电子隔离电路。发光二极管是用光敏晶体管封装的。当产生输入信号时，它引起电流流过发光二极管，并且发光二极管的光在光敏晶体管上闪烁，这正是在进行传导并给计算机传递信号。

12.6.14 PNP 和 NPN 型晶体管

两片 N 型材料加一片 P 型材料结合形成 NPN 型晶体管。PNP 型晶体管可以由两片 P 型材料和一片 N 型材料结合形成。图 12-56 展示了电子符号和 PNP 型及 NPN 型晶体管的材料。晶体管具有发射极、集电极和基极。基极是中间端子，而发射极是箭头状的端子。

12.6.15 晶体管的运行

晶体管可以连接在电路中以表现宽范围的功能种类。晶体管的一个简单功能是作为电子开关。图 12-57 展示了一个作为电子开关的晶体管。在这种类型的应用中，晶体管的基极端子用作延迟线圈，而发射极 - 集电极电路用作延迟接触器。当直流电压以适当的大小和极性通入晶体管的基极，允许极大数量的电流流过发射极 - 集电极电路，集电极和发射极之间的电阻相对较低。这时，晶体管用作线圈通电的继电器。

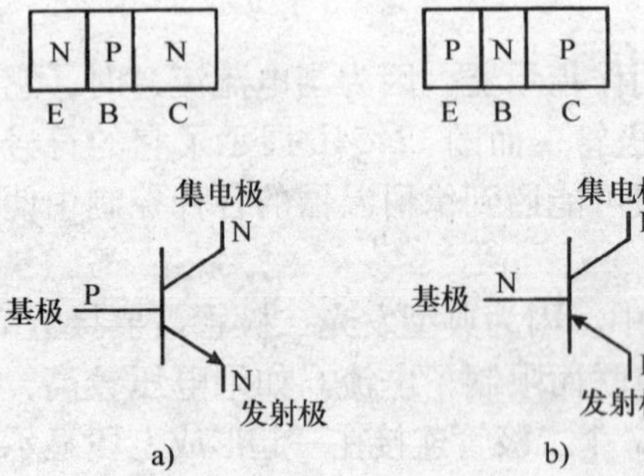

图 12-56

a）NPN 型晶体管的电气符号和电气图

b）PNP 型晶体管的电气符号和电气图

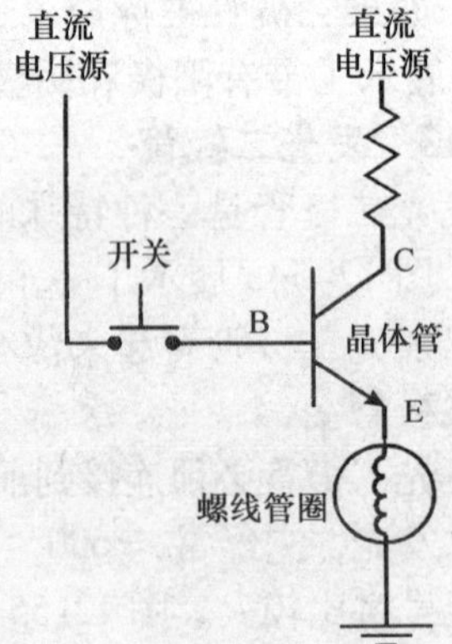

图 12-57 晶体管用作电子开关

当加在晶体管基极的电压极性反向，发射极 - 集电极电路变为高阻抗电路，表现为线圈不通电的继电器。晶体管主要的优点是基极上小数量的电压或电流可以将晶体管从高阻抗转换到低阻抗。因为基极电流很小并且流过集电极的电流很大，所以晶体管叫做放大器。晶体管应用于各种各样的场合，包括电动机保护电路、换流器和各种频率电动机的驱动。

图 12-58 展示一个 PNP 型晶体管和一个 NPN 型晶体管，作为两个 PN 二极管电路。等价二极管电路和每个晶体管一起展示以便于理解两个结是怎样在每个晶体管内部一起工作的。因为每个晶体管有两个 PN 结，每个 PN 结可以像一个单结二极管一样测试其正偏和反偏。如果工作在很多带有电子电路的系统，可以购买一个商业型晶体管测试器，这个测试器允许在电路内或电路外测试晶体管。

12.6.16 典型晶体管

可以通过外形辨认晶体管。小型晶体管用于开关控制电路，而较大的晶体管安装在热量槽以便它们传递热量。图 12-59 展示了几种类型的晶体管。

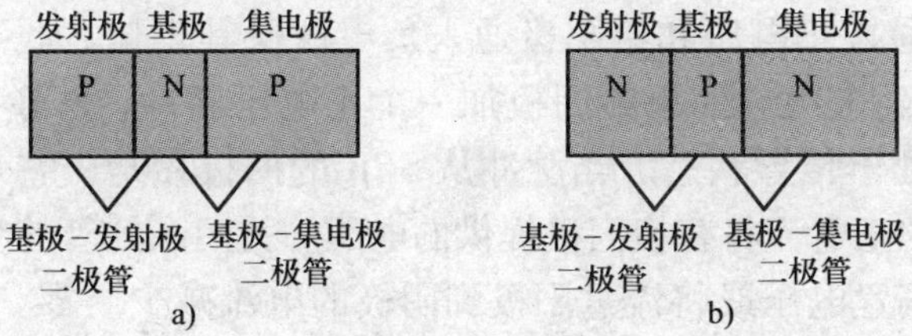

图　12-58
a）PNP 晶体管用等效 PN 结表示
每个 PN 结可以测得其正向偏置和反向偏置
b）NPN 晶体管用等效 PN 结表示

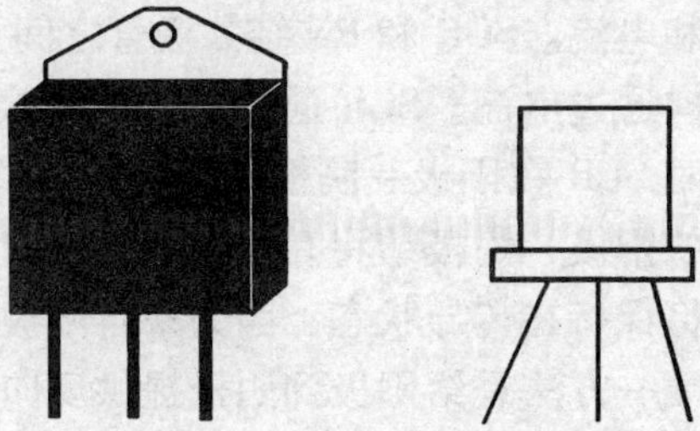

图 12-59　典型晶体管用作电力控制和开关

12.6.17　晶体管维修

晶体管可以通过检测 P 和 N 结的正反电阻来测试。图 12-60 展示了这些实验。可以看到每一次欧姆表中的电池使 PN 结正偏，仪表指示低电阻；当电池使 PN 结反偏，仪表指示高电阻。如果晶闸管从电路中移出可以用这种方式测试。当晶体管连接在电路中时，可以用一个商业型晶体管测试仪对其进行测试。晶体管测试仪表现类似于通过每一个 PN 结的正反电阻测试。

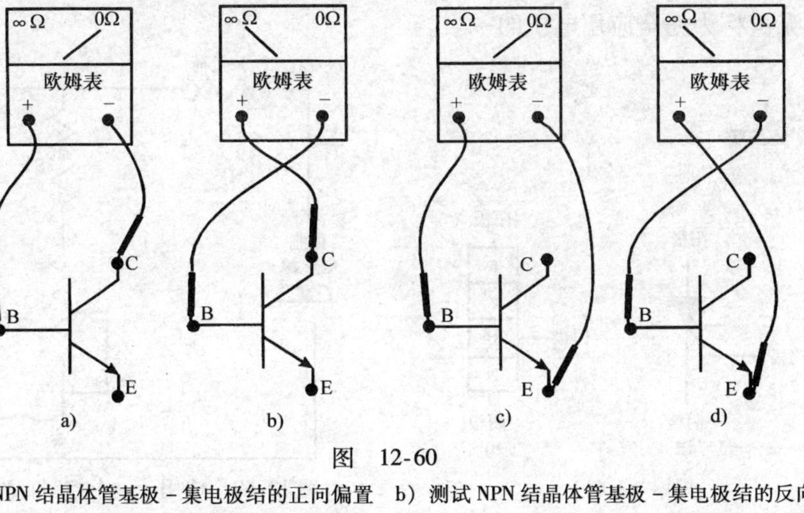

图　12-60
a）测试 NPN 结晶体管基极－集电极结的正向偏置　b）测试 NPN 结晶体管基极－集电极结的反向偏置
c）测试 PNP 结晶体管基极－发射极结的正向偏置　d）测试 NPN 结晶体管基极－发射极结的反向偏置

12.6.18　硅控整流器（SCR）

硅控整流器是由连接着的 4 个 PN 结材料片制成的。图 12-61a 展示了 SCR 的 PN 结材料，同样 12-61b 展示了它的电子符号。SCR 的端子标记为阳极、阴极和门极。SCR 基本上是一个由门极控制的二极管，它的符号用之前章节学过的整流二极管的箭头表示。当 SCR 打开，它可以通过它的阳极和阴极传导大量的直流电压和电流。SCR 和 PN 结二极管之间主要的区别是当二极管正偏时总是能够在一个方向通过电流。SCR 通过给它的阳极通入正电压和给阴极通入负电压使其正偏。此时 SCR 在阳极 - 阴极结仍然有一个高电阻。如果给门极加一个正电压脉冲，SCR 的阳极 - 阴极结将有低电阻，SCR 处于传导状态。当脉冲从 SCR 的门极撤走，它将保持在传导状态，因为来自阳极的正电流将替换门极提供的电压。关闭晶闸管的唯一方法是给阳极到阴极提供反向偏置电压或将流过阳极到阴极的电流减少至零。应该记住交流正弦波在它提供负半波电压之前恰好有零电压点。如果给 SCR 通交流电，当交流波形通过 0 点然后到达负半圈，SCR 将关闭。当交流电压波形再一次为正，可以提供门极脉冲，而 SCR 再一次进入导通状态。门极提供一个使 SCR 进入导通状态的脉冲。

12.6.19　硅控整流器的运行

图 12-62 展示了一个连入电路中控制电压到直流负荷的 SCR。这个电路的电压源是交流电压。SCR 的主要优点是：除非它的门极接收到电压脉冲，否则它不会导通。脉冲的时间可控，以便可以在半周期的任何时间内触发它，而这控制 SCR 导通的时间。SCR 导通的时间将控制通过 SCR 到达负荷的电流量。如果 SCR 在每个周期开始立即导通，它将传送所有的半波电压，就像一个正常的二极管整流器。如果门极延迟 SCR 的导通点，并在半波的 45°进入导通状态，则 SCR 传送的电压量和电流量将为完全应用电压的一半。

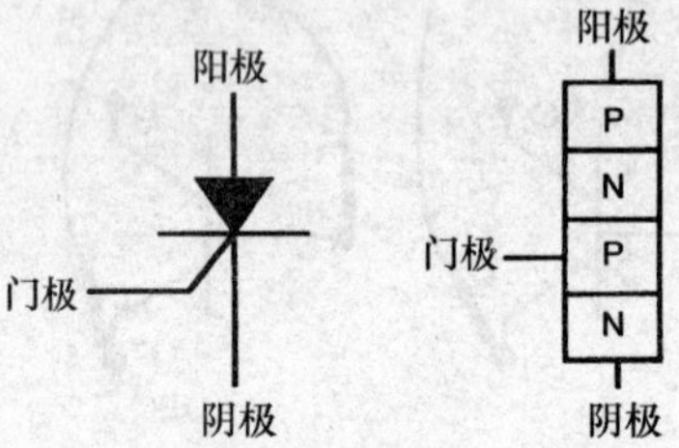

a)　　b)

图　12-61

a）SCR 的电气符号。SCR 的端子是阳极、阴极和门极

b）SCR 中的 P 型材料和 N 型材料。

P 型材料和 N 型材料构成 PNPN 结

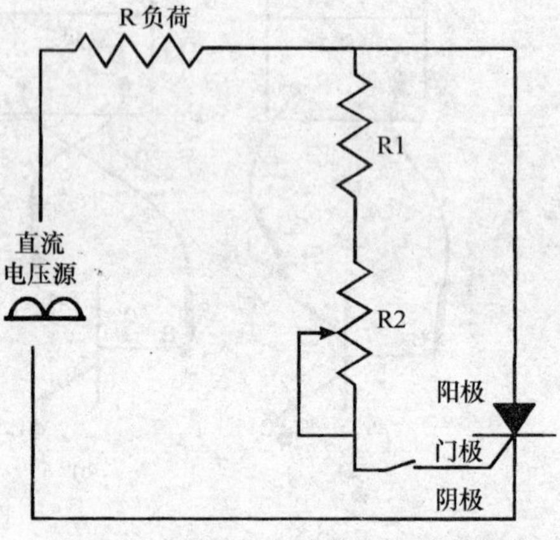

图 12-62　应用于一个控制直流电压和电流到其负荷的电路中的 SCR

SCR 的另外一个重要的特点是仅仅当它的阳极和阴极正偏时，它才会进入导通状态。这表明如果供给电压是交流，SCR 仅在交流电压正半周进入导通状态。当在交流电压负半周时，阳极和阴极反偏且没有电流流过。这表明当处于交流正弦波的负半周时 SCR 将自动关闭。因为交流正弦波的正半轴持续 180°，所以 SCR 可

以仅在总的 360°交流正弦波的 0 ~ 180°范围内可以控制。

要注意，因为 SCR 的关断点在正弦波开始走向负极性的点，所以 SCR 仅可以通过改变它的导通点进行控制。SCR 的打开和进入导通状态的点称为触发角。如果 SCR 在交流正弦波的 10°点开通，则它的触发角是 10°。如果 SCR 在 45°点开通，则它的触发角是 45°。SCR 保持导通的角度称为导通角。如果 SCR 在 10°点开通，则它的导通角是 170°，它正是交流正弦波的正半周 180°的余数。

12.6.20　控制 SCR

图 12-63 展示了一个 SCR 连接在电路中，它的门极处连接了一个单结晶体管（UJT），用来控制它的电弧角。电路中的负荷是一台直流电动机。这种类型的直流电动机经常用作类似于水泵电动机的小型控制电动机。这个电路通以交流电压，在振荡器电路中的滑动变阻器可认为给 SCR 门极供电的脉冲设置时间。应该注意到二极管整流器为电容器提供直流脉冲电压，给电容器充电来设定来自 UJT 的脉冲的时间。由于直流电压来自原始的交流供给电压，所以它将与原始正弦波有同样的时间关系。这表明可以通过调整来自 UJT 的脉冲在恰当的时间来开通 SCR 门极控制 SCR 从 0 ~ 180°的触发角。实际上触发角控制在 0 ~ 90°以内，这给出充分的控制角度来调整送到直流电动机的输出直流电压。应该记住直流电动机的速度可以通过调整送给电枢和磁场的电压来控制。在这个电路中的负荷也可以是任何其他负荷。

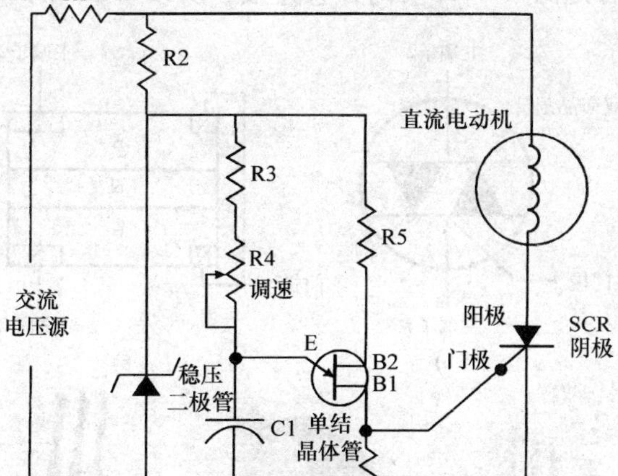

图 12-63　SCR 用来控制直流电动机。单结晶体管连接在 SCR 的门极来控制它的电弧角

12.6.21　测试 SCR

需要对 SCR 进行测试以确定它是否故障。因为 SCR 由 PN 结制成，所以可以用正向偏置和反向偏置测试以确定它是否故障。在这一测试中应该把正极探针放在

阳极，负极探针放在阴极。在这种情况下欧姆表将仍然指示 SCR 有高电压。如果使用连接片连接在自阳极的正电压到门极，应该注意到 SCR 将进入导通状态并有低电阻。这样 SCR 将保持导通状态直到通入阳极和阴极的电压反向偏置，或者直到通入阳极和阴极的电压减少到零。这表明可以转动欧姆表的极开关到正极位置或移开一个探针，SCR 将停止导通。重要的是要理解保持 SCR 导通的电流量接近 4 ~ 6mA。这表明，当一些高阻抗数字伏特欧姆表设置为欧姆档时，将没有足够的电流保持 SCR 导通。模拟欧姆表是一种带有指针和刻度的欧姆表。也应该测试 SCR 的反偏状态确保它有高电阻。有时一个 SCR 不能进入导通状态，因为在它的阳极 - 阴极电路形成开路。其他的 SCR 可能一直处于导通状态，这表明 SCR 短路。

12. 6. 22 双向晶闸管

双向晶闸管是两个 SCR 背靠背并联连接，以便一个 SCR 传导交流信号的正向部分而其他的将传导交流信号的负极部分。SCR 可以仅在一个方向控制电压和电流，这表明当它自控时它限制为直流电路。因为双向晶闸管像两个 SCR 反向并联连接工作，所以触发三极管的一个面可以控制交流电压的正半部分，而触发三极管的其他部分可以控制交流电压的负半部分。图 12-64a 展示了触发三极管的电气符号，图 12-64b 展示了 P 型和 N 型材料的排列顺序。触发三极管的端子称为主端子 1（MT1），主端子 2（MT2）和门极。图 12-64c 展示了典型双向晶闸管半导体装置。因为双向晶闸管是两个 SCR 反向并联连接，所以 MT1 和 MT2 没有特定极性。

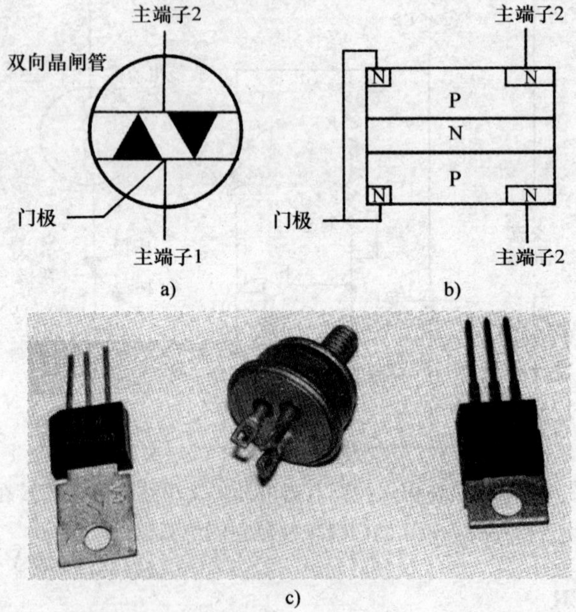

图 12-64

a）双向晶闸管的电气符号 b）双向晶闸管中的 P 型和 N 型材料 c）典型的双向晶闸管的半导体装置

12.6.23 把双向晶闸管用作开关

双向晶闸管可以用在一个电气电路中作为一个简单的开合开关。在这种应用类型中 MT1 和 MT2 端子与交流负荷串联。当门极获得一个正脉冲信号，双向晶闸管在交流正半周期开通。当交流电压波形从它的顶点返回到 0V，双向晶闸管关闭。下一步，交流电压波形的负半周到达双向晶闸管，它接收一个负脉冲在它的门极并再一次进入导通状态。

当给双向晶闸管提供交流电压时，看起来好像它开通了并保持开通。连接到双向晶闸管上的负荷将接收到完整的交流正弦波，就跟它连接到一个简单的单极开关上一样。主要的区别是触发三极管可以用于数百万的接通 - 断开的开关循环。双向晶闸管开关的其他优点是门极脉冲可以是非常小的电压和电流。这样，就可以让双向晶闸管应用到光伏系统的温控电路中，从而导致恒温器的温控调节部分由一个很小的固态感应元件取代。检测元件也可以是玻璃球中的水银窄条，它非常精确但只能通过很小的电压或电流。

对于双向晶闸管另一个有用的开关应用是固态静止继电器。图 12-65 展示了用于控制双向晶闸管的温度自动启闭装置，双向晶闸管给油冷却器螺线管线圈通电以确保大型太阳能光伏板的液压跟踪系统的液压线圈保持在恰当的温度。双向晶闸管的门极触发信号是通过感温元件获得的一小部分电压温度检测元件连接到双向晶闸管的门极端子。当温度增加，温度自动启闭装置给双向晶闸管门极发送信号。流过门极的少量电压足够让双向晶闸管进入导通状态并给螺线管提供电压。

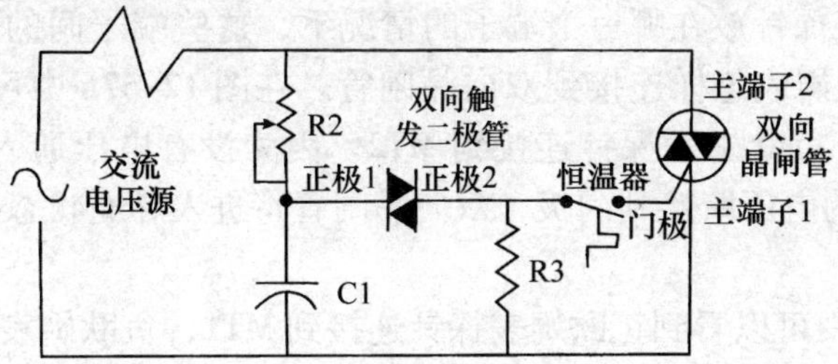

图 12-65 双向晶闸管作为一个开关使得油冷却螺线管导通来确保太阳能电池板的液压跟踪系统中的液压油保持冷却

12.6.24 双向晶闸管用于可变电压控制

双向晶闸管也可以用于可变电压控制电路中，因为它可以在正半周或负半周的任何时候开通，基本上与 SCR 用于控制直流电路应用一样。在这种应用类型中三极管是一个电子元件，它用于提供正脉冲和负脉冲，这些脉冲可以从 0° 推迟到 180°来控制通过双向晶闸管的电流量。这种类型的电路可以用于控制供给在太阳能发热系统中反馈热量的电子热元件的电压和电流。这一功能通过调节电阻器 R2 从 0 到最大值来控制电压，反过来可以精确地控制温度。电阻型温度传感器可以用于代替电阻器 R2，这种类型的系统的另外一种应用将为太阳能系统保持温度或可能保持抛物线状水槽型太阳能系统的油温控制。图 12-66 展示了一个用于控制接通交流电压源的电子热元件的双向晶闸管。注意一个滑动变阻器与电容器相连为三极管提供振荡脉冲，两端交流开关用来给门极提供正负脉冲。因为变阻器和电容器连接到交流电压源，脉冲有正有负像交流正弦波一样改变极性。双向晶闸管连接到同一个电压源，以便从双向晶闸管到它的门极的脉冲时间将总是与到达双向晶闸管主要端子的电压极性同步。

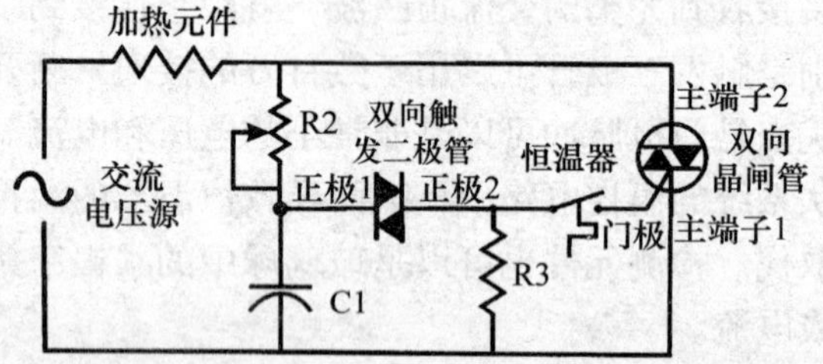

图 12-66　双向晶闸管用来控制交流电气加热元件的变电压

12.6.25　双向晶闸管的测试

因为双向晶闸管由 P 型材料和 N 型材料制成，它可以像其他 PN 结装置一样进行测试。需要记住的唯一一点是由于双向晶闸管在本质上是两个 SCR 相互反向并联安装的，所以一些欧姆表测试不会被欧姆表导线的极性所影响。在双向晶闸管的第一次测试中，欧姆表应该用于测试 MT1 和 MT2 之间的连续性。当不提供门极脉冲时，忽略欧姆表探针放在哪一个端子的情况下，这些端子间的电阻是无穷大的。图 12-67 展示了欧姆表怎样连接到双向晶闸管。在图 12-67a 中可以看到正欧姆表探针连接到 MT1，负欧姆表探针连接到 MT2。因为没有电压通入门极，电阻应该无穷大。当 MT2 的电压跨接到门极，双向晶闸管将进入导通状态并且欧姆表指示 0 电阻。

在图 12-67b 中可以看到正欧姆表探针连接到 MT1，负欧姆表探针连接到 MT2。当 MT1 的电压跨接到门极，晶体管进入导通状态并且欧姆表指示电阻很小。要记住仅当门极信号由与 MT1 一样的电压源供给双向晶闸管时它才会保持在导通状态。一旦移走电压源，双向晶闸管关闭。图 12-67c 展示了门极从 MT2 出得到电压，双向晶闸管处于导通状态。

12.6.26　换流器：把直流电压转变为交流电压

换流器是用来将直流电压变为交流电压的经过特殊设计的电路。像太阳能光伏板这样的系统用来产生直流电压，这些直流电压必须转变为交流电压以便它在交流电气系统中可用。在太阳能发电系统中换流器将直流电压转变为可用的精确的 60Hz 的交流电压。在一些太阳能发电系统中电能储存在蓄电池中，它可以之后使用。因为电压作为直流电压储存在蓄电池中，它必须通过换流器变为交流电压，以

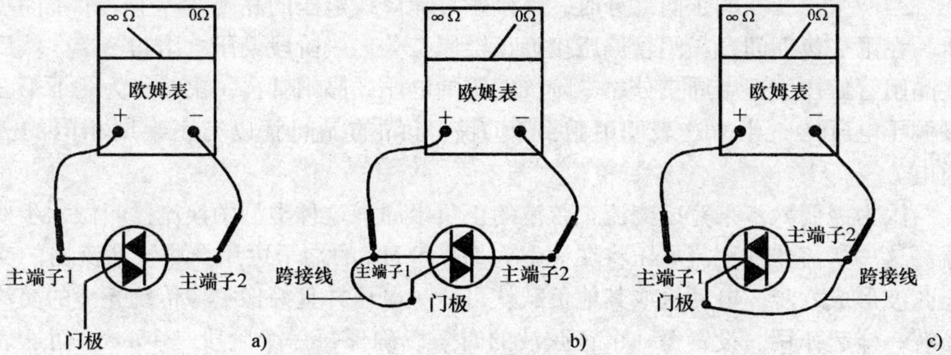

图 12-67

a）将欧姆表的正极测头接在 MT2，负极测头接在 MT1。当门极电压作用在 MT2 测端时，双向晶闸管导通

b）将欧姆表的正极测头接在 MT1，负极测头接在 MT2。当门极电压作用在 MT2 测端时，双向晶闸管导通

c）跨接线是连接在 MT2 和门极的

便它在需要恒定 60Hz 的电压频率的家庭用电中可以使用。

12.6.27 单相换流器

单相换流器是简单换流器，它通入直流电压并转变为单相交流电压。单相换流器用于许多太阳能光伏板系统，因为太阳能光伏板产生直流电压而不是交流电压。这些较小的换流器用于小型住宅系统，在这些系统中直流电压可能储存在蓄电池中并且用在没有阳光的时候，例如晚上。换流器仅仅转变直流电压为交流电压，并保证交流输出电压是精确的 60Hz。

12.6.28 晶闸管用于六步换流器

图 12-68 展示了一个使用 4 个晶闸管的单相换流器的电气示意图。因为晶闸管可以加在饱和值和 0 之间的任何偏压，这种类型换流器的波形可以更复杂，看起来更像传统的交流正弦波。图 12-68 中所示的波形是一个六步交流正弦波。其中两个晶闸管用于产生正弦波的顶（正）部，剩下两个晶闸管将用于产生正弦波的底（负）部。

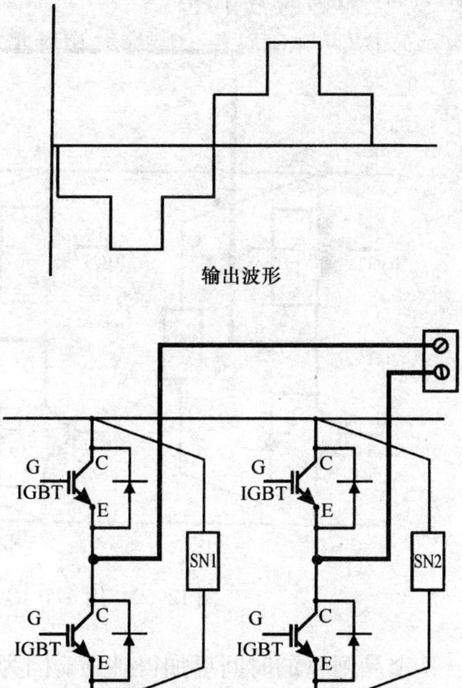

图 12-68 单相绝缘栅双极型晶体管（IGBT）换流器以及输出的交流电压波形

当产生正弦波的正向部分时，连接正直流母线电压的晶闸管产生三个不同步偏压。在第一步期间，晶闸管偏压接近正半周三分之一阶段偏压电压的一半。然后这些晶闸管偏压为正半周三分之二阶段偏压的电压。晶闸管再一次偏压为剩下第三阶段偏压电压的一半。这表明连接到负直流母线的晶闸管以与正半周相同的三步通电。

因为需要六步来完成交流正弦波的正负半周，这种类型的换流器叫做六步换流器。这一变流器的交流电压将在标记为 M1 和 M2 的端子可用。尽管换流器的交流正弦波形成六步，电动机或其他负载认可这一电压并且好像它像传统光滑的交流正弦波一样起作用。设置每一个正弦波的时效以确保每一个阶段是 16ms，而这表明它将有 60Hz 的频率。可以通过调整每个六步组的周期来调整频率。

12.6.29 三相换流器

三相换流器对于需要大量电压和电流的工业应用更加有效。基本的电路和运行原理与单相晶闸管换流器的相似。图 12-69 展示了一个带有三对绝缘栅双极型晶体管的三相变流器。每对晶闸管就像在单相六步变流器中的每对一样运行。这意味着连接到正直流母线电压的每对晶闸管将导电产生正半周，连接到负直流母线电压的晶闸管将导电产生负半周。

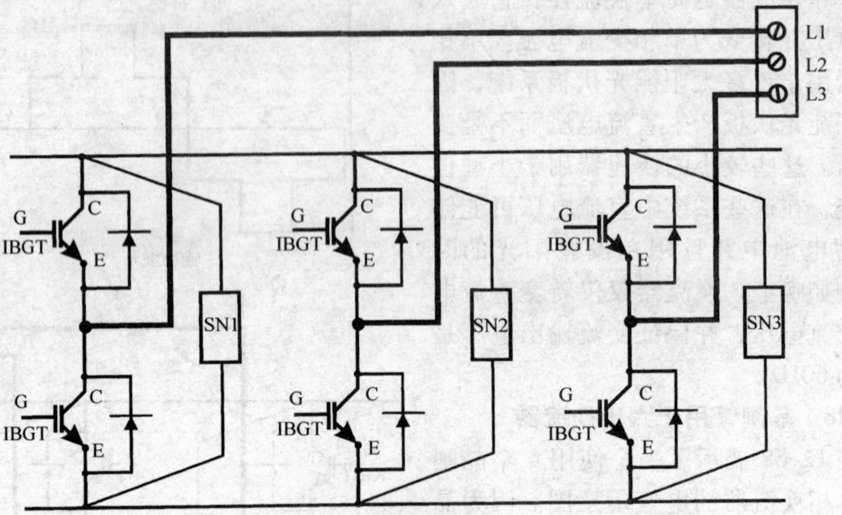

图 12-69 用 6 个 IGBT 组成的三相逆变电路

3 个晶闸管的时间更加得挑剔，因为它们必须在恰当的时间偏压以产生每个正弦波的六步，而且它们必须与其他两相的晶闸管对应的偏压同步以便三相以正确的顺序每两相相隔 120°产生。

12.6.30 可变电压换流器（VVIs）

可变电压换流器基本上是一个六步单相或三相换流器。当这些换流器电路用于较大的太阳能发电场时，必须改变通入负荷的电压量。最初这些电路提供一个限制电压和一个限制变频调整，因为振荡器用于控制偏压电路。另外许多早期的可变电压换流器使用半导体闸流管技术，这表明 SCR 组与斩波器电路一起使用形成六步波形。在微处理器变得便宜且被广泛使用之后，它们用于为晶闸管型换流器控制偏置电路使六步换流器电路有能力调整电压量和在很宽的范围内调整频率。在太阳能发电系统的换流器中，需要频率是精确的 60Hz。

图 12-70 展示了可变电压换流器的电压和电流波形。电压在六步中形成并且结果电流看起来像交流正弦波。如果把一个振荡器横放在换流器的任何两个端子之间，可以看到这些波形。

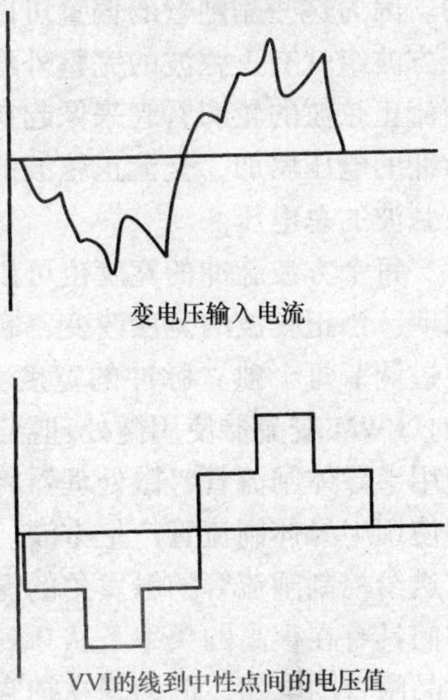

图 12-70　变电压输入的换流器的电流、电压波形

12.6.31　脉冲宽度调整换流器

换流器提供变压和变频控制的另一个方法是使用 PWM 控制。这种控制类型通过使用晶闸管，可以实现在各种频率的开、关。它提供一个独一无二的具有多种在特殊的时间打开和关断的方波周期的波形以给出正弦波的完整表现。波形轮廓实际上与六步换流器信号相似。这种类型波形的例子在图 12-71 中给出。注意每个波形整体上都是交流六阶梯正弦波，实际上都是由一些方波脉冲组成的。波形的完整外表是正弦波。每一个正弦波实际上由许多方波脉冲组成，这些方波脉冲是由晶闸管频繁的通断产生

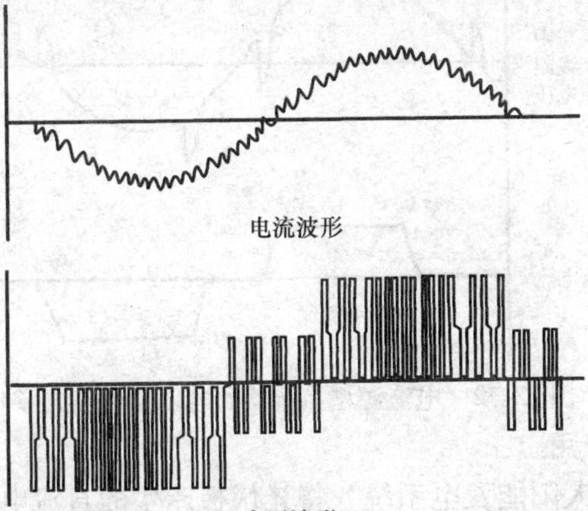

图 12-71　脉冲宽度调制换流器的电压、电流波形

的。因为这些晶闸管的偏置可以控制，每个方波脉冲的电压大小可以控制，以便整个方波组就有正弦波的完整外形。如果观察 PWM 换流器的电压波形，将会注意到交流正弦波的轮廓看起来像起初用于可变电压换流器的六步正弦波。当每个单独的脉冲的电压增加，交流正弦波的步高也增加。这种行为增加了 PWM 换流器提供的正弦波的总电压。

每个方波脉冲的宽度也可以调节，以改变组成每个单独交流正弦波的方波组的周期。当正弦波的宽度改变，它也改变正弦波的周期，这意味着频率也改变，并且通过调节每个独立脉冲的宽度为 PWM 换流器控制。因为调整电压和频率相当复杂，PWM 变流器使用微处理器来控制每一个晶闸管的偏置。如果像在 SCR 中一样使用半导体闸流管，微处理器将控制触发电路的相角。早期的 PWM 电路像 SCR 一样使用半导体闸流管产生方波。控制电路包括三角载波，用以保持电路同步。锯齿波送给控制闸流管的触发角的振荡电路。如今 PWM 变流器使用闸流管主要是因为它们具有在很高的频率下从 0 到饱和再回到零偏置的能力。当今的电路更像那些使用晶闸管的电路，因为现在把它们制造成可以控制超过 1500A 的更大的电流。

12.6.32 电流源输入（CSI）换流器

电流源输入换流器产生一个看起来像交流正弦波的电压波形。这种换流器的电流波形看起来与最早的换流器的开关方波相似。这种类型的换流器使用晶闸管控制输出电压和电流。调整晶闸管的开通时间和关闭时间让换流器在频率上发生改变，也可以调节每个波形的振幅来改变输出电压量。这表明 CSI 换流器像以前的换流器一样可以调整电压和频率到符合频率应用或其他需要变压的应用。图 12-72 展示了 CSI 换流器的电压和电流波形。

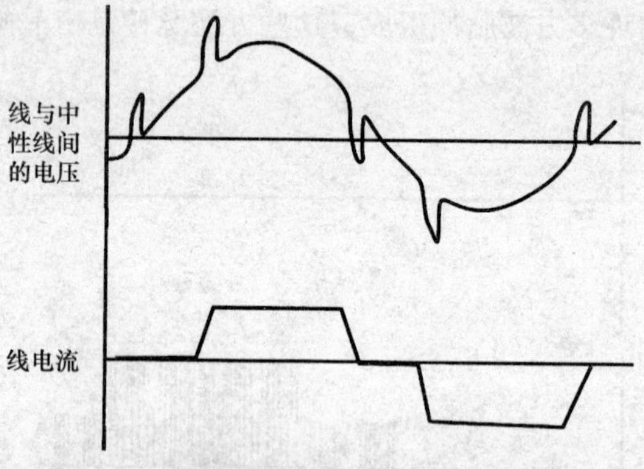

图 12-72　电流源型换流器的电压和电流波形

12.6.33 换流器的应用

现今换流器用于太阳能发电系统，将光伏板产生的直流电压转变为可以用于家庭或商业设施的交流电压，或者用它将光伏板产生的直流电压转变为供给电网的交流电压。当给电网提供交流电压，从直流电压到交流电压的转换必须控制频率和转换的电压量以确保它精确地匹配电网的电压。

课后习题

1. 简答题

1）识别直流电动机的基本部分。

2）识别交流电动机的基本部分。

3）解释直流电动机的基本原理。

4）解释交流电动机的基本部分。

5）解释三相变压器怎样连接成Y型或△型系统来提供交流电压。

6）说明为什么电路中需要熔断器或电动机起动器来保护电动机。

7）说明结合哪两种材料可以形成 P 型和 N 型材料。

8）说明 PN 结的运行并画出输入交流波形和输出直流波形。

9）辨别晶闸管的端子并解释它的运行。

10）解释能量电子频率转换器（变流器）的运行。

2. 多项选择题

1）换流器________。

A. 转变直流电压为交流电压并返回到直流电压

B. 转变交流电压为直流电压并返回到交流电压

C. 转变直流频率为一个新的直流频率

2）在一台直流电动机中，________骑在换向器上在电动机的旋转部分和静止部分之间形成电气连接。

A. 电枢

B. 电刷

C. 定子

3）一台交流感应电动机通过________在转子中获得电流。

A. 感应

B. 骑在换向片上的电刷

C. 焊接在旋转片和电动机静止部分之间的导线

4）整流器二极管________。

A. 转换直流电压为交流电压

B. 转换交流电压为直流电压

C. 可以用作七段数字显示

5）一个换流器________。

A. 变交流电压为直流电压

B. 用两个线圈提升或降低电压

C. 变直流电压为交流电压

本书版权登记号：图字 01-2011-4430 号

图书在版编目（CIP）数据

太阳能利用技术及工程应用/（美）基赛尔（Kissell, T. E.）著；朱永强，尹忠东等译. —北京：机械工业出版社，2013. 10

书名原文：Introduction to Solar Principles

ISBN 978-7-111-44232-5

Ⅰ. ①太… Ⅱ. ①基… ②朱… ③尹… Ⅲ. ①太阳能利用
Ⅳ. ①TK519

中国版本图书馆 CIP 数据核字（2013）第 233888 号

机械工业出版社（北京市百万庄大街 22 号 邮政编码 100037）
策划编辑：付承桂 责任编辑：江婧婧
版式设计：常天培 责任校对：樊钟英
封面设计：赵颖喆 责任印制：李 洋
中国农业出版社印刷厂印刷
2014 年 1 月第 1 版第 1 次印刷
169mm × 239mm · 22.75 印张 · 468 千字
0001—3000 册
标准书号：ISBN 978-7-111-44232-5
定价：88.00 元

凡购本书，如有缺页、倒页、脱页，由本社发行部调换

电话服务	网络服务
社服务中心：(010)88361066	教材网：http://www.cmpedu.com
销售一部：(010)68326294	机工官网：http://www.cmpbook.com
销售二部：(010)88379649	机工官博：http://weibo.com/cmp1952
读者购书热线：(010)88379203	**封面无防伪标均为盗版**